Auto-Reparaturanleitung Band 1336

AF626637

Volkswagen New Beetle

Benziner
1,4 Liter Benzinmotor
1,6 Liter Benzinmotor
1,8 Liter Benzinmotor
2,0 Liter Benzinmotor

Diesel
1,9 Liter Dieselmotor

Getriebevarianten
5-Gang-Schaltgetriebe
4-Gang-Automatik-getriebe
DSG-Getriebe

Modelljahre
1997 bis 2010

bucheli verlag

IMPRESSUM

ISBN 978-3-7168-2176-3

Auto-Reparaturanleitung
Band 1336

Redaktion:
Text und redaktionelle Bearbeitung: Silke und Christoph Pandikow, Frank Richter

Bilder/Zeichnungen:
Christoph Pandikow, Silke Pandikow, Nina Pandikow, PCI Diagnosetechnik GmbH & Co. KG, Hella KGaA Hueck & Co, Bosch Presseabteilung.

Lizenziert von
von Volkswagen AG.

Herstellung:
IPa, D-71665 Vaihingen/Enz
Druck: Druck- & Medienzentrum D-70839 Gerlingen
Bindung: K. Dieringer
D-70839 Gerlingen

Gewerbestrasse 10
CH-6330 Cham
Postadresse:
Postfach 4161
CH-6304 Zug
Telefon: ++41 (0)41 741 77 55
Telefax: ++41 (0)41 741 71 15
www.bucheli-verlag.ch

1. Auflage 2014

Inhalt

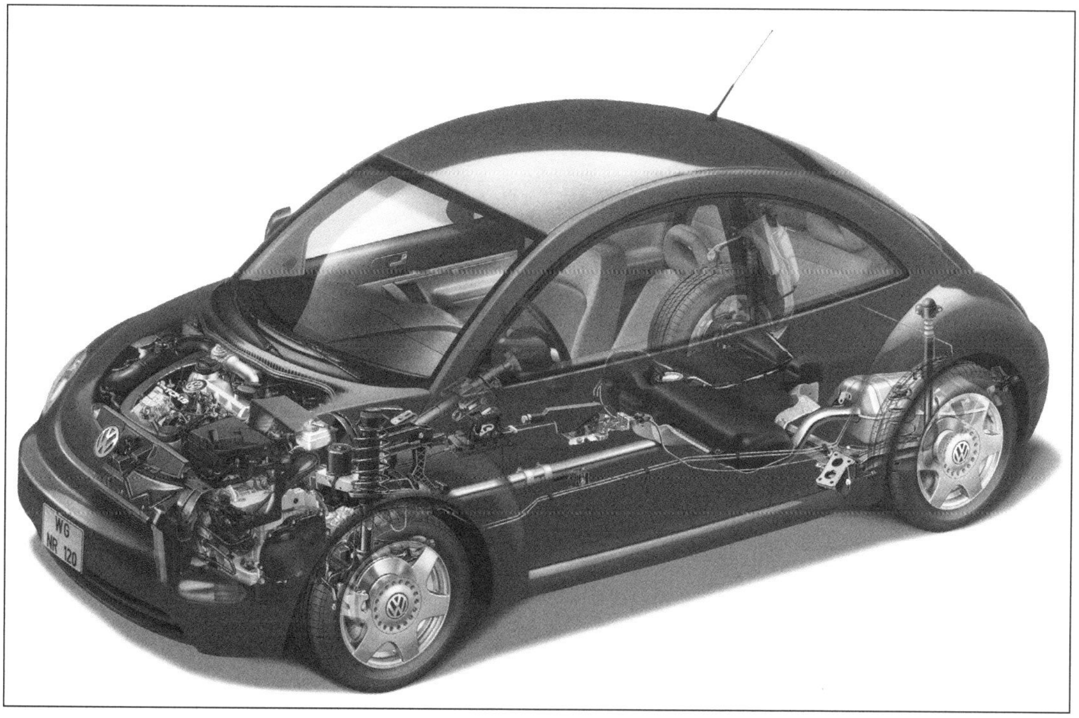

Inhalt

Folgende Symbole verdienen im Laufe der Arbeit besondere Beachtung:

Sichtprüfung
Teil genau ansehen; besonders beachten.

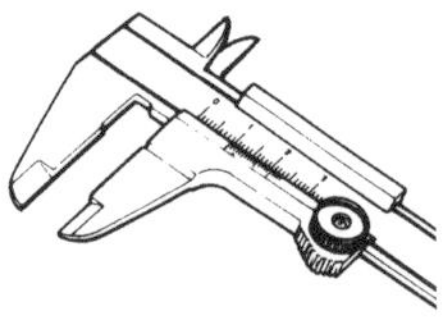

Messen
Schieblehre oder anderes Messwerkzeug nötig.

Achtung
Besondere Vorsicht geboten; Sicherheitshinweise beachten!

Tipp
Wertvoller Hinweis für einfacheres Schrauben; Erläuterung von Bauteilen und Begriffen.

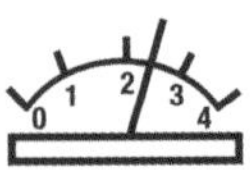

Messen mit elektr. Messgeräten
Multimeter- oder Diagnoseeinsatz erforderlich

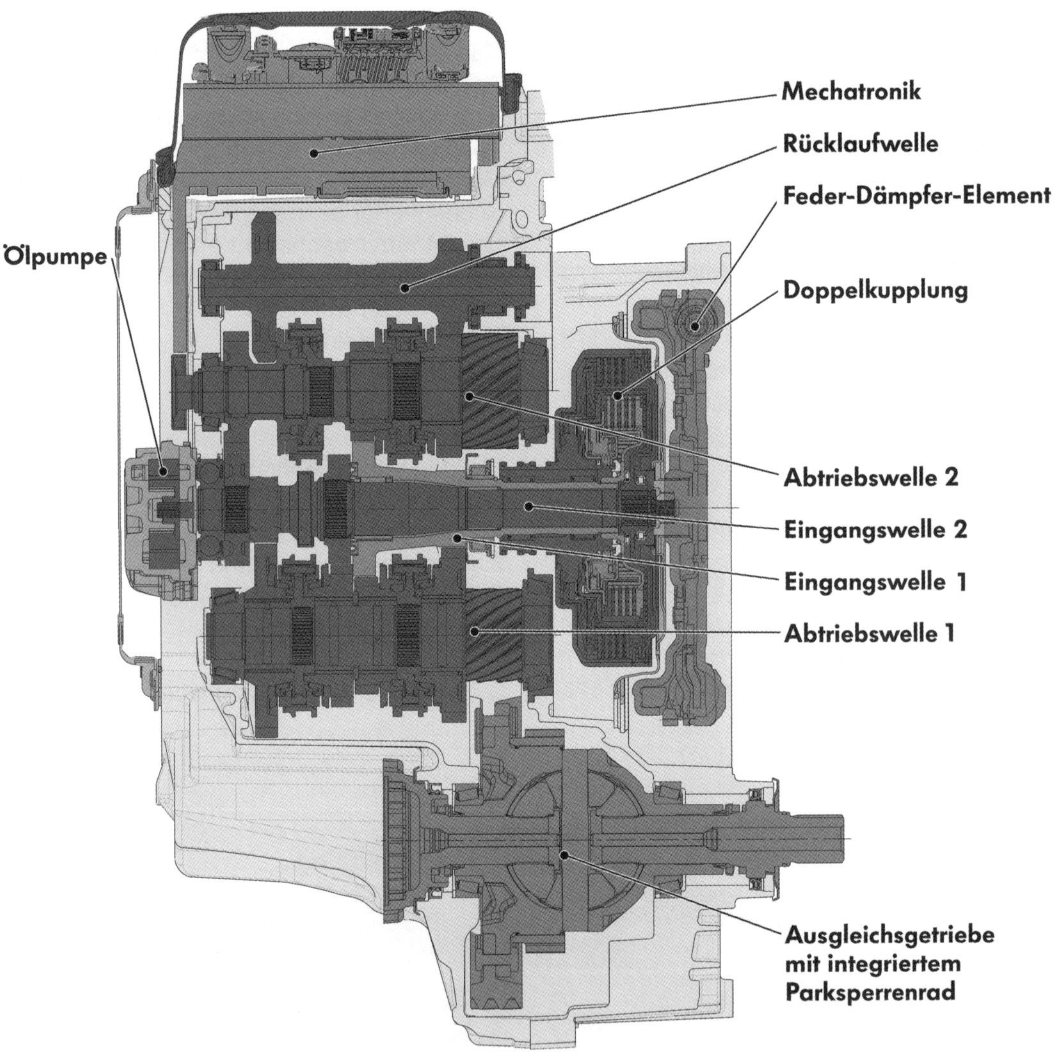

Schnitt DSG-Getriebe.

1 Einleitung

Arbeiten mit diesem Buch

Ein Reparaturhandbuch ist dann ein Reparaturhandbuch, wenn es bei Reparaturen zur Hand gehen kann. Es soll also helfen, Ihren New Beetle wieder »in die Gänge« zu bringen. Ganz klar, als blutiger Laie werden Sie nur mit einiger Hilfe gezielt arbeiten können.
Bedenken Sie, dass Ihr Fahrzeug in jedem (oder zumindest in fast jedem) Teil etwas mit Sicherheit im Straßenverkehr zu tun hat. Jede einzelne Sekunde, in der Ihr Fahrzeug in Betrieb ist. Nehmen Sie die Fehler deshalb immer ernst. Gerade Anfänger übersehen oft Kleinigkeiten, die nachher durchaus größere oder zumindest schwer aufzufindende Fehler ergeben. Bei einer Fehlersuche am eigenen Fahrzeug unterhielten sich zwei angehende Kfz-Mechatroniker: »... was hast du denn zuletzt repariert?«, letztendlich fand sich dort dann auch der Fehler. Diese Anekdote zeigt sehr deutlich, dass zum einen die eigene Arbeit, zum anderen der Ablauf der Arbeiten, die Kenntnisse über den Funktionszusammenhang der Systeme und natürlich auch über die Informationsquellen, die zur Verfügung stehen, immer hinterfragt werden müssen. Dieses Buch eignet sich aber auch, um die Details Ihres New Beetle einmal genauer unter die Lupe zu nehmen. Wir haben den Aufbau so gestaltet, dass die Informationen praxisgerecht auf- und umgearbeitet wurden.

In den einzelnen Kapiteln wird der Umgang mit den Test- und Messgeräten genauer vorgestellt. Es handelt sich um getestete Übungen, die Sie problemlos nachvollziehen können.
»An modernen Autos kann man gar nichts mehr selber machen!«, das ist ein typischer Satz, der weder richtig ist noch die motivierten Schrauber unter den Lesern von der Reparatur abhalten sollte.
Betrachtet man sich die Probleme genauer, die mit der Fehlerdiagnose entstehen, stellt sich ein einfaches Prinzip heraus. Grundsätzlich sind Bauteile, deren Funktionsabläufe nachvollzogen und im wahrsten Sinne des Wortes »begriffen« werden können, leicht zu prüfen.

Elektrisches Messen
Leuchtet eine Glühlampe nicht, wird sie in der Regel demontiert und der Zustand des Glühfadens gegen das Licht kontrolliert. Über die Glühlampe, beziehungsweise ihren Aufbau, ist jedem bekannt, dass sie ohne den Glühfaden nicht funktionieren kann. Könnte man in alle Bauteile hineinsehen und den Funktionsablauf und den Aufbau auf diese Art kontrollieren, würde kaum ein Mechaniker über die immer komplizierter werdende Technik schimpfen. Hier kommt die Messtechnik zum Zuge. Es ist nämlich möglich, die Funktionsabläufe und die Funktion optisch zu überprüfen. Es ist auch möglich, das Bauteil selbst zu prüfen. Auch dafür werden keine teuren Spezialgeräte gebraucht. Sie oder Ihr Mechaniker müssen sich lediglich bereit erklären, die Technik und dazugehörige Prüfmethoden anzunehmen und gelegentlich auch etwas dazuzulernen.

Ganz klar gibt es Einschränkungen für Arbeiten, die aus Sicherheitsgründen nicht durchgeführt werden sollten. Dazu zählen Arbeiten z. B. an der Klimaanlage und am Airbagsystem.

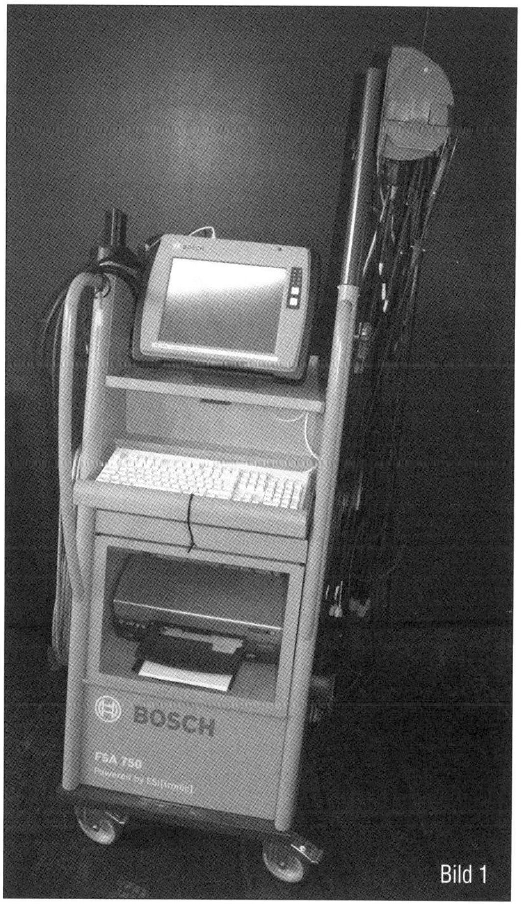

Bild 1
Bosch KTS 650/670 mit FSA 750-Modul und Abgastester.

»Die Tester kann sich keiner leisten!«, ist auch eine These, die wir widerlegen werden. Anhand der Beschreibungen der Spezialwerkzeuge und deren ungefähre Preise lassen sich hier die Kosten leicht überschauen. Die notwendige Ausrüstung ist bei den meisten Schraubern oftmals schon vorhanden. Andere Teile sind gar nicht so teuer und lassen sich sinnvoll als Geburtstagsgeschenkidee an die Lieben weitergeben. Die Aufgabe dieses Reparaturhandbuches ist es, eine Hilfestellung für Wartungsarbeiten und Reparaturen am New Beetle zu geben. Das Buch wendet sich an die ambitionierten Schrauber, die mit ihrer Erfahrung Reparaturen, Wartungsarbeiten und Einstellungen an ihrem Fahrzeug vornehmen wollen. Da zu allen diesen Arbeiten ein OBD-Diagnosetester dazugehört und dieser für deutlich unter 100 Euro im günstigsten Fall erhältlich ist, wird die Arbeit anhand eines »Beispiel«-Testers dargestellt. Sie halten ein Buch in der Hand, das Lernstoff, Informationsquelle und Nachschlagewerk ist. Es soll die praktische Arbeit am Fahrzeug erleichtern und Sie ermutigen sich »Know-how« anzueignen, auch als Ungeübter den ersten Schritt zu machen oder als Erfahrener sich recht tief gehend mit der Diagnose auseinanderzusetzen. Die Struktur des Buches bedient durchaus unterschiedliche Anforderungen. Sie werden mit einer Auswahl an typischen Problemen aufgefangen und über die Messtechnik und die Bauteilbeschreibung bis hin zu den Montagearbeiten betreut. Funktionsabläufe und Bauteile werden Ihnen recht einfach erklärt. Auch der Umgang mit den Mess- und Diagnosegeräten wird an praktischen Beispielen abgehandelt, die Sie sofort nachvollziehen können.

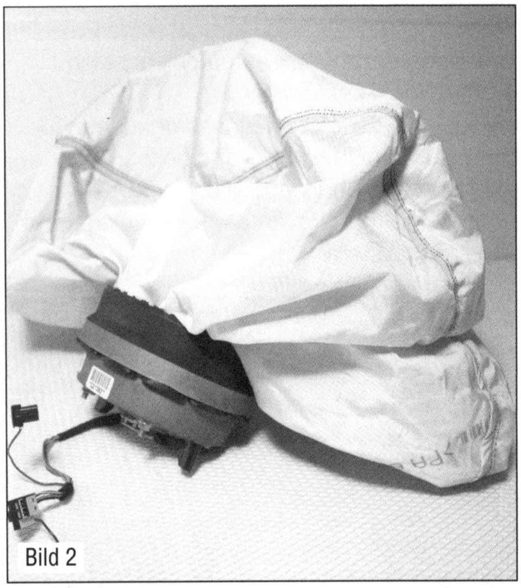

Bild 2
EXPLOSIV: gezündeter Airbag.

Bild 3
»Self-made«-Beulendoktor.

Um einen möglichst schnellen Zugriff auf die Informationen in diesem Buch zu ermöglichen, sind die technischen Daten, die zur Einstellung, Reparatur und Wartung benötigt werden, in einem separaten Kapitel zusammengefasst. Alle technischen Angaben, die speziell bei den Arbeiten benötigt werden, finden Sie natürlich auch an den entsprechenden Stellen. Die Montagearbeiten werden auf gängige Reparaturen beschränkt.

Sie sollten aber immer sicherstellen, dass Sie in der Lage sind, die Reparaturen selbst durchzuführen. Ungeeignete Messgeräte oder auch fehlerhafte Handhabung eines Messgerätes können nicht nur finanzielle Folgen haben. Für die Arbeiten an Airbagsystemen ist eine spezielle Ausbildung erforderlich, die mit einem Sachkundenachweis abgeschlossen wird.

⚠ Unterlassen Sie es zu Ihrer eigenen Sicherheit, an Sitzen oder anderen Bauteilen Hand anzulegen, ohne diese spezielle Ausbildung abgeschlossen zu haben. Arbeiten an diesem System ohne Sachkunde sind GROB fahrlässig und gefährden Ihr Leben. Sollten Probleme an diesem System auftauchen, suchen Sie immer eine Werkstatt auf und erkundigen Sie sich auch darüber, inwieweit die »Airbag-Sachkunde« besteht.

⚠ In den einzelnen Airbageinheiten befinden sich zwar »kleine«, aber nicht ungefährliche Mengen an Sprengstoff. Nicht umsonst sind der Transport, der Umgang und die

Lagerung gesetzlich im Sprengstoffgesetz geregelt. Die Arbeiten am Airbagsystem werden aus diesem Grunde nicht beschrieben. Es gibt aber auch so noch genügend Arbeiten, die Sie durchaus in Eigenregie angehen können. Natürlich beschäftigt sich dieses Buch nicht nur mit Elektronik oder der reinen Montagearbeit. Auch einige Arbeiten mit den Diagnosegeräten wurden mit Praxisbezug ausgewählt und im Detail dargestellt.

Sicherheit geht immer vor

Sicherheit hat beim Heimwerken absolute Priorität. Nur Arbeiten anpacken, die man wirklich beherrscht. Handwerkliche Tätigkeiten, mit denen man in der Praxis bislang wenig oder gar keine Erfahrung hatte, sollte man niemals auf die leichte Schulter nehmen. Unsachgemäß ausgeführte Arbeiten können früher oder später fatale Folgen haben (Bilder 4 bis 12).

Umgang mit Pyrotechnik-Bauteilen

⚠ Der Sicherheitsaspekt gilt insbesondere für pyrotechnische Bauteile. Diese enthalten einen Treibstoff, bei dessen Abbrand ein Gas erzeugt wird. In manchen Fällen steht für die Gaserzeugung noch zusätzlich in einem Druckbehälter gespeichertes Druckgas zur Verfügung. Die Zündung erfolgt über elektrische/mechanische Anzünder. Bei unsachgemäßer Handhabung von Komponenten dieser Systeme kann es zu schweren Unfällen kommen. Deshalb keine Schraub- oder gar Reparaturversuche an der Sicherheitsausstattung vornehmen, sondern bei notwendigen Instandsetzungen an eine Fachwerkstatt mit Fehler-Auslesegeräten, Diagnose-Einrichtungen und geschultem Personal wenden! Mechaniker, die an Rückhaltesystemen arbeiten, müssen spezielle Schulungen nachweisen und bei den zuständigen Behörden gemeldet sein. Pyrotechnische Bauteile dürfen auch nur im eingebauten Zustand und mit vom Hersteller frei gegebenen Diagnosesystemen geprüft werden, keinesfalls mit Prüflampe, Voltmeter oder Ohmmeter. Nach dem Berühren von gezündeten pyrotechnischen Bauteilen: Hände waschen! Bauteile, die auf eine harte Unterlage gefallen sind oder Beschädigungen zeigen, dürfen nicht mehr verbaut werden.

⚠ Lagerung, Transport und Entsorgung von Airbag-, Gurtstraffer- und Batterieabtrennungseinheiten (pyrotechnische

Bild 4
Gehörschutz: bei Blecharbeiten mit Winkelschleifer u. Ä. notwendig.

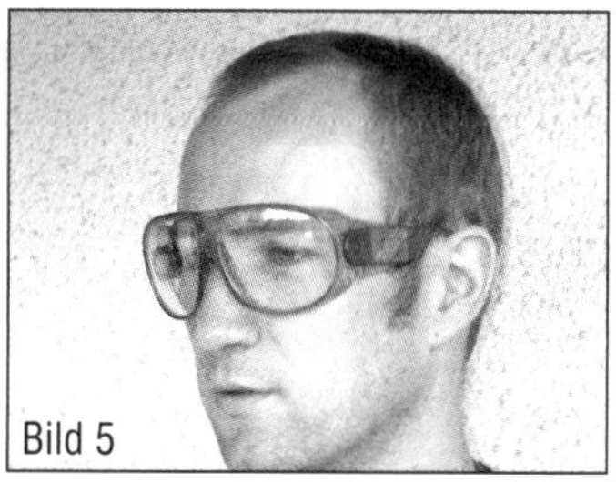

Bild 5
Schutzbrille: Besonders beim Bohren, Schleifen und Meißeln tragen.

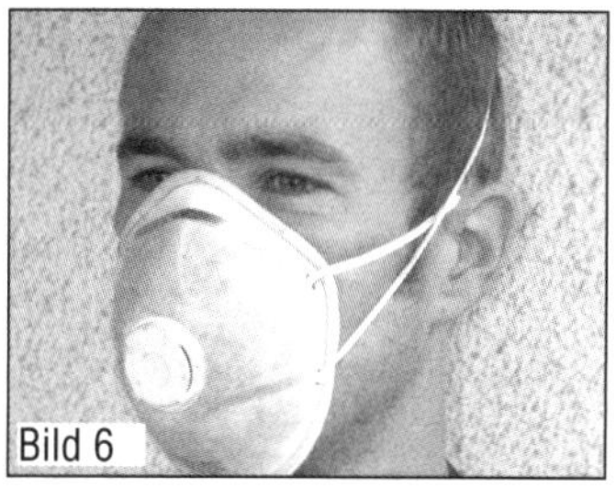

Bild 6
Atemschutzmaske mit auswechselbaren Filterelementen: bei Arbeiten mit atemgängigen Stäuben unerlässlich.

Bild 7
Bei Arbeiten in der Grube: Unbedingt für Frischluft sorgen.

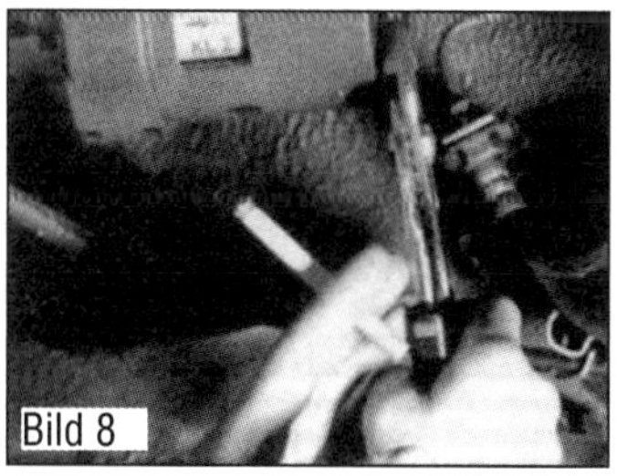

Bild 8
Nicht rauchen: Sollte eigentlich bei Reparaturarbeiten gerade an der Kraftstoffanlage die Regel sein.

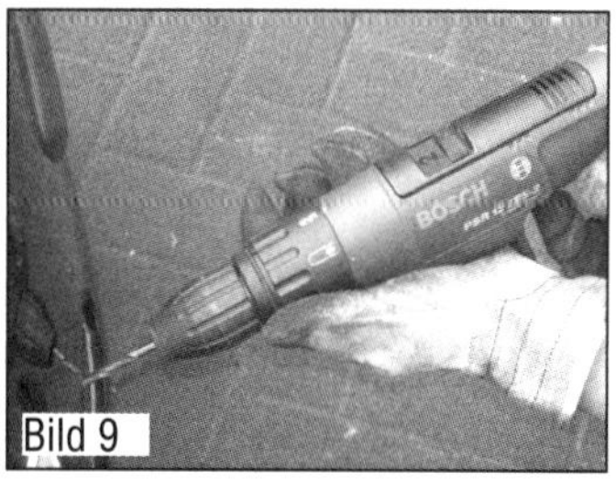

Bild 9
Arbeitshandschuhe: Bei vielen Arbeiten angebracht, beim Umgang mit Bohrmaschinen jedoch sehr gefährlich.

Bild 10
Leere Sprühdosen, Altöl, Bremsflüssigkeit u. a.: Als Sondermüll entsorgen.

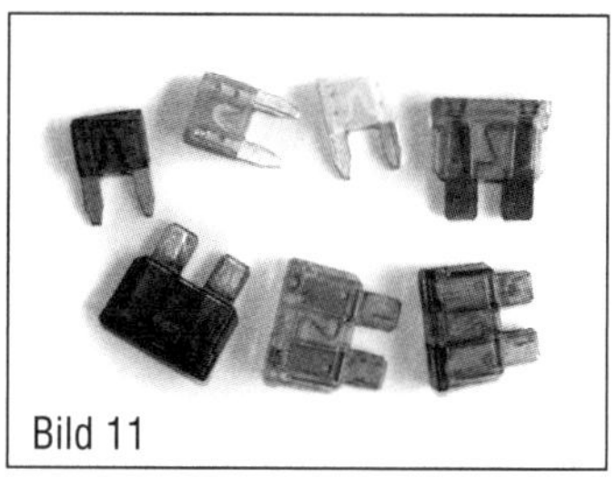

Bild 11
Durchgebrannte Sicherungen: Niemals mit Alufolie, Büroklammern o. Ä. flicken.

Bild 12
Hochspannung: Vorsicht bei laufendem Motor oder eingeschalteter Zündung.

Bauteile) unterliegen der jeweiligen nationalen Gesetzgebung.

Umgang mit Bauteilen der Klimaanlage

Für das Kfz-Gewerbe sind z. B. auf europäischer Ebene zahlreiche relevante Gesetze erlassen worden. National ist z. B. in der BRD zusätzlich zur Präzisierung der europäischen Gesetzgebung ab dem 1. August 2008 die Chemikalien-Klimaschutzverordnung in Kraft getreten.

- Verordnung (EG) Nr. 1005/2009
- Verordnung (EG) Nr. 842/2006
- Verordnung (EG) Nr. 706/2007
- Verordnung (EG) Nr. 307/2008
- Richtlinie 2006/40/EG
- Chemikalien-Klimaschutzverordnung, Kreislaufwirtschafts- und Abfallgesetz (für die BRD)

Alle Personen, die an Kraftfahrzeug-Klimaanlagen Wartungs- und Reparaturarbeiten durchführen, müssen eine Schulung oder ein Trainingsprogramm besucht haben und die Sachkunde nachweisen (Sachkundenachweis).

⚠ Beim unkontrollierten Druckablassen besteht Gefahr durch Vereisung. Hieraus können schwerwiegende Verletzungen entstehen (Gefrierbrand ist nicht nur bei Grillfleisch unschön!). Bei nicht entleertem Kältemittelkreislauf tritt Kältemittel aus. Das Kältemittel ist vor dem Öffnen des Kältemittelkreislaufs abzusaugen. Wird der Kältemittelkreislauf nach dem Absaugen innerhalb 10 Minuten nicht geöffnet, kann durch Nachverdampfung Druck im Kältemittelkreislauf entstehen. Das Kältemittel muss dann nochmals abgesaugt werden. Alle geöffneten Bauteile des Kältemittelkreislaufs sind gegen Eintritt von Luftfeuchtigkeit mit geeigneten Verschlussstopfen zu verschließen. Es ist verboten, beim Betrieb, bei Instandsetzungsarbeiten und bei Außerbetriebnahme von Erzeugnissen, die Kältemittel enthalten, entgegen dem Stand der Technik, die in ihnen enthaltenen Stoffe in die Atmosphäre entweichen zu lassen.

Bild 13

Bild 13
Achtung Stromschlag! Restladungen und Induktionsspannungen können gesundheitsgefährdend sein.

Verletzungsgefahr durch automatischen Motorstart bei Fahrzeugen mit Start-Stopp-System

Bei Fahrzeugen mit aktiviertem Start-Stopp-System (erkennbar an einer Meldung im Schalttafeleinsatz) kann der Motor bei Bedarf automatisch starten.

☞ Deshalb sicherstellen, dass bei Arbeiten am Fahrzeug das Start-Stopp-System deaktiviert ist (Zündung ausschalten, bei Bedarf Zündung wieder einschalten).

Verletzungsgefahr bei Arbeiten an der elektrischen Anlage

Nicht nur die schon angesprochene Zündanlage birgt einige Überraschungen, die Sie in ungünstigen Situationen oder bei körperlichen Vorschäden leicht in Lebensgefahr bringen kann. Im Gegensatz zur Hauselektrik sind keine »Personenschutzschalter« vorgesehen. Ziehen Sie grundsätzlich nicht leitende Handschuhe an, wenn Sie an Bauteilen arbeiten, deren Ladungszustand Sie nicht kennen.
Für die Arbeiten an Hybridfahrzeugen oder Elektrofahrzeugen ist ein besonderer Lehrgang erforderlich. Für die zum Redaktionsschluss in diesem Buch behandelten Modelle ist ein solches Fahrzeug noch nicht lieferbar. Die derzeitige Entwicklung kann ein solches Modell aber schon in wenigen Jahren auf die Räder, die Straße und dann sicherlich auch in Ihre Werkstatt bringen.

Richtiges Aufbocken

Im Bordwerkzeug des New Beetle ist der übliche Spindelwagenheber nur vorhanden, wenn ein Reserverad und nicht das Reifenreparaturset zur Serienausstattung gehört. Mit dem Dichtmittel ist ja bei einer Reifenpanne

der Radausbau nicht mehr nötig. Die Reparatur geschieht über das Ventil des beschädigten Reifens. Ist der Spindelwagenheber im Bordwerkzeug (Bild 14), kann man mit diesem einfachen Gerät das Fahrzeug für viele Arbeiten hoch genug anheben. Mit einer untergelegten Bohle können Sie die Hubhöhe sogar noch etwas vergrößern.
Ratsam vor allem bei weichem Untergrund ist es, ein 2 cm dickes Brett mit 30 x 30 cm Seitenlänge unter den Heberfuß zu legen. Das verringert die Gefahr, dass der Heberfuß in den Boden einsinken kann. Der Bordwagenheber darf jedoch nur dazu dienen, das Fahrzeug anzuheben. Eine ausreichende Abstützung für Arbeiten an der Wagenunterseite stellt er nicht dar, dazu sind Unterstellböcke (Bild 15) erforderlich. Schon bei kleineren Arbeiten, z. B. dem Wechseln der Bremsbeläge, soll das angehobene Fahrzeug aus Sicherheitsgründen unbedingt mit Unterstellböcken abgestützt sein.
Zum Anheben bequemer, effektiver und auch sicherer sind Werkstattwagenheber, auch Rangierwagenheber genannt (Bild 16, mit geeigneter Gummi- oder Holzzwischenlage). Die beste Möglichkeit ist natürlich eine Hebebühne. Um Beschädigungen am Fahrzeugboden bzw. ein Abkippen des Fahrzeugs zu vermeiden, darf das Fahrzeug nur an den vorgesehenen, mit einer Eindrückung markierten und extra verstärkten Aufnahmepunkten am Unterholm angehoben werden. Der Wagen darf keinesfalls an der Motorölwanne, am Getriebe oder an den Achsen angehoben werden, da sonst schwerwiegende Schäden eintreten können.

An- und Abschleppen

Bei manchen Pannen muss das Fahrzeug abgeschleppt werden. Anschleppen, weil der Motor nicht anspringen will, sollte man nur, wenn keine Möglichkeit besteht den Motor mit Starthilfekabeln zu starten.

Fahrzeuge ohne Schmiermittel im Schaltgetriebe oder mit Automatikgetriebe dürfen nur mit angehobenen Antriebsrädern abgeschleppt werden.
Das Anschleppen von Fahrzeugen mit automatischem Getriebe zum Starten des Motors ist aus technischen Gründen nicht möglich.
Beim Abschleppen von Fahrzeugen mit automatischem Getriebe muss der Wählhebel in Position »N« sein, und es darf nicht weiter als 50 km und nicht schneller als 50 km/h geschleppt werden, da sonst das Getriebe zerstört wird.

Zum **An- und Abschleppen** sollten Kunstfaserseile oder Seile aus ähnlich elastischem Material verwendet werden. Sicherer ist eine Abschleppstange. Beim Abschleppen dürfen keine unzulässigen Zugkräfte und keine stoßartigen Belastungen auftreten.
Seil oder Stange dürfen nur an den vorgesehenen Abschleppösen vorn oder hinten angebracht werden. Die einschraubbare Öse

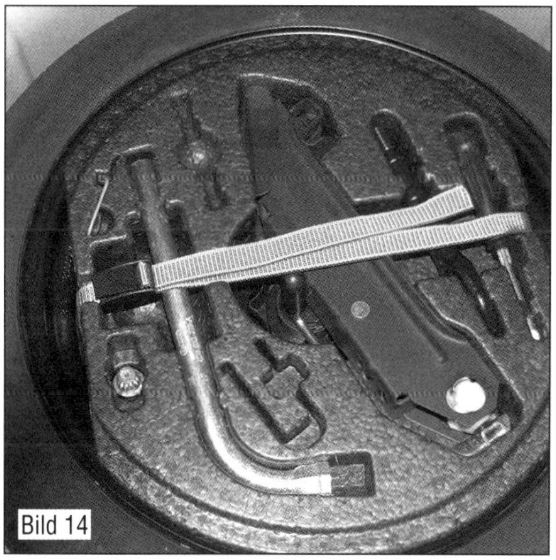

Bild 14
Bordwerkzeug im Notrad: von links Radkappen-Abziehhaken, Radschraubensicherungs-Adapter, Radschraubenschlüssel, Spindelwagenheber, Abschleppöse, Schraubendreher.

Bild 15
Unterstellböcke paarweise kaufen und verwenden, mit Splint (am Kettchen) sichern.

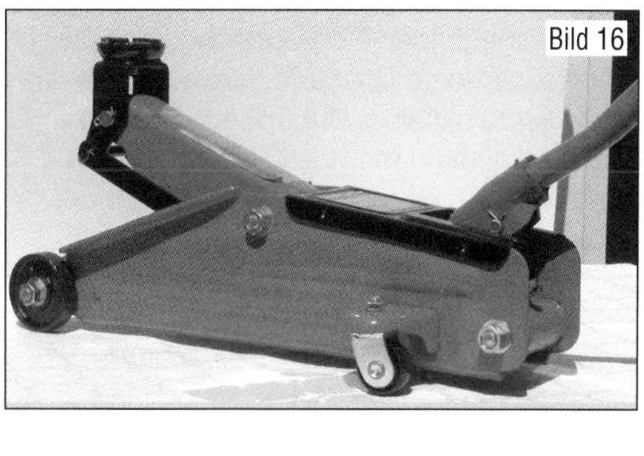

Bild 16
Rangierwagenheber sind sicherer und leichter zu bedienen als Spindelwagenheber.

befindet sich im Bordwerkzeug, die Einschraubgewinde werden nach Entfernen einer kleinen Abdeckung in den Stoßfängerverkleidungen vorn und hinten zugänglich. Von Hand eindrehen, mit durchgestecktem Radschraubenschlüssel festziehen.

⚠ Bei **Schleppmanövern abseits regulärer Straßen** besteht die Gefahr, dass die Befestigungsteile überlastet werden. Wird ein Abschleppseil verwendet, muss der Fahrer des ziehenden Wagens beim Anfahren und Schalten besonders weich einkuppeln. Der Fahrer des gezogenen Wagens hat darauf zu achten, dass das Seil straff gehalten wird. An beiden Fahrzeugen die Warnblinkanlage einschalten. Die Zündung muss eingeschaltet sein, damit das Lenkrad nicht blockiert ist und Blinkleuchten, Hupe und Scheibenwischer bei Bedarf eingeschaltet werden können. Da der Bremskraftverstärker nur bei laufendem Motor arbeitet, muss ggf. das Bremspedal kräftiger getreten werden. Beim Anschleppen von Fahrzeugen mit Schaltgetriebe ist Folgendes zu beachten:

- Vor dem Anschleppen 2. oder 3. Gang einlegen, Kupplung halten.
- Zündung einschalten, damit Lenkrad nicht blockiert und Blinkleuchten, Hupe sowie Wisch-/Waschanlage benutzt werden können.
- Kupplungspedal loslassen, wenn beide Fahrzeuge in Bewegung sind.
- Sobald der Motor angesprungen ist, Kupplung treten und Gang herausnehmen, um Auffahren auf das Zugfahrzeug zu vermeiden.

Einige Kniffe für Schrauber

Eine unlösbare Verschraubung oder eine abgerissene Schraube haben schon manchen Heimwerker von seinem Reparaturvorhaben wieder abgebracht. Unsere Hinweise sollen helfen, ungewohnte Arbeiten durchzuführen.

Verrostete Verschraubungen lösen

- Die freiliegenden Gewindegänge des Gewindebolzens von Rost und Schmutz befreien.
- Gewinde mit einer Drahtbürste säubern und anschließend mit Rostlöser besprühen.
- Bei Schnell-Rostlösern die Mutter sofort losdrehen.
- Bei anderen Rostlösern etwas warten.
- Wenn die Kanten einer Mutter bereits rund gedreht sind oder wenn Rost die Anlageflächen deformiert hat, hilft nur noch Gewalt.
- Gripzange verwenden. Damit lässt sich die Mutter fest greifen und oft losdrehen.
- Hilft das nicht weiter, wird ein scharfer Meißel angesetzt und die Mutter aufgemeißelt.
- Eine gut zugängliche Mutter kann auch entlang des Gewindes mit einer Metallsäge aufgesägt werden. Werkstätten benutzen einen Mutternsprenger.

Innensechskant- und Innenvielzahnschrauben lösen

- Das Schraubenloch muss von jeglichem Schmutz gesäubert sein, ehe das Werkzeug angesetzt wird.
- Am besten eignen sich Steckeinsätze mit langem Sechskant oder Vielzahn (Torx).
- Im Gegensatz zu Winkelschlüsseln, bei denen die Kraft schräg ansetzt, vertragen die Steckeinsätze einen Hammerschlag auf der Adapterseite mit dem Vierkant. Der Schlag lockert den Sitz der Schraube und erleichtert merklich das Lösen.

Schlitz- und Kreuzschlitzschrauben lösen

Schrauben können so fest sitzen, dass sie sich nicht mehr mit dem Schraubendreher herausdrehen lassen. Bei Kreuzschlitzschrauben dreht sich der Schraubendreher auch bei starkem Druck auf den Griff aus dem Kreuzschlitz heraus. Nach einigen erfolglosen Versuchen ist der Schlitz vermurkst, die Schraube ist praktisch unlösbar.

- Stabilen Schraubendreher ansetzen und mit kräftigem Hammerschlag auf das Griffende versuchen, die Schraubverbindung zu lösen. Meistens bricht die mit dem Kopf fest korrodierte Schraube los. Sie lässt sich dann normal herausdrehen.
- Hilft der kräftige Hammerschlag nichts, muss ein Schlagschrauber her. Bei jedem Schlag auf dessen Griffoberseite wird der Schraubendrehereinsatz unter Druck ein wenig weiter gedreht.

Blechschrauben ausbohren

Lässt sich in einem Schraubenkopf kein Werkzeug mehr ansetzen, hilft nur noch ausbohren.

- Erst entfernt man mit einem passenden Bohrer den Schraubenkopf. Eventuell mit einem kleineren Bohrer vorbohren.
- Das Gewindeteil lässt sich jetzt entweder durchstoßen oder mit einer Zange von der Rückseite abnehmen.
- Andernfalls mit einem dünnen Bohrer das Gewindeteil ausbohren. Den Bohrerdurch-

messer nicht zu groß wählen, sonst hält später nur eine dickere Blechschraube.

Stehbolzen lösen und festdrehen

■ Anlagefläche für Schraubenschlüssel schaffen.
■ Auf dem freien Gewindeteil zwei Muttern fest gegeneinander drehen (kontern).
■ An den blockierten Muttern den Schraubenschlüssel ansetzen und den Bolzen lösen.

Abgerissene Schrauben ausbohren

Das Gegengewinde, in dem die abgerissene Schraube steckt, sollte möglichst wenig Schaden nehmen.

■ Körnerschlag auf Schraubenrestmitte.
■ Bis Schraubengröße M8 mit einem Kernlochbohrer arbeiten. Das ist der Durchmesser einer Schraube ohne Gewindeflanken. Faustregel: Gewindedurchmesser multipliziert mit 0,8.
■ Schrauben größer als M8 mit einem dünneren Bohrer vorbohren.
■ Wenn sich die Metallreste nicht mit einer Reißnadel aus den Gewindegängen entfernen lassen, Gewinde nachschneiden.

Gewinde schneiden

Hat das Metall noch genug Substanz, kann ein größeres Gewinde eingeschnitten werden. Andernfalls muss eine Gewindebuchse eingesetzt werden. Das Nach- oder Neuschneiden von Gewinden geht in drei Stufen vor sich. Die entsprechenden Gewindeschneider heißen Vorschneider (mit einem Ring am Schaft gekennzeichnet), Mittelschneider (zwei Ringe am Schaft) und Fertigschneider (drei Ringe oder ohne Kennzeichnung).

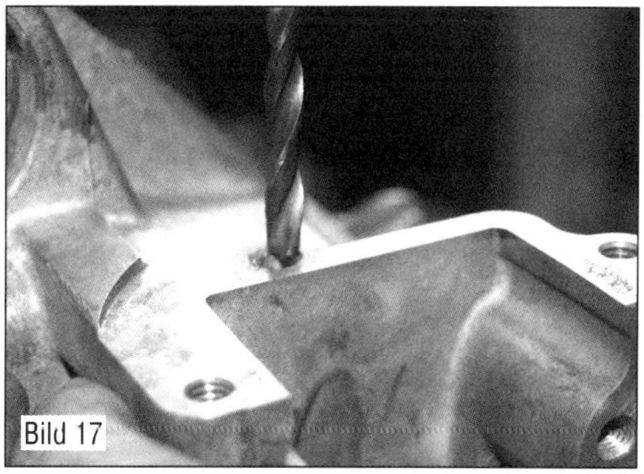

Bild 17
Ausbohren eines abgerissenen Bolzens.

Bild 18
Gewindeschneiden mit Vorsicht und Bedacht.

■ Gewindeschneider nacheinander unter ständigem Ölen in das vorgebohrte Kernloch hinein- und wieder herausdrehen.
■ Beim Hineindrehen ab und zu absetzen und ein Stück zurückdrehen. Sonst werden die Metallspäne zu lang und klemmen.

2 Modell

Modellvorstellung

Der New Beetle tritt unter dem Aspekt der Plattformbauweise der Volkswagengruppe in die Fußstapfen einer Fahrzeuglegende, die die Mobilität auf der ganzen Welt entscheidend geprägt hat. Schon der Vorkriegsgedanke ein Fahrzeug fürs Volk – also ein Fahrzeug, das sich jedermann leisten kann – auf die Räder zu stellen, war der Zeit weit voraus. Die Bauform, der kleine Motor und die Zuverlässigkeit ermöglichten den Alltagseinsatz und die große Fahrt über die Alpen gleichermaßen. Selbst im hubraumgeprägten Amerika fand der Käfer seine Kunden. Der Name Beetle ist auch aus dieser Tradition abzuleiten. 1938 wurde in einem Bericht der New York Times über die Vision berichtet, wie Tausende und Abertausende von kleinen glänzenden Käfern die deutschen Autobahnen bevölkern werden. Die Bezeichnung Käfer setzte sich erst 1961 als Abgrenzung zum Stufenheck-Volkswagen VW 1500 durch. Beigetragen hat dazu sicherlich auch der Film »Herbie, ein toller Käfer«. Die neue Generation sollte nun an die Tradition anschließen, aber in die neuen Baukonzepte der Volkswagengruppe integriert werden. Geblieben sind die polarisierenden Formen und die freundliche, fast niedliche Gestaltung der Fahrzeugkarosserie. Eingedeutscht wurde die neue Bezeichnung des neuen Käfers zum »New Beetle«. Auch das Facelift im Jahre 2005 hat die traditionellen Aspekte erhalten und zeichnet sich neben einiger Ausstattung lediglich durch eine »geschärftere« Karosserieseitenlinie mit kantigeren Kotflügeln und sportlicheren Stoßfängern und Leuchten aus. Wir werden Ihnen die gängigsten Reparaturen für die beiden Varianten des »New Beetle« in diesem Band vorstellen.

Assistentensysteme
Der Beetle basiert auf der gleichen Plattform wie der Golf 5. Entsprechend finden sich in der Ausrüstung auch die Elemente dieser Fahrzeuggruppe wieder.

Sicherheitssysteme
Zur Serienausstattung des New Beetle zählen je ein Full-Size-Airbag für Fahrer und Beifahrer sowie ein Seiten-Airbag auf der Fahrer- und Beifahrerseite. Die Airbags im Lenkrad und in der Instrumententafel werden ausgelöst, wenn ein Aufprall entsprechender Stärke von vorn erfolgt und die Kollisionskräfte innerhalb eines 60°-Winkels wirken. Die Seiten-Airbags werden durch den jeweiligen Crash-Sensor einzeln, je nach Aufprall von links oder rechts, ausgelöst. Der Crash-Sensor für die Full-Size-Airbags befindet sich im Airbag-Steuergerät (auf dem Mitteltunnel), die Crash-Sensoren für die Seiten-Airbags sind unter dem jeweiligen Vordersitz.

Isofix Kindersitzbefestigung
Alle Sicherheitsgurte sind für die Verwendung von Kindersitzen vorbereitet. Unter der Rücksitzbank sind an der Karosserie Halteösen angeschweißt, an denen Kindersitze einfach und crashsicher befestigt werden können.

Sicherheitslenksäule
Bei einem Frontal-Crash kann die Spritzwand um 15 cm verschoben werden, ohne dass die Lenksäule beschädigt wird. Erreicht die Querwand bei einem Crash die Lenksäule, kann sie bis zu 50 mm zusammengeschoben werden. Wenn die Kollisionskräfte von unten einwirken, kann sich die Lenksäule zwischen den Kreuzgelenken bis zu 38 mm zusammenschieben. Prallt der Fahrer in den ausgelösten Airbag, wird die Lenksäule bis zu 50 mm zusammengeschoben.

Sicherheitsfußpedalwerk
Bei einem schweren Frontalunfall mit starker Verformung der Fahrzeugstruktur im Frontbereich wird das Bremspedal mittels einer Knickstütze aus dem Fußbereich geschwenkt. Diese Funktion wird durch die Deformation der Stirnwand bestimmt und ist nicht abhängig von der Betätigungsstellung des Bremspedals. Die Pedaltrittplatte wird dabei bis zu 170 mm nach vorne gezogen.

Besonderheit Cabrio
Bei schweren Unfällen oder bei extremer seitlicher Neigung wird der federgetriebene Überrollschutz unter den hinteren Kopfstützen ausgelöst. Hier entsteht in Verbindung mit den A-Säulen eine Schutzzone für die Insassen. Im Airbagsteuergerät befindet sich ein Drehratensensor zur Erkennung eines drohenden Überschlags. Zusammen mit vier im Steuergerät integrierten Sensoren wird die Unfallschwere ermittelt und wenn erforderlich der Überrollschutz ausgelöst.

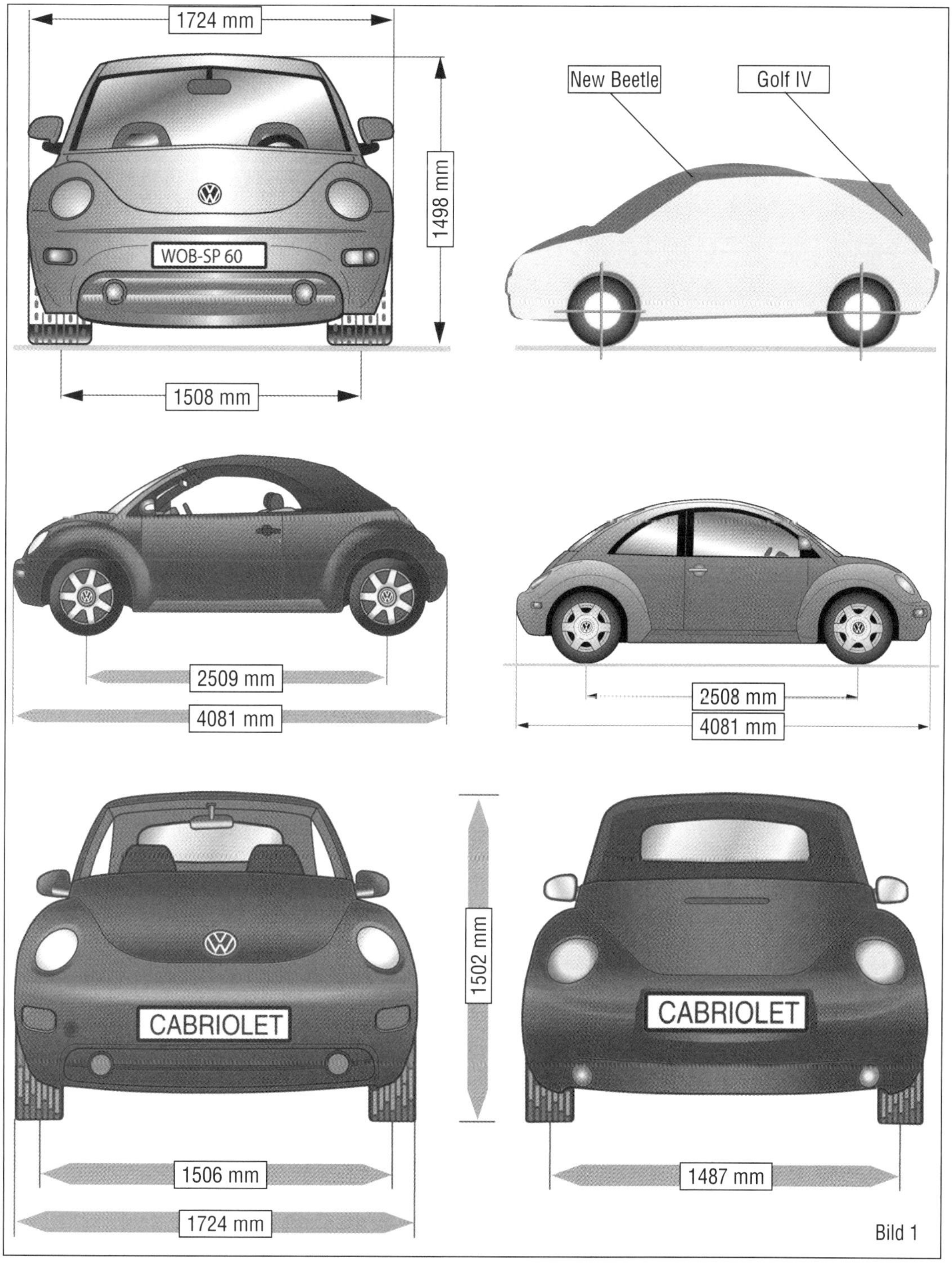

Bild 1

Bild 1
Fahrzeugabmessungen in der Übersicht.

Identifizierung

Fahrgestellnummer

Die Fahrzeug-Identifizierungsnummer befindet sich hinter der Frontscheibe auf der Fahrerseite unten (Bild 2). Weiterhin können Sie die Fahrzeug-Identifizierungsnummer auch wie bei den früheren Käfern unter der Rücksitzbank finden.

Aufschlüsselung der Fahrzeug-Identifizierungsnummer

3VW	Herstellerzeichen
ZZZ	Füllzeichen
1Y	Typ
Z	Füllzeichen
Y	Modelljahr 2005
W	Produktionsstätte
000 001	Laufende Nummer

Bild 2
Sichtbare Fahrgestellnummer im Sichtfenster der Windschutzscheibe.

Bild 3
Fahrzeugdatenträger.
1 Produktions-Steuerungsnummer
2 Fahrzeug-Identifizierungsnummer
3 Typ-Kennnummer
4 Typerklärung / Motorleistung
5 Motor- und Getriebekennbuchstaben
6 Lacknummer / Innenausstattungs-Kennnummer, Mehrausstattungs-Kennnummer

Bild 4
Angeklebt unter der Rücksitzbank enthält die Plakette Fahrgestellnummer und Achslasten.
1 Fahrzeugidentifizierungsnummer
2 variable Angaben wie z. B. Achslasten, zulässiges Gesamtgewicht, zulässiges Zuggewicht
3 Typ-Kennnummer

Bild 2

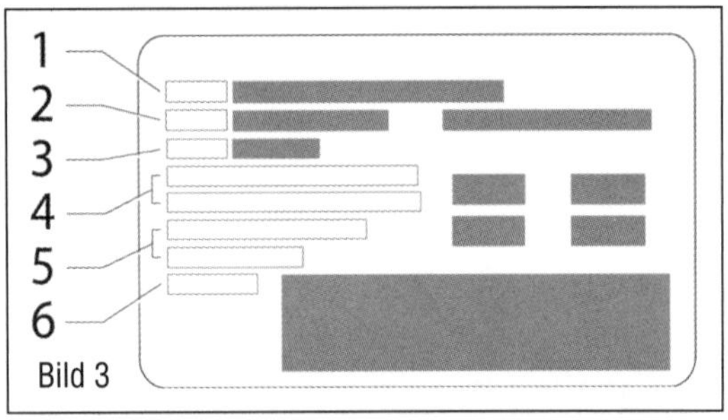

Bild 3

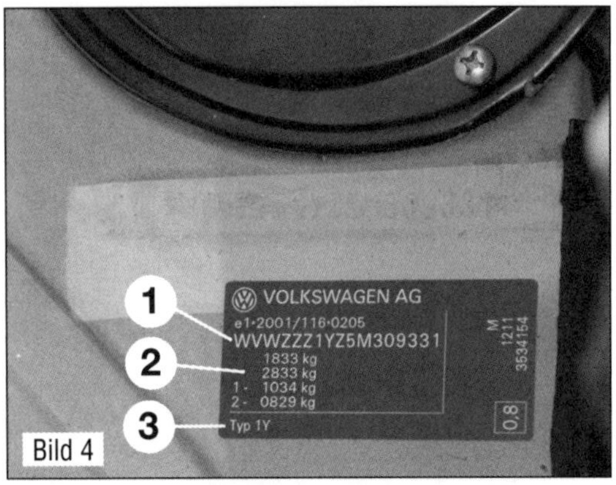

Bild 4

Fahrzeugdatenträger
Den Fahrzeugdatenträger finden Sie gleich zweimal im Fahrzeug. Zum einen ist er unter der Kofferraumabdeckung auf dem Bodenblech verklebt (Bild 3). Der Datenträger befindet sich auch im Serviceplan des Fahrzeuges. Der Aufkleber im Serviceplan und der im Kofferraum unterscheiden sich nicht und enthalten die gleichen Daten.
Der Aufkleber auf der B-Säule (Bild 4) enthält folgende Fahrzeugdaten:

1 Fahrzeug-Identifizierungsnummer
2 Fahrzeugtyp, Motorleistung, Getriebe
3 Motor- und Getriebekennbuchstaben, Lacknummer, Innenausstattung
4 Mehrausstattungen, PR-Nummern

Gerade für die Teilebestellung beim Zubehörhändler sind neben der Fahrgestellnummer und dem Zulassungsdatum auch der Motor- sowie der Getriebekenncode sehr wichtig.

Servicevorgaben

Was den Service angeht, teilt der Fahrzeugdatenträger mit, ob das Fahrzeug mit der Produktionssteuerungsnummer (PR Nummer) **QG0, QG1, QG2 oder QG3** ausgestattet ist. Diese Nummern geben Aufschluss über die Service-Intervalle.

■ **QG1:**
Werkseitig mit aktivem LongLife-Service ausgerüstet. Diese Fahrzeuge haben flexible Service-Intervall-Anzeige im Kombiinstrument, Motorölstandsensor sowie zumeist Bremsbelagverschleißanzeige. Bei Fahrzeugen mit LongLife-Service wird das Service-Intervall durch das Steuergerät entsprechend Fahrweise und Einsatzbedingungen ermittelt und dem Fahrer von der Service-Intervall-Anzeige (SIA) angezeigt. Zur Berechnung dienen Fahrstrecke, Kraftstoffverbrauch, Öltemperatur und (bei Dieseln) Belastung des Partikelfilters. Ermittelt wird der Verschleiß des Motoröls durch thermische Belastung. Der Verschleiß bestimmt die erreichbare Fahrstrecke bis zum nächsten Service. Diese flexiblen Service-Intervalle gelten für alle Wartungsereignisse, zu denen ein Wechsel des Motoröls gehört.

■ **QG0, QG2 oder QG3:**
Zeit- oder laufleistungsabhängiger Service. Bei diesen Fahrzeugen wird in so genannten starren Service-Intervallen gerechnet. Die angegebenen Kilometer- oder Zeitwerte sind dabei vorher von Volkswagen ermittelt und festgelegt worden. Bei üblichen Betriebsbedingungen ist das Erreichen dieser Service-Intervalle technisch abgesichert.

Weiter aufgeschlüsselt:
- **QG0-Fahrzeuge:** Werkseitig nicht mit den Komponenten für LongLife-Service ausgerüstet. Für die Wartung gelten von Zeit oder Laufleistung abhängige starre Intervalle.
- **QG2-Fahrzeuge:** LongLife-Service ist werkseitig nicht aktiviert. Service-Intervall-Anzeige (SIA) und Service-Intervalle sind starr. Diese Fahrzeuge haben aber eben eine SIA im Schalttafeleinsatz, haben Motorölstandsensor

und bei entsprechender Ausstattung auch Bremsbelagverschleißanzeige.
– **QG3-Fahrzeuge:** LongLife-Service ist werkseitig nicht aktiviert. Service-Intervall-Anzeige (SIA) und Service-Intervalle sind starr. Diese Fahrzeuge haben aber eben eine SIA im Schalttafeleinsatz. Bei entsprechender Ausstattung verfügen sie auch über Bremsbelagverschleißanzeige.

Anzeige im SIA
Wenn Wartung oder Ölwechsel erforderlich sind, erscheint die Anzeige »Service jetzt« auf dem Display. Vor demnächst fälligem Service gibt es eine Vorwarnung: »Service in --- km oder --- Tagen«. Die Anzeige erlischt nach einigen Sekunden oder bei laufendem Motor. Auch durch Drücken der »OK«-Taste unten am Scheibenwischerhebel oder in der Mitte des rechten Tastenblocks im Multifunktionslenkrad lässt sie sich in die Normalanzeige schalten.

Service- und andere Wechsel-Intervalle		
QG0/QG2/QG3-Fahrzeuge	Ölwechsel-Service	alle 15.000 km/1 Jahr
QG0/QG2/QG3-Fahrzeuge (gilt auch für QG1-Fahrzeuge mit Codierung auf Festintervall)	Intervall-Service	flexibel ab 15.000 km / 1 Jahr bis max. 30.000 km / 2 Jahre
QG1-Fahrzeuge	Intervall-Service	flexibel ab 15.000 km / 1 Jahr bis max. 30.000 km / 2 Jahre
Alle Fahrzeuge	Inspektions-Service	nach 3 Jahren/max. 60.000 km, dann alle 2 Jahre/60.000 km
Motorölfilter		alle 15.000 km oder 1 Jahr
Luftfilter		alle 60.000 km oder 4 Jahre
Staub- und Pollenfilter		alle 30.000 km oder 2 Jahre
Zündkerzen alle mit Fahrleistung unter 60.000 km / 4 Jahre		alle 90.000 km oder 6 Jahre
Zündkerzen alle mit Fahrleistung über 60.000 km /4 Jahre		alle 60.000 km oder 4 Jahre
Diesel Kraftstofffilter wechseln (entwässern)		alle 60.000 km (30.000) km

Servicemeldung abfragen

Bei eingeschalteter Zündung, abgestelltem Motor und stehendem Fahrzeug kann jederzeit (frühestens aber 500 km nach dem letzten Service) die aktuelle Servicemeldung abgefragt werden. Das kann ebenso wie das nach jedem Ölwechsel- und Intervall-Service nötige Zurücksetzen der SIA mit der Wippe im Scheibenwischerhebel, mit den Tastern in der rechten Speiche des Multifunktionslenkrads oder den Bedientasten am Schalttafeleinsatz erfolgen (Bild 6). Natürlich sind diese Arbeiten auch mit dem Fahrzeugdiagnosetester zu erledigen (Bild 5).

Abfragen der Meldung über Bedientasten am Schalttafeleinsatz
Ab 3000 km wird die anstehende Wartung im Display angezeigt. Die Anzeige zählt dann in 100-km-Schritten bis zur Fälligkeit herunter. Ist der Service fällig, erscheint »Service« oder »Service jetzt« im Display. Während der Anzeige können Sie das anstehende Wartungsereignis durch das Drücken der Taste für den Tageskilometerzähler für etwa 1 Sekunde anzeigen lassen.

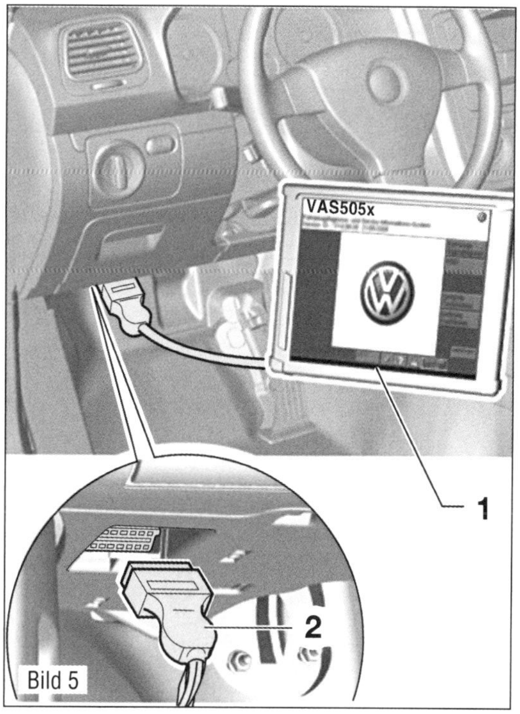

Bild 5
1 Fahrzeugdiagnosetester
2 OBD Stecker

Sichtprüfung Messen

Service-Intervall-Anzeige zurücksetzen

Nach erfolgtem Service muss die Anzeige (SIA) wieder zurückgesetzt werden. Das wird in der Regel mit einem Tester durchgeführt. Sie können aber auch den Service manuell über die Bedientasten zurücksetzen. Sie können hierbei allerdings nur den Zähler bis 15.000 km zurücksetzen. Setzen Sie das Wartungsintervall nicht außerhalb der Intervalle zurück. Achten Sie darauf, dass gerade der Servicetermin eingehalten wird. Die Fälligkeit kann sonst verfälscht werden.

Am Beetle sind unterschiedliche Verfahren für die Rückstellung erforderlich, die sich voneinander unterscheiden.

Ältere Produktionsjahre (bis etwa 1995)

- Schalten Sie die Zündung ein.
- Drücken Sie den Taster für den Tageskilometerzähler, halten Sie ihn fest und schalten Sie die Zündung aus (Bild 7).
- Schalten Sie die Zündung wieder ein und lassen Sie den Rückstellknopf los.

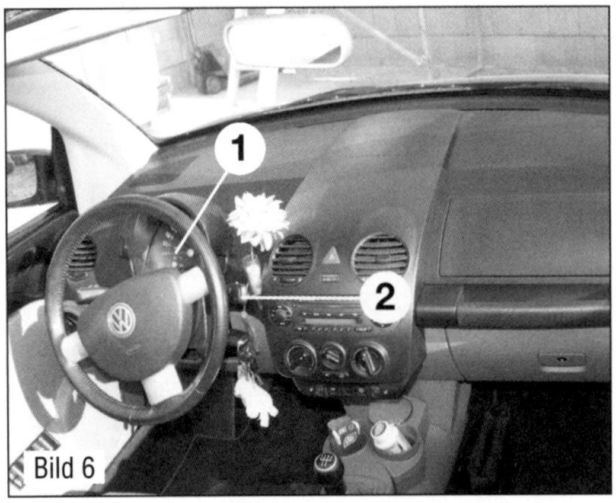

Bild 6
1 Tachometer
2 Scheibenwischerschalter

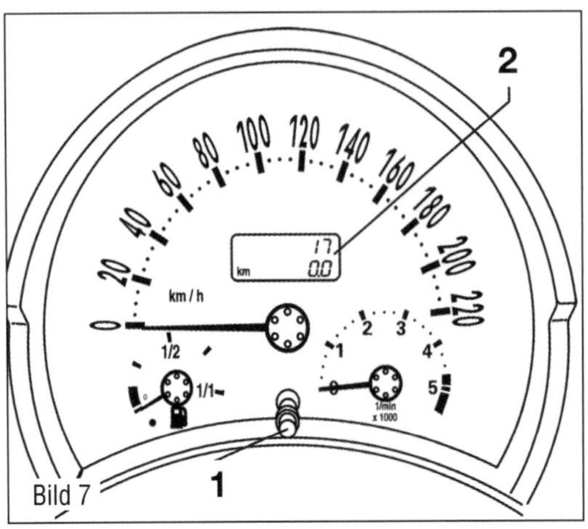

Bild 7
1 Display
2 Taster Wegstreckenzähler (Tageskilometer)

- Im Display wird nun eines der anstehenden Wartungsereignisse angezeigt.
- Wählen Sie mit dem Rückstellknopf das Ergebnis an.
- Nach 10 Sekunden ist der Service zurückgestellt.

Neuere Produktionsjahre (ab etwa 1995)

Die beiden Modi »OEL« und »INSP« müssen getrennt zurückgesetzt werden. Wenn allerdings der Ölservice ansteht und angezeigt wird, muss dieser vor der Inspektion zurückgesetzt werden. Diese Reihenfolge ist fest vorgegeben.

- Schalten Sie die Zündung aus.
- Drücken Sie den Taster für den Tageskilometerzähler, halten Sie ihn fest.
- Schalten Sie die Zündung ein. Im Display erscheint nun der Schriftzug »OEL«. Die Taste dann loslassen.
- Mit kurzem Drücken kann die Anzeige auf »INSP« gestellt werden.
- Durch Drücken der Taste über etwa 10 Sekunden wird die Anzeige zurückgesetzt und quittiert das über die Anzeige »----« im Display.

Mit dem Fahrzeugdiagnosetester geht das professionell vor sich:

- Tester im Fahrzeug anschließen, Zündung einschalten, »Geführte Funktionen« anwählen.
- Nacheinander auswählen: Marke, Typ, Modelljahr, Motorkennbuchstaben und Fahrzeugidentifikation bestätigen.
- Dann wiederum nacheinander auswählen: Schalttafeleinsatz, Service-Intervall-Anzeige zurücksetzen.
- Die Anpassung gemäß den »Geführten Funktionen« vornehmen, dann »Sprung« anwählen und »Beenden« drücken.
- Zündung ausschalten, Diagnosestecker abziehen, Zündung wieder einschalten.
- Es wird nun kein Serviceereignis mehr angezeigt.

Umcodieren LongLife

Bei Fahrzeugen mit LongLife-Service (QG1), die nach ca. 15.000 km oder 12 Monaten zum Ölwechsel-Service kommen, muss die Service-Intervall-Anzeige auf nicht flexibel umcodiert werden. Dadurch wird sichergestellt, dass diese Fahrzeuge wieder in den normalen LongLife-Service-Rhythmus hineinkommen.

- Zum Umcodieren muss ein Fahrzeugdiagnosetester angeschlossen werden.
- Zündung einschalten, »Geführte Funktionen« anwählen.
- Nacheinander auswählen: Marke, Typ, Modelljahr, Motorkennbuchstaben.
- Fahrzeugidentifikation bestätigen und wiederum nacheinander auswählen: Schalttafeleinsatz, Service-Intervall-Verlängerung anpassen.
- Anpassung gemäß den »Geführten Funktionen« vornehmen, anschließend »Sprung« anwählen und »Beenden« drücken.
- Die Zündung ausschalten und den Diagnosestecker abziehen.

Über den Sinn und Unsinn der LongLife-Codierung

Der eigentliche Sinn der langen Serviceintervalle liegt in der Forderung der Kunden, die Fahrzeugwartungskosten zu senken. Technisch macht es dann Sinn, wenn Sie tatsächlich eine hohe Jahreslaufleistung mit Ihrem Fahrzeug erreichen. Lange Intervalle sollten Sie auf keinen Fall über mehrere Jahre hinausziehen, sondern wie auch in der Berechnung der Laufleistung vorgesehen zumindest einmal im Jahr durchführen lassen. Auch beschränkt sich der Umfang eines »Ölservice« oder der eines »Service« nur auf die Flüssigkeiten.
Hinter der Wartung stecken Kontrollen, die sich auf das gesamte Fahrzeug mit allen wichtigen Bauteilen auswirken, die zu der Funktion des Fahrzeuges gehören.
Oftmals können wenige Handgriffe in der Wartung erhebliche Kosten an Reparaturen einsparen. Es kommt also nicht darauf an, dass die Anzeige im Tachometer »nervt« und abgeschaltet werden muss, sondern dass die Wartung »im Auge« bleibt.

3 Werkzeug und Ausrüstung

Ob nun reines Hobby oder beruflich: Das Schrauben birgt gewisse Risiken. Vom kleinen Kratzer bis hin zum tödlichen Unfall ist schon alles vorgekommen. Ärgerlich ist es aber auch schon, wenn durch einen unpassenden Schraubenschlüssel eine Schraube so beschädigt wird, dass sie sich nur mit einem erheblichen Aufwand lösen lässt. Einige Arbeiten werden durch Spezialwerkzeug deutlich erleichtert. Sollten Sie bestimmte Tätigkeiten öfter durchführen, scheuen Sie sich nicht, die Preise für das Spezialwerkzeug anzufragen. Gelegentlich sind die Preise so günstig, dass es sich nicht mal lohnt, die Werkzeuge nachzubauen.

Standardausrüstung für mechanische Arbeiten

Sicherlich ist es immer besser, auf die Werkzeugsätze der Top-Markenhersteller zurückzugreifen. Als Basis allerdings sind auch schon günstigere Ausführungen recht bekannter Marken erhältlich. Gerade für die Arbeiten an modernen Fahrzeugen müssen neben den üblichen Sechskantnüssen auch Vielzahn- und Torxeinsätze zur Verfügung stehen (siehe Bilder). Eine günstige Alternative für unsere Zwecke bieten »Snap On«- oder »KS-Tool«-Werkzeugkoffer, die ein sehr komplettes Angebot liefern. Sind die Sätze im Angebot, kann man sein Werkzeugsortiment mit einem solchen Set leicht auch um 100 Euro erweitern.

An Werkzeug lässt sich leider kein Geld einsparen. Zum einen ist die Lebenserwartung dieses Werkzeuges stark an den Anschaffungspreis gekoppelt und zum anderen ist es extrem wichtig, dass die Maßhaltigkeit genau stimmt.

Wenn es um die Demontage von einzelnen Bauteilen geht oder auch nur zur Ablage von ausgebauten Fahrzeugteilen, ist eine Werkbank sehr hilfreich (Bild 2). Ist sie stabil genug, kann sie bei der Demontage der Motorteile gute Dienste leisten. Bei der Demontage fallen regelmäßig einige Schrauben an. Um diese besser wieder zuordnen zu können und sie sicher und sauber zu lagern, empfiehlt es sich, für die einzelnen Baugruppen jeweils eine, am besten verschließbare Kiste zu

Spezialwerkzeuge

Ein hilfreicher Spezialist für enge Stellen ist ein so genannter Greifer oder auch ein »Magnet am Stiel« (Bild 5). Der Motorraum ist gerade bei heutigen Fahrzeugen recht zu-

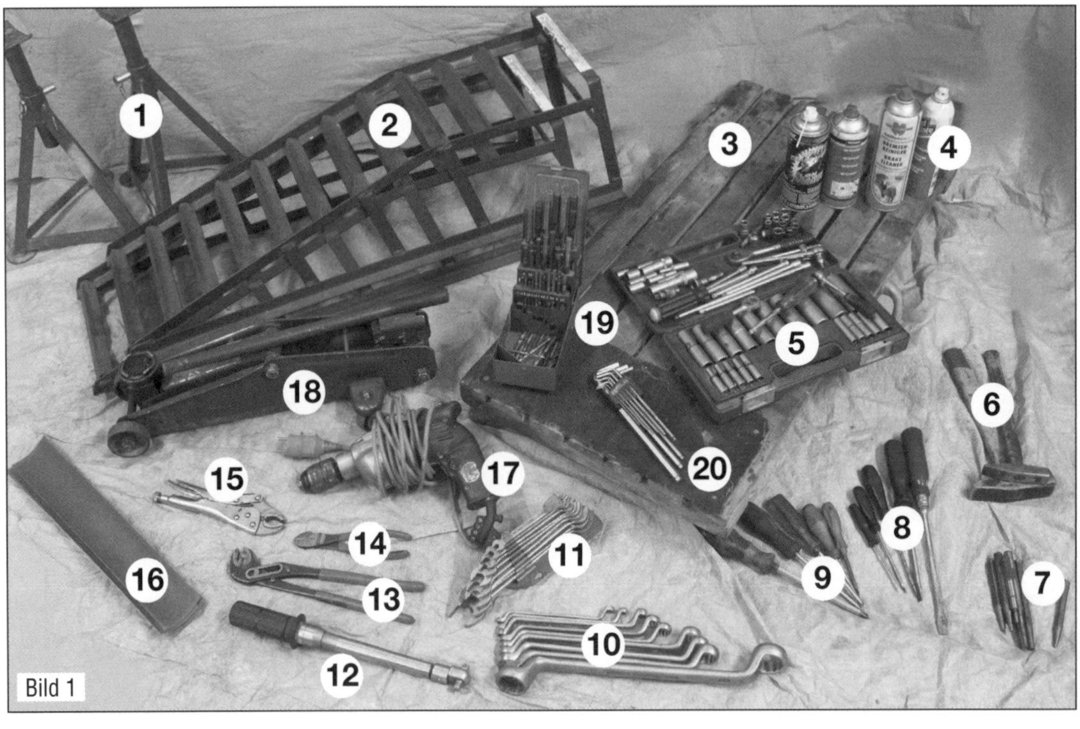

Bild 1

Bild 1
Standardwerkzeug in der Übersicht.
1 Unterstellböcke
2 Auffahrrampen
3 Rollbrett
4 Sprühfett, Rostlöser und Bremsenreiniger
5 Ratschenkasten-Werkzeugset
6 Schlosserhammer 500 g und Schlosserhammer 200 g
7 Durchschlagset und Körner
8 Schlitz-Schraubendreherset
9 Kreuz-Schraubendreherset
10 Ringschlüsselset
11 Gabelschlüsselset
12 Drehmomentschlüssel
13 Wasserpumpenzange
14 Seitenschneider
15 Grip- oder Schnappzange
16 Schleifpapier Korn 120
17 Handbohrmaschine
18 hydraulischer Wagenheber
19 Bohrerset
20 Innensechskant/Torx/Vielzahnset

gebaut. Fällt eine Schraube oder Klammer hinunter, muss diese natürlich wieder herausgesammelt werden. Oft genug wird es für die Finger zu eng. Der Versuch, mit einem Schraubendreher das Entfallene in erreichbare Nähe zu bekommen, endet meist mit einer noch verzwickteren Lage. Der Greifer oder auch ein Magnet kann helfen, die entflohenen Teile ohne fingerbrecherische Aktionen wieder einzufangen.

Zahnriemenvorspannungsprüfer (Bild 6)
Bei allen Motorvarianten ohne automatischen Zahnriemenspanner muss dieser entsprechend den Angaben des Herstellers gespannt werden. Ist er zu lose, können genau wie bei zu fester Spannung Schäden an Riemen oder den Umlenkungen entstehen.

Standardausrüstung für Arbeiten an der elektrischen Anlage

Diagnose-Tools und Auslesegeräte
Unabdingbar ist heutzutage, die in jedem Steuergerät eingebauten Fehlerspeicher auszulesen. Es geht schon lange nicht mehr darum, die großen Fehler abzulegen, sondern eben auch kleine Funktionsstörungen, die vom Steuergerät erkannt werden, für eine Fehlerabfrage bei der Inspektion oder bei der Reparatur zu sichern. Es gibt heute schon Auslesegeräte für die OBD (On Board Diagnose) unter 100 Euro, die zumindest das Auslesen nach Codenummer ermöglichen. Wir verwenden in diesem Buch den »VCDS« (VCDS-Diagnosesystem), um die Auslese, einige Bauteilprüfungen und Einstellungen im Bordnetz durchzuführen.

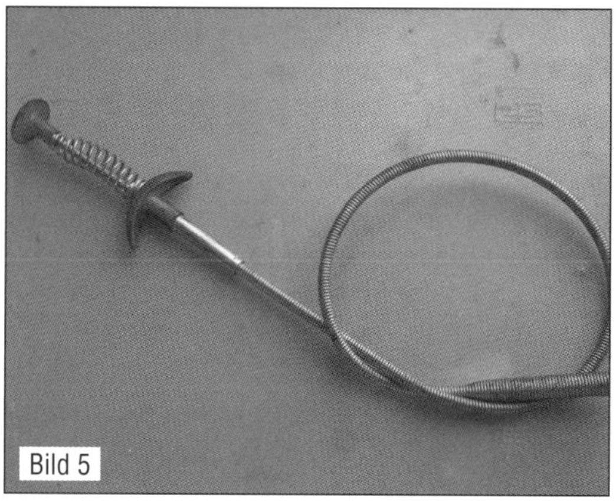

Bild 5
Greifer.

Bild 2
Werkbank und Ablage.

Bild 3
Kistchen und Kästchen – das spart Zeit.

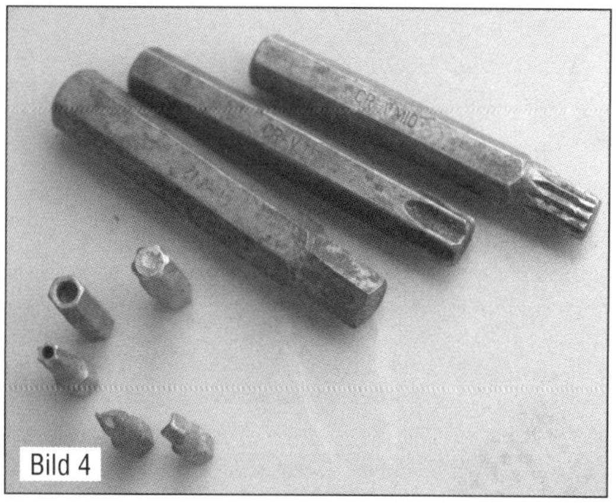

Bild 4
Innensechskant, Torx und Vielzahn

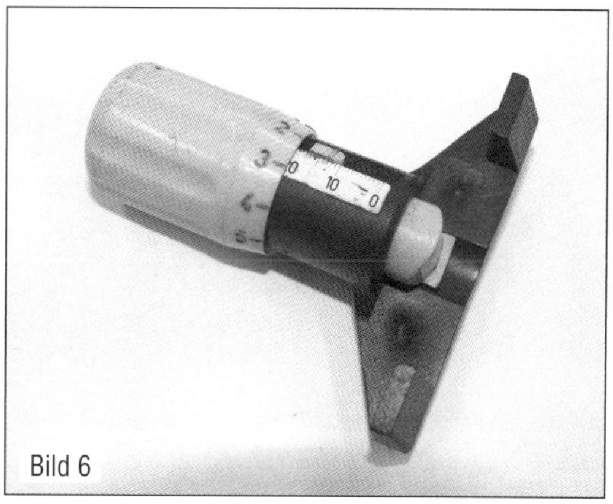

Bild 6
Zahnriemenvorspannungs-Prüfer.

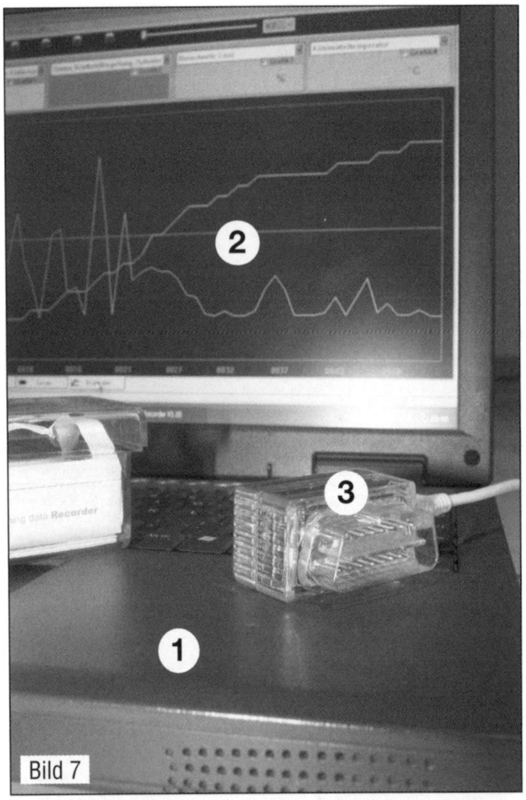

Bild 7

Bild 7
Aufzeichnen während der Fahrt: alle OBD-Daten, bis zu 24 Stunden erfassen.
1 Laptop
2 Kennlinien
3 Datenlogger

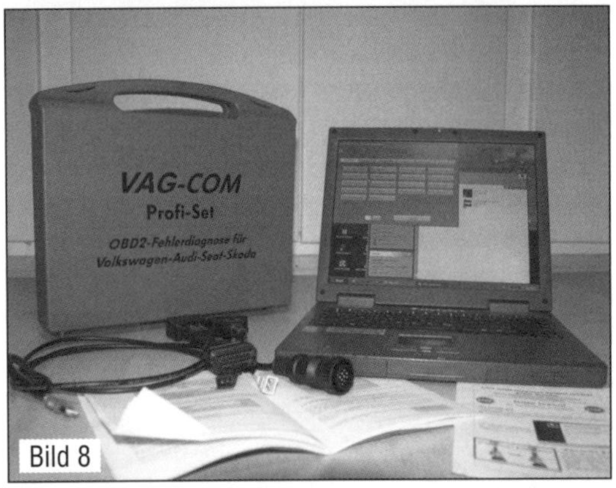

Bild 8

Bild 8
VCDS: Volldiagnose zum günstigen Kurs.

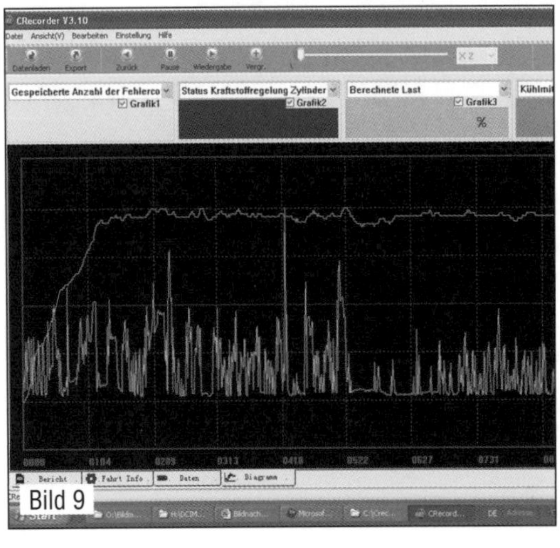

Bild 9

Bild 9
Adapter für den Anschluss von Bauteilen an Batterie-+ und Masse. Die Kabel und Stecker ermöglichen den Test auch außerhalb des Fahrzeuges.

Dieses PC-basierte Diagnosesystem liegt mit seinen 350 Euro ungefähr beim Preis eines Profiratschenkastens. Zusätzlich wird lediglich ein Notebook mit Windows-Betriebssystem oder ein ausgedienter Desktop-PC benötigt. Regelmäßige, kostenlose Softwareupdates halten Sie stets auf dem neuesten Stand (Bilder 7 und 8). Die Auslesegeräte werden zunehmend vielfältiger, und es ergeben sich neue Möglichkeiten. Der »C-Recorder« ermöglicht eine Langzeitüberwachung der Bordelektronik bis zu 24 Stunden Fahrzeit (Nr. 3 in Bild 7). Das ist eine sehr hilfreiche Variante für die Fehlersuche, gerade bei kaum zu ortenden, sporadisch auftretenden Fehlern.

Sinnvolle Anschaffungen für die Messtechnik

Messspitzen

Riesige Probleme bereitet es, eine Messung an einem angeschlossenen Kabel am Bauteil in Funktion zu realisieren. Zumal ja weder die Isolierung noch das Kabel selbst oder der Stecker beschädigt werden sollen. Die Firma Rose Messtechnik in Limburg-Offheim stellt einen Nadelkontaktierer (Bild 10) her, der genau diese Anforderungen erfüllt (www.rose-netztechnik.de). Das Anstichloch im Kabel ist so klein, dass es keine relevanten Löcher in der Isolierung hinterlässt.

Messbechersatz »kraftstofffest«

Für die Messungen an der Benzinpumpe oder auch nur mal zum Auffangen von Kraftstoff werden Behältnisse mit Volumenangaben benötigt. Mit etwas Geduld finden sich in der Haushaltsabteilung des Supermarktes recht günstig verwendbare Messbecher oder Schüsseln.

Zum Selbermachen

Natürlich sind Messwerkzeuge in der Regel teuer. Es sei denn, man zeigt etwas Kreativität und Bastlerspürsinn. Die Profigeräte sind sicherlich deutlich professioneller, der Eigenbau aber ist genauso einsatzfähig und kostet oft nur wenige Euro. Messkabelsätze lassen sich aus passenden Anschlüssen vom Schrottplatz leicht und funktionell selbst herstellen (Bilder 11 bis 13). Die Standardausrüstung für Arbeiten an der Karosserie ist im Bild 14 zusammengestellt.

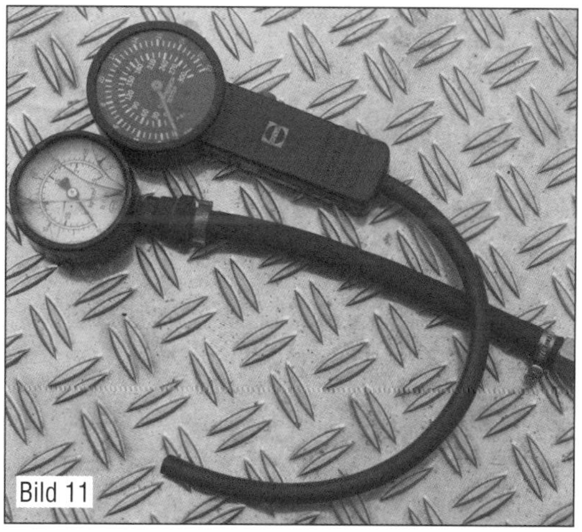

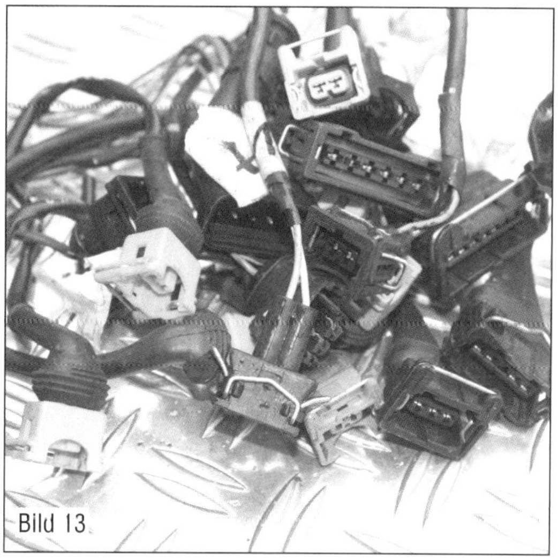

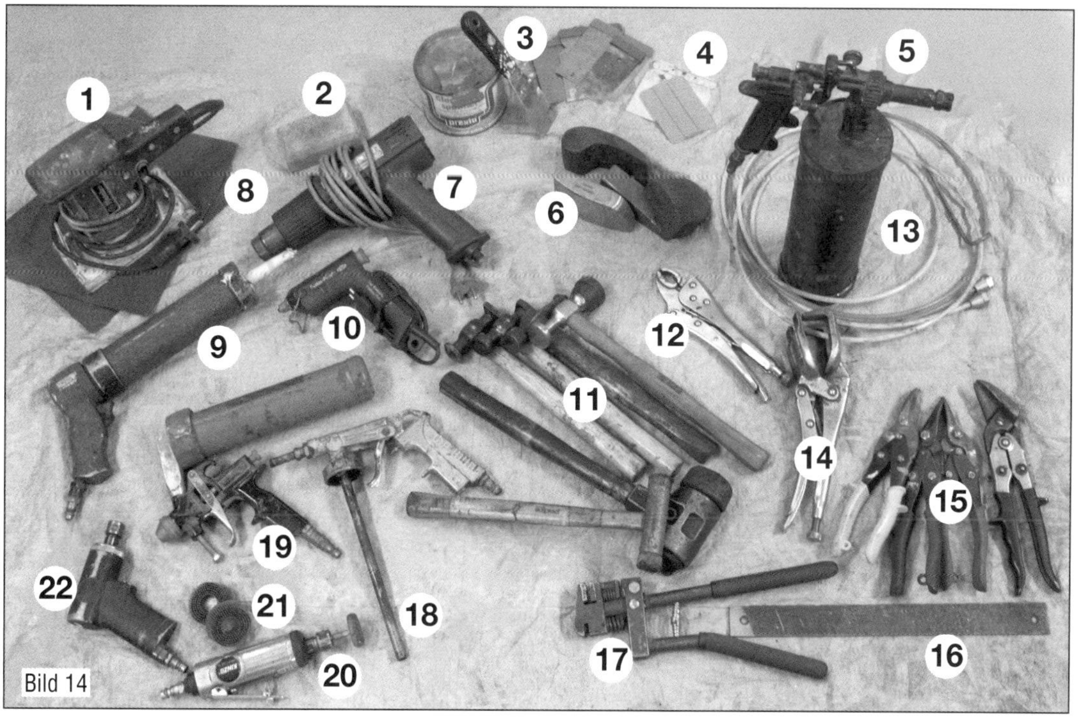

Bild 10
Nadelkontaktierer im Einsatz.

Bild 11
Kraftstoffdruckmanometer. Die Alten sind die besten: Sind die Innereien aus Blech, lassen sich damit nicht nur Luft-, sondern auch der Öl- und der Kraftstoffdruck messen. Anschlüsse und Gewindestücke gibt's oft schon beim örtlichen Hydraulik-Händler oder im Werkzeugladen.

Bild 12
Fernschalter für die Kraftstoffpumpe. Einfach aber genial: ein Taster, 2-m-Kabel und zwei Stecker.

Bild 13
Datenvielfalt zur Überwachung.

Bild 14
Standard Ausrüstung für Arbeiten an der Karosserie. Werkzeug im Überblick.

1 Schwingschleifer
2 Schleifklotz
3 Spachtelmasse
4 Japanspachtelset
5 Hohlraumpistole
6 Ausbeuleisen
7 Heißluftföhn
8 Schleifpapier
9 Kartuschen-Pistole
10 Heißklebepistole
11 Hammerset
12 Gripzange flach
13 Hohlraumversiegelungssonden
14 Gripzange abgesetzt und breit
15 Scherenset für gerade und kurvige Schnitte
16 Karosseriefeile
17 Absetzzange
18 Unterbodenschutzpistole
19 Nahtabdichtungs-Spritzpistole
20 Luftschleifer gerade
21 Bristol Look Kunststoff-Schleifpads
22 Luftschleifer winklig

Bild 15
1 Messspitzen, um die Abdichtungen der Steuergerätestecker zu umgehen
2 Flachstecker auf Rundstecker für Laborkabel
3 Krokodilklemme mit Rundstecker
4 Y-Stecker, um Sensoren parallel messen zu können
5 Nadelkontaktierer
6 Anschlusskabel mit Sicherung
7 Laboranschlusskabel (2 m)
8 Anschlusskabel mit Schalter

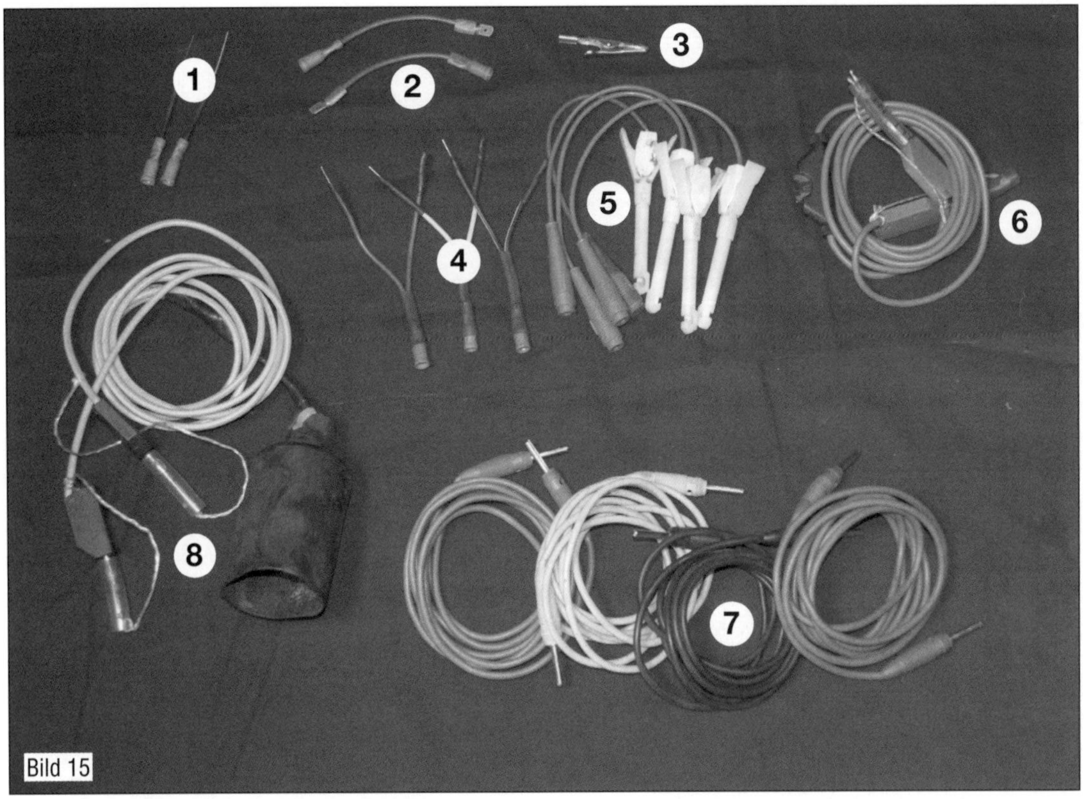

Bild 15

4 Motoren

Die Modellpalette des Beetle ist mit einer Vielzahl von Motorvarianten ausgerüstet, die aber wenigstens für einige Motorkennbuchstaben für die Montageschritte zusammengefasst werden können. Zunächst stellen wir Ihnen die technischen Daten der Motoren in Tabellenform gegenüber.

Die Motormerkmale – technische Daten

Volkswagen verändert für auch eigentlich baugleiche Motoren die Motornummer dann, wenn kleine Veränderungen vorgenommen wurden oder auch, wenn die Anzahl der bereits hergestellten Motoren so groß geworden ist, dass die Stellenanzahl eine Neuvergabe erforderlich macht.

Benzinmotoren				
Kraftstoff (Qualität)	Benzin (95 ROZ)	Benzin (95 ROZ)	Benzin (95 ROZ)	Benzin (91 ROZ)
Hubraum	1,4 l	1,6 l	1,8 l (1,8T)	2,0 l
Motorkennbuchstaben	BCA	AWH (AYD, BFS)	APH, AVC, AWP, AWU,	AEG, APK, AQY, AVH, AZG, AZJ, AWV, BKF, BNU BDC, BEJ, BER, BEV, BGD, BHP, CBPA
Zylinderzahl	4	4	4	4
Ventile pro Zylinder	4	2	5	2
Leistung kW bei 1/min	55/5000	74/5600 (75/5600)	110/5800 (132/5500)	85/5200
Drehmoment Nm bei 1/min	126/3300	145/3800	220/2000 bis 4200 (235/2195 bis 5000)	165/2600 (170/2400)
	Die Daten bei einzelnen Modellen können abweichen			
Bohrung Ø mm	76,5	81,0	81,0	82,5
Hub mm	75,6	77,4	86,4	92,8
Material Zylinderkopf/ Motorblock	Aluminium-Legierung	Legierung/ Aluminium-Grauguss	Aluminium-Legierung/ Grauguss	Aluminium-Legierung/ Grauguss
Anzahl Nockenwellen	2	1	2	1
Lage der Nockenwellen	oben	oben	oben	oben
Antrieb der Nockenwellen	Zahnriemen (zwei verbaut)	Zahnriemen	Zahnriemen (Kette NW)	Zahnriemen
Anzahl der Kurbelwellenlager	5	5	5	5
Gemischaufbereitung	Motronic ME 7.5	Simos 3.3	Motronic ME 7.5	Motronic 5.9.2
Aufladung/Typ/Druck	keine	keine	Bypasslader	keine
Zündanlage	Einzelspule	Ruhende Verteilung	Einzelspule	Ruhende Verteilung
Abgasreinigung	3 Wegekat/ 2 Sonden	3 Wegekat/ 2 Sonden	3 Wegekat/ 2 Sonden	3 Wegekat/ 2 Sonden
Schadstoffklasse	Euro 4	Euro 4	Euro 3	Euro 4 (D4)

Sichtprüfung Messen

Dieselmotoren			
Kraftstoff (Einspritzsystem)	Diesel (VE-EDC)	Diesel (PD Elemente)	Diesel (PD Elemente)
Hubraum	1,9 l	1,9 l	1,9 l
Motorkennbuchstaben	ALH	ATD, AXR, BEW	BSW
Zylinderzahl	4	4	4
Ventile pro Zylinder	2	2	4
Leistung kW bei 1/min	66/37500	74/4000	77/4000
Drehmoment Nm bei 1/min	210/1900	240/1800 bis 2400	250/1800
Bohrung Ø mm	79,5	79,5	81,0
Hub mm	95,5	95,5	95,5
Aufladesystem	VTG Turbocharger	VTG Turbocharger	TDI Turbocharger
MaterialZylinderkopf/ Motorblock	Aluminium-Legierung/ Grauguss	Aluminium-Legierung/ Grauguss	Aluminium-Legierung/ Grauguss
Anzahl Nockenwellen	1	1	1
Lage der Nockenwellen	oben	oben	oben
Antrieb der Nockenwellen	Zahnriemen	Zahnriemen	Zahnriemen
Anzahl der Kurbelwellenlager	5	5	5
Gemischaufbereitung	Axial Verteilerpumpe EDC	Pumpen-Düsen-Elemente	Pumpen-Düsen-Elemente
Glühanlage	Stabglühkerzen	Stabglühkerzen	Stabglühkerzen
Schadstoffklasse	Euro 3 (D3)	Euro 3 (D3)	Euro 4 (D3)

Bild 1
1,9 l-TDI (Diesel).

Bild 2
1,4 l-Benziner.

Bild 1

Bild 2

Arbeiten am Motor

Maßnahmen für Sicherheit, einwandfreie Funktion und Sauberkeit

Bei Arbeiten am Motor, an der Kraftstoffversorgung (Kapitel 7) und an der Einspritzanlage sind bestimmte Maßnahmen zu treffen und Hinweise zu befolgen, die zur Sicherheit bei der Arbeit dienen, eine einwandfreie Funktion aller Systeme gewährleisten sollen und Fehlfunktion oder Schäden durch Verunreinigung vermeiden helfen. Wir stellen sie hier als grundlegend für alle folgenden Arbeiten voran.

Sicherheit

- Bei allen Montagearbeiten am Kraftstoffsystem Schutzbrille und Schutzhandschuhe tragen. Hautkontakt mit Kraftstoff vermeiden.
- Der Kraftstoff bzw. die Kraftstoffleitungen im Kraftstoffsystem können sehr heiß werden (Verbrühungsgefahr). Außerdem steht das Kraftstoffsystem unter Druck. Vor dem Öffnen des Systems deshalb Putzlappen um die Verbindungsstelle legen und durch vorsichtiges Lösen der Verbindung Druck abbauen.
- Aus Sicherheitsgründen muss vor dem Öffnen des Kraftstoffsystems die Sicherung für die Kraftstoffpumpe aus dem Sicherungshalter entfernt werden, da die Pumpe durch den Türkontaktschalter der Fahrertür aktiviert werden kann.
- Kraftstoffleitungen sind mit Schnellverschlüssen gesichert. Kraftstoffschläuche dürfen nur mit Federbandschellen gesichert werden. Die Verwendung von Klemm- oder Schraubschellen ist nicht zulässig.
- Beim Aus- und Einbau des Gebers für Kraftstoffvorratsanzeige oder der Kraftstoffpumpe (Kraftstofffördereinheit) aus gefüllten oder teilweise gefüllten Kraftstoffbehältern muss bereits vor Beginn der Arbeiten in die Nähe der Montageöffnung des Kraftstoffbehälters der Schlauch einer eingeschalteten Abgas-Absauganlage zum Absaugen der freiwerdenden Kraftstoffgase gelegt werden.
- Bei den TSI-Motoren ist die Einspritzanlage in einen Hochdruckbereich (maximal ca. 120 bar) und in einen Niederdruckbereich (ca. 6 bar) aufgeteilt. Vor dem Öffnen des Hochdruckbereichs, z. B. beim Ausbau der Hochdruckpumpe, des Kraftstoffverteilers, der Einspritzventile, der Kraftstoffrohre oder des Kraftstoffdruckgebers, muss der Kraftstoffdruck im Hochdruckbereich definiert auf einen Restdruck von ca. 6 bar abgebaut werden. Dazu ist ein Werkstatt-Diagnosesystem nötig. Bei Einsatz des VAS 5051 wird die »Geführte Funktion: Kraftstoffhochdruck abbauen« ausgeführt: Zündung ausschalten, sauberen Putzlappen um die Verbindungsstelle legen, vorsichtig öffnen, Druck ablassen, ausfließenden Kraftstoff auffangen. Fehlerspeicher abfragen, alle Einträge löschen, Readinesscode erzeugen.

Funktionssicherheit

- Bei allen Montagearbeiten, insbesondere aufgrund der engen Bauverhältnisse im Motorraum, Leitungen aller Art z. B. für Kraftstoff, Kühl- und Kältemittel, Unterdruck und elektrische Leitungen so verlegen, dass die ursprüngliche Leitungsführung wieder hergestellt wird.
- Alle Kabelbinder, die beim Ausbau gelöst oder aufgeschnitten werden, sind beim Einbau an der gleichen Stelle wieder zu befestigen.
- Um Beschädigungen an den Leitungen zu vermeiden, auf ausreichenden Freigang zu allen beweglichen oder heißen Bauteilen achten.

Sauberkeit (»5 Regeln«)

- Verbindungsstellen und deren Umgebung vor dem Lösen gründlich reinigen.
- Ausgebaute Teile auf einer sauberen Unterlage ablegen und abdecken. Keine fasernden Lappen benutzen.
- Geöffnete Bauteile sorgfältig abdecken bzw. verschließen, wenn die Reparatur nicht umgehend ausgeführt wird.
- Nur saubere Teile einbauen: Ersatzteile erst unmittelbar vor dem Einbau aus der Verpackung nehmen. Keine Teile verwenden, die unverpackt (z. B. im Regal oder in Werkzeugkästen) aufgehoben wurden.
- Bei geöffneter Kraftstoff- und Einspritzanlage möglichst nicht mit Druckluft arbeiten und das Fahrzeug nach Möglichkeit nicht bewegen.

Diagnosetester einsetzen

An diesem Kapitel lässt es sich leicht erkennen, dass viele Funktionen über die Elektronik virtuell realisiert worden sind. Die Anschaffung eines Testers für die Diagnose ist zwingend erforderlich. Nicht einmal der Anbau der Anhängerkupplung oder das Einstellen des Lichtes ist mehr möglich, wenn man eine fachgerechte Arbeit abliefern möchte. Es geht nicht mehr darum, einen Fehlerspeicher zu löschen, um dann mal »rumzuraten«, was es denn gewesen sein könnte. Es wäre das Gleiche, wenn Sie die Seiten dieses Buches ungelesen ausreißen und dann raten, was denn drin gestanden haben könnte. Die Diagnose über die Fehlerspeicher vereinfacht die Arbeit am Fahrzeug um einiges. Man muss lediglich lernen mit diesem »Werkzeug« zu arbeiten. Ohne Tester bleibt nur der Weg zum Händler, um den Fehlerstatus zu erfassen oder Einstellungen zu machen.

VAG-Tester

Ein großer Teil der Reparaturarbeiten schließt die Diagnose von Fehlern ein. Diese wird durch die ELSA (Elektronisches Service Auskunftssystem) im Zusammenspiel mit den Diagnosegeräten unterstützt. VAS 5051, 5052 oder 5053 können in der Fachwerkstatt an allen vernetzten Arbeitsplätzen betrieben werden und bieten direkten Zugriff auf aktuelle Werkstattliteratur sowie Unterstützung vom Hersteller über Telediagnose. Bei der Diagnose werden alle Kunden- und Fahrzeugdaten an die angeschlossenen Geräte weitergeleitet und sind automatisch an jedem Arbeitsplatz abrufbar. Während einer Reparatur können technische Problemlösungen nachgeschlagen oder im VW-Service Net ® tagesaktuelle Zusatzinformationen abgerufen werden. Diese Anbindung an das Netzwerk ermöglicht Software-Updates von Steuergeräten, Geheimnis- und Komponentenschutz, Softwareversionsmanagement, Übertragung von Diagnoseprotokollen, die besagte Telediagnose, die Software-gestützte Durchführung von Aktionen und viele weitere Funktionen.

Das System »ELSA« steht mit aktuellen Daten zur Verfügung. Möglich sind dadurch:

- Datenaustausch zwischen kaufmännischem Bereich und Werkstatt;
- Datenaustausch über Werkstattauslastung und Terminvereinbarung;
- Austausch von Kunden-, Fahrzeug- und Termindaten;
- Rückfluss von Daten über bereits ausgeführte Reparaturen von der Werkstatt auf den Fortschrittsmonitor, sodass der Serviceberater gegebenenfalls in den laufenden Prozess eingreifen kann;
- Datenrückfluss von der Werkstatt für Qualitätskontrolle und Rechnungserstellung;
- Bereitstellung von Daten über benötigte Arbeitszeiten, Arbeitspositionen und Ersatzteile;

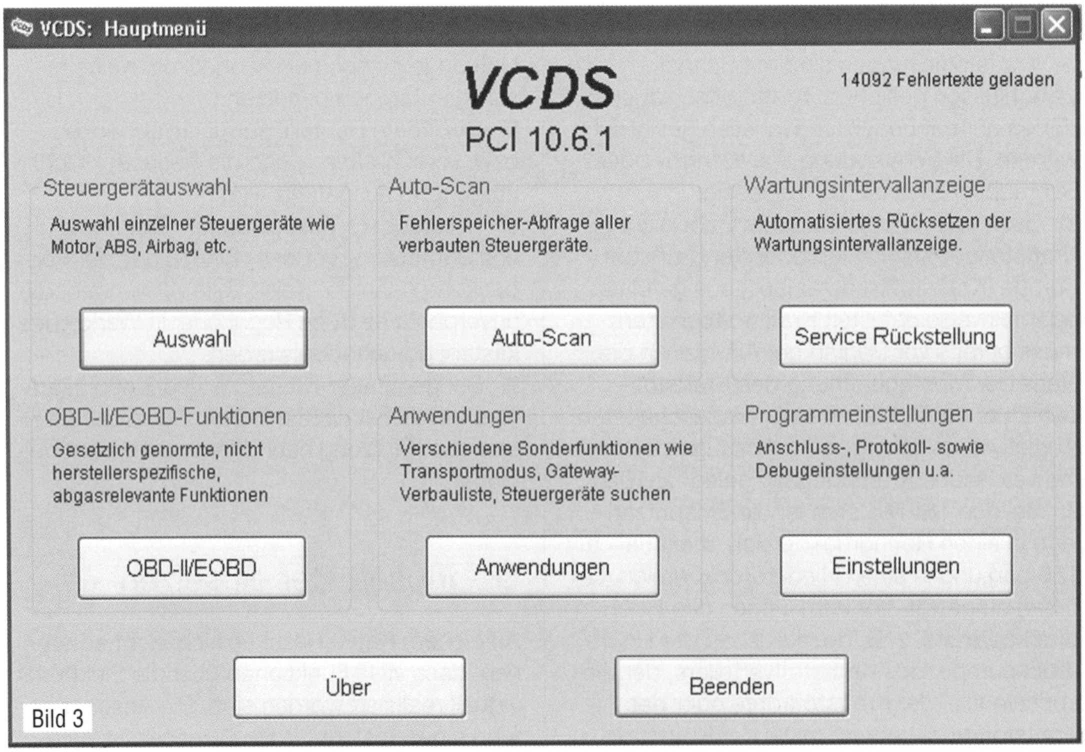

Bild 3
Startmaske des VCDS als Zugang zu allen Diagnosefunktionen.

■ Einbeziehung des Teiledienstes ab Terminvorbereitung in den Service-Prozess.

VCDS oder VAG-COM

Natürlich wählen wir wie auch beim Werkzeug nicht die billigste Variante aus, sondern empfehlen Ihnen die Anschaffung eines Systems, das im Laufe der nächsten Jahre noch einiges an Potenzial in deutscher Sprache liefern wird. Der »VCDS« kommt aus den USA und wird hier in einer deutschen Ausgabe von wenigen Händlern angeboten.

■ Reizvoll ist der Aufbau der »Wiki-Seite« der Firma PCI Tuning, auf der zukünftig Fehlerbeschreibungen und die Vorgehensweisen mit dem VCDS abgearbeitet werden sollen. Die Standortbeschreibung der Testerbesitzer könnte die Diagnose auch für die privaten Schrauber sehr auflockern.

■ Auf der Internetseite des deutschen Vertriebs www.vcdspro.de können Sie sich genauer informieren. Gerade diejenigen unter den Lesern, die dem Thema »Diagnose« kritisch gegenüberstehen, werden zumeist nach wenigen Versuchen erkennen, wie einfach der Umgang mit Laptop und Fahrzeug wird.

Eine typische Situation im Umgang mit den Fahrzeugen dieser Generation liegt in der schon recht umfangreichen Steuerung und Regelungstechnik.

■ Abgestimmt und eingestellt wird oft auf der virtuellen Ebene.

Handgeräte zum Lesen und Löschen

OBD2 ist das Zauberwort, welches den Zugang zumindest zu den Motorsteuergeräten ermöglicht. Die Normung der Diagnose ermöglicht zumindest in diesem Bereich den Zugang zu allen aktuellen Fahrzeugen. Um den Fehlerspeicher auszulesen oder auch Prüffunktionen der Eigendiagnose ausführen zu können reicht meist schon ein Diagnosetool, welche durchaus schon um 100 Euro in diversen Onlineversteigerungen angeboten werden. Oft noch günstiger sind die kleinen Handgeräte schon im Baumarkt um die Ecke erhältlich. Wichtig hierbei ist immer, dass die entsprechende Software und zumindest eine Beschreibung auf Deutsch mitgeliefert wird.

Fehlerspeicher abfragen

Schwierig? Kann ich nicht? Ach was! Wer es schafft Emails abzurufen ohne den Computer zu zerstören, kann auch diese Arbeiten leicht erlernen. Wir zeigen Ihnen an einigen Beispielen, wie Aufgaben dieser Art angegangen werden können und möchten Sie animieren, sich zusammen mit Fachforen auch mit der Thematik Tester und Diagnose genauer auseinanderzusetzen.

■ Wir gehen davon aus, dass Sie den VCDS ordnungsgemäß nach Handbuch installiert haben.

■ Schließen Sie den VCDS auf Ihrem Laptop an die OBD-Dose im Fahrerfußraum an. Die Diagnosedose finden Sie im Fahrerfußraum von unten frei zugänglich (Bild 3 Kap. 3). Der Anschluss ist sofort erkennbar. Stecken Sie den OBD-Stecker in die Diagnosedose und den USB-Anschluss in Ihren Laptop.

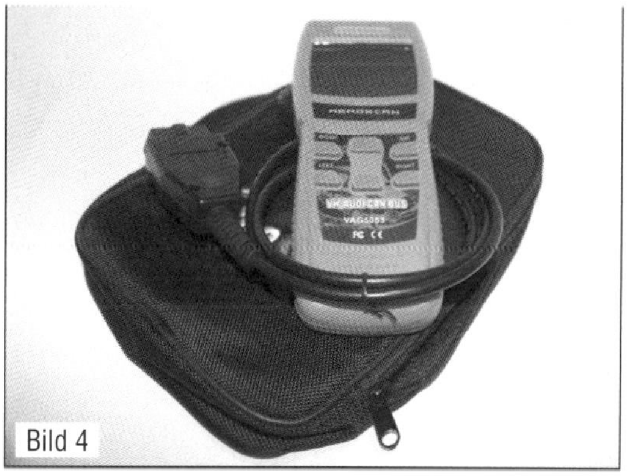

Bild 4

Bild 4
Diagnose-Tool: kleines Handgerät ohne Messfunktionen.

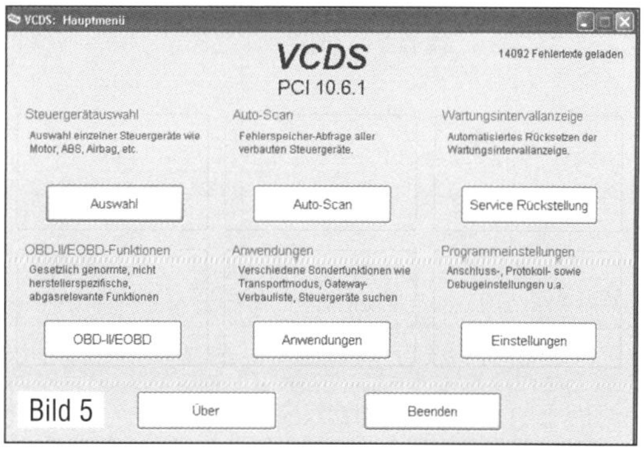

Bild 5

Bild 5
Auswahl der geplanten Aufgabe.

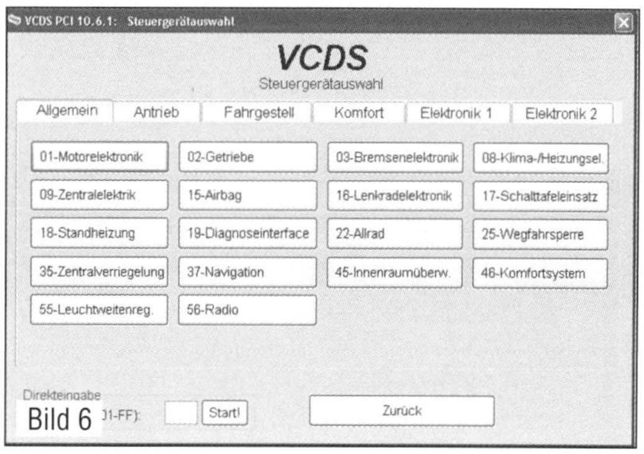

Bild 6

Bild 6
Anwahl des Steuergerätes.

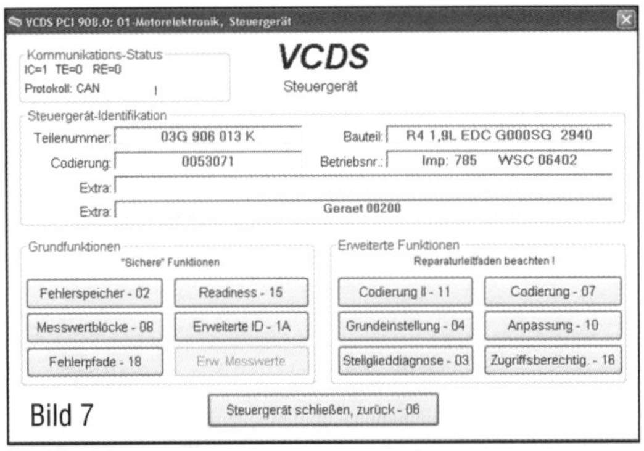

Bild 7
Abfrage des Motorsteuergerätes.

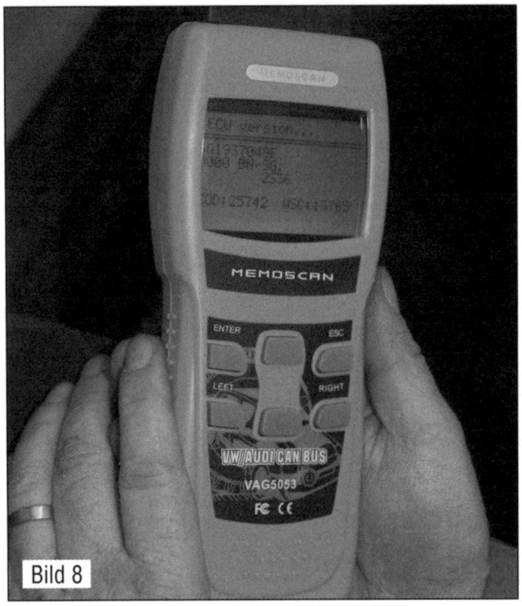

Bild 8
Memoscanner zum Lesen und Löschen der Fehlerspeicher.

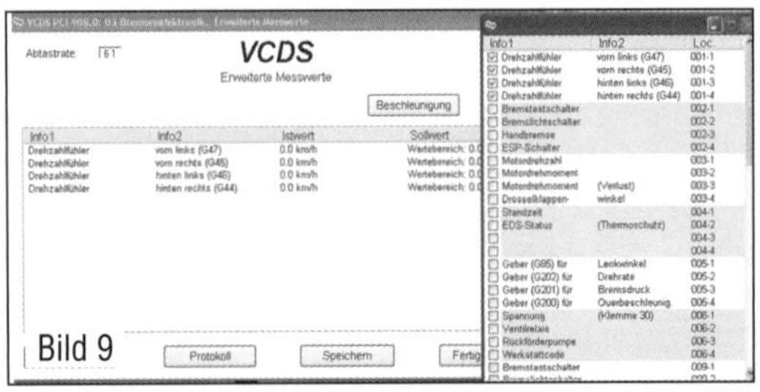

Bild 9
Raddrehzahlgeber mit Istwert-Anzeige.

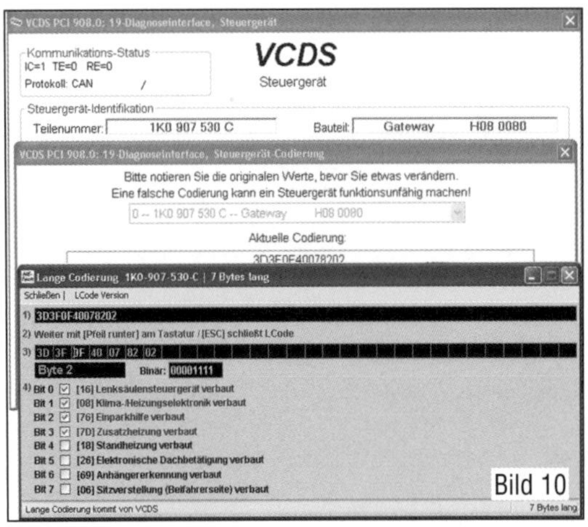

Bild 10
Codierung des Gateways nach der Nachrüstung von Systemen wie z. B. einer Anhängerkupplung.

- Starten Sie den VCDS auf Ihrem Laptop (Bild 5).
- Schalten Sie die Zündung ein.
- Klicken Sie auf die Taste »Auswahl« (Bild 6).
- Klicken Sie den Karteikartenreiter »Antrieb« oder auch »Verbaut« an (Bild 6).
- Klicken Sie auf die Taste »01 Motorelektronik« (Bild 6).
- Klicken Sie auf die Taste »Fehlerspeicher 02« (Bild 7).

Nun werden Ihnen die Fehler, soweit vorhanden, als Text angezeigt.

- Sie können die Fehleranzeige speichern, drucken oder kopieren. Sie sollten in jedem Fall den Fehler vermerken, um diesem vielleicht einmal nachgehen zu können. Die Erfahrung zeigt, dass man sich den Fehler auf Dauer nicht im Kopf merken kann. Anschließend können Sie den einzelnen oder alle Fehler mit einem Klick löschen (Bild 7).
- Klicken Sie auf die Taste »fertig, Zurück«, um die Bildmaske wieder zu verlassen.
- Schalten Sie die Zündung aus.
- Ziehen Sie den Tester aus der Diagnosedose.

Derselbe Vorgang kann auf dem Handgerät nachvollzogen werden. Lediglich die Anwahlauswahl ist deutlich geringer. Für einen Ausdruck muss das Gerät an einen Computer oder Laptop angeschlossen werden. Die Anwahl der Funktionen erfolgt über die Pfeiltasten. »Enter« betätigt die getroffene Anwahl und »ESC« erlaubt den Rückzug aus der angewählten Maske. Das hier dargestellte Gerät ist für die VAG-Fahrzeuge optimiert und erlaubt auch den Zugang in andere Steuergeräte. Reine OBD2-Geräte ermöglichen in der Regel nur den Zugang zur Motorelektronik. Die Belegung und die Steuergerätesprache ist nur für den OBD2-Bereich verbindlich auf die abgasrelevanten Bauteile und die Motorelektronik geregelt.

Motorabdeckungen oben und unten aus- und einbauen

Je nach Motortyp und aktuellem Entwicklungsstand des jeweiligen Motors können die Abdeckungen etwas anders ausgeführt sein als im Folgenden dargestellt. Das Prinzip ist jedoch stets gleich: Abschrauben oder mit festem Griff kräftig, aber vorsichtig abziehen.

Beim Einbau geclipster Abdeckungen auf die richtige Lage in den Aufnahmen achten und für eine spätere leichtere Montage etwas Fett auf die Rastpunkte aufbringen.

Motorabdeckung demontieren

- Schlauch, falls vorhanden, am Stutzen abziehen (Pfeil A im Bild 14).
- Gelegentlich muss der Ölmessstab herausgezogen werden.
- Motorabdeckung an den Befestigungspunkten (Pfeile B) ausrasten und anheben.
- Anschließend aus der Halterung ziehen.

Die Montage erfolgt sinngemäß im umgekehrter Reihenfolge.

- Achten Sie darauf, dass die Motorabdeckung (Bild 17) mit der Lasche (Pfeil A) am Befestigungspunkt (2) in den Halter (Pfeil B) eingeschoben ist.
- Anschließend Motorabdeckung auf die anderen Befestigungspunkte aufsetzen und andrücken (Pfeile B), bis sie spürbar einrasten.

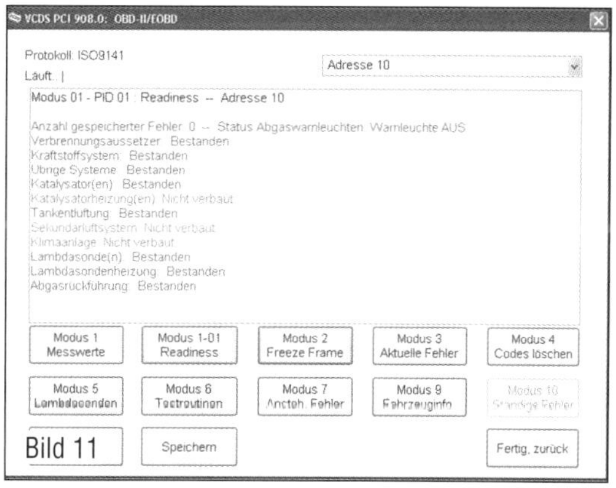

Bild 11
Readinesscode als Zustandsbericht zur AU beim TÜV.

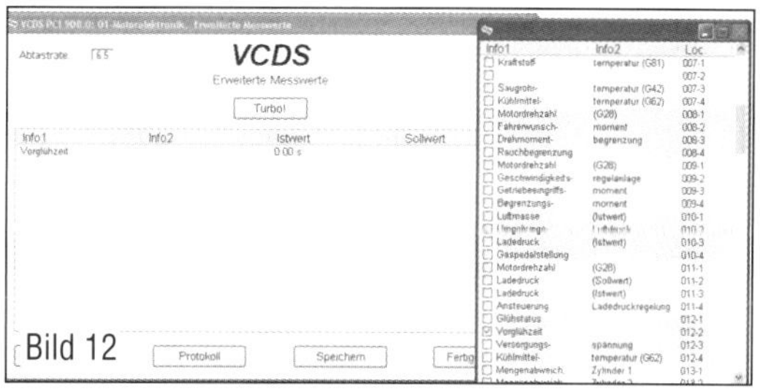

Bild 12
Istwert-Darstellung selbst ausgewählter Funktionen aus einer Liste.

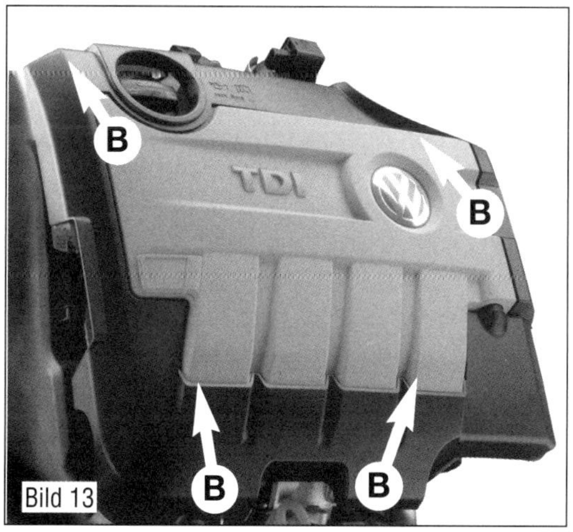

Bild 13
Motorabdeckung Variante 1: Vollverschalung von oben, Kunststoffhaube einteilig und ausschließlich geclipst.

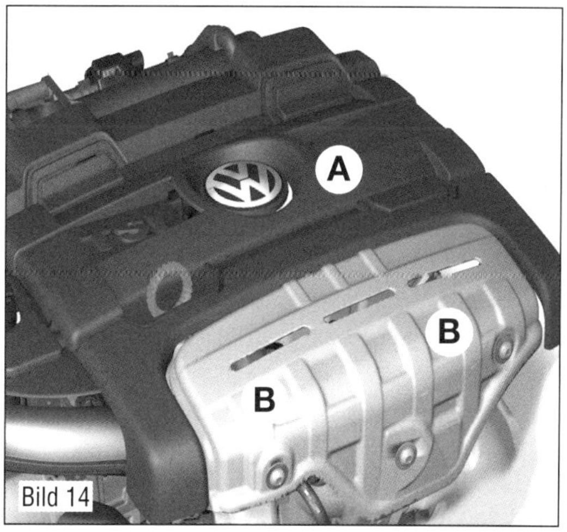

Bild 14
Motorabdeckung Variante 2: Teilverschalung von oben, Kunststoffhaube einteilig am Entlüftungsschlauch befestigt und geclipst.

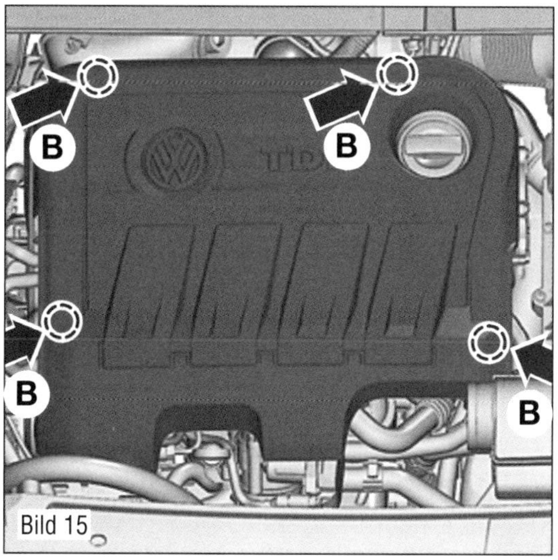

Bild 15
Motorabdeckung Variante 3: Teilverschalung von oben, Kunststoffhaube einteilig und ausschließlich geclipst.

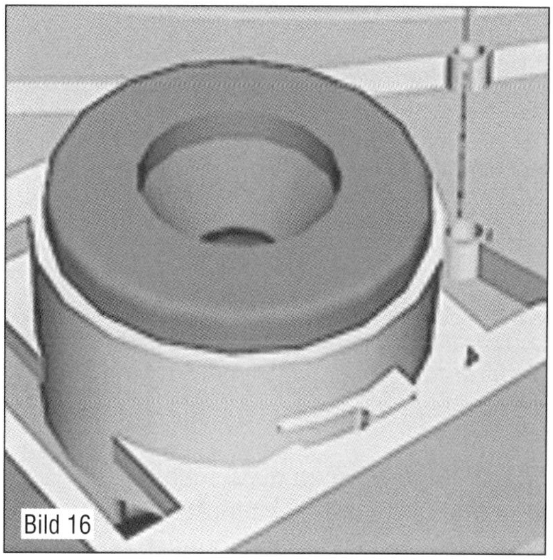

Bild 16
So müssen die Raststopfen aller Verkleidungen vor der Montage sitzen. Mit etwas säurefreiem Fett versehen lässt sich die Verkleidung beim nächsten Mal wesentlich einfacher demontieren.

Bild 17
Bei Variante 2 muss die Haltelasche (1) in die Führung (3) der Halterung (2) einrasten.

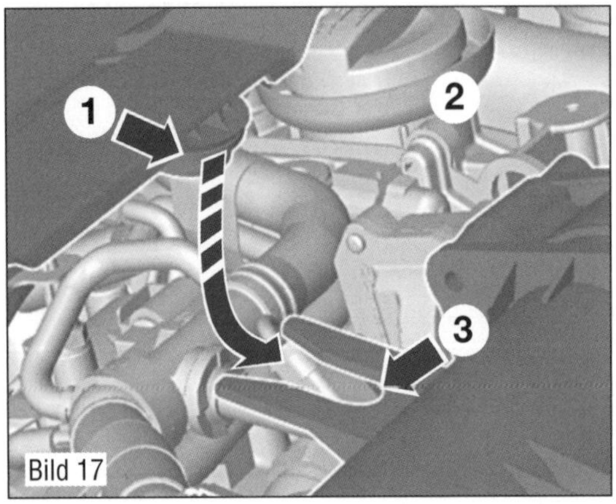

Bild 17

■ Soweit vorhanden, den Schlauch am Stutzen aufstecken (Pfeil A).

Motorabdeckung unten demontieren
Die Motorraumabdeckung unten (Geräuschdämpfung, wird auch als Spritzschutz bezeichnet) ist mit 2-Nm-Blechschrauben an die Karosserie geschraubt.

■ Drehen Sie die jeweils vier Schrauben an jeder Seite heraus.
■ Nehmen Sie die Geräuschdämpfung ab. Die Montage erfolgt sinngemäß im umgekehrter Reihenfolge. Die unteren Abdeckungen haben an der Vorderkante abwechselnd schmale (fünf Stück) und breite (vier Stück) Laschen.
■ Schieben Sie die Geräuschdämpfung so in den Schlossträger unten ein, dass die schmalen Laschen unterhalb und die breiten Laschen oberhalb der Schlossträger-Kante zu liegen kommen.
■ Dabei müssen die Rastnasen auf den breiten Laschen in die Löcher des Schlossträgers einrasten.
■ Drehen Sie die acht Schrauben mit jeweils 2 Nm Anzugsdrehmoment fest.

Prüfung auf Undichtigkeiten und Beschädigungen

Die Sichtprüfung ist von oben und von unten vorzunehmen, weshalb als Erstes die Motorabdeckung (oben) und dann auch die Geräuschdämpfung (unten) abzubauen sind.
Sichtprüfung wie folgt durchführen:
■ Motor und Bauteile im Motorraum auf Undichtigkeiten und Beschädigungen prüfen.
■ Leitungen, Schläuche und Anschlüsse des Kraftstoffsystems, des Kühl- und Heizsystems, des Ölkreislaufs, der Klimaanlage, der Ansauganlage und der Bremsanlage auf Undichtigkeiten, Scheuerstellen, Porosität und Brüchigkeit prüfen.
■ Alle festgestellten Mängel durch Reparatur beseitigen.
■ Bei nicht verbrauchsbedingtem Flüssigkeitsverlust: Ursachen ermitteln und beseitigen.

Prüfen des Keilrippenriemen-Zustands
Fahrzeug anheben, Geräuschdämpfung (Spritzschutz, untere Motorverkleidung) ausbauen, Motor am Schwingungsdämpfer/Riemenscheibe mit einem Steckschlüssel durchdrehen.
Keilrippenriemen auf Unterbaurisse (Anrisse, Kernbrüche, Querschnittbrüche), Lagentrennung (Deckschicht, Zugstränge), Ausbruch am Unterbau, Ausfransen der Zugstränge, Flankenverschleiß (Materialabtrag, ausgefranste Flanken, Flankenverhärtung, glasige Flanken, Oberflächenrisse), Öl- und Fettspuren prüfen.
⚠ Werden Mängel festgestellt, muss der Keilrippenriemen unbedingt ersetzt werden.
■ Zum Verlauf des Keilrippenriemens siehe Reparaturanleitung »Keilrippenriemen aus- und einbauen«.

Keilrippenriemen Aus- und Einbau

Der Keilrippenriemen treibt als wichtiger Teil des Kurbeltriebs die Nebenaggregate Drehstromgenerator und Klimakompressor an. Die Demontagearbeiten unterscheiden sich im Wesentlichen nur durch zwei unterschiedliche Spannelemente, die bei den unterschiedlichen Motoren zum Einsatz kommen.

Abweichungen ergeben sich vor allem durch zwei Bauweisen der Spannvorrichtungen:
– Die Spannrolle wird durch einen auf die Verschraubung aufgesteckten Schlüssel ausgeschwenkt und kann in der Regel nicht arretiert werden. Es gibt aber auch Spannrollenträger, die die Arretierung durch einen Dorn erlauben.

Die Spannrolle wird durch einen auf einen Vierkant aufgesteckten Schlüssel ausgeschwenkt und mit einem Absteckdorn arretiert.

■ Bei der Demontage der Kurbelwellen-Riemenscheibe ist zu beachten, dass die Anpressfläche der Befestigungsschraube öl- und fettfrei sein muss, dass sie mit geöltem Gewinde einzusetzen ist und dass die Riemenscheibe mit einem Gegenhalter (VW: 3415) gegen Verdrehen gesichert werden muss. Das Weiterdrehen um 180° nach Festdrehen mit 150 Nm kann in mehreren Stufen erfolgen. Der Weiterdrehwinkel kann mit einer handelsüblichen Winkelmessscheibe gemessen werden. Die Schraube hat oftmals eine diamantbeschichtete Unterlegscheibe, deren Anpressflächen öl- und fettfrei sein müssen. Die 150-Nm-Schraube an der Riemenscheiben-Kurbelwelle ist eine neue Ausführung, die an einer runden Bohrung von oben im Schraubenkopf erkennbar ist. Verwenden Sie jetzt immer eine solche neue Schraube. Die Befestigungsschraube in alter Ausführung (ohne die Bohrung im Kopf) hatte ein Anzugsdrehmoment von nur 90 Nm + Vierteldrehung (90°) weiter.

Schraubertipp

Achten Sie vor dem Einbau des Keilrippenriemens darauf, dass alle Aggregate (Generator, Klimakompressor) festmontiert sind. Beim Einbauen des Keilrippenriemens achten Sie bitte auf die Laufrichtung und auf einen korrekten Sitz des Riemens in den Riemenscheiben. Nach fertig gestellter Arbeit grundsätzlich Motor starten und Riemenlauf kontrollieren.

1,4 l-Benzinmotor

■ Geräuschdämpfung oben und den Unterfahrschutz demontieren.

■ Kennzeichnen Sie nun die Laufrichtung des Keilrippenriemens.

■ Zum Entspannen des Keilrippenriemens, Spannelement mittels Schraubenschlüssel Schlüsselweite 16 in Pfeilrichtung schwenken (Bild 18).

■ Soweit die Halterung vorhanden ist, können Sie das Spannelement mit einem 4-mm-Innensechskantschlüssel arretieren.

■ Nehmen Sie den Keilrippenriemen ab.

Der weitere Zusammenbau erfolgt sinngemäß in entgegengesetzter Reihenfolge zum Ausbau.

■ Legen Sie den Keilrippenriemen zuerst über die Schwingungsdämpfer.

■ Zuletzt den Riemen auf die Spannrolle schieben.

1,6 l-Benzinmotor

■ Geräuschdämpfung oben und den Unterfahrschutz demontieren.

■ Demontieren Sie die Dämpfungswanne vorne rechts.

■ Kennzeichnen Sie nun die Laufrichtung des Keilrippenriemens.

■ Zum Entspannen des Keilrippenriemens Spannelement von oben mittels Maulschlüssel, Schlüsselweite 16, in Pfeilrichtung schwenken.

■ Arretieren Sie das Spannelement mit dem Absteckdorn »T10060«.

■ Nahmen Sie den Keilrippenriemen ab.

Die Montage erfolgt sinngemäß in entgegengesetzter Reihenfolge zur Demontage.

■ Legen Sie den Keilrippenriemen zuerst über die KurbelwelLen-Riemenscheibe.

■ Zuletzt den Riemen auf die Spannrolle schieben.

Achten Sie vor dem Entspannen des Spannelements auf korrekten Sitz des Antriebsriemens.

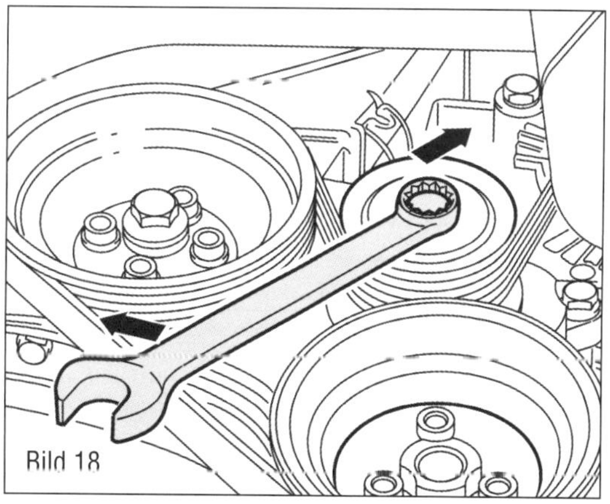

Bild 18
Stecken Sie den 16er-Schlüssel von unten auf die Schraube auf und entspannen Sie das Spannelement durch Verdrehen in Pfeilrichtung.

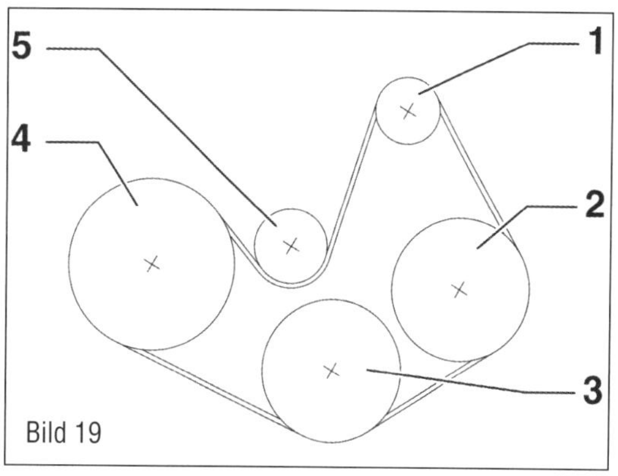

Bild 19
Riemenantrieb mit Klimakompressor. Nr. 2 entfällt, wenn er nicht verbaut ist.

1 Riemenscheibe, Drehstromgenerator
2 Klimakompressor
3 Riemenscheibe, Flügelpumpe für Servolenkung
4 Kurbelwelle
5 Spannrolle

1,8 l- und 2,0 l-Benzinmotor
Die Montage der hier beschriebenen Motortypen ist baugleich beziehungsweise sehr ähnlich. Die Abbildungen unterscheiden sich kaum zum 1,6 l-Motor.

■ Zuerst die Geräuschdämpfung oben und den Unterfahrschutz demontieren.
■ Demontieren Sie die Dämpfungswanne vorne rechts.

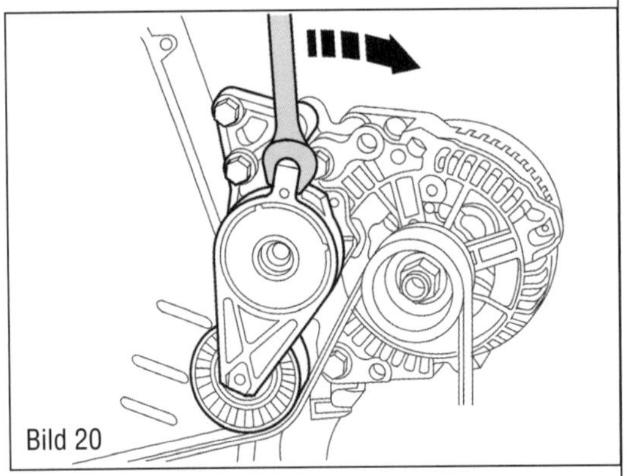

Bild 20
Schwenkrichtung mit dem Maulschlüssel Schlüsselweite 16.

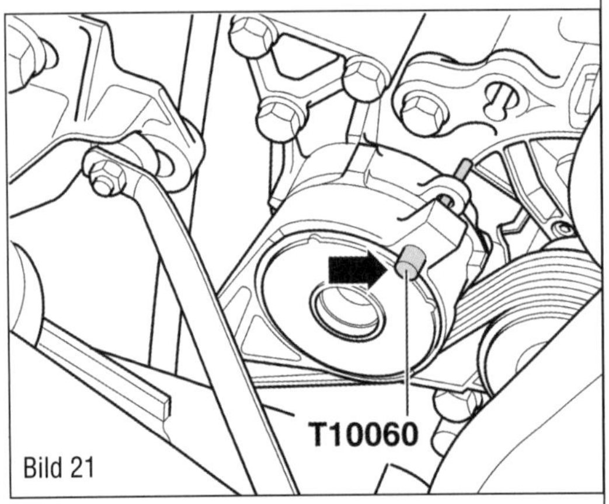

Bild 21
Absteckdorn T10060.

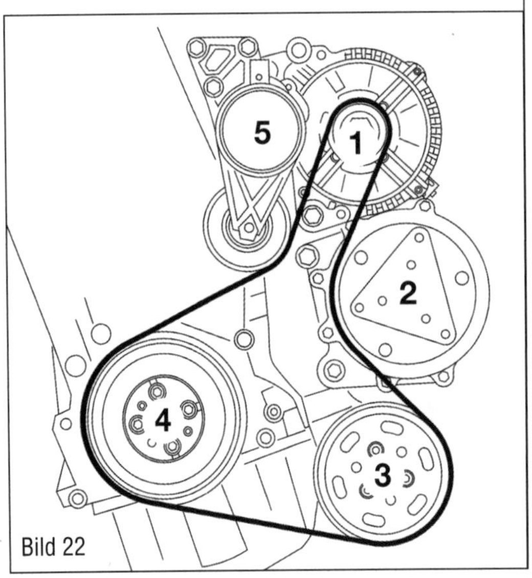

Bild 22
Riemenantrieb mit Klimakompressor. Nr. 2 entfällt, wenn er nicht verbaut ist.
1 Riemenscheibe, Drehstromgenerator
2 Klimakompressor
3 Riemenscheibe, Flügelpumpe für Servolenkung
4 Kurbelwelle
5 Spannrolle

■ Kennzeichnen Sie nun die Laufrichtung des Keilrippenriemens, wenn er wieder montiert werden soll.
■ Zum Entspannen des Keilrippenriemens die Spannvorrichtung von unten in Pfeilrichtung drehen.
■ Die Spannvorrichtung mit dem Absteckdorn (T10060 A) arretieren.
■ Keilrippenriemen abnehmen.

Der Einbau erfolgt in umgekehrter Reihenfolge, beachten Sie dabei Folgendes:
■ Bevor Sie den Keilrippenriemen einbauen, müssen Sie Generator und Klimakompressor fest anschrauben.
■ Den Keilrippenriemen zuerst auf die Riemenscheibe der Kurbelwelle, dann auf Klimakompressor und Generator auflegen.
■ Die Spannvorrichtung mit einem Ringschlüssel etwas drehen und Absteckdorn (T10060 A) herausziehen (Bild 21).
■ Spannvorrichtung entlasten.
Prüfen Sie, ob der Keilrippenriemen richtig aufgelegt ist.

1,9 l-Dieselmotor Verteilerpumpe
Im Wesentlichen werden Sie hier lediglich den Unterschied feststellen können, ob eine Klimaanlage verbaut wurde oder nicht. Auch hier unterscheiden sich die Arbeiten kaum voneinander.

■ Zuerst die Geräuschdämpfung oben und den Unterfahrschutz demontieren.
■ Demontieren Sie die Dämpfungswanne vorne rechts.
■ Kennzeichnen Sie nun die Laufrichtung des Keilrippenriemens, wenn er wieder montiert werden soll.
■ Bauen Sie das Ladeluftrohr oben (12, Bild 23) aus. Dazu die Schraube (5) herausdrehen. Die offenen Enden sorgfältig abdecken bzw. verschließen.
■ Zum Entspannen des Keilrippenriemens die Spannvorrichtung von unten in Pfeilrichtung drehen.
■ Die Spannvorrichtung mit dem Absteckdorn (T10060 A) arretieren.
■ Keilrippenriemen abnehmen.

Der Einbau erfolgt in umgekehrter Reihenfolge, beachten Sie dabei Folgendes:
■ Bevor Sie den Keilrippenriemen einbauen, müssen Sie Generator und Klimakompressor fest anschrauben.

■ Den Keilrippenriemen zuerst auf die Riemenscheibe der Kurbelwelle, dann auf Klimakompressor und Generator auflegen.
■ Die Spannvorrichtung mit einem Ringschlüssel etwas drehen und Absteckdorn (T10060 A) herausziehen.
■ Spannvorrichtung entlasten.

Prüfen Sie, ob der Keilrippenriemen richtig aufgelegt ist.

1,9 l-Dieselmotor PD-Elemente

Sicherlich werden sich auch bei diesem Motor im Laufe der Produktion die eine oder andere kaum sichtbare Veränderung am Riementrieb ergeben haben. Im Grundsatz findet diese Anleitung aber an allen Varianten Anwendung.

■ Zuerst die Geräuschdämpfung oben und den Unterfahrschutz demontieren.
■ Demontieren Sie die Dämpfungswanne vorne rechts.
■ Kennzeichnen Sie nun die Laufrichtung des Keilrippenriemens, wenn er wieder montiert werden soll.
■ Bauen Sie das Ladeluftrohr oben (1) mit dem Verbindungsschlauch (2) aus (Bild 25). Dazu die Schraube (3) herausdrehen und Steckverbindungen entriegeln (Pfeile). Die offenen Enden sorgfältig abdecken bzw. verschließen.
■ Zum Entspannen des Keilrippenriemens, die Spannvorrichtung von unten in Pfeilrichtung drehen.
■ Die Spannvorrichtung mit dem Absteckdorn (T10060 A) arretieren.
■ Keilrippenriemen abnehmen.

Der Einbau erfolgt in umgekehrter Reihenfolge, beachten Sie dabei Folgendes:
■ Bevor Sie den Keilrippenriemen einbauen, müssen Sie Generator und Klimakompressor fest anschrauben.
■ Den Keilrippenriemen zuerst auf die Riemenscheibe der Kurbelwelle, dann auf Klimakompressor und Generator auflegen.
■ Die Spannvorrichtung mit einem Ringschlüssel etwas drehen und Absteckdorn (T10060 A) herausziehen.

Prüfen Sie, ob der Keilrippenriemen richtig aufgelegt ist.

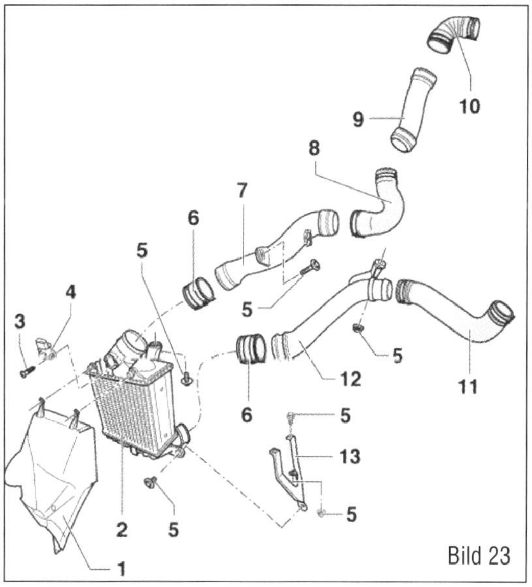

Bild 23

Bild 23
1 Luftführung
2 Ladeluftkühler
3 Schraube
4 Geber für Saugrohrdruck
5 Schraube
6 Verbindungsschlauch
7 Verbindungsrohr unten
8 Verbindungsschlauch
9 Verbindungsrohr oben
10 Verbindungsschlauch
11 Verbindungsschlauch
12 Ladeluftrohr
13 Halter

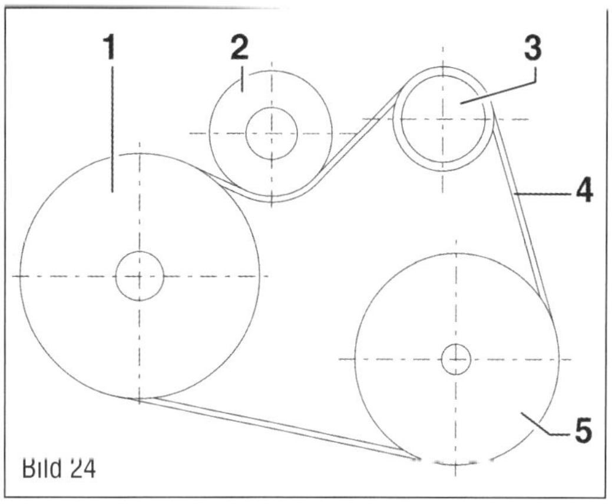

Bild 24

Bild 24
Riemenverlauf ohne Klimaanlage. Mit Klimaanlage kommen die Antriebsriemenscheibe des Klimakompressors oben und eine Umlenkrolle hinzu.
1 Schwingungsdämpfer/Riemenscheibe
2 Spannrolle
3 Riemenscheibe, Drehstromgenerator
4 Keilrippenriemen
5 Riemenscheibe, Flügelpumpe für Servolenkung

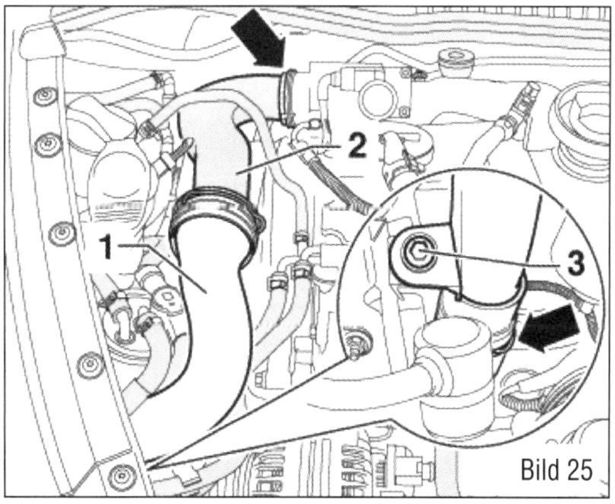

Bild 25

Bild 25
1 Ladeluftrohr oben
2 Verbindungsschlauch
3 Schraube
Pfeile Steckverbindungen

Arbeiten am Zahnriementrieb der Benzinmotoren

Der Ventiltrieb der unterschiedlichen Motorvarianten unterscheidet sich zum Teil sehr erheblich. Die Montagearbeiten werden nach den Motorvarianten getrennt dargestellt.

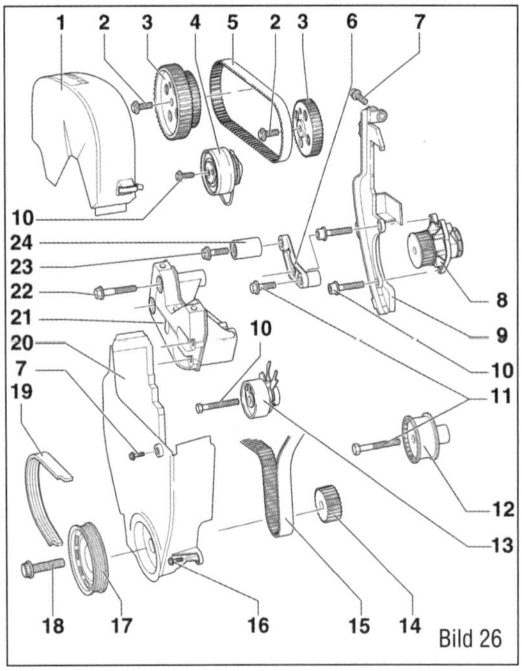

Bild 26

Bild 26
Zahnriementrieb der 1,4 l-Motoren.
1 Zahnriemenschutz-Oberteil
2 Schraube
3 Nockenwellenrad
4 Koppeltrieb-Spannrolle
5 Koppeltrieb-Zahnriemen
6 Halter
7 Schraube
8 Kühlmittelpumpe
9 Zahnriemenschutz hinten
10 Schraube
11 Schraube
12 Umlenkrolle für Haupttrieb-Zahnriemen
13 Haupttrieb-Spannrolle
14 Zahnriemenrad-Kurbelwelle
15 Haupttrieb-Zahnriemen
16 Schraube
17 Riemenscheibe
18 Schraube
19 Keilrippenriemen
20 Zahnriemenschutz-Unterteil
21 Konsole
22 Schraube
23 Schraube
24 Umlenkrolle

Bild 27

Bild 27
Die Abdeckung am 1,4-l-Motor ist an den mit Pfeilen gekennzeichneten Schrauben befestigt.

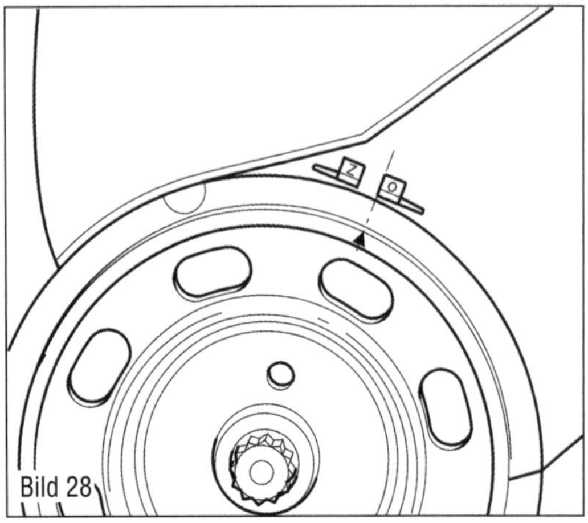

Bild 28

Bild 28
Die OT-Markierung sieht bei korrekter Einstellung wie auf diesem Bild gezeigt aus.

Demontage der Zahnriemenabdeckung

1,4 l-Benzinmotor (Bild 26)

Abdeckung oben

■ Zündung ausschalten und Zündschlüssel abziehen.

■ Motorabdeckung oben und Geräuschdämpfung ausbauen.

■ Bauen Sie die Abdeckung über dem Nockenwellengehäuse (Pfeile, Bild 27) aus.

■ Bauen Sie das Luftfilter und den Ansaugluftstutzen aus.

■ Nachfüllbehälter für Servolenkung losschrauben und seitlich ablegen.

■ Bauen Sie das Zahnriemenschutz-Oberteil aus.

Abdeckung unten

■ Zuerst die Geräuschdämpfung oben und den Unterfahrschutz demontieren.

■ Demontieren Sie die Dämpfungswanne vorne rechts.

■ Bauen Sie den Zahnriemenschutz oben aus.

■ Stellen Sie die Kurbelwelle auf den oberen Totpunkt Zylinder 1. Die Kerbe auf der Riemenscheibe muss mit der Kante der Markierung »O« übereinstimmen.

■ Bauen Sie den Keilrippenriemen ab.

■ Lösen Sie die Zentralschraube (18, Bild 26).

■ Nehmen Sie die Riemenscheibe ab.

■ Demontieren Sie die beiden Schrauben (16+7) und nehmen Sie die Abdeckung ab.

Beide Abdeckungen

Die Montage erfolgt sinngemäß in umgekehrter Reihenfolge zur Demontage.

■ Achten Sie darauf, dass keine Verschmutzungen im Zahnriemengehäuse verbleiben.

■ Achten Sie auf die Laufrichtung und den Sitz des Keilrippenriemens.

1,6 l-Benzinmotor (Bilder 29 und 30)

Ob nun der 1,6 l-Motor mit Tassenstößeln oder mit Rollenschlepphebeln, die Montagearbeiten für die Zahnriemenabdeckung unterscheidet sich kaum.

Abdeckung oben

■ Zündung ausschalten und Zündschlüssel abziehen.

■ Motorabdeckung oben und Geräuschdämpfung ausbauen.

■ Demontieren Sie die Dämpfungswanne vorne rechts.
■ Öffnen Sie die Haltenasen und ziehen Sie die Zahnriemenabdeckung nach oben ab.

Abdeckung unten
■ Kennzeichnen Sie nun die Laufrichtung des Keilrippenriemens, wenn er wieder montiert werden soll, und demontieren Sie ihn.
■ Demontieren Sie die Zahnriemenabdeckung oben.
■ Demontieren Sie den Keilrippenriemen.
■ Bauen Sie die Riemenscheibe auf der Kurbelwelle ab.
■ Lösen Sie die beiden Befestigungsschrauben für die Zahnriemenabdeckung unten (22 bzw. 18) und nehmen Sie sie heraus.
■ Nehmen Sie die Verkleidung unten ab.

Beide Abdeckungen
Die Montage erfolgt sinngemäß in umgekehrter Reihenfolge zur Demontage.
■ Achten Sie darauf, dass keine Verschmutzungen im Zahnriemengehäuse verbleiben.
■ Achten Sie auf die Laufrichtung und den Sitz des Keilrippenriemens.

1,8 l-Benzinmotor (Bild 31)
Die Montagearbeiten fallen ähnlich aus, wie wir sie bereits beim 1,6 l-Motor beschrieben haben. Lediglich die Abdeckung unten unterscheidet sich in der Bauweise.

Abdeckung oben
■ Zündung ausschalten und Zündschlüssel abziehen.
■ Motorabdeckung oben und Geräuschdämpfung ausbauen.
■ Demontieren Sie die Dämpfungswanne vorne rechts.
■ Öffnen Sie die Haltenasen und ziehen Sie die Zahnriemenabdeckung (5) nach oben ab.

Abdeckung unten
■ Kennzeichnen Sie nun die Laufrichtung des Keilrippenriemens, wenn er wieder montiert werden soll, und demontieren Sie ihn.
■ Demontieren Sie die Zahnriemenabdeckung oben (3).
■ Demontieren Sie den Keilrippenriemen.
■ Bauen Sie die Riemenscheibe auf der Kurbelwelle ab.

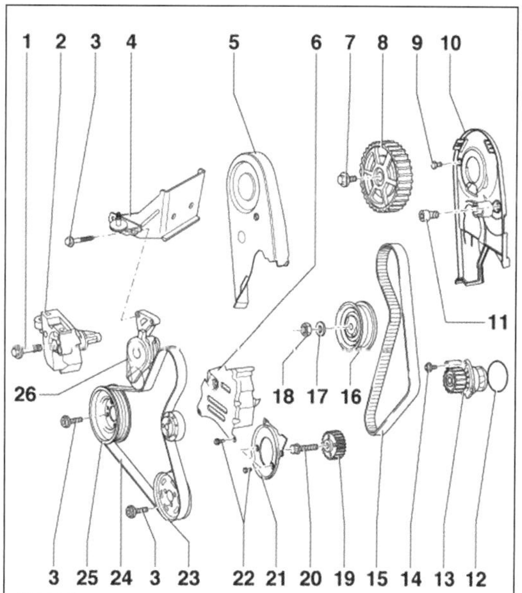

Bild 29

Bild 29
1,6-l-RSH-Motor
1 Schraube
2 Motorhalter
3 Schraube
4 Halter
5 Zahnriemenschutz-Oberteil
6 Zahnriemenschutz-Mittelteil
7 Schraube
8 Nockenwellenrad
9 Schraube
10 Zahnriemenschutz hinten
11 Innensechskantschraube
12 O-Ring
13 Kühlmittelpumpe
14 Schraube
15 Zahnriemen
16 Spannelement für Keilrippenriemen
17 Scheibe
18 Mutter
19 Zahnriemenrad-Kurbelwelle
20 Zentralschraube Kurbelwelle
21 Zahnriemenschutz-Unterteil
22 Schraube
23 Riemenscheibe
24 Keilrippenriemen
25 Riemenscheibe/Schwingungsdämpfer
26 Spannrolle

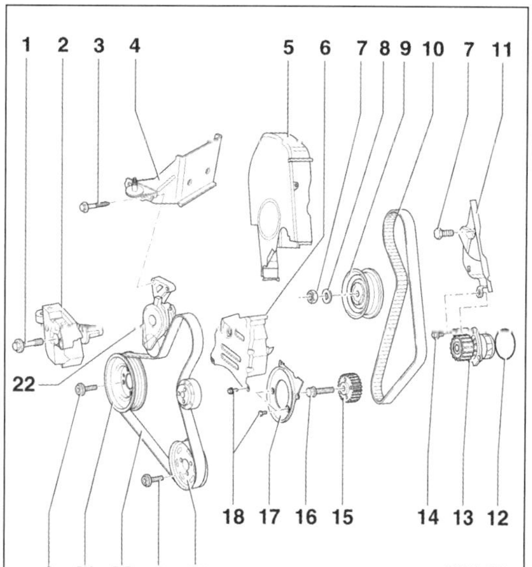

Bild 30

Bild 30
1,6-l-Tassen-Motor
1 Schraube
2 Motorhalter
3 Schraube
4 Halter
5 Zahnriemenschutz-Oberteil
6 Zahnriemenschutz-Mittelteil
7 Mutter
8 Scheibe
9 Spannrolle
10 Zahnriemen
11 Zahnriemenschutz hinten
12 O-Ring
13 Kühlmittelpumpe
14 Schraube
15 Zahnriemenrad-Kurbelwelle
16 Zentralschraube Kurbelwelle
17 Zahnriemenschutz-Unterteil
18 Schraube
19 Riemenscheibe Servo
20 Keilrippenriemen
21 Riemenscheibe/Schwingungsdämpfer
22 Spannelement für Keilrippenriemen

Sichtprüfung Messen

Bild 31
1,8-l-Motor
1 Schraube
2 Spannvorrichtung für Keilrippenriemen
3 Zahnriemenschutz-Oberteil
4 Zahnriemenschutz-Mittelteil
5 Schraube
6 Umlenkrolle,
7 Spannrolle
8 Zahnriemen
9 Kühlmittelpumpe
10 O-Ring
11 Innensechskant-schraube
12 Spannvorrichtung für Zahnriemen
13 Zahnriemenrad-Kurbelwelle
14 Schraube
15 Schraube
16 Zentralschraube Kurbelwelle
17 Zahnriemenschutz-Unterteil
18 Schraube
19 Riemenscheibe
20 Zentralschraube Kurbelwelle
21 Keilrippenriemen
22 Schraube
23 Riemenscheibe/ Schwingungsdämpfer

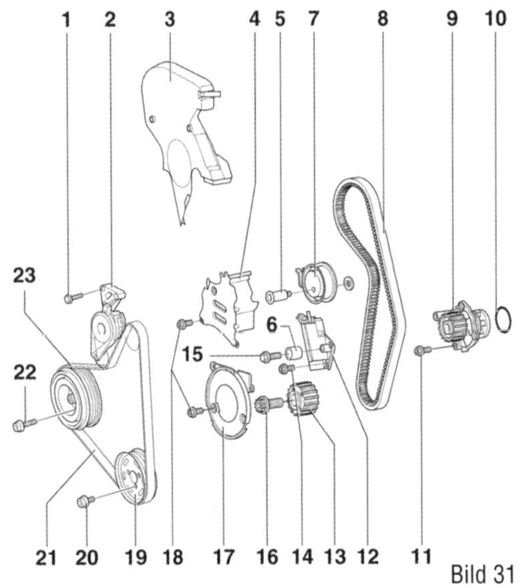

Bild 31

■ Lösen Sie die beiden Befestigungsschrauben für die Zahnriemenabdeckung unten (18) und nehmen Sie sie heraus.
■ Nehmen Sie die Verkleidungen (4 und 17) unten ab.

Alle Abdeckungen
Die Montage erfolgt sinngemäß in umgekehrter Reihenfolge zur Demontage.
■ Achten Sie darauf, dass keine Verschmutzungen im Zahnriemengehäuse verbleiben.
■ Achten Sie auf die Laufrichtung und den Sitz des Keilrippenriemens.

2,0 l-Benzinmotor (Bild 32)
Auch hier finden Sie nur kleine Unterschiede zu den Montagearbeiten an den vorher beschriebenen Motorvarianten.

Abdeckung oben
■ Zündung ausschalten und Zündschlüssel abziehen.
■ Motorabdeckung oben und Geräuschdämpfung ausbauen.
■ Demontieren Sie die Dämpfungswanne vorne rechts.
■ Öffnen Sie die Haltenasen und ziehen Sie die Zahnriemenabdeckung (5) nach oben ab.

Abdeckung unten
■ Kennzeichnen Sie nun die Laufrichtung des Keilrippenriemens, wenn er wieder montiert werden soll, und demontieren Sie ihn.
■ Demontieren Sie die Zahnriemenabdeckung oben (3).
■ Demontieren Sie den Keilrippenriemen.
■ Bauen Sie die Riemenscheibe auf der Kurbelwelle ab.
■ Lösen Sie die beiden Befestigungsschrauben für die Zahnriemenabdeckung unten (18) und nehmen Sie sie heraus.
■ Nehmen Sie die Verkleidungen (4 und 17) unten ab.

Alle Abdeckungen
Die Montage erfolgt sinngemäß in umgekehrter Reihenfolge der Demontage.
■ Achten Sie darauf, dass keine Verschmutzungen im Zahnriemengehäuse verbleiben.

Demontage des Zahnriemens

1,4 l-Benzinmotor (Bild 26)
Am 1,4-l-Motor sind zwei Zahnriemen verbaut, die grundsätzlich immer zusammen gewechselt werden sollen.

Hauptzahnriemen
■ Zündung ausschalten und Zündschlüssel abziehen.
■ Motorabdeckung oben und Geräuschdämpfung ausbauen.
■ Bauen Sie die Abdeckung über dem Nockenwellengehäuse aus.
■ Bauen Sie das Luftfilter und den Ansaugluftstutzen aus.
■ Nachfüllbehälter für Servolenkung losschrauben und seitlich ablegen.
■ Bauen Sie Zahnriemenschutz-Oberteil und -Unterteil aus.
■ Stellen Sie die Kurbelwelle auf den oberen Totpunkt Zylinder 1. Die Kerbe auf der Riemenscheibe muss mit der Kante der Markierung »O« (Bild 28) übereinstimmen.
Die Fixierbohrungen in den Nockenwellenrädern müssen mit den Passbohrungen im Nockenwellengehäuse fluchten (Pfeile in Bild 34).
■ Fixieren Sie die beiden Nockenwellenräder mit der Nockenwellenarretierung »T 10016«.
■ Demontieren Sie den Motorbock rechts. Dazu den Motor leicht vorspannen und den Motorhalter rechts lösen und herausnehmen.
■ Den Haupttrieb-Spannrolle lösen (1 in Bild 33) und Zahnriemen durch Verdrehen der Spannrolle gegen den Uhrzeigersinn lösen.
■ Die Klemmschraube an der Spannrolle loslassen und den Zahnriemen abnehmen.

Koppelzahnriemen

■ Zuerst die Spannrolle des Koppeltrieb-Zahnriemen lösen (1 in Bild 35) und Zahnriemen durch Verdrehen der Spannrolle im Uhrzeigersinn lösen.
■ Bauen Sie die Koppeltrieb-Spannrolle aus.
■ Nehmen Sie den Zahnriemen ab.

Beide Zahnriemen

Die Montage erfolgt sinngemäß in entgegengesetzter Reihenfolge zur Demontage.
■ Achten Sie darauf, dass keine Verschmutzungen im Zahnriemengehäuse verbleiben.
■ Das Zahnriemenrad Kurbelwelle ist mit der Befestigungsschraube und zwei Unterlegscheiben an der Kurbelwelle befestigt.

⚠ Die Kolben dürfen bei den Montagearbeiten nicht im oberen Totpunkt stehen. Beim Drehen der Nockenwellen können die Ventile an im oberen Totpunkt stehende Kolben anstoßen. Die Nockenwellenräder mit dem VW-Werkzeug T 10 016 oder einem anderen geeigneten in den Passbohrungen im Nockenwellengehäuse arretieren und gegen Verdrehen sichern.

1,6 l-Benzinmotor (Bilder 29 und 30)
In dieser Beschreibung werden beide Varianten der 1,6 l-Motoren erfasst. Besonderheiten werden wir soweit erforderlich hervorheben.

■ Zündung ausschalten und Zündschlüssel abziehen.
■ Motorabdeckung oben und Geräuschdämpfung ausbauen.
■ Demontieren Sie die Dämpfungswanne vorne rechts.
■ Bauen Sie den Keilrippenriemen und das Spannelement für den Keilrippenriemen aus.
■ Bauen Sie den Ausgleichsbehälter für Kühlmittel ab (Kühlmittelschläuche bleiben angeschlossen).
■ Bauen Sie den Vorratsbehälter für Servolenkung ab (die Schläuche bleiben angeschlossen).
■ Stellen Sie das Nockenwellenrad durch Drehen an der Kurbelwelle auf Markierung »OT Zyl. 1« stellen. Die Markierung am Nockenwellenrad muss mit Pfeil auf Zahnriemenschutz fluchten (Bild 37).

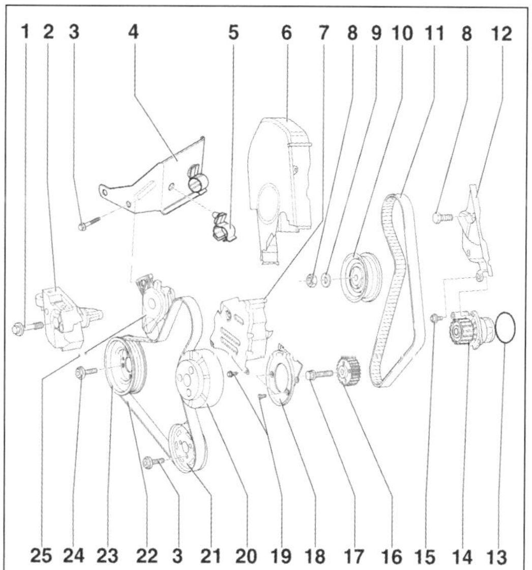

Bild 32

Bild 32
2,0-l-Motor
1 Schraube
2 Motorhalter
3 Schraube
4 Halter
5 Schelle
6 Zahnriemenschutz-Oberteil
7 Zahnriemenschutz-Mittelteil
8 Mutter
9 Scheibe
10 Spannrolle
11 Zahnriemen
12 Zahnriemenschutz hinten
13 O-Ring
14 Kühlmittelpumpe
15 Schraube
16 Zahnriemenrad-Kurbelwelle
17 Zentralschraube Kurbelwelle
18 Zahnriemenschutz-Unterteil
19 Schraube
20 Elektromagnetkupplung Klimakompressor
21 Riemenscheibe Servo
22 Keilrippenriemen
23 Riemenscheibe/Schwingungsdämpfer
24 Schraube
25 Spannelement für Keilrippenriemen

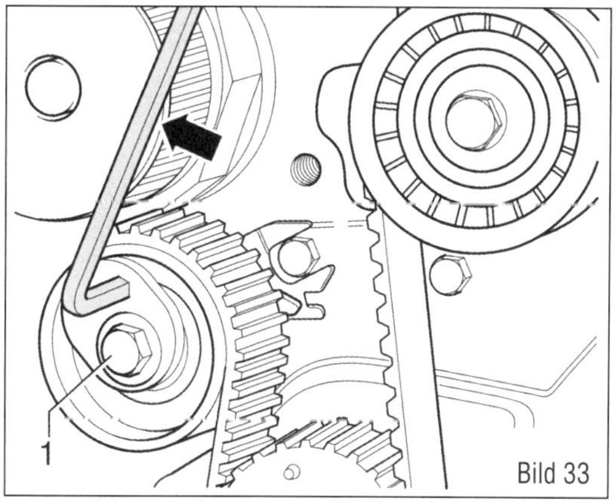

Bild 33

Bild 33
Zahnriemenspanner für den Hauptzahnriemen entspannen
1 Befestigungsschraube
Pfeil = Bewegungsrichtung zum Entspannen

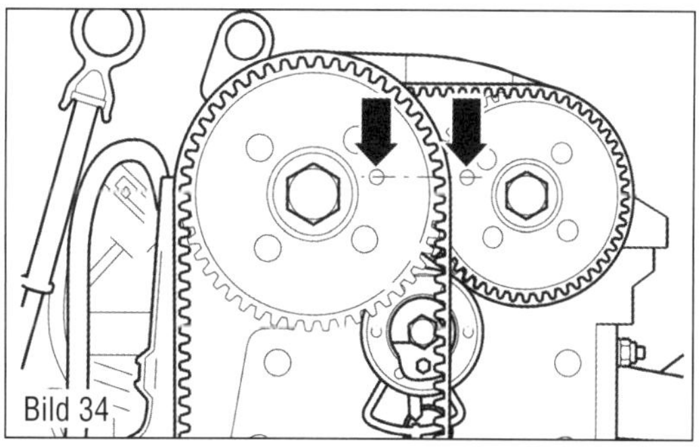
Bild 34

Bild 34
Position der Passbohrungen bei OT-Stellung der Nockenwellen.

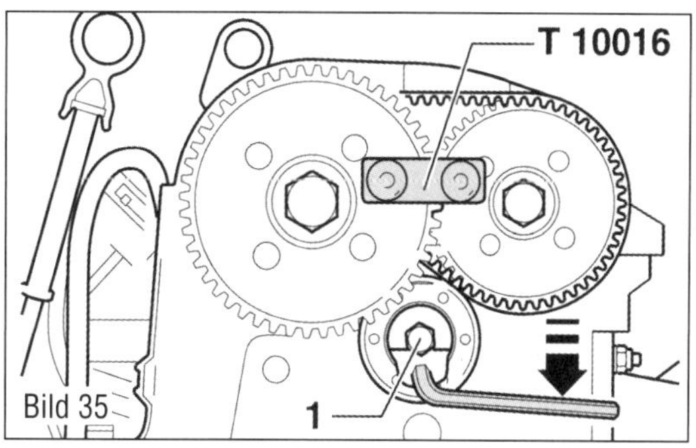

Bild 35

Bild 35
T10016 Absteckwerkzeug für die Nockenwellenräder.
1 Befestigungsschraube Spannrolle
Pfeil = Richtung zum Entspannen.

Bild 36
Demontage der Riemenscheibe auf der Kurbelwelle.

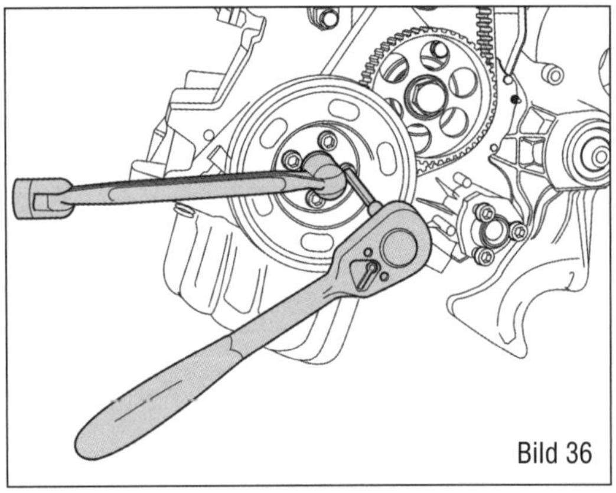

Bild 36

Bild 37
OT-Stellung der Nockenwelle.

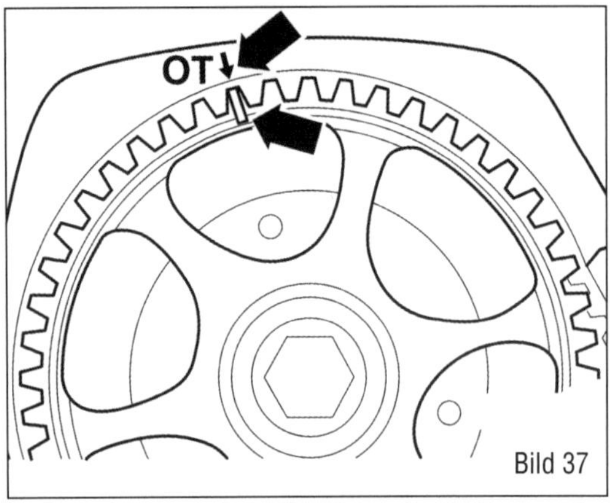

Bild 37

Bild 38
OT-Markierung auf dem Schwungrad beim Schaltgetriebe.

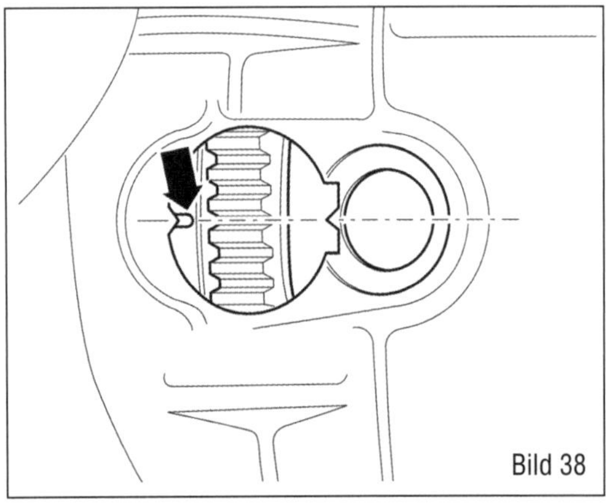

Bild 38

Bild 39
OT-Markierung auf dem Schwungrad beim Automatikgetriebe.

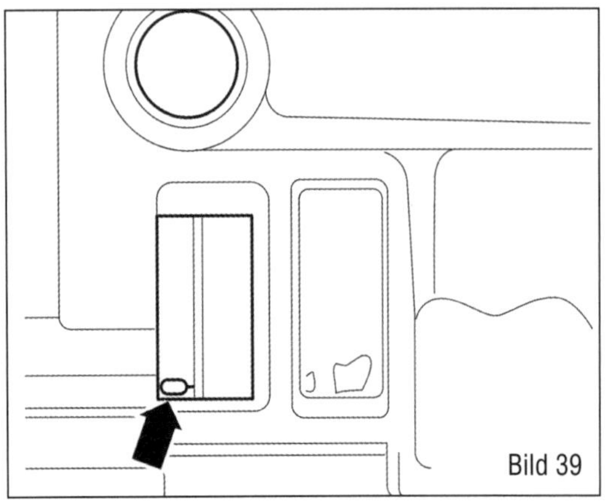

Bild 39

Markierungen auf der Riemenscheibe
Sie finden auch auf der Riemenscheibe OT-Markierungen, diese müssen fluchten.

- Demontieren Sie die Zahnriemenabdeckung.
- Hängen Sie den Motor rechts an einem Motorkran oder fangen Sie ihn anderweitig ab.
- Befestigungsschrauben von Aggregatlagerung/Motorhalter, Aggregatlagerung/Karosserie und Halter Aggregatlagerung/Karosserie herausschrauben und das Aggregatlager komplett ausbauen.
- Bauen Sie den Schwingungsdämpfer/Riemenscheibe aus.
- Schrauben Sie den Motorhalter vom Zylinderblock ab.
- Bauen Sie den Zahnriemenschutz aus.
- Kennzeichnen Sie die Laufrichtung des Zahnriemens, wenn Sie ihn wieder verwenden möchten.
- Die Spannrolle lösen und Zahnriemen abnehmen.

Drehen Sie dann die Kurbelwelle etwas zurück, um bei einem Verdrehen des Motors das Aufsetzen der Ventile zu vermeiden.

Die Montage erfolgt sinngemäß in entgegengesetzter Reihenfolge zur Demontage.

- Achten Sie darauf, dass keine Verschmutzungen im Zahnriemengehäuse verbleiben.
- Prüfen Sie die Steuerzeiten des Motors anhand der angegebenen Markierungen.

1,8 l-Benzinmotor (Bild 31)

- Zündung ausschalten und Zündschlüssel abziehen.
- Motorabdeckung oben und Geräuschdämpfung ausbauen.
- Demontieren Sie die Dämpfungswanne vorne rechts.
- Bauen Sie die Motorabdeckung ab.
- Geräuschdämpfung rechts ausbauen.
- Bauen Sie das Luftführungsrohr zum Ladeluftkühler am Längsträger rechts unten ab (Bild 40).
- Bauen Sie den Keilrippenriemen und das Spannelement für den Keilrippenriemen aus.
- Stellen Sie die Kurbelwelle auf OT-Zylinder des 1. Zylinders (Bild 41).
- Dann den Ausgleichsbehälter für Kühlmittel losschrauben und seitlich ablegen.
- Ziehen Sie die Unterdruckleitung zum Drosselklappenstutzen ab.

■ Demontieren Sie das Zahnriemenschutz-Oberteil.
■ Hängen Sie den Motor rechts an einem Motorkran oder fangen Sie ihn anderweitig ab.
■ Befestigungsschrauben von Aggregatlagerung/Motorhalter, Aggregatlagerung/Karosserie und Halter Aggregatlagerung/Karosserie herausschrauben und das Aggregatlager komplett ausbauen.
■ Bauen Sie den Schwingungsdämpfer/Riemenscheibe aus.
■ Demontieren Sie den unteren und mittleren Zahnriemenschutz.
■ Schrauben Sie den Motorhalter vom Zylinderblock ab.
■ Markieren Sie die Laufrichtung des Zahnriemens, wenn Sie ihn weiter verwenden möchten.
■ Drehen Sie die Spannschraube »T10092« in die Spannvorrichtung für den Zahnriemen ein. Gegebenenfalls den Druckkolben vor dem Spannen mit einer Spitzzange oder dünnem Draht ausrichten. Die Bohrung im Druckkolben und im Gehäuse müssen übereinander stehen.
■ Druckkolben der Spannvorrichtung nur so weit spannen, bis der Druckkolben mit dem Absteckstift T40011 gesichert werden kann.
■ Nehmen Sie den Zahnriemen ab.

Drehen Sie dann die Kurbelwelle etwas zurück, um bei einem Verdrehen des Motors das Aufsetzen der Ventile zu vermeiden.

Die Montage erfolgt sinngemäß in entgegengesetzter Reihenfolge zur Demontage.
■ Achten Sie darauf, dass keine Verschmutzungen im Zahnriemengehäuse verbleiben.
■ Prüfen Sie die Steuerzeiten des Motors anhand der angegebenen Markierungen.

2,0 l-Benzinmotor (Bild 32)
■ Zündung ausschalten und Zündschlüssel abziehen.
■ Motorabdeckung oben und Geräuschdämpfung ausbauen.
■ Demontieren Sie die Dämpfungswanne vorne rechts.
■ Bauen Sie den Keilrippenriemen und das Spannelement für den Keilrippenriemen aus.
■ Bauen Sie den Ausgleichsbehälter für Kühlmittel ab (Kühlmittelschläuche bleiben angeschlossen).

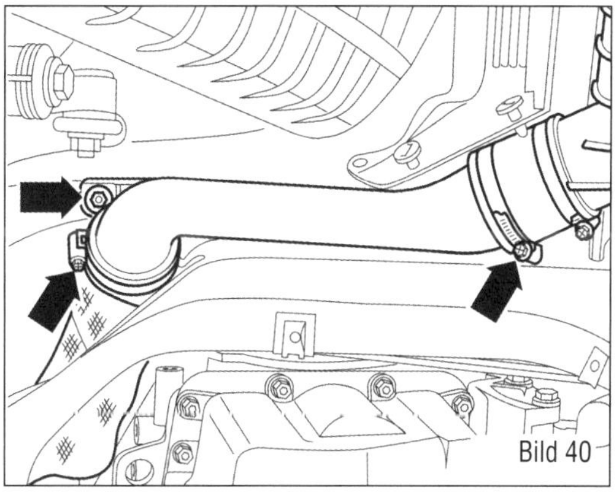

Bild 40
Pfeile = Befestigungsschellen am Luftführungsrohr (Ansicht von unten).

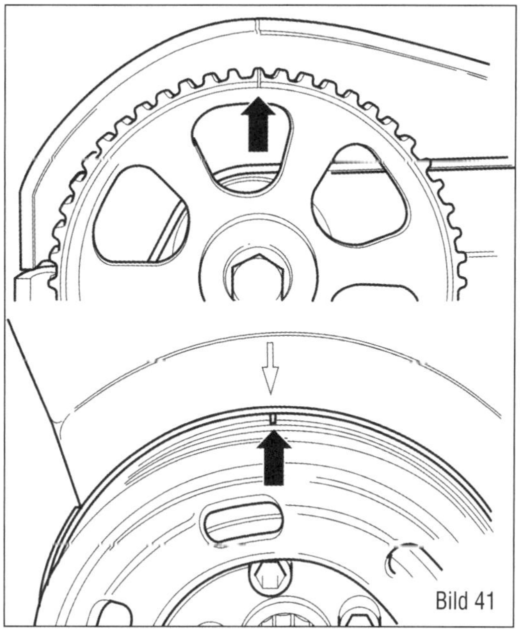

Bild 41
Position der OT-Markierungen an Kurbelwelle und Nockenwelle.

■ Bauen Sie den Vorratsbehälter für Servolenkung ab (die Schläuche bleiben angeschlossen).
■ Stellen Sie das Nockenwellenrad durch Drehen an der Kurbelwelle auf Markierung »OT Zyl. 1«. Die Markierung am Nockenwellenrad muss mit Pfeil auf Zahnriemenschutz fluchten (Bild 42).

Markierungen auf der Riemenscheibe
Sie finden auf der Riemenscheibe OT-Markierungen, diese müssen fluchten. Wie beim 1,6 l-Motor können Sie sich auch an den Markierungen auf der Schwungscheibe orientieren (Bilder 38 und 39).

■ Demontieren Sie die Zahnriemenabdeckung.
■ Hängen Sie den Motor rechts an einem Motorkran oder fangen Sie ihn anderweitig ab.

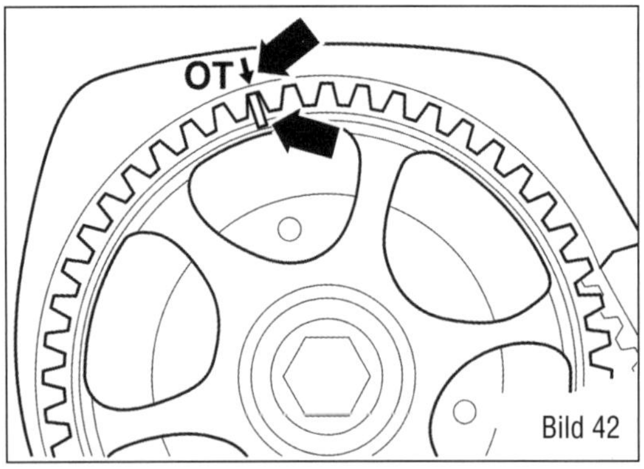

Bild 42
OT-Stellung der Nockenwelle.

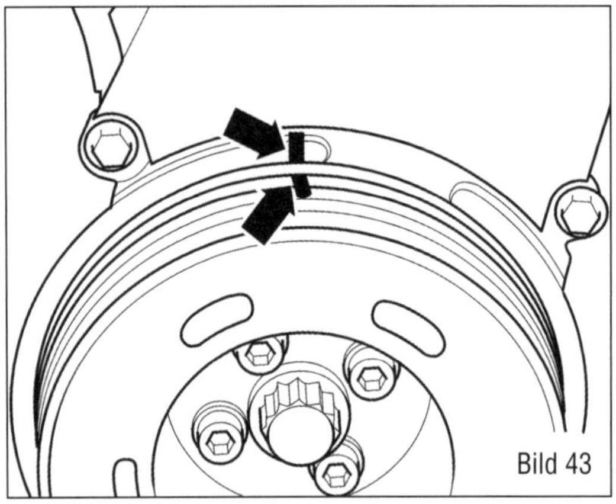

Bild 43
Position der OT-Markierungen an Riemenscheibe und Zahnriemenabdeckung.

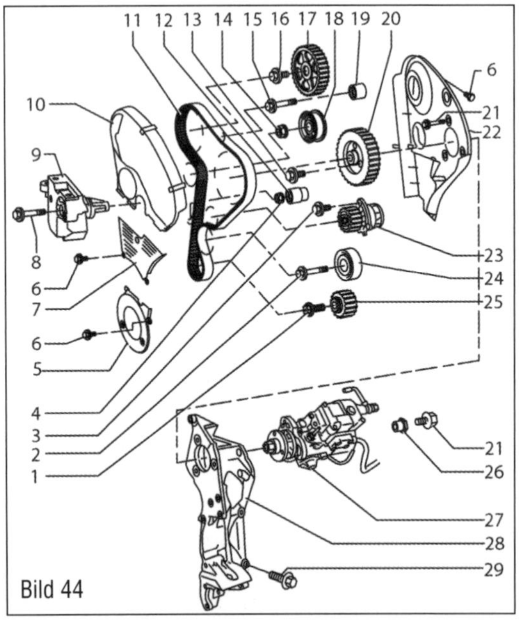

Bild 44
Zahnriementrieb der TDI-Motoren.

1 Zentralschraube Kurbelwelle
2 Schraube
3 Schraube
4 Mutte
5 Abdeckung
6 Schraube
7 Zwischenblech
8 Schraube
9 Motorhalter
10 Abdeckung
11 Zahnriemen
12 Umlenkrolle
13 Schraube
14 Mutter
15 Schraube
16 Zentralschraube Nockenwelle
17 Nockenwellenrad
18 Spannrolle
19 Umlenkrolle
20 Einspritzpumpenrad
21 Schraube
22 Abdeckblech
23 Wasserpumpe
24 Umlenkrolle
25 Kurbelwellenrad
26 Klemmstück
27 Einspritzpumpe
28 Halter
29 Schraube

■ Befestigungsschrauben von Aggregatlagerung/Motorhalter, Aggregatlagerung/Karosserie und Halter Aggregatlagerung/Karosserie heraus schrauben und das Aggregatlager komplett ausbauen.
■ Bauen Sie den Schwingungsdämpfer/Riemenscheibe aus.
■ Schrauben Sie den Motorhalter vom Zylinderblock ab.
■ Bauen Sie den Zahnriemenschutz aus.
■ Kennzeichnen Sie die Laufrichtung des Zahnriemens, wenn Sie ihn wieder verwenden möchten.
■ Die Spannrolle lösen und Zahnriemen abnehmen.

Drehen Sie dann die Kurbelwelle etwas zurück, um bei einem Verdrehen des Motors das Aufsetzen der Ventile zu vermeiden.

Arbeiten am Zahnriementrieb der TDI-Motoren

Auch der Ventiltrieb der Diesel-Motoren ist über einen Zahnriemen gesteuert. Dieser muss zum Wechsel, aber auch zum Ausbau des Zylinderkopfes ausgebaut werden. Wir stellen die erforderlichen Arbeitsschritte für die unterschiedlichen Motortypen für den Motor mit Verteilereinspritzpumpe und für das Pumpendüsensystem vor.

De- und Montage der Zahnriemenabdeckung

1,9 l-Motor mit Verteilereinspritzpumpe
(Bild 44)
■ Zündung ausschalten und Zündschlüssel abziehen.
■ Motorabdeckung oben und Geräuschdämpfung ausbauen.
■ Demontieren Sie die Dämpfungswanne vorne rechts.
■ Die drei Klammern am Zahnriemenschutz öffnen und den Zahnriemenschutz oben abnehmen.
■ Bauen Sie das obere Luftführungsrohr (9) des Ladesystems aus und verschließen Sie die Öffnungen mit Lappen oder Deckeln.
■ Bauen Sie den Keilrippenriemen und das Spannelement für den Keilrippenriemen aus.
■ Demontieren Sie die Riemenscheibe auf der Kurbelwelle. Drehen Sie die Schrauben (6) heraus und nehmen Sie die Abdeckungen ab.

Die Montage erfolgt sinngemäß in entgegengesetzter Reihenfolge zur Demontage.
■ Achten Sie darauf, dass keine Verschmutzungen im Zahnriemengehäuse verbleiben.

1,9 l-Motor mit Pumpendüsenelementen (Bild 46)

- Zündung ausschalten und Zündschlüssel abziehen.
- Motorabdeckung oben und Geräuschdämpfung ausbauen.
- Demontieren Sie die Dämpfungswanne vorne rechts.
- Die drei Klammern am Zahnriemenschutz öffnen und den Zahnriemenschutz oben abnehmen.
- Bauen Sie den Keilrippenriemen und das Spannelement für den Keilrippenriemen aus.
- Demontieren Sie die Riemenscheibe auf der Kurbelwelle.
- Drehen Sie die Schrauben (9) heraus und nehmen Sie die Abdeckungen ab.

Die Montage erfolgt sinngemäß in entgegen gesetzter Reihenfolge zur Demontage.

- Achten Sie darauf, dass keine Verschmutzungen im Zahnriemengehäuse verbleiben.

Demontage des Zahnriemens

Auch beim Zahnriemen gilt: Vor dem Ausbau die Laufrichtung markieren, den Riemen auf Verschleiß prüfen, ihn nicht knicken. Der Ausbau ist kompliziert, die Arbeit wird durch den Gebrauch von Spezialwerkzeuge deutlich erleichtert: Absteckstift (VW: 3359), Kurbelwellenstopp (VW: T10050), Gegenhalter (VW: T10172), Winkelschraubendreher, Absteckwerkzeug (abgewinkelter Dorn), Drehmomentschlüssel verschiedener Größen.

1,9 l-Motor mit Verteilereinspritzpumpe (Bild 44)

- Zahnriemenschutz-Oberteil ausbauen.
- Bauen Sie das Ladeluftrohr oben aus. Dazu muss die Befestigungsschraube herausgedreht werden. Die offenen Enden sorgfältig abdecken bzw. verschließen.
- Motorabdeckung oben und Geräuschdämpfung ausbauen.
- Bauen Sie den Kraftstofffilter mit Halter aus.
- Die Vakuumpumpe für Bremskraftverstärker ausbauen.
- Demontieren Sie die Dämpfungswanne vorne rechts.
- Bauen Sie den Keilrippenriemen und das Spannelement für den Keilrippenriemen aus.

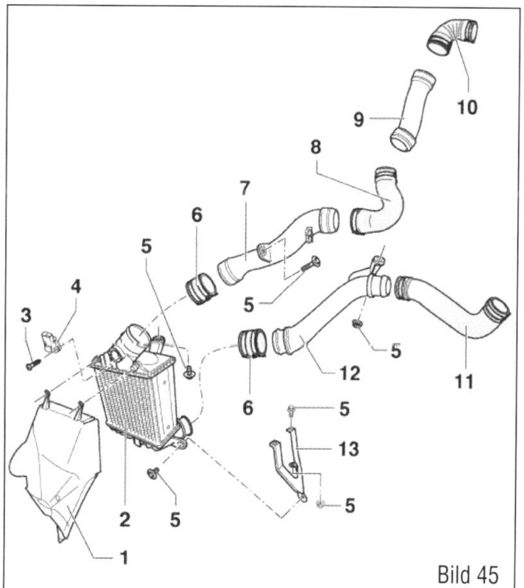

Bild 45

Bild 45
Ladeluftführung.
1 Luftführung
2 Ladeluftkühler
3 Schraube
4 Geber für Saugrohrdruck
5 Schraube
6 Verbindungsschlauch
7 Verbindungsrohr unten
8 Verbindungsschlauch
9 Verbindungsrohr oben
10 Verbindungsschlauch
11 Verbindungsschlauch
12 Ladeluftrohr
13 Halter

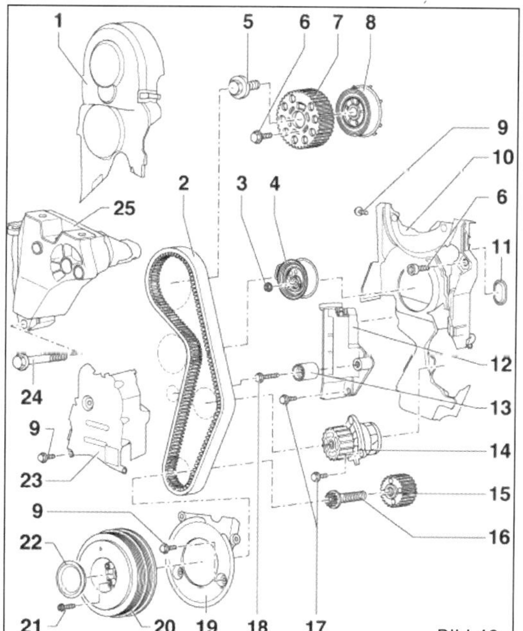

Bild 46

Bild 46
Zahnriementrieb 1,9 l TDI-Motoren mit PD-Elementen.
1 Zahnriemenschutz-Oberteil
2 Zahnriemen
3 Mutter
4 Spannrolle
5 Zentralschraube
6 Schraube Geberrad
7 Nockenwellenrad
8 Nabe
9 Schraube
10 Zahnriemenschutz hinten
11 Dichttülle
12 Spannvorrichtung für Zahnriemen
13 Umlenkrolle
14 Kühlmittelpumpe
15 Zahnriemenrad, Kurbelwelle
16 Zentralschraube Kurbelwellenrad
17 Schraube
18 Schraube
19 Zahnriemenschutz-Unterteil
20 Riemenscheibe/ Schwingungsdämpfer
21 Schraube
22 Abdeckung
23 Zahnriemenschutz-Mittelteil
24 Schraube
25 Motorhalter

- Stellen Sie die Kurbelwelle auf OT des ersten Zylinders (Markierungen Bild 38 bzw. 39).
- Den Motorhalter am Zylinderblock abschrauben und ausbauen.

Zum Lösen der beiden oberen Schrauben des Motorhalters muss der Motor mit einer geeigneten Abfangvorrichtung etwas angehoben werden. Zum Lösen der unteren Schraube des Motorhalters muss der Motor anschließend etwas abgesenkt werden.

- Schrauben Sie die Passschrauben (1 in Bild 47) bis zum Anschlag von Hand in den Zylinderkopf ein.

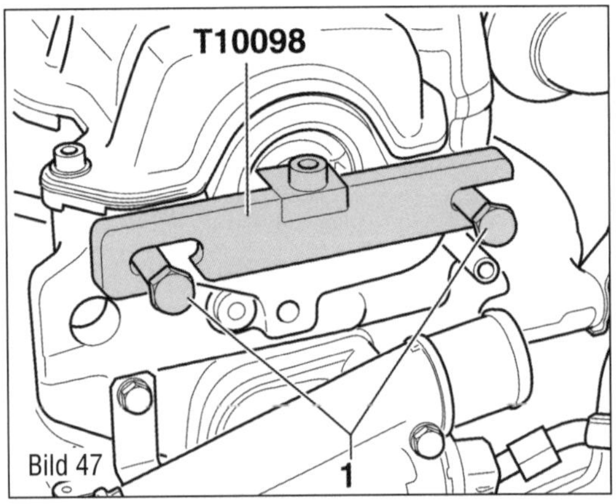

Bild 47
1 Passschrauben
T10098 = Nockenwellenlineal

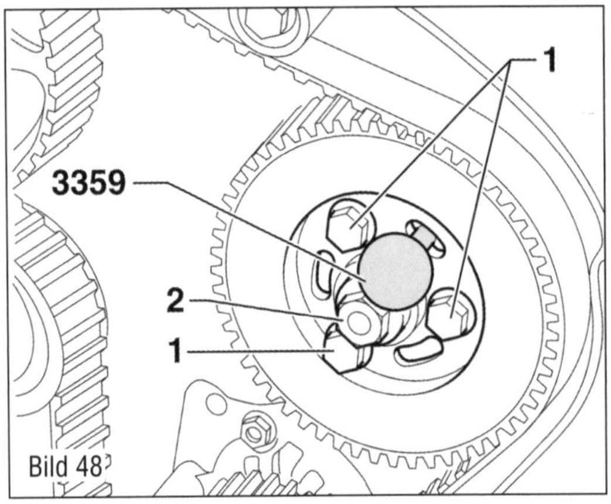

Bild 48
1 Befestigungsschrauben
2 Zentralschraube
3359 = Absteckwerkzeug

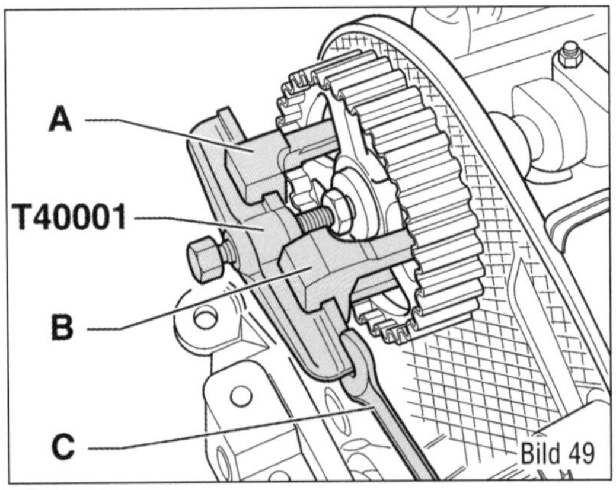

Bild 49
T40001 = Zweiarmabzieher
A Zweiarmklaue »A«
B Zweiarmklaue »B«
C Gabelschlüssel

- Arretieren Sie die Nockenwelle wie im Bild 47 gezeigt, mit dem Nockenwellenlineal (T10098).
- Das Einspritzpumpenrad mit Absteckstift für Diesel-Einspritzpumpe (3359) arretieren (Bild 48).
- Befestigungsschrauben (1) des Einspritzpumpenrades lösen.

⚠ Befestigungsschrauben mit Freischnitt am Gewindeschaft und Spitze nacheinander herausschrauben und ersetzen (Ersatzteilenummer des Einspritzpumpenrades: 038 130 111 A). Befestigungsschrauben ohne Freischnitt am Gewindeschaft und ohne Spitze sind nicht zu ersetzen. (Ersatzteilenummer des Einspritzpumpenrades: 038 130 111 B). Die Mutter (2) für die Nabe darf auf keinen Fall gelöst werden. Die Grundeinstellung der Einspritzpumpe ist sonst verstellt und kann mit Werkstattmitteln nicht eingestellt werden.

- Spannrolle lösen.
- Den Motorhalter am Zylinderblock abschrauben und ausbauen.

⚠ Zum Lösen der beiden oberen Schrauben des Motorhalters muss der Motor mit einer geeigneten Abfangvorrichtung etwas angehoben werden. Zum Lösen der unteren Schraube des Motorhalters muss der Motor anschließend etwas abgesenkt werden.

- Den Schwingungsdämpfer/Riemenscheibe ausbauen.
- Den unteren und den mittleren Zahnriemenschutz ausbauen.
- Nehmen Sie den Zahnriemen ab.

Montage des Zahnriemens

👁 Prüfen Sie, ob die OT-Markierung am Schwungrad und die Bezugsmarke übereinstimmen.

⚠ Befestigungsschraube des Nockenwellenrades eine Umdrehung lösen. Zum Lösen der Befestigungsschraube das Nockenwellenrad gegenhalten. Zum Lösen und Anziehen des Nockenwellenrades niemals das Nockenwellenlineal »T10098« als Gegenhalter verwenden! Benutzen Sie den Gegenhalter »3036«. Das Nockenwellenrad mit dem Gegenhalter »3036« festhalten.

- Setzen Sie den Zweiarmabzieher »T40001« mit der einarmigen Klaue »T40001/2« (A) und der zweiarmigen Klaue »T40001/3« (B) mittig an das Nockenwellenrad an und ziehen Sie es ab (Bild 49). Benutzen Sie dabei als Gegenhalter einen Gabelschlüssel (C).
- Den Zahnriemen auf Zahnriemenrad-Kurbelwelle, Umlenkrolle, Einspritzpumpenrad, Kühlmittelpumpenrad und Spannrolle auflegen (Laufrichtung beachten).
- Richten Sie das Einspritzpumpenrad auf Mittellage in den Langlöchern aus.
- Nockenwellenrad zusammen mit Zahnriemen aufsetzen und mit Befestigungs-

schraube fixieren (Nockenwellenrad bleibt noch verdrehbar).

- Spannen Sie den Zahnriemen. Drehen Sie dazu den Mutterndreher (z. B. Mutterndreher Matra V/159) am Exzenter im Uhrzeigersinn, bis sich die Kerbe und die Erhebung (Pfeile) gegenüberstehen. Falls der Exzenter einmal zu weit gedreht wurde, muss die Spannrolle vollständig entspannt und neu gespannt werden. Sie dürfen nicht den Exzenter nur um das zu weit gedrehte Maß zurückdrehen.
- Klemmmutter an der Spannrolle festziehen.
- Überprüfen Sie die OT-Markierung am Schwungrad nochmals.
- Ziehen Sie die Befestigungsschraube für das Nockenwellenrad fest.
- Ziehen Sie die neuen Befestigungsschrauben des Einspritzpumpenrades fest.
- Entfernen Sie das Nockenwellenlineal »T10098« aus der Nockenwelle.
- Entfernen Sie den Absteckstift.
- Die Kurbelwelle zwei Umdrehungen in Motordrehrichtung weiterdrehen und wieder auf OT für Zylinder 1 stellen.
- Kontrollieren Sie, ob Folgendes passt: die OT-Markierung am Schwungrad (Bild 38 oder 39), das Nockenwellenlineal in die Nockenwelle, der Absteckstift in das Einspritzpumpenrad, die Einstellung der Spannrolle (Kerbe/Erhebung).
- Stehen sich Kerbe und Erhebung nicht gegenüber, spannen Sie die Spannrolle nach und ziehen Sie die Befestigungsmutter fest.
- Drehen Sie die Kurbelwelle zwei Umdrehungen in Motordrehrichtung weiter, bis die Kurbelwelle wieder auf OT für den ersten Zylinder steht.
- Wiederholen Sie die Kontrolle.
- Bauen Sie den Motorhalter am Zylinderblock an.
- Den Aggregatlagerung Motor ausrichten und einbauen (Befestigungsschrauben ersetzen).
- Die Vakuumpumpe einbauen.
- Den Zahnriemenschutz-Mittel- und -Unterteil und Schwingungsdämpfer/Riemenscheibe einbauen.
- Keilrippenriemen einbauen.
- Geräuschdämpfung rechts einbauen.
- Verbindungsrohr oben einbauen.
- Prüfen Sie dynamisch den Einspritzbeginn und stellen Sie ihn ggf. ein.
- Befestigungsschrauben des Einspritzpumpenrades festziehen.
- Zahnriemenschutz-Oberteil einbauen.

1,9 l-Motor mit Pumpendüsenelementen (Bild 46)

- Zahnriemenschutz-Oberteil ausbauen.
- Bauen Sie das Ladeluftrohr unten aus. Dazu müssen die Befestigungsschraube herausgedreht und die Steckverbindungen an beiden Enden entriegelt werden. Die offenen Enden sorgfältig abdecken bzw. verschließen.
- Motorabdeckung oben und Geräuschdämpfung ausbauen.
- Demontieren Sie die Dämpfungswanne vorne rechts.
- Den Motorhalter am Zylinderblock abschrauben und ausbauen.

(Tipp) Zum Lösen der beiden oberen Schrauben des Motorhalters muss der Motor mit einer geeigneten Abfangvorrichtung etwas angehoben werden. Zum Lösen der unteren Schraube des Motorhalters muss der Motor anschließend etwas abgesenkt werden.

- Den Schwingungsdämpfer/Riemenscheibe ausbauen.
- Den unteren und den mittleren Zahnriemenschutz ausbauen.
- Stellen Sie die Kurbelwelle auf OT des ersten Zylinders (Markierungen Bild 43).
- Arretieren Sie die Nabe mit dem Absteckstift »3359«. Schieben Sie dazu den Absteckstift durch das linksseitige freie Langloch in die Bohrung des Zylinderkopfes. Das Zahnriemenrad arretieren Sie mit dem Kurbelwellenstopp »T10050«.
Schieben Sie den Kurbelwellenstopp von der Stirnseite des Zahnriemenrades her in dessen Verzahnung.

(Achtung) Markierung auf dem Zahnriemenrad Kurbelwelle und dem Kurbelwellenstopp müssen sich gegenüberstehen. Dabei muss der Zapfen des Kurbelwellenstopps in die Bohrung des Dichtflansches eingreifen.

Motoren mit hydraulischem Spannsystem
Erkennungsmerkmal: die Spannvorrichtung für den Zahnriemen (Pfeil im Bild 51).

- Stecken Sie einen Inbusschlüssel bis zum Anschlag in den Innensechskant und drücken Sie damit die Spannrolle entgegen dem Uhrzeigersinn (Pfeilrichtung im Bild 52), bis Sie die Spannvorrichtung des Zahnriemens mit dem Sperrplättchen »T10008« arretieren können.

Bild 50
Markierungen an der Spannrolle.

Bei zu geringer Einstecktiefe des Inbusschlüssels besteht die Gefahr des Ausbrechens des Innensechskants. Die Spannvorrichtung für Zahnriemen ist Öl-gedämpft und lässt sich nur langsam mit gleichmäßiger Kraft zurückdrücken.

- Lösen Sie die Befestigungsmutter der Spannrolle.
- Schrauben Sie die Befestigungsschrauben der Spannvorrichtung für Zahnriemen heraus und nehmen Sie die Spannvorrichtung ab.
- Nehmen Sie den Zahnriemen ab.

Motoren mit reibgedämpftem Spannsystem
- Lösen Sie die Befestigungsschrauben des Nockenwellenrades, bis sich das Nockenwellenrad in den Langlöchern verdrehen lässt.
- Lösen Sie die Befestigungsmutter der Spannrolle.
- Drehen Sie die Spannrolle mit dem Zweilochmutterndreher »T10020« oder »T10004« entgegen dem Uhrzeigersinn, bis Sie die Spannrolle mit dem Absteckstift »T10115« arretieren können.
- Drehen Sie die Spannrolle mit dem Zweilochmutterndreher »T10020« oder »T10004« im Uhrzeigersinn bis zum Anschlag und ziehen Sie die Befestigungsmutter handfest an.
- Nehmen Sie den Zahnriemen zuerst von der Kühlmittelpumpe und dann von den übrigen Zahnrädern ab.

Montage des Zahnriemens

Motoren mit hydraulischem Spannsystem
Die Nockenwelle muss mit Absteckstift »3359« und die Kurbelwelle mit Kurbelwellenstopp »T10050« arretiert worden sein.

- Lösen Sie die Befestigungsschrauben des Nockenwellenrades, bis sich das Nockenwellenrad in den Langlöchern verdrehen lässt.
- Drehen Sie das Nockenwellenrad in seinen Langlöchern im Uhrzeigersinn auf Anschlag.
- Drehen Sie nun den Exzenter mit dem Zweilochmutterndreher »3387« vorsichtig im Uhrzeigersinn, bis die Nase des Exzenters unmittelbar vor dem Anschlag liegt.
- Den Zahnriemen auf Nockenwellenrad, Spannrolle, Zahnriemenrad, Kurbelwelle und zuletzt auf das Zahnriemenrad der Kühlmittelpumpe auflegen.
- Spannvorrichtung für Zahnriemen einbauen.
- Drehen Sie den Exzenter mit dem Zweilochmutterndreher »3387« gegen den Uhrzeigersinn (Nase des Exzenters bewegt sich in Richtung Anschlag A), bis Sie das Sperrplättchen »T10008« spannungsfrei herausziehen können und das Maß »a« kleiner 4 mm ist (Bild 53).
- Ziehen Sie die Befestigungsschrauben des Nockenwellenrades mit 25 Nm fest.
- Entfernen Sie den Absteckstift »3359« und den Kurbelwellenstopp »T10050«.
- Drehen Sie die Kurbelwelle zwei Umdrehungen in Motordrehrichtung weiter und stellen Sie sie wieder auf OT für 1. Zylinder.

Dabei muss der Zapfen des Kurbelwellenstopps aus der Drehbewegung heraus in den Dichtflansch eingreifen. Wurde die Kurbelwelle über OT für Zylinder 1 gedreht und konnte der Kurbelwellenstopp nicht in den Dichtflansch eingreifen, drehen Sie die Kurbelwelle 1/4 Umdrehung zurück, um sie erneut in Motordrehrichtung auf OT für 1. Zylinder zu stellen. Korrekturen entgegen der Drehrichtung des Motors, um den Kurbelwellenstopp zu setzen, sind unzulässig.

- Nachdem Sie den Kurbelwellenstopp »T10050« gesetzt haben, kontrollieren Sie, ob das Maß »a« erreicht wird und dass sich die Nabe mit dem Absteckstift »3359« arretieren lässt.

Das Maß »a« verringert sich beim Anziehen der Befestigungsmutter der Spannrolle.
Daher großzügig mit Bohrer 4 mm einstellen. Bei betriebswarmem Motor kann sich das Maß »a« bis auf 1 mm verringern.

Wird das Maß »a« nicht erreicht:

- Spannen Sie die Spannrolle nach. Halten Sie dazu die Spannrolle mit dem Zweilochmutterndreher »3387« fest, lösen Sie die Befestigungsmutter und geben Sie der Gegenkraft der Spannvorrichtung so weit nach, bis das Maß »a« erreicht wird. Der Sollwert Maß für »a« beträgt: 4 ± 1 mm.
- Ziehen Sie die Befestigungsmutter wieder mit 20 Nm + 45° (⅛ Umdrehung) fest.

Lässt sich die Nabe nicht arretieren:

- Ziehen Sie den Zapfen des Kurbelwellenstopps aus der Bohrung des Dichtflansches und verdrehen Sie die Kurbelwelle, bis sich die Nabe mit dem Absteckstift »3359« arretieren lässt.
- Befestigungsschrauben des Nockenwellenrades lösen.
- Verdrehen Sie die Kurbelwelle etwas entgegen der Motordrehrichtung, bis der Zapfen des Kurbelwellenstopps kurz vor der Bohrung des Dichtflansches steht.
- Drehen Sie jetzt die Kurbelwelle in Motordrehrichtung, bis der Zapfen des Kurbelwellenstopps aus der Drehbewegung heraus in den Dichtflansch eingreift.
- Befestigungsschrauben für Nockenwellenrad mit 25 Nm festziehen.
- Entfernen Sie den Absteckstift »3359« und den Kurbelwellenstopp »T10050«.
- Drehen Sie die Kurbelwelle zwei Umdrehungen in Motordrehrichtung weiter, bis die Kurbelwelle wieder auf OT für den 1. Zylinder steht.
- Wiederholen Sie die Kontrolle.

Motoren mit reibgedämpftem Spannsystem

Die Nockenwelle muss mit Absteckstift »3359« und die Kurbelwelle mit Kurbelwellenstopp »T10050« arretiert worden sein. Die Spannrolle ist mit dem Absteckstift »T10115« abgesteckt und auf Rechtsanschlag fixiert.

- Einstellarbeiten am Zahnriemen dürfen grundsätzlich nur bei kaltem Motor durchgeführt werden, da sich die Zeigerposition des Spannelementes abhängig von der Motortemperatur ändert.
- Drehen Sie das Nockenwellenrad in seinen Langlöchern auf Mittelstellung (Pfeile im Bild 56).
- Legen Sie den Zahnriemen auf das Zahnriemenrad Kurbelwelle, die Spannrolle, das Nockenwellenrad, die Umlenkrolle und zuletzt

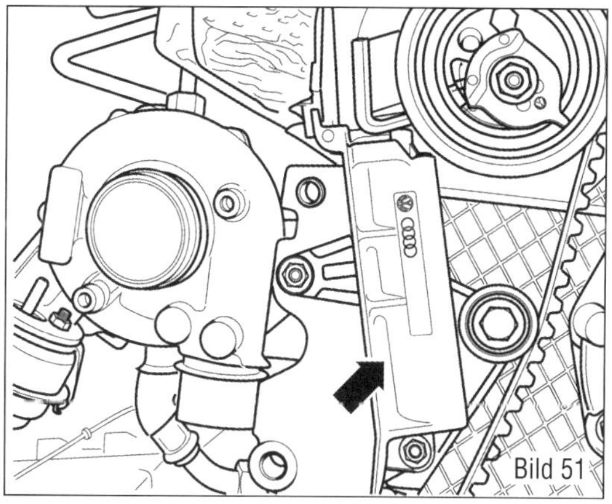

Bild 51
Hydraulischer Spanner in Einbauposition.

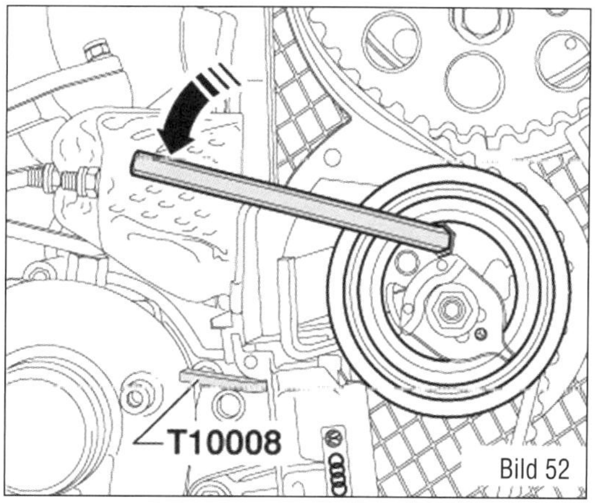

Bild 52
Reibwertspanner in Einbauposition.
T10008 = Absteckwerkzeug
Pfeil = Entspannrichtung

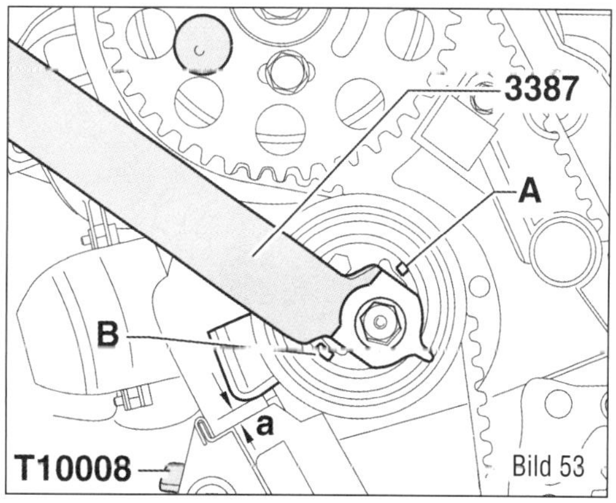

Bild 53
3387 = Zweilochmutterdreher
A und B = Anschlag
T10008 = Absteckwerkzeug

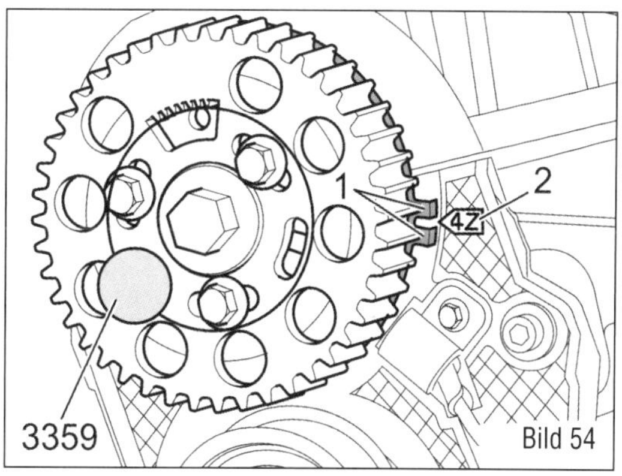

Bild 54
2 »4Z«-Position der OT-Markierungen am Nockenwellenrad
3359 = Absteckdorn von VW

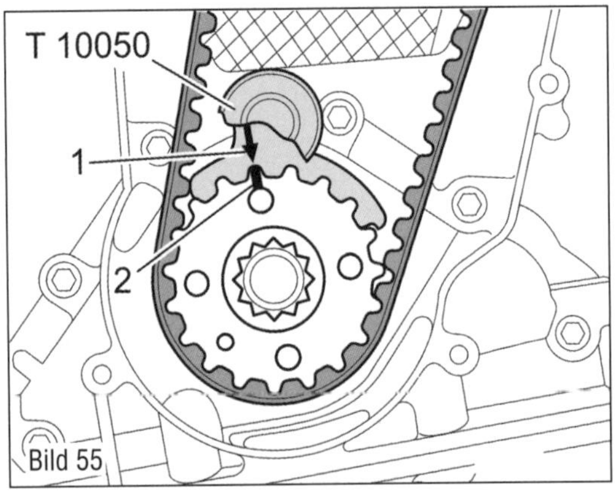

Bild 55
1 Markierung auf dem Halter T10050
2 Markierung auf dem Kurbelwellenrad

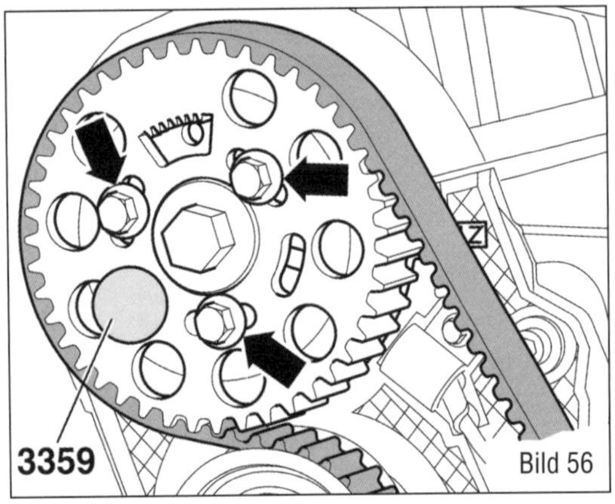

Bild 56
3359 = Absteckdorn
Pfeile = Schrauben

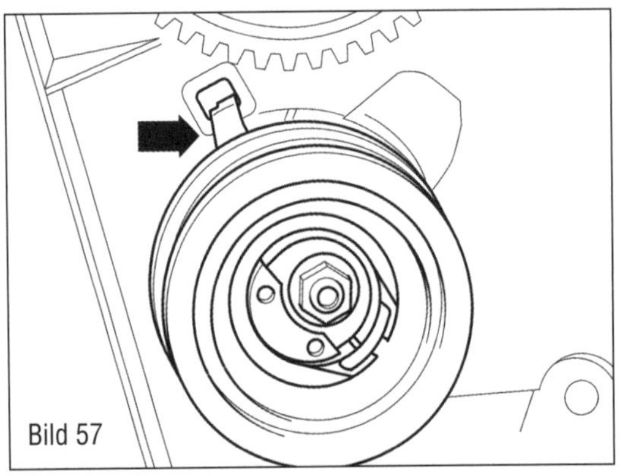

Bild 57
Das Einsitzen der Haltenase im Zahnriemenschutz hinten ist sehr wichtig.

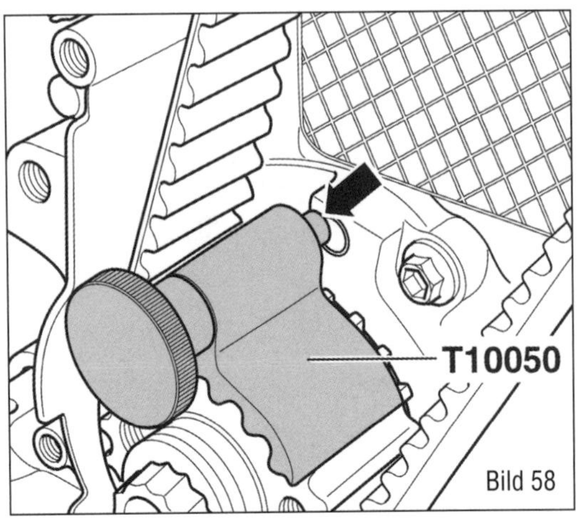

Bild 58
T10050 = Arretierwerkzeug Kurbelwellenrad
Pfeil = Passstift zur Arretierung im Gehäusedeckel

auf das Zahnriemenrad der Kühlmittelpumpe auf. Achten Sie auf den richtigen Sitz der Spannrolle im Zahnriemenschutz hinten (Pfeil im Bild 57).

■ Lösen Sie die Befestigungsmutter der Spannrolle und ziehen Sie den Absteckstift »T10115« aus der Spannrolle heraus.

■ Drehen Sie nun die Spannrolle mit dem Zweilochmutterndreher »T10020« oder »T10004« im Uhrzeigersinn, bis der Zeiger mittig in der Lücke der Grundplatte steht. Achten Sie darauf, dass sich die Befestigungsmutter nicht mitdreht.

■ Halten Sie die Spannrolle in dieser Lage fest und ziehen Sie die Befestigungsmutter der Spannrolle wie folgt fest: Zuerst 20 Nm und dann 45° (1/8 Umdrehung) weiterdrehen.

■ Setzen Sie den Gegenhalter »T10172« mit Bolzen »T10172/4« am Zahnriemenrad der Nockenwelle an. Drücken Sie den Gegenhalter gegen den Uhrzeigersinn und halten Sie das Nockenwellenrad auf Vorspannung.

■ Ziehen Sie in dieser Stellung die Befestigungsschrauben des Nockenwellenrades mit 25 Nm fest.

■ Entfernen Sie den Absteckstift »3359« und den Kurbelwellenstopp »T10050«.

■ Drehen Sie die Kurbelwelle zwei Umdrehungen in Motordrehrichtung weiter, bis die Kurbelwelle kurz vor OT für 1. Zylinder steht.

■ Arretieren Sie die Nabe aus der Drehbewegung in Motordrehrichtung heraus mit dem Absteckstift »3359«.

■ Kontrollieren Sie, ob sich die Kurbelwelle mit dem Kurbelwellenstopp »T10050« arretieren lässt.

Lässt sich die Kurbelwelle nicht arretieren:

■ Lösen Sie die Befestigungsschrauben (Pfeile im Bild 56) des Nockenwellenrades.

■ Verdrehen Sie die Kurbelwelle etwas entgegen der Motordrehrichtung, bis der Zapfen des Kurbelwellenstopps kurz vor der Bohrung des Dichtflansches steht (Pfeil im Bild 58).

■ Drehen Sie jetzt die Kurbelwelle in Motordrehrichtung, bis der Zapfen des Kurbelwellenstopps aus der Drehbewegung heraus in den Dichtflansch eingreift.

■ Setzen Sie den Gegenhalter im Nockenwellenrad an. Drücken Sie den Gegenhalter gegen den Uhrzeigersinn und halten Sie das Nockenwellenrad auf Vorspannung.

■ Ziehen Sie in dieser Stellung die Befestigungsschrauben des Nockenwellenrades mit 25 Nm fest.

■ Entfernen Sie den Absteckstift »3359« und den Kurbelwellenstopp »T10050«.
■ Drehen Sie die Kurbelwelle zwei Umdrehungen in Motordrehrichtung weiter, bis die Kurbelwelle kurz vor OT für den 1. Zylinder steht.
■ Wiederholen Sie die Kontrolle.

Fortsetzung für alle Motoren
■ Zahnriemenschutz-Mittel- und -Unterteil einbauen.
■ Riemenscheibe/Schwingungsdämpfer einbauen.
■ Motorhalter am Zylinderblock ansetzen und festziehen.

⚠ Vor dem Einbau des Motorhalters Schrauben in den Motorhalter einsetzen. Bevor das Motorlager eingebaut wird, müssen alle Schrauben des Motorhalters mit dem vorgeschriebenen Anziehdrehmoment angezogen sein.

■ Motorlager/Karosserie einbauen. Aggregatlagerung für Motor und Getriebe ausrichten.
■ Motorlager am Motorhalter festschrauben, dazu die Anlageflächen mit einer geeigneten Abfangvorrichtung zur Auflage bringen.
■ Halter Motorlager/Karosserie einbauen.
■ Zahnriemenschutz-Oberteil einbauen.
■ Halteblech für Kraftstofffilter einbauen.
■ Ausgleichsbehälter für Kühlmittel einbauen.
■ Spannelement für Keilrippenriemen einbauen.
■ Keilrippenriemen einbauen.
■ Motorabdeckung und, falls vorhanden, Dämpfung Motor oben montieren.
■ Ladeluftrohr unten wieder einbauen.

Ventildeckel/Zylinderkopfhaube und Nockenwelle demontieren

Der Aufbau der unterschiedlichen Motoren ist auch an der Ausführung der unterschiedlichen Konstruktionen der Zylinderköpfe und entsprechend der Zylinderkopfhauben zu erkennen.
Auch hier werden wir Ihnen die Montageschritte zu den einzelnen Motoren darstellen.

Demontage der Zylinderkopfhaube

1,4 l-Benzinmotor (Bild 59)
Der kleinste der Motoren hat keinen Ventildeckel in der herkömmlichen Bauart. Die Abdeckung des Zylinderkopfes übernimmt gleichzeitig die Aufnahme und Lagerung der beiden Nockenwellen. Entsprechend stellen wir Ihnen in dieser Beschreibung die Demontage des Nockenwellenkastens vor.

■ Prüfen Sie zuerst, ob ein codiertes Radiogerät eingebaut ist. In diesem Fall erfragen Sie bitte die Antidiebstahl-Codierung.
■ Masseband der Batterie bei ausgeschalteter Zündung abklemmen.
■ Bauen Sie zuerst beide Zahnriemen aus.
■ Stabzündspulen zusammen mit Zündleitungsführung ausbauen.
■ Ziehen Sie den Anschlussstecker vom Hallgeber ab.
■ Drehen Sie die Befestigungsschraube der hinteren Zahnriemenabdeckung im Bereich der rechten Aufhängeöse heraus.
■ Die Nockenwellengehäuseschrauben von außen nach innen über Kreuz lösen und herausschrauben.
■ Nockenwellengehäuse vorsichtig abnehmen.

Vorbereitung zur Montage
Das Zahnriemenrad der Kurbelwelle wird mit der Befestigungsschraube und zwei

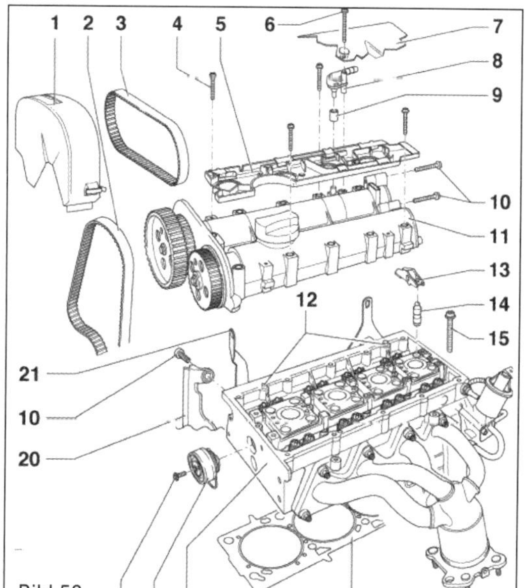

Bild 59

Bild 59
1 Zahnriemenschutz-Oberteil
2 Haupttrieb-Zahnriemen
3 Koppeltrieb-Zahnriemen
4 Schraube
5 Zündleitungsführung
6 Schraube
7 Abdeckung
8 Kurbelgehäuseentlüftungsventil
9 Dichtung
10 Schraube
11 Nockenwellengehäuse
12 Passstift
13 Rollenschlepphebel
14 Abstützelement
15 Zylinderkopfschraube
16 Zylinderkopfdichtung
17 Zylinderkopf
18 Koppeltriebspannrolle
19 Schraube
20 Zahnriemenschutz hinten
21 Aufhängeöse

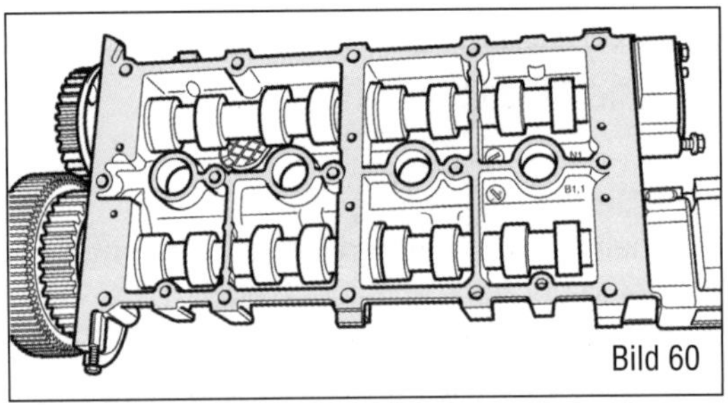

Bild 60

Bild 60
Die schraffierte Fläche ist der Bereich, auf den die Dichtmasse dünn aufgetragen werden muss.

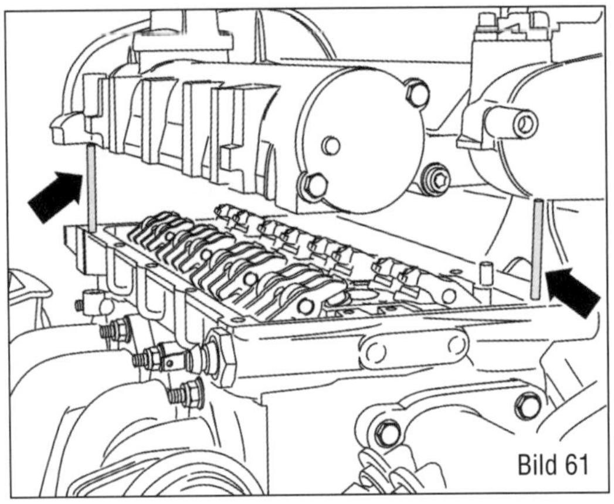

Bild 61

Bild 61
Stehbolzen M6 x 70 zur geraden Führung bei der Montage.

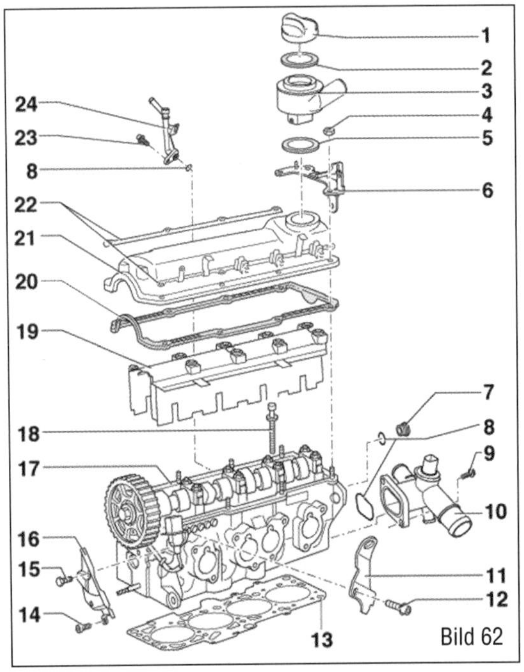

Bild 62

Bild 62
1,6 l-Motor mit Tassenstößel.
1 Verschlussdeckel
2 Dichtung
3 Entlüftungsgehäuse
4 Mutter
5 Dichtung
6 Halter
7 Verschlussschraube
8 Dichtring
9 Schraube
10 Anschlussstutzen
11 Aufhängeöse
12 Schraube
13 Zylinderkopfdichtung
14 Schraube
15 Schraube
16 Zahnriemenschutz hinten
17 Zylinderkopf
18 Zylinderkopfschraube
19 Ölabweiser
20 Dichtung für Zylinderkopfdeckel
21 Zylinderkopfdeckel
22 Verstärkungsleiste
23 Schraube
24 Entlüftungsanschluss

Unterlegscheiben an der Kurbelwelle befestigt. Die Kolben dürfen nicht im oberen Totpunkt stehen. Die Nockenwellenräder sind mit »T10016« in den Passbohrungen im Nockenwellengehäuse arretiert und gegen Verdrehen gesichert.

■ Entfernen Sie die Dichtmittelreste am Zylinderkopf und Nockenwellengehäuse mit einem handelsüblichen Dichtmittelentferner.

■ Vermeiden Sie auch, dass Schmutz und Dichtmittelreste in den Zylinderkopf gelangen.
■ Reinigen Sie die Dichtflächen, sie müssen öl- und fettfrei sein.

⚠ Tragen Sie das Dichtmittel auf die saubere Dichtfläche des Nockenwellengehäuses dünn und gleichmäßig auf (siehe gerasterte Fläche in der Abbildung 60). Das Dichtmittel darf nicht zu dick aufgetragen werden, da sonst überschüssiges Dichtmittel in die Ölbohrungen gelangen kann und somit Motorschäden verursacht werden können.

■ Achten Sie darauf, dass alle Rollenschlepphebel richtig auf den Ventilschaftenden aufliegen und auf den jeweiligen Abstützelementen eingeclipst sind.
■ Schrauben Sie vor dem Aufbau des Nockenwellengehäuses zwei Stehbolzen (M6 x 70) in den Zylinderkopf ein.
■ Setzen Sie vorsichtig das Nockenwellengehäuse senkrecht von oben auf die Stehbolzen und Passstifte des Zylinderkopfes (Pfeile im Bild 61) auf.
■ Neue Befestigungsschrauben des Nockenwellengehäuses über Kreuz von innen nach außen gleichmäßig festziehen. Achten Sie darauf, dass das Nockenwellengehäuse nicht verkantet.

☞ Nach der Montage des Nockenwellengehäuses muss das Dichtmittel ca. 30 Minuten trocknen.

Der weitere Zusammenbau erfolgt sinngemäß in umgekehrter Reihenfolge zum Ausbau.

1,6 l-Benzinmotor (Tassenstößel), Bild 62
Oftmals befinden sich auf den Verstärkungsleisten noch kleine Unterlegscheiben. Nehmen Sie diese einzeln ab und verwahren Sie sie mit den anderen Teilen außerhalb des Motorraumes.

■ Zündung ausschalten und Zündschlüssel abziehen.
■ Motorabdeckung oben (soweit verbaut) ausbauen.
■ Ziehen Sie den Motorentlüftungsschlauch vom Entlüftungsanschluss ab.
■ Demontieren Sie den Halter (6).
■ Drehen Sie die Mutter für den Ventildeckel über Kreuz los.
■ Nehmen Sie die Muttern von den Bolzen ab.
■ Nehmen Sie die Verstärkungsleisten vom Ventildeckel ab.

■ Heben Sie den Ventildeckel vom Zylinderkopf ab.
■ Ziehen Sie die Dichtung ab, reinigen Sie den Zylinderkopf und den Ventildeckel gründlich von Rückständen.

Die Montage erfolgt sinngemäß in umgekehrter Reihenfolge.
■ Ersetzen Sie die Ventildeckeldichtung (20) in jedem Fall.
■ Prüfen Sie die Dichtungen (2, 5 und 8) auf Schäden.

1,6 l-Benzinmotor (Rollenschlepphebel), Bild 63
Der Zylinderkopf mit Rollenschlepphebeln hat einen Leiterrahmen, der die Führung und Lagerung der Nockenwelle übernimmt. Für die Demontage des Ventildeckels müssen keine Arbeiten an der Motorsteuerung vorgenommen werden.

■ Zündung ausschalten und Zündschlüssel abziehen.
■ Motorabdeckung oben (soweit verbaut) ausbauen.
■ Ziehen Sie den Motorentlüftungsschlauch vom Entlüftungsanschluss ab.
■ Drehen Sie die Schrauben für den Ventildeckel über Kreuz los.
■ Heben Sie den Ventildeckel vom Zylinderkopf ab.
■ Ziehen Sie die Dichtung ab, reinigen Sie den Zylinderkopf und den Ventildeckel gründlich von Rückständen.

Die Montage erfolgt sinngemäß in umgekehrter Reihenfolge.
■ Ersetzen Sie die Ventildeckeldichtung (15) bei Bedarf.
■ Prüfen Sie die Dichtungen (2 und 19) auf Schäden.

1,8 l-Benzinmotor Turbo, Bild 64
Die beiden Bauvarianten des 1,8-l-Turbomotors stellen wir für diese Montageschritte zusammen vor. Die Besonderheiten werden, wenn erforderlich, gesondert herausgestellt.

■ Zündung ausschalten und Zündschlüssel abziehen.
■ Motorabdeckung oben (soweit verbaut) ausbauen.
■ Demontieren Sie den Zahnriemenschutz oben.

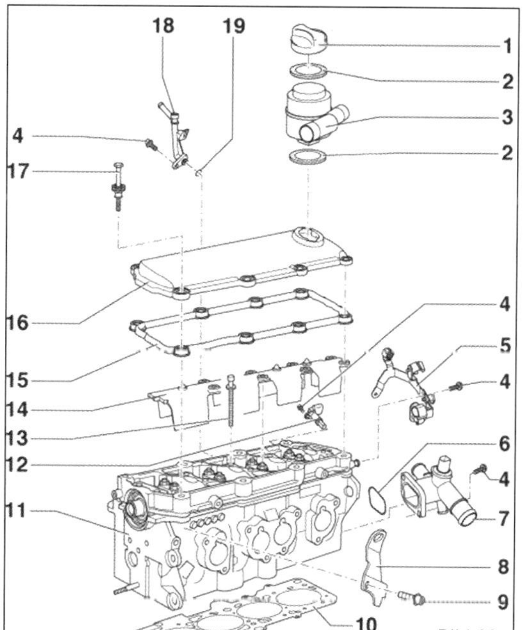

Bild 63

Bild 63
1,6 l-RSH-Motor.
1 Verschlussdeckel
2 Dichtung
3 Entlüftungsgehäuse
4 Schraube
5 Halter
6 Dichtung
7 Anschlussstutzen
8 Aufhängeöse
9 Schraube
10 Zylinderkopfdichtung
11 Zylinderkopf
12 Hallgeber
13 Zylinderkopfschraube
14 Ölabweiser
15 Dichtung
16 Zylinderkopfhaube
17 Schraube
18 Entlüftungsanschluss
19 Dichtring

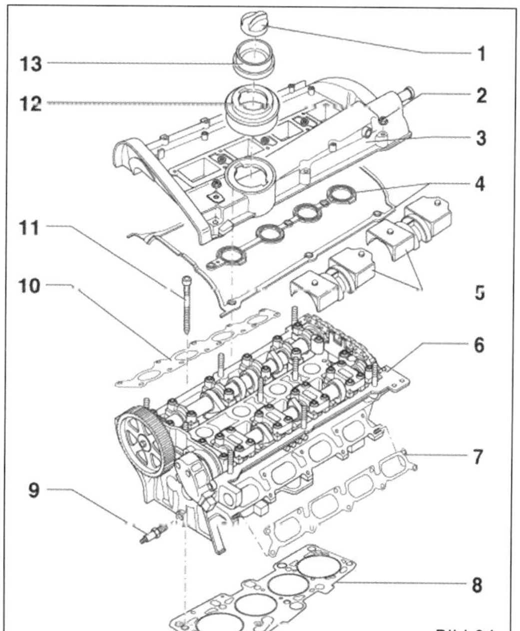

Bild 64

Bild 64
1,8 l-Motor.
1 Verschlussdeckel
2 Mutter
3 Zylinderkopfdeckel
4 Dichtung
5 Ölabweiser
6 Zylinderkopf
7 Dichtung für Saugrohr
8 Zylinderkopfdichtung
9 Bolzen Spannrolle (nur bei APH, AVC)
10 Dichtung für Abgaskrümmer
11 Zylinderkopfschraube
12 Stutzen
13 Manschette (nur bei APH, AVC)

■ Drehen Sie die Befestigungsmuttern (2) heraus und nehmen Sie, soweit verbaut, die Beilagscheiben ab.

Die Montage erfolgt sinngemäß in umgekehrter Reihenfolge.
■ Ersetzen Sie die Ventildeckeldichtung (4).
■ Die beiden Kanten an den Dichtflächen Doppellagerdeckel/Zylinderkopf (Pfeile im Bild 65) mit einem kleinen Schraubendreher vorsichtig dünn mit einem geeigneten Dichtmittel abdichten.

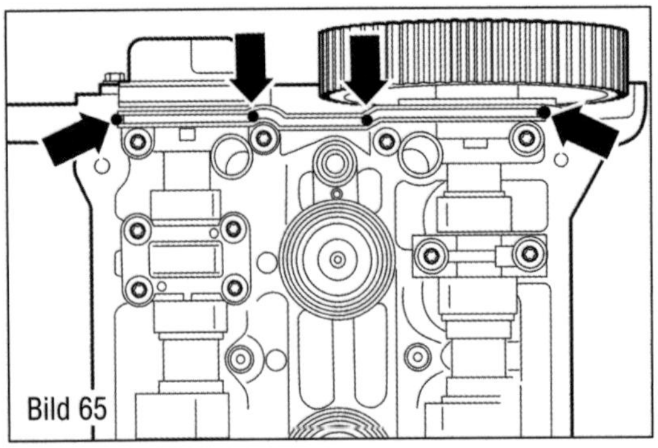

Bild 65
Position der Dichtmasse zahnriemenseitig (Pfeile).

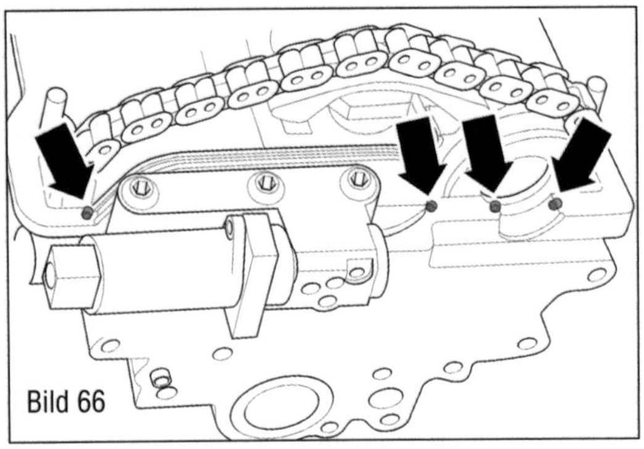

Bild 66
Position der Dichtmasse steuerkettenseitig (Pfeile).

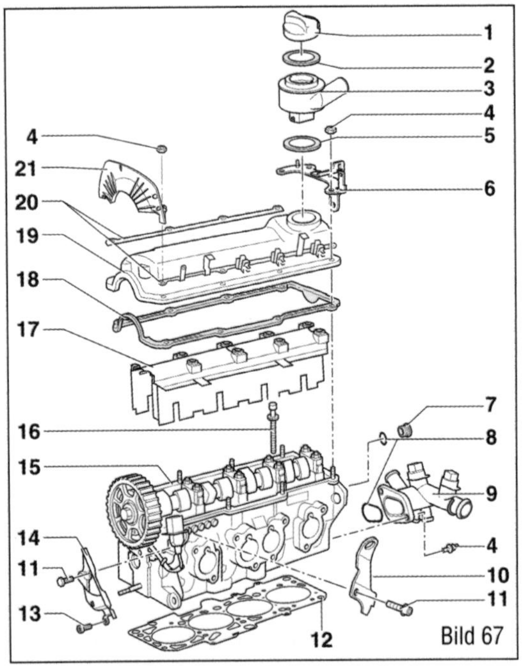

Bild 67
2,0 l-Motor.
1 Verschlussdeckel
2 Dichtung
3 Entlüftungsgehäuse
4 Schraube
5 Dichtung
6 Halter
7 Verschlussschraube
8 Dichtring
9 Dichtring
10 Aufhängeöse
11 Schraube
12 Zylinderkopfdichtung
13 Schraube
14 Zahnriemenschutz hinten
15 Zylinderkopf
16 Zylinderkopfschraube
17 Ölabweiser
18 Dichtung für Zylinderkopfdeckel
19 Zylinderkopfdeckel
20 Verstärkungsleisten
21 hinteres Zahnriemenschutz-Oberteil

■ Die beiden Kanten an den Dichtflächen Kettenspanner/Zylinderkopf bzw. Nockenwellenversteller/Zylinderkopf (Pfeile im Bild 66) mit einem kleinen Schraubendreher vorsichtig dünn mit einem geeigneten Dichtmittel abdichten.

2,0 l-Benzinmotor, Bild 67

■ Zündung ausschalten und Zündschlüssel abziehen.

■ Motorabdeckung oben (soweit verbaut) ausbauen.

■ Ziehen Sie den Motorentlüftungsschlauch vom Entlüftungsanschluss ab.

■ Nehmen Sie die Zahnriemenabdeckung oben ab.

■ Demontieren Sie den Halter (6 im Bild 67).

■ Drehen Sie die Mutter für den Ventildeckel über Kreuz los.

■ Nehmen Sie die Muttern von den Bolzen ab.

■ Nehmen Sie die Verstärkungsleisten vom Ventildeckel ab.

■ Heben Sie den Ventildeckel vom Zylinderkopf ab.

■ Ziehen Sie die Dichtung ab, reinigen Sie den Zylinderkopf und den Ventildeckel gründlich von Rückständen.

Die Montage erfolgt sinngemäß in umgekehrter Reihenfolge.

■ Ersetzen Sie die Ventildeckeldichtung (18) in jedem Fall.

1,9 l-Diesel mit Verteilereinspritzpumpe, Bild 68

Der Wechsel der Ventildeckeldichtung ist werkseitig (noch) nicht vorgesehen. Allerdings werden im Zubehör Reparatursätze angeboten, die diese Dichtung enthalten. So kann der Neukauf des Ventildeckels vermieden werden. Die neue Dichtung sollte aber mit einer Silikonklebedichtmasse verklebt werden.

■ Zündung ausschalten und Zündschlüssel abziehen.

■ Motorabdeckung oben (soweit verbaut) ausbauen.

■ Ziehen Sie den Motorentlüftungsschlauch vom Entlüftungsanschluss ab.

■ Demontieren Sie den Halter (11).

■ Drehen Sie die Schrauben für den Ventildeckel über Kreuz los.

■ Nehmen Sie die Schrauben ab.

■ Heben Sie den Ventildeckel vom Zylinderkopf ab.

Wenn Sie nur die Dichtung wechseln

■ Kontrollieren Sie, ob die gelieferte Dichtung passt.

■ Ziehen Sie die Dichtung ab, reinigen Sie den Zylinderkopf und den Ventildeckel gründlich von Rückständen.

■ Kleben Sie die neue Dichtung mit einer Silikonklebedichtmasse ein.

Die Montage erfolgt sinngemäß in umgekehrter Reihenfolge.

■ Der Ventildeckel kann zusammen mit der Dichtung mehrfach verwendet werden. Sind hier Undichtigkeiten festzustellen, soll nach Hersteller der Ventildeckel komplett getauscht werden.

■ Prüfen Sie die anderen Dichtungen auf Schäden.

1,9 l-Dieselmotor mit PD-Elementen, Bild 69

Die PD-Elemente (Pumpendüsenelemente) dieses Motors sind unter dem Ventildeckel verbaut.

Um Undichtigkeiten vorzubeugen, sollten Sie die Dichtung grundsätzlich dann tauschen, wenn sie aus dem Deckel abgelöst ist oder bereits Ölspuren aufweist.

■ Zündung ausschalten und Zündschlüssel abziehen.

■ Motorabdeckung oben (soweit verbaut) ausbauen.

■ Ziehen Sie den Motorentlüftungsschlauch (3) ab.

■ Bauen Sie das Abgasrückführungsventil aus.

Motorkennbuchstaben AXR, BEW, BSW

■ Ziehen Sie den Stecker vom Motor für Saugrohrklappe ab und legen Sie die Leitung über dem Ventildeckel frei.

Fortsetzung für alle Fahrzeuge

■ Bauen Sie das Zahnriemenschutz-Oberteil aus.

■ Trennen Sie den Entlüftungsschlauch für Kurbelgehäuseentlüftung am Stutzen des Ladeluftrohres hinten.

■ Schrauben Sie den Zylinderkopfdeckel ab.

Der Einbau erfolgt in umgekehrter Reihenfolge. Dabei ist Folgendes zu beachten:

■ Reinigen Sie die Dichtflächen gründlich mit einem sauberen Lappen.

■ Die beiden Kanten an den Dichtflächen Lagerdeckel/Zylinderkopf vorn mit einem Tropfen Dichtmittel (ca. 5 mm) versehen (Pfeile im Bild 70).

■ Die beiden Kanten an den Dichtflächen Lagerdeckel/Zylinderkopf hinten mit einem Tropfen Dichtmittel (ca. 5 mm) versehen (Pfeile im Bild 71).

■ Zylinderkopfdeckel aufsetzen.

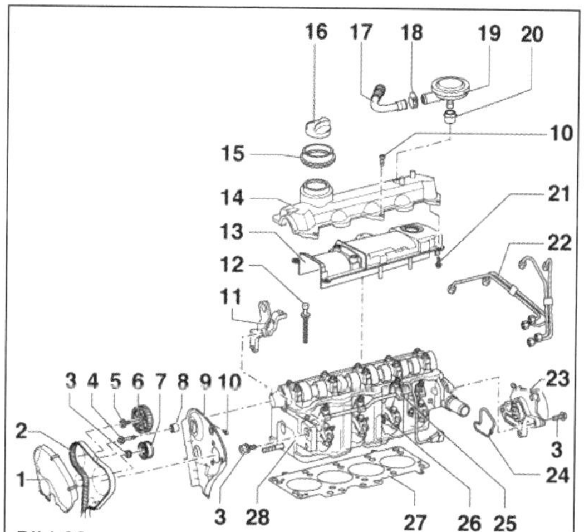

Bild 68

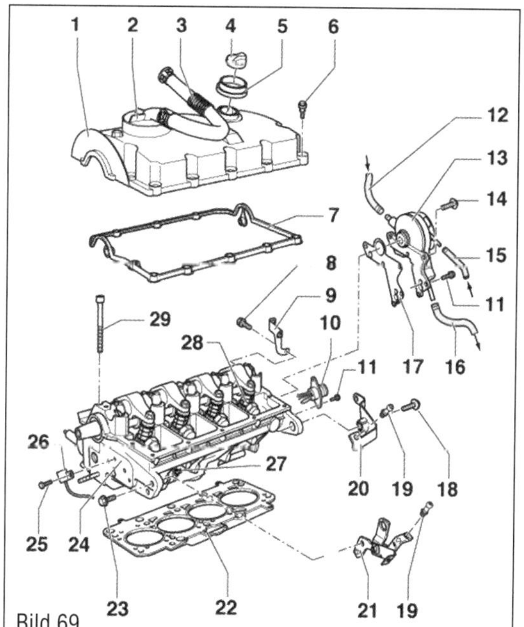

Bild 69

Bild 69
1,9 l-Dieselmotor (PD).
1 Zylinderkopfdeckel
2 Druckregelventil
3 Entlüftungsschlauch
4 Entlüftungsschlauch
5 Entlüftungsschlauch
6 Schraube
7 Dichtung für Zylinderkopfdeckel
8 Schraube
9 Aufhängeöse
10 Zentral-Steckverbindung
11 Schraube
12 O-Ring
13 Anschluss BKV
14 Schraube
15 Vorlaufschlauch
16 Rücklaufschlauch
17 Dichtung
18 Schraube
19 Kugelkopfschraube
20 Halter
21 Aufhängeöse
22 Zylinderkopfdichtung
23 Schraube
24 Zylinderkopf
25 Schraube
26 Hallgeber
27 Glühkerze
28 Pumpe-Düse-Einheit
29 Zylinderkopfschraube

Bild 68
1,9 l-Dieselmotor (VE-EDC).
1 Zahnriemenschutz-Oberteil
2 Zahnriemen
3 Mutter
4 Schraube
5 Zentralschraube
6 Nockenwellenrad
7 Spannrolle
8 Umlenkrolle
9 Zahnriemenschutz hinten
10 Schraube
11 Aufhängeöse
12 Zylinderkopfschraube
13 Ölabweiser
14 Zylinderkopfdeckel mit einvulkanisierter Dichtung
15 Dichtmanschette
16 Verschlussdeckel
17 Entlüftungsrohr
18 Halteschelle
19 Druckregelventil
20 Dichtung
21 Schraube
22 Einspritzleitungen
23 Vakuumpumpe
24 Dichtung
25 Einspritzdüse
26 Glühkerze
27 Zylinderkopfdichtung
28 Zylinderkopf

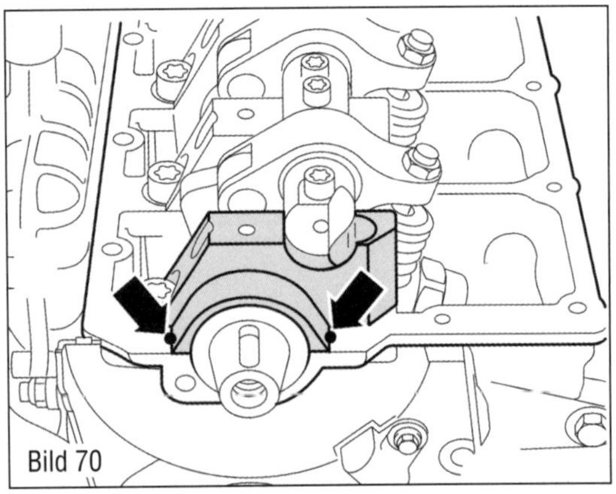

Bild 70
Position des Dichtmittels vorn am Zylinderkopf.

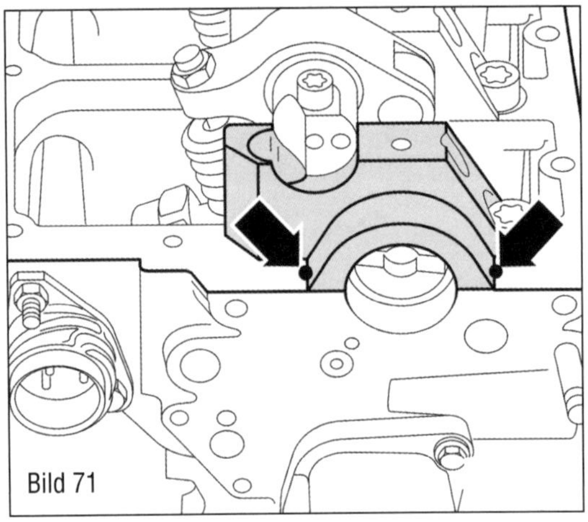

Bild 71
Position des Dichtmittels hinten am Zylinderkopf.

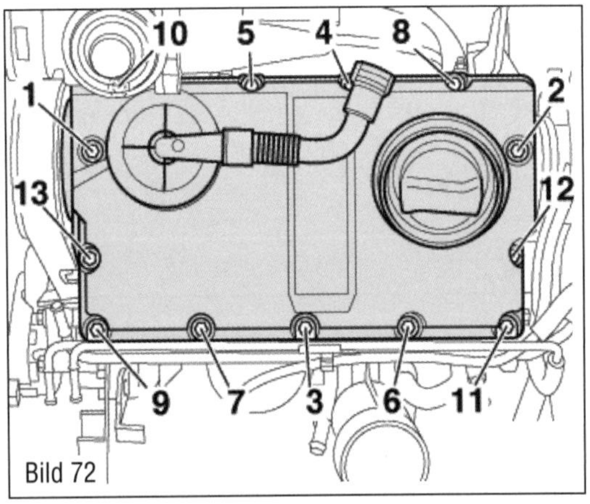

Bild 72
Anzugsreihenfolge für die Schrauben des Ventildeckels.

- Drehen Sie in der Reihenfolge 1–13 (Bild 72) den Zylinderkopfdeckel handfest an.
- Ziehen Sie die Schrauben in der Reihenfolge 1–13 (Bild 72) mit 10 Nm fest.

Demontage der Nockenwellen

In diesem Abschnitt werden wir die Montagearbeiten um die Nockenwelle und die Ventilbetätigungen zu den einzelnen Motorbauweisen vorstellen.

1,4 l-Benzinmotor, Bild 73

- Demontieren Sie das Nockenwellengehäuse. Diesen Arbeitsschritt haben wir bereits unter dem vorherigen Abschnitt »Ventildeckel« vorgestellt.
- Clipsen Sie die Rollenschlepphebel von dem Träger ab.
- Nehmen Sie die Rollenschlepphebel heraus und legen Sie sie auf eine saubere Unterlage ab. Dabei darauf achten, dass die Rollenschlepphebel nicht vertauscht werden.
- Ziehen Sie die Abstützelemente (Hydrostößel) aus dem Zylinderkopf heraus und legen Sie sie in Öl eingelegt ab, sodass sie nicht vertauscht werden können.
- Drehen Sie die Schrauben (8) heraus und ziehen Sie die beiden Verschlussdeckel ab.
- Schieben Sie die Nockenwellen aus dem Nockenwellengehäuse heraus.

Die Montage erfolgt sinngemäß in umgekehrter Reihenfolge.

Achten Sie darauf, dass weder die Abstützelemente noch die Rollenschlepphebel vertauscht werden.

- Clipsen Sie die Rollenschlepphebel wieder auf den Abstützelementen auf.

1,6 l-Benzinmotor (Tassenstößel), Bild 74

Auch diese Montagearbeiten unterscheiden sich zwischen den beiden Bautypen der Motoren grundlegend. Aus diesem Grund werden die Arbeitsschritte für beide Bauarten getrennt dargestellt.

- Bauen Sie das Saugrohr-Oberteil aus.
- Demontieren Sie den Zahnriemen.
- Lösen Sie die Zentralschraube (1).
- Ziehen Sie das Nockenwellenrad (2) ab.
- Nehmen Sie die Scheibenfeder(4) heraus.
- Demontieren Sie den Ventildeckel.
- Bauen Sie die Lagerdeckel ab. Lösen Sie die Lagerdeckel langsam und gleichmäßig.
- Entnehmen Sie die Nockenwelle und den Wellendichtring (3) zur Riemenscheibe vorsichtig.
- Entnehmen Sie die Tassenstößel aus dem Zylinderkopf und legen Sie sie in Öl eingelegt so ab, dass sie nicht vertauscht werden können.

Die Montage erfolgt sinngemäß in umgekehrter Reihenfolge.

- Achten Sie darauf, dass die Tassenstößel nicht vertauscht werden.
- Prüfen Sie, ob der Wellendichtring

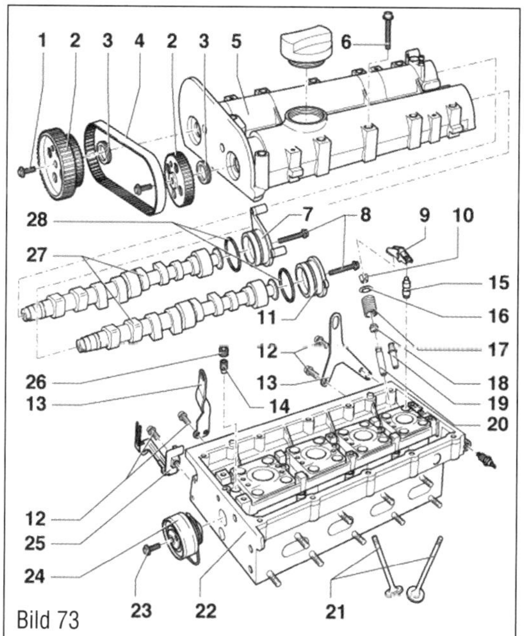

Bild 73

Schäden aufweist und gewechselt werden muss.

1,6 l-Benzinmotor (Rollenschlepphebel), Bild 75

Auch diese Montagearbeiten unterscheiden sich zwischen den beiden Bautypen der Motoren grundlegend. Aus diesem Grund werden die Arbeitsschritte für beide Bauarten getrennt dargestellt.

- Bauen Sie das Saugrohr-Oberteil aus.
- Demontieren Sie den Zahnriemen.
- Lösen Sie die Zentralschraube (1).
- Ziehen Sie das Nockenwellenrad (2) ab.
- Nehmen Sie die Scheibenfeder(2) heraus.
- Demontieren Sie den Ventildeckel.
- Bauen Sie den Leiterrahmen ab. Lösen Sie die Leiterrahmen langsam und gleichmäßig.
- Entnehmen Sie die Nockenwelle und den Wellendichtring (1) zur Riemenscheibe vorsichtig.
- Clipsen Sie die Rollenschlepphebel vom Stützelement ab und legen Sie sie so ab, dass sie nicht vertauscht werden können.
- Entnehmen Sie die Hydrostößel aus dem Zylinderkopf und legen Sie sie in Öl eingelegt so ab, dass sie nicht vertauscht werden können.

Die Montage erfolgt sinngemäß in umgekehrter Reihenfolge.

- Achten Sie darauf, dass die Tassenstößel nicht vertauscht werden.

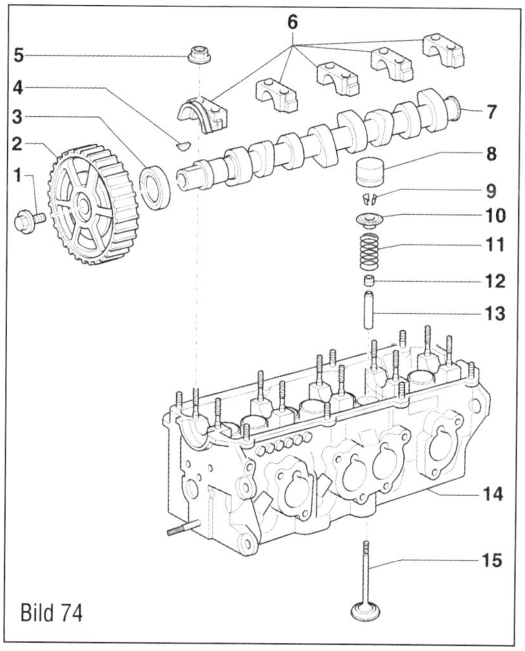

Bild 74

- Prüfen Sie, ob der Wellendichtring Schäden aufweist und gewechselt werden muss.

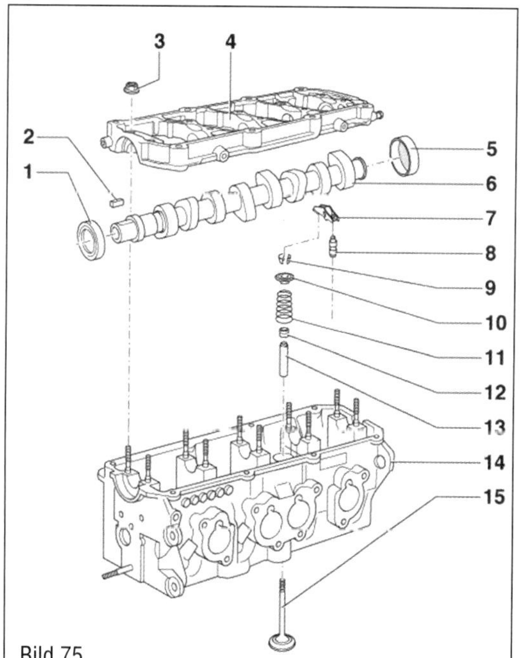

Bild 75

Bild 75
1,6 l-RSH-Motor.
1 Dichtring
2 Scheibenfeder
3 Mutter
4 Leiterrahmen
5 Verschlussdeckel
6 Nockenwelle
7 Rollenschlepphebel
8 Abstützelement
9 Kegelstücke
10 Ventilfederteller oben
11 Ventilfeder
12 Ventilschaftabdichtung
13 Ventilführung
14 Zylinderkopf
15 Ventile

Bild 73
1,4 l-Motor.
1 Zentralschraube
2 Nockenwellenrad
3 Dichtring
4 Koppeltrieb-Zahnriemen
5 Nockenwellengehäuse
6 Schraube
7 Verschlussdeckel
8 Schraube
9 Rollenschlepphebel
10 Kegelstücke
11 Verschlussdeckel
12 Schraube
13 Aufhängeöse
14 Rückschlagventil
15 Abstützelement
16 Ventilfederteller
17 Ventilfeder
18 Ventilschaftabdichtung
19 Reparatur-Ventilführung
20 Ventilführung
21 Ventile
22 Zylinderkopf
23 Schraube
24 Spannrolle
25 Halter
26 Verschlussschraube
27 Nockenwellen
28 O-Ring

Bild 74
1,6 l-Motor mit Tassenstößel.
1 Zentralschraube
2 Nockenwellenrad
3 Dichtring
4 Scheibenfeder
5 Mutter
6 Lagerdeckel
7 Nockenwelle
8 Tassenstößel
9 Kegelstücke
10 Ventilfederteller oben
11 Ventilfeder
12 Ventilschaftabdichtung
13 Ventilführung
14 Zylinderkopf
15 Ventile

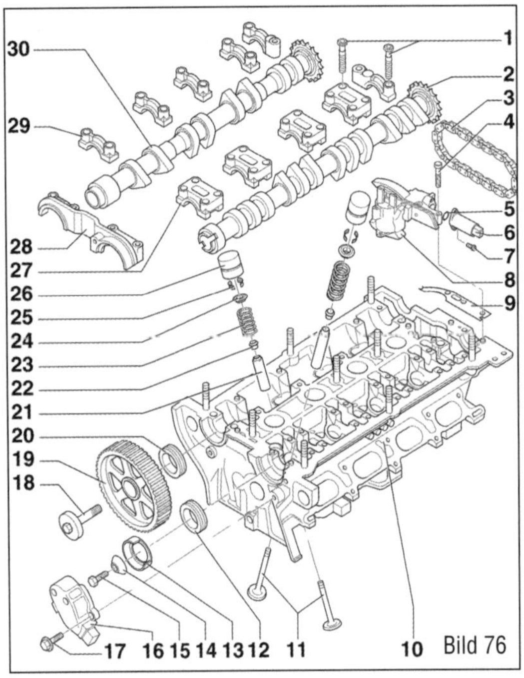

Bild 76
1,8 l-Motor (Turbo).
1 Schraube
2 Einlass-Nockenwelle
3 Antriebskette
4 Schraube
5 O-Ring
6 Ventil für Nockenwellenverstellung
7 Schraube
8 Nockenwellenversteller
9 Dichtung
10 Zylinderkopf
11 Ventile
12 Dichtring
13 Blende Hallgeber
14 Scheibe
15 Schraube
16 Hallgeber
17 Schraube
18 Zentralschraube
19 Nockenwellenrad
20 Dichtring
21 Ventilführung
22 Ventilschaftabdichtung
23 Ventilfeder
24 Ventilfederteller
25 Kegelstücke
26 Hydrotassenstößel
27 Lagerdeckel Einlassnockenwelle
28 Doppellagerdeckel
29 Lagerdeckel Auslassnockenwelle
30 Auslass-Nockenwelle

Bild 77
Der Abstand zwischen den Markierungen beträgt 16 Kettenrollen.

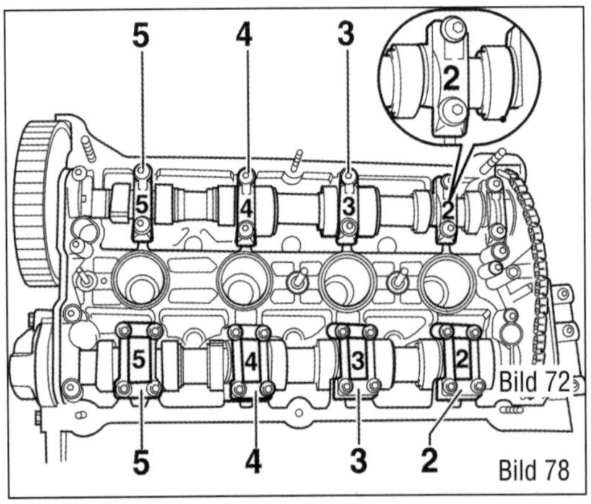

Bild 78
Nummerierung der einfachen und doppelten Lagerungen.

1,8 l-Benzinmotor Turbo, Bild 76

- Demontieren Sie den Zahnriemen.
- Lösen Sie die Zentralschraube (18).
- Ziehen Sie das Nockenwellenrad (19) ab.
- Nehmen Sie die Scheibenfeder(2) heraus.
- Bauen Sie das Gehäuse für den Hallgeber aus.
- Dann die Scheibe und die Blende für Hallgeber ausbauen.
- Antriebskette und Kettenräder der Nockenwellen gegenüber den beiden Pfeilen auf den Lagerdeckeln reinigen und Einbaulage durch eine Farbmarkierung kennzeichnen. Der Abstand zwischen den beiden Pfeilen bzw. den Farbmarkierungen beträgt 16 Rollen an der Antriebskette (Bild 77).
- Sichern Sie den Kettenspanner bzw. den Nockenwellenversteller mit Halter für Kettenspanner »3366«.
- Erst Lagerdeckel 3 und 5 der Ein- und Auslass-Nockenwelle ausbauen.
- Doppellagerdeckel ausbauen.
- Die beiden Lagerdeckel an den Kettenrädern der Ein- und Auslass-Nockenwelle ausbauen.
- Befestigungsschrauben des Kettenspanners bzw. Nockenwellenverstellers herausschrauben.
- Dann die Lagerdeckel 2 und 4 der Ein- und Auslass-Nockenwelle abwechselnd über Kreuz lösen und ausbauen.
- Ein- und Auslass-Nockenwelle, Kettenspanner bzw. Nockenwellenversteller und Halter für Kettenspanner »3366« ausbauen.
- Entnehmen Sie die Nockenwelle und den Wellendichtring (3) zum Zahnriemenrad vorsichtig.
- Entnehmen Sie die Tassenstößel aus dem Zylinderkopf und legen Sie sie in Öl eingelegt so ab, dass sie nicht vertauscht werden können.

Die Montage erfolgt sinngemäß in umgekehrter Reihenfolge.

- Achten Sie darauf, dass die Tassenstößel nicht vertauscht werden.
- Prüfen Sie, ob der Wellendichtring Schäden aufweist und gewechselt werden muss.

2,0 l-Benzinmotor, Bild 79

- Bauen Sie das Saugrohr-Oberteil aus.
- Demontieren Sie den Zahnriemen.
- Lösen Sie die Zentralschraube (1).
- Ziehen Sie das Nockenwellenrad (2) ab.
- Nehmen Sie die Scheibenfeder(4) heraus.
- Demontieren Sie den Ventildeckel.
- Bauen Sie die Lagerdeckel ab. Lösen Sie die Lagerdeckel langsam und gleichmäßig.
- Entnehmen Sie die Nockenwelle und den Wellendichtring (3) zur Riemenscheibe vorsichtig.
- Entnehmen Sie die Tassenstößel aus dem Zylinderkopf und legen Sie sie in Öl eingelegt

so ab, dass sie nicht vertauscht werden können.

Die Montage erfolgt sinngemäß in umgekehrter Reihenfolge.
Achten Sie darauf, dass die Tassenstößel nicht vertauscht werden.
Prüfen Sie, ob der Wellendichtring Schäden aufweist und gewechselt werden muss.

1,9 l-Diesel mit Verteilereinspritzpumpe, Bild 80

- Demontieren Sie den Zahnriemen.
- Lösen Sie die Zentralschraube des Nockenwellenrades um eine Umdrehung.
- Ziehen Sie das Nockenwellenrad ab.
- Nehmen Sie die Scheibenfeder heraus.
- Demontieren Sie den Ventildeckel.
- Demontieren Sie die Lagerdeckel der Nockenwelle. Erst Lagerdeckel 5, 1 und 3 ausbauen. Lagerdeckel 2 und 4 abwechselnd über Kreuz lösen.
- Legen Sie die Lagerdeckel vertauschungssicher ab.
- Entnehmen Sie die Nockenwelle und den Wellendichtring (10) zur Riemenscheibe vorsichtig.
- Entnehmen Sie die Tassenstößel aus dem Zylinderkopf und legen Sie sie in Öl eingelegt so ab, dass sie nicht vertauscht werden können.

Die Montage erfolgt sinngemäß in umgekehrter Reihenfolge.

- Achten Sie darauf, dass die Tassenstößel nicht vertauscht werden.
- Prüfen Sie, ob der Wellendichtring Schäden aufweist und gewechselt werden muss.

1,9 l-Diesel mit PD-Elementen, Bild 81

- Demontieren Sie den Zahnriemen.
- Ziehen Sie das Nockenwellenrad ab.
- Demontieren Sie den Ventildeckel.
- Markieren Sie die Schwinghebelachsen mit wasserfestem Filzstift, um ein Vertauschen und damit eine Grundeinstellung der Pumpe-Düse-Einheiten zu vermeiden (Bild 82).
- Lösen Sie an den beiden Schwinghebelachsen zuerst die äußeren Schrauben (1) und dann die inneren Schrauben (2).
- Nehmen Sie die Schwinghebelachsen ab.
- Bauen Sie die Tandempumpe aus.
- Zuerst Lagerdeckel (5), (1) und (3) ausbauen. Lagerdeckel (2) und (4) abwechselnd über Kreuz lösen.

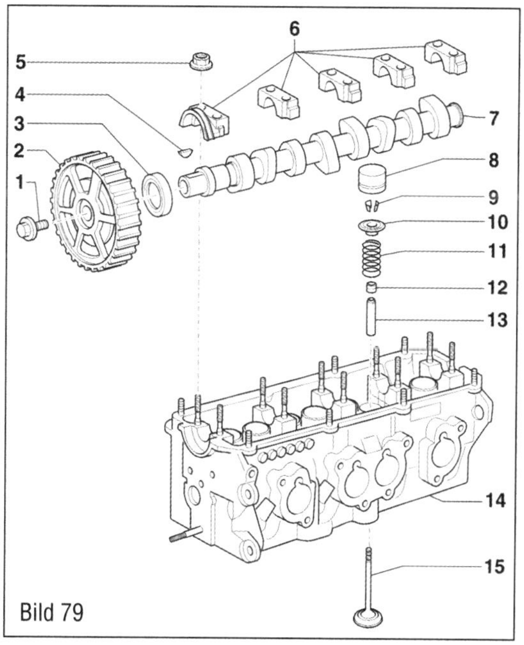

Bild 79

Bild 79
2,0 l-Benzinmotor.
1 Zentralschraube
2 Nockenwellenrad
3 Dichtring
4 Scheibenfeder
5 Mutter
6 Lagerdeckel
7 Nockenwelle
8 Tassenstößel
9 Kegelstücke
10 Ventilfederteller oben
11 Ventilfeder
12 Ventilschaftabdichtung
13 Ventilführung
14 Zylinderkopf
15 Ventile

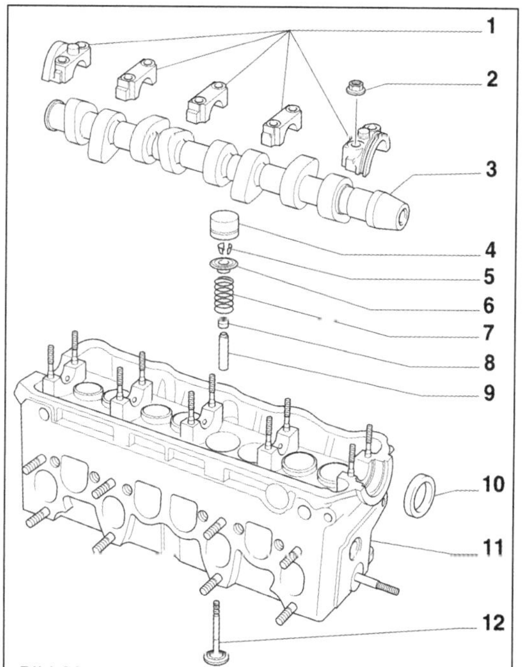

Bild 80

Bild 80
1,9 l-Diesel (VE-EDC).
1 Lagerdeckel
2 Mutter
3 Nockenwelle
4 Tassenstößel
5 Kegelstücke
6 Ventilfederteller
7 Ventilfeder
8 Ventilschaftabdichtung
9 Ventilführung
10 Dichtring
11 Zylinderkopf
12 Ventil

Achten Sie darauf, dass die Nockenwellen-Lagerschalen nicht vertauscht werden. Kennzeichnen Sie die Zuordnung der Nockenwellen-Lagerschalen auf der Rückseite mit einem wasserfesten Filzstift.

- Nehmen Sie die Nockenwelle heraus.

Beim Einbau der Nockenwelle müssen die Nocken für den 1. Zylinder nach oben zeigen. Gelaufene Lagerschalen dürfen nicht vertauscht werden (kennzeichnen!).

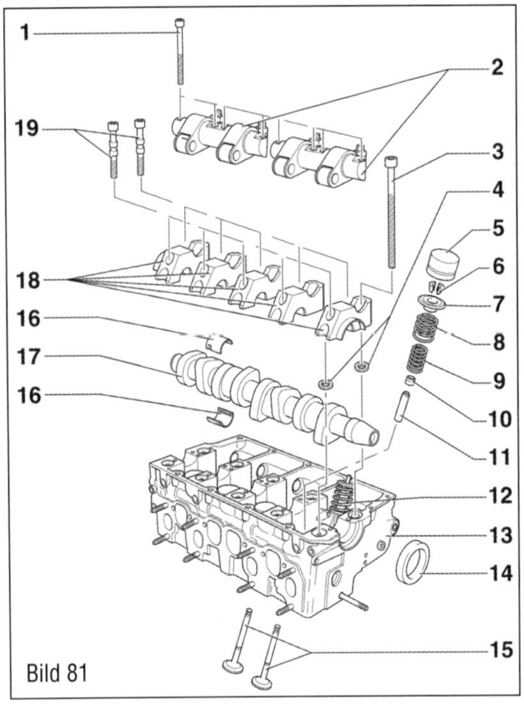

Bild 81
1,9 l-Diesel (PD).
1 Schraube
2 Schwinghebelachse
3 Zylinderkopfschraube
4 Scheibe
5 Tassenstößel
6 Kegelstücke
7 Ventilfederteller
8 Ventilfeder außen
9 Ventilfeder innen
10 Ventilschaftabdichtung
11 Ventilführung
12 Pumpe-Düse-Einheit
13 Zylinderkopf
14 Dichtring
15 Ventile
16 Lagerschale
17 Nockenwelle
18 Lagerdeckel
19 Schraube

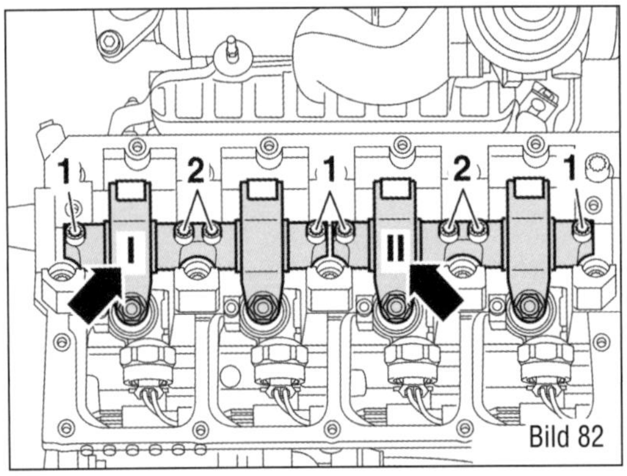

Bild 82
Nummerierung der einfachen und doppelten Lagerungen.

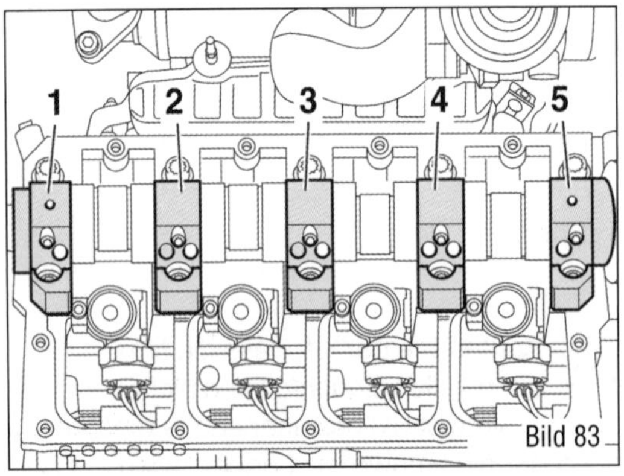

Bild 83
Nummerierung der einfachen und doppelten Lagerungen.

Beim Einbau der Nockenwelle auf richtigen Sitz der Haltenasen der Lagerschalen in den Lagerdeckeln und dem Zylinderkopf achten. Vor dem Einbau der Lagerdeckel müssen die Scheiben für die Zylinderkopfschrauben im Zylinderkopf eingesetzt werden.

- Laufflächen der Lagerschalen leicht einölen.
- Zuerst Lagerdeckel 2 und 4 einbauen und neue Schrauben abwechselnd über Kreuz mit 8 Nm + 90° (¼ Umdrehungen) festziehen.
- Dann Lagerdeckel 5, 1 und 3 einbauen und neue Schrauben ebenfalls abwechselnd über Kreuz mit 8 Nm + 90° (¼ Umdrehung) festziehen.
- Die Trennflächen der Lagerdeckel 1 und 5 mit einer geeigneten Silikondichtmasse abdichten (Bild 84). Der Lagerdeckel 5 muss mit der äußeren Kante des Zylinderkopfes bündig abschließen, da es sonst zu Undichtigkeiten an der Tandempumpe kommen kann.
- Bauen Sie den Dichtring für die Nockenwelle ein.
- Bauen Sie die Schwinghebelachsen (Bild 81) ein und ziehen Sie zuerst die inneren (2) und dann die äußeren (1) neuen Befestigungsschrauben gleichmäßig über Kreuz fest.
- Setzen Sie die Nabe auf die Nockenwelle.
- Montieren Sie den Zahnriemen wieder. Achten Sie auf die Steuerzeiten und die erforderlichen Schritte zur Einstellung.

Die weitere Montage erfolgt sinngemäß in umgekehrter Reihenfolge.

⚠ Nach dem Einbau von neuen Tassenstößeln darf der Motor ca. 30 Minuten nicht gestartet werden. Hydraulische Ausgleichelemente müssen sich setzen (Ventile setzen sonst auf den Kolben auf).

☞ Nach Arbeiten am Ventiltrieb Motor vorsichtig mindestens 2 Umdrehungen durchdrehen, damit sichergestellt ist, dass kein Ventil beim Anlassen aufsetzt.

☞ Wurden die Schwinghebelachsen oder Kugelbolzen und Einstellschrauben ersetzt, müssen Sie die Pumpe-Düse-Einheiten neu einstellen.

Zylinderkopf aus- und einbauen

Warnende Anzeichen beachten

⚠ Wenn der Motor durch die Zylinderkopfdichtung viel Öl verliert, wenn man Öl-Wasser-Gemisch (Ölemulsion) am Messstab oder im Kühlwasser-Ausgleichsbehälter findet, wenn es bei laufendem Motor im Ausgleichsbehälter sprudelt, kann die Zylinderkopfdichtung defekt sein. Es kommen natürlich auch Schäden am Ölwärmetauscher und am Zylinderkopf selbst infrage. Gelegentlich sind der Motorblock und die Umgebung darunter durch austretendes Öl verschmutzt. Schon das sind warnende Zeichen. Aber schwere Schäden sind auf jeden Fall zu befürchten, wenn Kühlwasser in den Brennraum gelangt. Eine weiße Auspufffahne ist ein ernst zu nehmender Hinweis darauf.

Sehr anspruchsvolle Reparaturarbeit

Bereits bei den genannten ersten Anzeichen ist es also ratsam, den Zylinderkopf abzubauen, prüfen zu lassen und die Dichtung zu wechseln. Diese Arbeit gehört zu den anspruchsvolleren bei der Motorreparatur. Es sind zahlreiche Baugruppen der Motorperipherie zu demontieren. Der Zusammenbau muss mit äußerster Sorgfalt erfolgen, um nicht etwa dann erst kapitale Schäden zu verursachen. Es gibt ein allgemeingültiges Schema zum Aus- und Einbau des Zylinderkopfes, dem auch wir hier folgen und dabei auf motorspezifische Ergänzungen eingehen. Orientieren Sie sich dabei an der Montageübersicht in den Bildern 59, 62, 63, 64, 67, 68 und 69.

- Der Motor darf höchstens handwarm sein, sonst kann sich der Zylinderkopf verziehen.
- Die Kolben dürfen, falls nicht anders gefordert, nicht im OT stehen.
- Vor Ausbau des Kühlmitteltemperaturgebers muss Druck vom Kühlsystem abgebaut werden.
- O-Ringe an Geber und Zylinderkopfdichtung sind immer zu ersetzen.
- Nach dem Ersetzen der Zylinderkopfdichtung müssen wie nach dem Wechsel des Zylinderkopfes das Kühlmittel und das Motoröl erneuert werden.
- Den ausgebauten Zylinderkopf nur auf einer Schaumstoffunterlage ablegen, da andernfalls die Glühkerzen beschädigt werden können.
- Den ausgebauten Zylinderkopf mit Haarlineal und Fühlerblattlehre an mehreren Stellen auf Verzug prüfen.
- Vor dem Einbauen kontrollieren, ob beide Passhülsen zur Zentrierung des Zylinderkopfs am Zylinderblock vorhanden sind.
- Beim Lösen und auch beim Einbau der Zylinderkopfschrauben sind die vorgegebene Reihenfolge und die Anzugsdrehmomente streng einzuhalten.
- Wenn Sie einen Austausch-Zylinderkopf

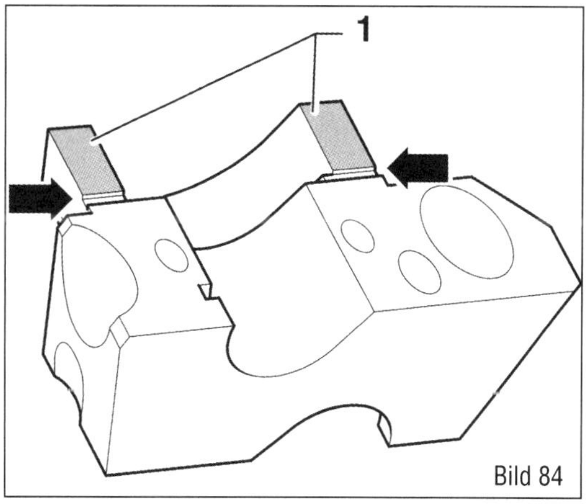

Bild 84

Bild 84
Achten Sie darauf, dass kein Dichtmittel in die Nuten (Pfeile) gelangt.

einbauen, müssen sämtliche Berührungsflächen zwischen Abstützelementen, Rollenschlepphebeln und den Nockengleitbahnen vor der Montage des Nockenwellengehäuses eingeölt werden.

- Die mitgelieferten Plastikunterlagen zum Schutz der offenen Ventile dürfen Sie erst unmittelbar vor dem Aufsetzen des Zylinderkopfes entfernen.
- Wenn Sie den Zylinderkopf ersetzen, müssen Sie auch das gesamte Kühlmittel erneuern.

1,4 l-Benzinmotor (Bild 59)

- Bauen Sie die Motorabdeckung über dem Nockenwellengehäuse aus.
- Öffnen und verschließen Sie den Verschlussdeckel vom Ausgleichsbehälter, um den Druck vom Kühlsystem abzulassen.
- Lassen Sie nun das Kühlmittel ab.

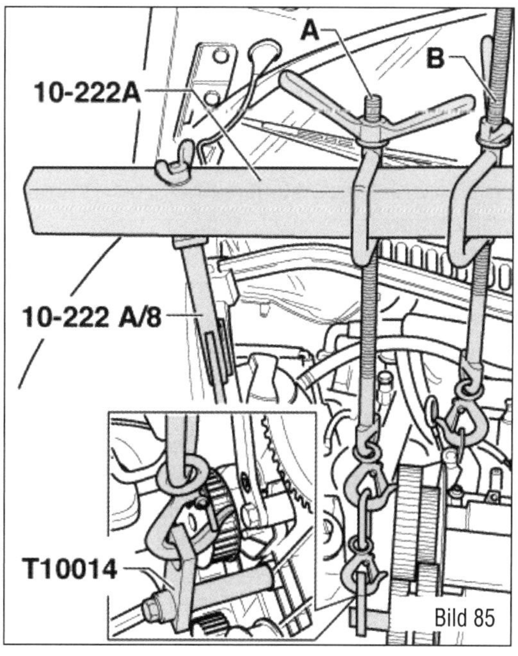

Bild 85

Bild 85
10-222A = Traverse
10-222A/8 = Stütze rechts
A und B = Spindeln
T10014 = Halteöse am Block

Bild 86
Die Zahlen zeigen die Reihenfolge zum Lösen der Zylinderkopfschrauben.

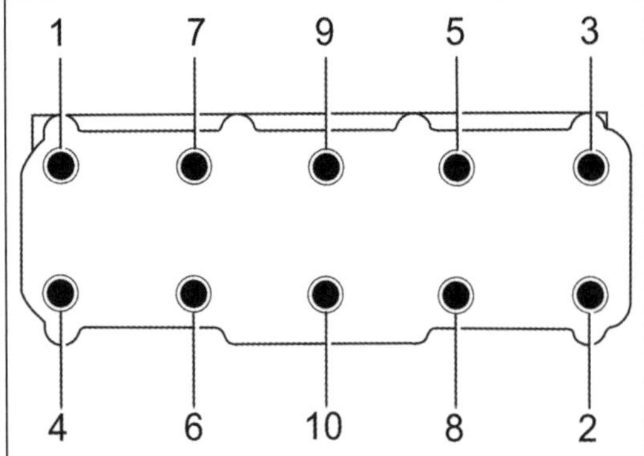

Bild 86

Bild 87
Die Zahlen zeigen die Reihenfolge zum Anziehen der Zylinderkopfschrauben.

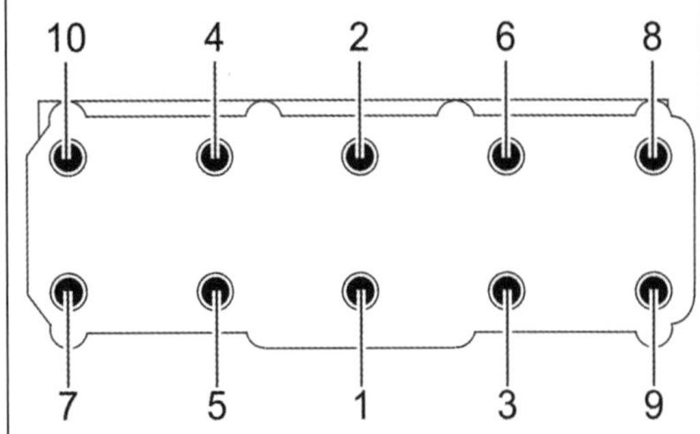

Bild 87

- Lösen Sie die Federbandschellen und ziehen Sie die Kühlmittelschläuche vom Kühlmittelregler-Gehäuse ab.
- Ziehen Sie den Schlauch für die Warmluftansaugung vom Warmluftfangblech ab.
- Bauen Sie das Luftfilter und den Ansaugluftstutzen aus.
- Trennen Sie nun die Kraftstoffvorlauf- sowie Rücklaufleitung (Entriegelungstaste drücken).
- Trennen Sie den Schlauch vom Magnetventil für Aktivkohlebehälter zur Drosselklappensteuereinheit.
- Trennen Sie den Unterdruckschlauch von der Drosselklappensteuereinheit zum Bremskraftverstärker.
- Ziehen Sie den Unterdruckschlauch vom Abgasrückführungsventil zum Verteilerstück des Unterdruckschlauches zum Luftfilter ab.
- Trennen Sie den 2fach-Stecker vom Klopfsensor (Zylinderblock hinten) sowie den 4fach-Stecker vom Geber für Saugrohrdruck unter dem Saugrohr vorne rechts.
- Ziehen Sie den Stecker vom Geber für Motordrehzahl unterhalb des Halters vom Führungsrohr des Ölmessstabes und ziehen Sie den Stecker aus dem Halter.
- Ziehen Sie den Stecker der Drosselklappensteuereinheit und vom Hallgeber ab.
- Ziehen Sie den Stecker vom Geber für Kühlmitteltemperatur, Öldruckschalter sowie Abgasrückführungsventil ab.
- Ziehen Sie Stecker der Einspritzventile ab.

⚠ Kraftstoffvorlaufleitung steht unter Druck! Vor dem Lösen von Schlauchverbindungen Putzlappen um die Verbindungsstelle legen. Dann durch vorsichtiges Abziehen des Schlauches Druck abbauen.

- Bauen Sie das Nockenwellengehäuse aus.
- Bauen Sie zuerst die beiden Zahnriemen aus.
- Schrauben Sie das Warmluftfangblech vom Abgasrohr vorn und vom Abgaskrümmer ab.
- Schrauben Sie das Abgasrohr vorn vom Abgaskrümmer ab.
- Die Stabzündspulen zusammen mit Zündleitungsführung ausbauen.
- Bauen Sie das Abgasrückführungsventil sowie das Verbindungsrohr zur Drosselklappensteuereinheit aus.
- Die Nockenwellengehäuseschrauben von außen nach innen über Kreuz lösen und herausschrauben.
- Das Nockenwellengehäuse vorsichtig abnehmen.
- Nehmen Sie die Rollenschlepphebel zusammen mit den Abstützelementen heraus und legen Sie diese auf eine saubere Unterlage ab. Achten Sie darauf, dass die Rollenschlepphebel und die Abstützelemente nicht vertauscht werden.
- Jetzt müssen Sie den Motor wieder etwas anheben (Bild 85). Beide Aufhängeösen befinden sich am Zylinderkopf, deshalb muss ein zusätzlicher Halter zum Abfangen des Motors am Zylinderblock befestigt werden. Schrauben Sie den Halter in die Gewindebohrung im Bereich der Wasserpumpe in den Zylinderblock.
- Heben Sie mit der zweiten Spindel (A) den Motor etwas an, bis Spindel (B) entlastet ist.
- Entfernen Sie Spindel (B).

Zylinderkopf ausbauen

- Ziehen Sie jetzt die Klammer am Kühlmittelregler-Gehäuse ab, die das Kühlmittelrohr zur Kühlmittelpumpe sichert.
- Die Zylinderkopfschrauben in der vorgegebenen Reihenfolge lösen und herausschrauben.

■ Zylinderkopf vorsichtig abnehmen.

Zylinderkopf einbauen

■ Kolben des 1. Zylinders auf den oberen Totpunkt stellen und die Kurbelwelle wieder etwas zurückdrehen.

■ Die Nockenwellenräder werden mit dem Absteckwerkzeug »T10016« in den Passbohrungen im Nockenwellengehäuse arretiert und gegen Verdrehen gesichert.

■ Legen Sie die neue Zylinderkopfdichtung auf. Die Beschriftung (Ersatzteilenummer) muss lesbar sein.

■ Setzen Sie den Zylinderkopf auf. Dabei auf die Zentrierstifte im Zylinderblock achten.

■ Neue Zylinderkopfschrauben einsetzen und handfest anziehen.

■ Zylinderkopfschrauben in der gezeigten Anzugsreihenfolge auf Drehmoment anziehen (Bild 87).

■ Setzen Sie die Abstützelemente in den Zylinderkopf ein und die jeweiligen Rollenschlepphebel auf die Ventilschaftenden bzw. Abstützelemente auf.

■ Bauen Sie das Nockenwellengehäuse ein.

Der weitere Zusammenbau erfolgt sinngemäß in umgekehrter Reihenfolge zum Ausbau.

1,6 l-Benzinmotor Tassenstößel, Bild 62

■ Prüfen Sie zuerst, ob ein codiertes Radiogerät eingebaut ist. In diesem Fall erfragen Sie bitte die Antidiebstahl-Codierung.

■ Klemmen Sie bei ausgeschalteter Zündung das Masseband der Batterie ab.

■ Lassen Sie nun das Kühlmittel ab.

■ Bauen Sie das Saugrohr-Oberteil aus.

⚠ Kraftstoffsystem steht unter Druck! Vor dem Öffnen des Systems Putzlappen um die Verbindungsstelle legen. Dann durch vorsichtiges Lösen der Verbindungsstelle Druck abbauen.

■ Ziehen Sie die Kraftstoffvorlaufleitung (1) sowie die Kraftstoffrücklaufleitung (2) an der Verbindungsstelle ab (Bild 88).

■ Verschließen Sie die Leitungen, damit kein Schmutz in das Kraftstoffsystem gelangen kann.

■ Ziehen Sie den Schlauch vom Magnetventil für Aktivkohlebehälter (3) ab.

■ Schrauben Sie das Kühlmittel-Verteilergehäuse oder den Anschlussstutzen ab.

■ Eventuell die Saug- und Druckleitung der Sekundärluftpumpe, den Motor für die Sekundärluftpumpe und den Halter abschrauben und ausbauen.

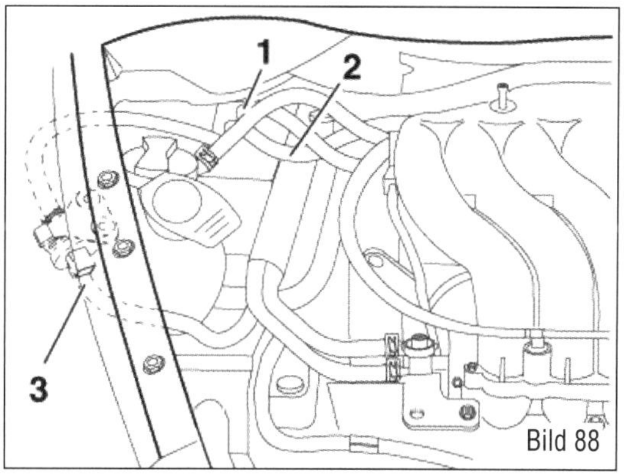

Bild 88

Bild 88
1 Vorlaufleitung
2 Rücklaufleitung
3 Magnetventilanschluss

■ Abgasrohr vorn mit Katalysator und Krümmerstütze abschrauben.

■ Zahnriemenschutz-Oberteil ausbauen.

■ Nockenwellenrad durch Drehen an der Kurbelwelle auf die Markierung OT des 1. Zylinder stellen. Die Markierung am Nockenwellenrad muss mit Pfeil auf Zahnriemenschutz fluchten.

■ Spannrolle lösen und Zahnriemen vom Nockenwellenrad abnehmen oder ausbauen.

■ Drehen Sie dann die Kurbelwelle etwas zurück.

■ Nehmen Sie den Zylinderkopfdeckel/Ventildeckel ab.

■ Die Zylinderkopfschrauben in der vorgegebenen Reihenfolge lösen und herausschrauben.

■ Zylinderkopf vorsichtig abnehmen.

Einbauen

⚠ In den Sacklöchern der Zylinderkopfschrauben im Zylinderblock darf sich kein Öl oder Kühlmittel befinden. Nehmen Sie die neue Zylinderkopfdichtung erst unmittelbar vor dem Einbau aus der Verpackung. Behandeln Sie die neue Dichtung äußerst sorgfältig. Beschädigungen führen zu Undichtigkeiten.

■ Saubere Putzlappen in die Zylinder stopfen, damit kein Schmutz und keine Schmirgelreste zwischen Zylinderlaufbahn und Kolben gelangen können.

■ Vermeiden Sie auch, dass Schmutz und Schmirgelreste in das Kühlmittel gelangen.

■ Säubern Sie nun vorsichtig die Dichtflächen von Zylinderkopf und Zylinderblock. Achten Sie dabei darauf, dass keine lang gezogenen Riefen oder Kratzer entstehen (bei Verwendung von Schleifpapier darf die Körnung nicht unter 100 liegen).

Bild 89
3450/3 = Handstück
3450/2A = Führungsbolzen

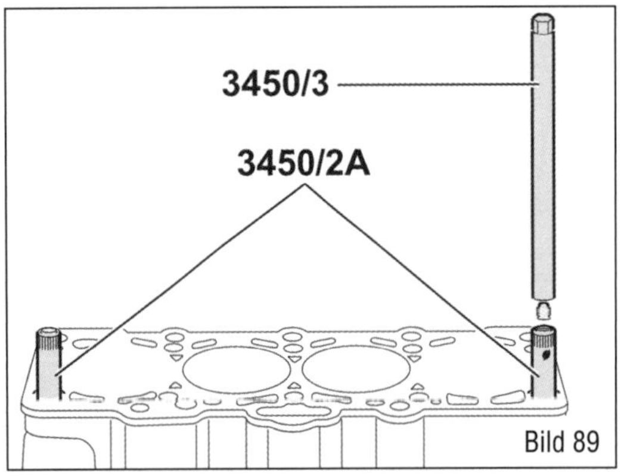

Bild 89

■ Schmirgel- und Schleifreste sowie die Putzlappen sorgfältig entfernen.
■ Falls die Kurbelwelle zwischenzeitlich verdreht wurde: Kolben des 1. Zylinders auf den oberen Totpunkt stellen und die Kurbelwelle wieder etwas zurückdrehen.
■ Zum Zentrieren Führungsbolzen aus 3450/2A in die vorderen äußeren Bohrungen für die Zylinderkopfschrauben einschrauben.

Die Toleranz der Zentrierbohrungen wurde im oberen Bereich eingeengt. Prüfen Sie deshalb vor dem Aufsetzen des Zylinderkopfes, ob die Führungsbolzen nach oben entfernt werden können. Bei Bedarf die Rändelung der Führungsbolzen abschleifen.

■ Legen Sie die neue Zylinderkopfdichtung auf. Die Beschriftung (Ersatzteilenummer) muss lesbar sein.
■ Zylinderkopf aufsetzen, die übrigen 8 Zylinderkopfschrauben einsetzen und handfest anziehen.
■ Führungsbolzen mit dem Ausdreher 3450/3 durch die Schraubenbohrungen herausschrauben. Dazu müssen Sie den Ausdreher linksherum drehen, bis die Bolzen frei sind (Bild 89).
■ Setzen Sie nun die beiden verbliebenen Zylinderkopfschrauben ein und ziehen Sie diese ebenfalls handfest an.

Der weitere Zusammenbau erfolgt sinngemäß in entgegengesetzter Reihenfolge zum Ausbau.

1,6 l-Benzinmotor RSH, Bild 63
■ Prüfen Sie zuerst, ob ein codiertes Radiogerät eingebaut ist. In diesem Fall erfragen Sie bitte die Antidiebstahl-Codierung.
■ Klemmen Sie bei ausgeschalteter Zündung das Masseband der Batterie ab.
■ Lassen Sie nun das Kühlmittel ab.
■ Bauen Sie das Saugrohr-Oberteil aus.

Kraftstoffsystem steht unter Druck! Vor dem Öffnen des Systems Putzlappen um die Verbindungsstelle legen. Dann durch vorsichtiges Lösen der Verbindungsstelle Druck abbauen.

■ Ziehen Sie die Kraftstoffvorlaufleitung (1) sowie die Kraftstoffrücklaufleitung (2) an der Verbindungsstelle ab (Bild 88).
■ Verschließen Sie die Leitungen, damit kein Schmutz in das Kraftstoffsystem gelangen kann.
■ Ziehen Sie den Schlauch vom Magnetventil 3 für Aktivkohlebehälter ab.
■ Schrauben Sie den Anschlussstutzen ab.
■ Bauen Sie die Saug- und Druckleitung der Sekundärluftpumpe, den Motor für Sekundärluftpumpe und den Halter aus.
■ Abgasrohr vorn mit Katalysator und Krümmerstütze abschrauben.
■ Das Zahnriemenschutz-Oberteil ausbauen.
■ Das Nockenwellenrad durch Drehen an der Kurbelwelle auf Markierung OT des 1. Zylinders stellen. Die Markierung am Nockenwellenrad muss mit Pfeil auf Zahnriemenschutz fluchten.
■ Die Spannrolle lösen und den Zahnriemen vom Nockenwellenrad abnehmen.
■ Drehen Sie dann die Kurbelwelle etwas zurück.
■ Schrauben der Zylinderkopfhaube abwechselnd über Kreuz lösen.
■ Die Zylinderkopfhaube vorsichtig abnehmen.
■ Die Zylinderkopfschrauben mit Schlüssel 3452 oder Steckeinsatz T10070 in der vorgegebenen Reihenfolge (Bild 86) lösen und herausschrauben.
■ Zylinderkopf vorsichtig abnehmen.

Einbauen

In den Sacklöchern der Zylinderkopfschrauben im Zylinderblock darf sich kein Öl oder Kühlmittel befinden. Nehmen Sie die neue Zylinderkopfdichtung erst unmittelbar vor dem Einbau aus der Verpackung. Behandeln Sie die neue Dichtung äußerst sorgfältig. Beschädigungen führen zu Undichtigkeiten.

■ Saubere Putzlappen in die Zylinder stopfen, damit kein Schmutz und keine Schmir-

gelreste zwischen Zylinderlaufbahn und Kolben gelangen können.
■ Vermeiden Sie auch, dass Schmutz und Schmirgelreste in das Kühlmittel gelangen.
■ Säubern Sie nun vorsichtig die Dichtflächen von Zylinderkopf und Zylinderblock. Achten Sie dabei darauf, dass keine lang gezogenen Riefen oder Kratzer entstehen (bei Verwendung von Schleifpapier darf die Körnung nicht unter 100 liegen).
■ Schmirgel- und Schleifreste sowie die Putzlappen sorgfältig entfernen.
■ Falls die Kurbelwelle zwischenzeitlich verdreht wurde: Kolben des 1. Zylinders auf den oberen Totpunkt stellen und die Kurbelwelle wieder etwas zurückdrehen.
■ Zum Zentrieren Führungsbolzen aus 3450/2A in die vorderen äußeren Bohrungen für die Zylinderkopfschrauben einschrauben.
■ Zylinderkopf aufsetzen, die übrigen 8 Zylinderkopfschrauben einsetzen und handfest anziehen.
■ Führungsbolzen mit dem Ausdreher 3450/3 durch die Schraubenbohrungen herausschrauben. Dazu müssen Sie den Ausdreher linksherum drehen, bis die Bolzen frei sind.
■ Setzen Sie nun die beiden verbliebenen Zylinderkopfschrauben ein und ziehen Sie diese ebenfalls handfest an.
■ Ziehen Sie die Zylinderkopfschrauben auf Drehmoment in der angegebenen Reihenfolge an (Bild 87).
■ Der weitere Zusammenbau erfolgt sinngemäß in entgegengesetzter Reihenfolge zum Ausbau.

2,0 l-Benzinmotor, Bild 67
■ Prüfen Sie zuerst, ob ein codiertes Radiogerät eingebaut ist. In diesem Fall erfragen Sie bitte die Antidiebstahl-Codierung.
■ Klemmen Sie bei ausgeschalteter Zündung das Masseband der Batterie ab.
■ Bauen Sie die Motorabdeckung ab.
■ Lassen Sie nun das Kühlmittel ab.

⚠ Kraftstoffsystem steht unter Druck! Vor dem Öffnen des Systems Putzlappen um die Verbindungsstelle legen. Dann durch vorsichtiges Lösen der Verbindungsstelle Druck abbauen.

Motorkennbuchstaben AEG, APK, AQY, AVH, AZG, AZJ, BDC, BEJ, BER, BHP, CBPA
■ Ziehen Sie die Kraftstoffvorlaufleitung sowie die Kraftstoffrücklaufleitung und die Unterdruckleitung an der Verbindungsstelle ab.

Motorkennbuchstaben BEV, BGD
■ Ziehen Sie die Kraftstoffversorgungsleitung am Anschlussstück ab und fangen Sie den ausfließenden Kraftstoff mit einem Putzlappen auf.

Fortsetzung für alle Motorkennbuchstaben
■ Verschließen Sie die Leitungen, damit kein Schmutz in das Kraftstoffsystem gelangen kann.
■ Bauen Sie das Saugrohr-Oberteil aus.
■ Alle erforderlichen Kühlmittel-, Unterdruck- und Ansaugschläuche vom Saugrohr-Oberteil/Zylinderkopf abklemmen.
■ Alle erforderlichen elektrischen Leitungen vom Saugrohr-Oberteil/Zylinderkopf abziehen/abklemmen und freilegen.
■ Verschließen Sie die Ansaugkanäle im Saugrohr-Unterteil mit einem sauberen Lappen.

Motorkennbuchstaben AEG, APK, AQY, AVH, AZG, AZJ, BDC, BEJ, BER, BHP, CBPA
■ Ziehen Sie die Kraftstoffvorlaufleitung sowie die Kraftstoffrücklaufleitung vom Kraftstoffverteiler ab.

Motorkennbuchstaben BEV, BGD
■ Kraftstoffversorgungsleitung am Anschluss abziehen.

Fortsetzung für alle Motorkennbuchstaben
■ Verschließen Sie die Leitungen, damit kein Schmutz in das Kraftstoffsystem gelangen kann.
■ Schrauben Sie den Anschlussstutzen mit Kühlmittelschläuchen ab.
■ Saug- und Druckleitung der Sekundärluftpumpe ausbauen.
■ Den Motor für Sekundärluftpumpe und Halter abschrauben und ausbauen.
■ Das Abgasrohr vorn mit Katalysator und Krümmerstütze abschrauben.
■ Keilrippenriemen ausbauen.
■ Bauen Sie das Spannelement für den Keilrippenriemen aus.
■ Bauen Sie den Halter am Spannelement für Keilrippenriemen aus.
■ Zahnriemenschutz-Oberteil ausbauen.
■ Nockenwellenrad durch Drehen an der Kurbelwelle auf die OT-Markierung des 1. Zy-

linders stellen. Die Markierung am Nockenwellenrad muss mit Pfeil auf Zahnriemenschutz fluchten.
■ Spannrolle lösen und Zahnriemen vom Nockenwellenrad abnehmen.
■ Drehen Sie dann die Kurbelwelle etwas zurück.
■ Bauen Sie den Zylinderkopfdeckel ab.
■ Obere Schraube des Zahnriemenschutzes hinten herausdrehen.
■ Die Zylinderkopfschrauben in der vorgegebenen Reihenfolge lösen und herausschrauben (Bild 86).
■ Zylinderkopf vorsichtig abnehmen.

Montage

⚠ In den Sacklöchern der Zylinderkopfschrauben im Zylinderblock darf sich kein Öl oder Kühlmittel befinden. Nehmen Sie die neue Zylinderkopfdichtung erst unmittelbar vor dem Einbau aus der Verpackung. Behandeln Sie die neue Dichtung äußerst sorgfältig. Beschädigungen führen zu Undichtigkeiten.

■ Saubere Putzlappen in die Zylinder stopfen, damit kein Schmutz und keine Schmirgelreste zwischen Zylinderlaufbahn und Kolben gelangen können.
■ Vermeiden Sie auch, dass Schmutz und Schmirgelreste in das Kühlmittel gelangen.
■ Säubern Sie nun vorsichtig die Dichtflächen von Zylinderkopf und Zylinderblock. Achten Sie dabei darauf, dass keine lang gezogenen Riefen oder Kratzer entstehen (bei Verwendung von Schleifpapier darf die Körnung nicht unter 100 liegen).
■ Schmirgel- und Schleifreste sowie die Putzlappen sorgfältig entfernen.
■ Zum Zentrieren Führungsbolzen aus »3450/2A« in die vorderen äußeren Bohrungen für die Zylinderkopfschrauben einschrauben (Bild 89).
■ Legen Sie die neue Zylinderkopfdichtung auf.
■ Zylinderkopf aufsetzen, die übrigen 8 Zylinderkopfschrauben einsetzen und handfest anziehen.
■ Führungsbolzen mit dem Ausdreher »3450/3« durch die Schraubenbohrungen herausschrauben. Dazu müssen Sie den Ausdreher linksherum drehen, bis die Bolzen frei sind.
■ Setzen Sie nun die beiden verbliebenen Zylinderkopfschrauben ein und ziehen Sie diese ebenfalls handfest an.
■ Zylinderkopfschrauben in der gezeigten Anzugsreihenfolge (Bild 87) auf Drehmoment anziehen.

Der weitere Zusammenbau erfolgt sinngemäß in umgekehrter Reihenfolge zum Ausbau.
■ Zahnriemen einbauen und spannen.
■ Spannelement für Keilrippenriemen einbauen.
■ Keilrippenriemen einbauen.
■ Füllen Sie neues Kühlmittel ein.

Fragen Sie die Fehlerspeicher aller Steuergeräte ab, beheben Sie ggf. vorhandene Fehler und löschen Sie danach die Fehlerspeicher.
■ Probefahrt durchführen und erneut Fehlerspeicher aller Steuergeräte abfragen.

1,9 l-Diesel mit Verteilereinspritzpumpe, Bild 68
■ Prüfen Sie zuerst, ob ein codiertes Radiogerät eingebaut ist. In diesem Fall erfragen Sie bitte die Antidiebstahl-Codierung.
■ Klemmen Sie bei ausgeschalteter Zündung das Masseband der Batterie ab.
■ Bauen Sie die Motorabdeckung ab.
■ Bauen Sie den Luftfilter und das Verbindungsrohr oben aus.
■ Lassen Sie das Kühlmittel ab.
■ Das Abgasrohr vorn mit Katalysator ausbauen.
■ Den Keilrippenriemen ausbauen.
■ Die Wischerarme abschrauben (Sechskantmuttern M8 = 20 Nm).
■ Abdeckung Wasserkasten (außen) und Schließteil Wasserkasten ausbauen.
■ Kühlwasser-, Unterdruck- und Entlüftungsschläuche vom Zylinderkopf abziehen.
■ Alle elektrischen Leitungen vom Zylinderkopf abziehen/abklemmen und freilegen.
■ Den Ausgleichsbehälter für Kühlmittel losschrauben und seitlich ablegen.
■ Das Zahnriemenschutz-Oberteil ausbauen.
■ Nehmen Sie den Zylinderkopfdeckel Ventildeckel ab.
■ Vakuumpumpe für Bremskraftverstärker ausbauen.
■ Ölrücklaufleitung für Abgasturbolader am Zylinderblock abschrauben.
■ Schrauben Sie die Ölvorlaufleitung am Ölfilterhalter, Zylinderkopf, Abgaskrümmer und am Abgasturbolader ab.
■ Bauen Sie die Luftschläuche vom Abgasturbolader ab.

■ Schrauben Sie den Halter Abgasturbolader-Zylinderblock ab.
■ Die Einspritzleitungen ausbauen.
■ Die Steckerleiste für Glühkerzen abziehen.
■ Das Zahnriemenschutz-Oberteil ausbauen.
■ Nehmen Sie den Zahnriemen vom Zahnriemenrad der Nockenwelle ab.
■ Drehen Sie dann die Kurbelwelle etwas zurück.
■ Befestigungsschraube des Nockenwellenrades eine Umdrehung lösen.

Zum Lösen und Anziehen des Nockenwellenrades niemals das Nockenwellenlineal »T10098« als Gegenhalter verwenden! Benutzen Sie den Gegenhalter »3036«.

■ Bauen Sie das Nockenwellenrad aus. Diesen Arbeitsschritt finden Sie in der Beschreibung zur Zahnriemendemontage.
■ Schrauben Sie die Mutter für die Spannrolle ab.
■ Befestigungsschrauben des Zahnriemenschutzes hinten am Zylinderkopf herausdrehen.
■ Die Zylinderkopfschrauben in der vorgegebenen Reihenfolge lösen und herausschrauben (Bild 86).
■ Zylinderkopf etwas anheben und Spannrolle abnehmen.
■ Zylinderkopf abnehmen.

Einbauen

Die Zylinderkopfschrauben immer ersetzen. Dichtungsreste im Reparaturfall von Zylinderkopf und Zylinderblock vorsichtig entfernen.
Darauf achten, dass keine lang gezogenen Riefen oder Kratzer entstehen. Bei Verwendung von Schleifpapier darf die Körnung nicht unter 100 liegen. Schmirgel- und Schleifreste sorgfältig entfernen. In den Sacklöchern der Zylinderkopfschrauben im Zylinderblock darf sich kein Öl oder Kühlmittel befinden. Neue Zylinderkopfdichtung erst unmittelbar vor dem Einbau aus der Verpackung nehmen. Dichtung äußerst sorgfältig behandeln. Beschädigungen der Silikonschicht und im Sickenbereich führen zu Undichtigkeiten. Ladedruckschläuche und -rohre sowie deren Anschlüsse müssen vor der Wiedermontage öl- und fettfrei sein.

■ Vor dem Aufsetzen des Zylinderkopfes Kurbelwelle auf OT-Markierung stellen.
■ Kurbelwelle entgegen der Motordrehrichtung zurückdrehen, bis alle Kolben nahezu gleichmäßig unter OT stehen.
■ Beachten Sie die Kennzeichnung der Zylinderkopfdichtung (Bild 90):
– Teile-Nr. = »Pfeil 1«
– Steuercode = »Pfeil 2« (nicht zu beachten!)
– Löcher = »Pfeil 3«

Wurde die Zylinderkopfdichtung oder der Zylinderkopf ersetzt, wählen Sie die neue Zylinderkopfdichtung nach der Anzahl der Löcher der alten Dichtung aus. Wurden Teile des Kurbeltriebes ersetzt, muss die neue Zylinderkopfdichtung durch Messen des Kolbenüberstandes im OT neu bestimmt werden.
■ Zylinderkopfdichtung auflegen.

Fahrzeuge mit Zentrierhülsen
■ Zentrierhülsen »Pfeile« im Zylinderblock beachten.

Fahrzeuge ohne Zentrierhülsen
■ Zum Zentrieren Führungsbolzen »3070« in die äußeren Bohrungen auf der Ansaugseite einschrauben.

Fortsetzung für alle Fahrzeuge
■ Einbaulage der Zylinderkopfdichtung beachten, Kennzeichnung »oben« bzw. Teile-Nr. muss zum Zylinderkopf zeigen.

Beachten Sie, dass die Spannrolle aufgesteckt werden muss, nachdem die Stiftschraube durch den Zahnriemenschutz hinten geführt wurde.

Fahrzeuge mit Zentrierhülsen
■ Zylinderkopf aufsetzen, neue Zylinderkopfschrauben einsetzen und handfest anziehen.

Fahrzeuge ohne Zentrierhülsen
■ Zylinderkopf aufsetzen, die übrigen 8 neuen Zylinderkopfschrauben einsetzen und handfest anziehen.

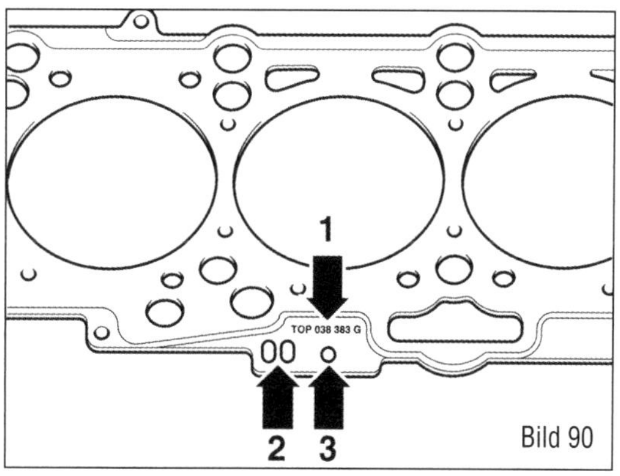

Bild 90
1 Teilenummer
2 Steuercode
3 Lochanzahl zur Dickenbestimmung

Bild 91
Lage der Zentrierhülsen.

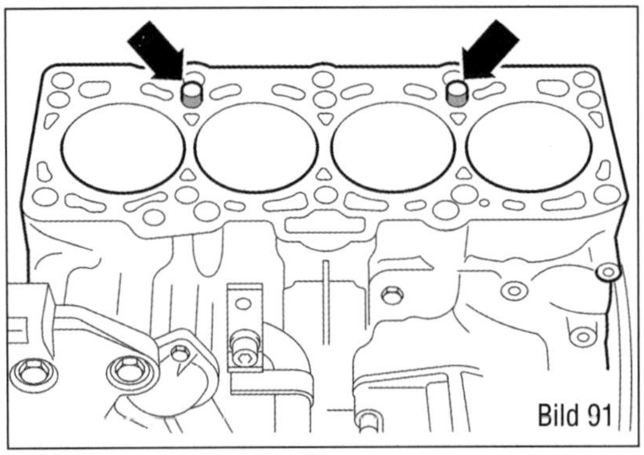

Bild 91

■ Führungsbolzen »3070« mit Bolzendreher durch die Schraubenbohrungen herausschrauben und Zylinderkopfschrauben einsetzen.

Fortsetzung für alle Fahrzeuge
■ Zylinderkopf in vier Stufen nach Drehmoment in gezeigter Anzugsreihenfolge anziehen (Bild 87).
■ Nach dem Befestigen des Zylinderkopfes Nockenwellenrad so drehen, dass die Nocken für Zylinder 1 gleichmäßig nach oben zeigen. Vor Aufsetzen des Zahnriemens Kurbelwelle in Motordrehrichtung auf OT stellen.

Der weitere Einbau erfolgt in umgekehrter Reihenfolge.
■ Zahnriemen einbauen, spannen.
■ Kühlmittel auffüllen.
Fragen Sie die Fehlerspeicher aller Steuergeräte ab, beheben Sie ggf. vorhandene Fehler und löschen Sie danach die Fehlerspeicher.

OBD2-Fahrzeuge
■ Nach dem Löschen der Fehlerspeicher müssen Sie den Readinesscode neu erzeugen.

Bild 92
1 Schlauch
2 Anschluss BKV
3 Anschluss Vorratsbehälter

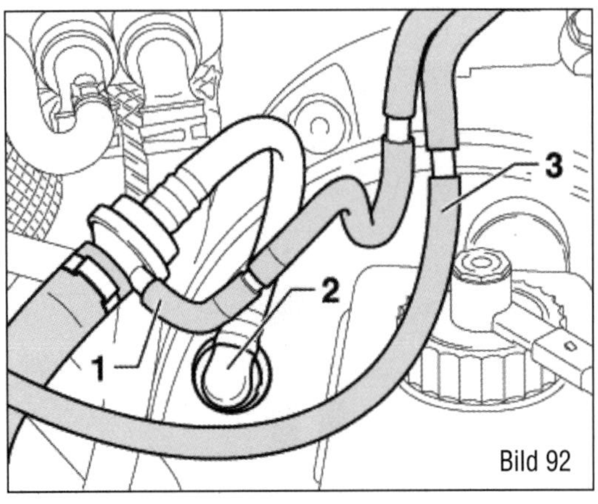

Bild 92

Fortsetzung für alle Fahrzeuge
■ Probefahrt durchführen und erneut Fehlerspeicher aller Steuergeräte abfragen.

1,9 l-Diesel mit PD-Elementen, Bild 69

⚠ Der Kraftstoff bzw. die Kraftstoffleitungen im Kraftstoffsystem können sehr heiß werden (Verbrühungsgefahr)! Außerdem steht das Kraftstoffsystem unter Druck! Vor dem Öffnen des Systems Putzlappen um die Verbindungsstelle legen und durch vorsichtiges Lösen der Verbindungsstelle Druck abbauen! Bei allen Montagearbeiten am Kraftstoffsystem Schutzbrille und Schutzhandschuhe tragen!

■ Prüfen Sie zuerst, ob ein codiertes Radiogerät eingebaut ist. In diesem Fall erfragen Sie bitte die Antidiebstahl-Codierung.
■ Masseband an der Batterie bei ausgeschalteter Zündung abklemmen.
■ Bauen Sie die Motorabdeckung ab und, falls vorhanden, die Dämpfung Motor oben aus.
■ Abdeckung Wasserkasten (außen) und Schließteil Wasserkasten ausbauen.
■ Bauen Sie das Luftfiltergehäuse mit Ansaugschlauch aus.
■ Kühlmittel ablassen.
■ Das Abgasrohr vorn ausbauen.
■ Saugen Sie den Kraftstoff aus der Tandempumpe ab.
■ Ziehen Sie die Stecker für Glühkerzen, Geber für Kraftstofftemperatur, Pumpe-Düse-Einheit (Zentral-Steckverbindung) und Kühlmitteltemperatur ab.

Motorkennbuchstabe ATD
■ Ziehen Sie die Kraftstoffschläuche an den Leitungen am Zylinderkopf ab.
■ Verschließen Sie die Leitungen, damit kein Schmutz in das Kraftstoffsystem gelangen kann.
■ Bauen Sie den Wasseranschlussstutzen mit angeschlossenen Schläuchen vom Zylinderkopf ab.
■ Ziehen Sie den Kühlmittelschlauch vom Stutzen am Zylinderkopf links ab.
■ Ziehen Sie den Schlauch vom Unterdruckvorratsbehälter ab.
■ Trennen Sie die Schlauchverbindungen (1) am Rückschlagventil und (3) zum Unterdruckvorratsbehälter (Bild 92).
■ Ziehen Sie den Stutzen (2) vom Bremskraftverstärker ab.

■ Ziehen Sie die Schläuche (2) und (6) auf Bild 93 ab.
■ Bauen Sie den Saugstutzen aus.
■ Kühlmittelrohr oben vom Ansaugrohr abbauen. Dazu die Mutter (4) und den Bolzen (7) herausdrehen.
■ Kühlmittelrücklaufschlauch vom Ausgleichsbehälter abziehen.
■ Schraube (5) herausdrehen.
■ Verbindungsschlauch (6) ausbauen.
■ Unterdruckschlauch (4) abziehen.
■ Schlauchverbindung am Abgasturbolader trennen (Pfeil im Bild 94) und Ladeluftrohr hinten (5) abschrauben.
■ Ölrücklaufleitung (1) vom Stutzen am Zylinderblock abschrauben.
■ Schrauben (2) und (3) herausdrehen und Halter abnehmen.

Motorkennbuchstaben AXR, BSW
■ Ziehen Sie die Kraftstoffschläuche und den Kühlmittelschlauch an den Leitungen am Zylinderkopf ab.
■ Verschließen Sie die Leitungen, damit kein Schmutz in das Kraftstoffsystem gelangt.
■ Ziehen Sie den Kühlmittelschlauch und die Stecker vom Anschlussstutzen ab.
■ Ziehen Sie den Schlauch vom Unterdruckvorratsbehälter ab.
■ Trennen Sie die Schnellkupplung rechts am Wärmetauscher (vom Kühler für Abgasrückführung).
■ Trennen Sie die Schlauchverbindungen (1) am Rückschlagventil und (3) zum Unterdruckvorratsbehälter (Bild 92).
■ Ziehen Sie den Stutzen (2) vom Bremskraftverstärker ab.
■ Trennen Sie die Unterdruckschläuche für die Unterdruckdosen der Bypass-Klappe (AGR-Kühler), des mechanischen Abgasrückführungsventils und des Abgasturboladers an den Verbindungsstellen.
■ Ziehen Sie den Anschlussstecker vom Motor für Saugrohrklappe ab.
■ Verbindungsschlauch (6 im Bild 93) ausbauen.
■ Unterdruckschlauch (4) vom Ladeluftrohr hinten (5) ausclipsen.
■ Schlauchverbindung am Abgasturbolader trennen (Pfeil) und Ladeluftrohr hinten (5) abschrauben.
■ Ölrücklaufleitung (1) vom Stutzen am Zylinderblock abschrauben.
■ Schrauben (2) und (3) herausdrehen und Halter abnehmen.

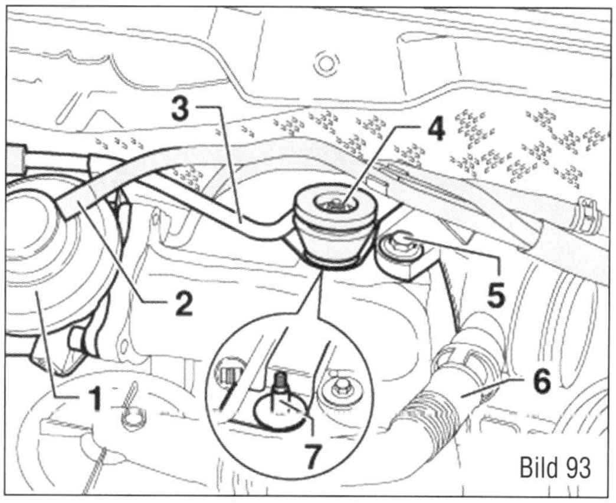

Bild 93

Bild 93
1 Unterdruckdose
2 Anschlussleitung
3 Schlauch
4 Mutter
5 Schraube
6 Schlauch
7 Bolzen

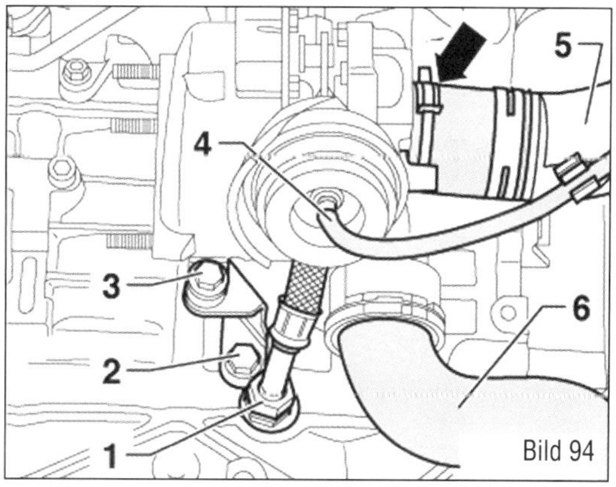

Bild 94

Bild 94
1 Verschraubung
2 Schraube
3 Schraube
4 Unterdruckanschluss
5 Ladeluftrohr
6 Ladeluftrohr
Pfeil = Schelle

Motorkennbuchstabe BEW
■ Ziehen Sie die Kraftstoffschläuche und den Kühlmittelschlauch an den Leitungen am Zylinderkopf ab.
■ Verschließen Sie die Leitungen, damit kein Schmutz in das Kraftstoffsystem gelangen kann.
■ Ziehen Sie den Kühlmittelschlauch und die Stecker vom Anschlussstutzen ab.
■ Ziehen Sie den Schlauch vom Unterdruckvorratsbehälter ab.
■ Trennen Sie die Schnellkupplung rechts am Wärmetauscher (vom Kühler für Abgasrückführung).
■ Trennen Sie die Schlauchverbindungen (1) am Rückschlagventil und (3) zum Unterdruckvorratsbehälter (Bild 92).
■ Ziehen Sie den Stutzen (2) vom Bremskraftverstärker ab.
■ Trennen Sie die Unterdruckschläuche für die Unterdruckdosen der Bypass-Klappe (AGR-Kühler), des Schaltsaugrohres und des Abgasturboladers an den Verbindungsstellen.
■ Stecker (1) abziehen (Bild 95).
■ Verbindungsschlauch (7) ausbauen.
■ Unterdruckschlauch (5) vom Ladeluftrohr hinten (6) ausclipsen.

Sichtprüfung Messen

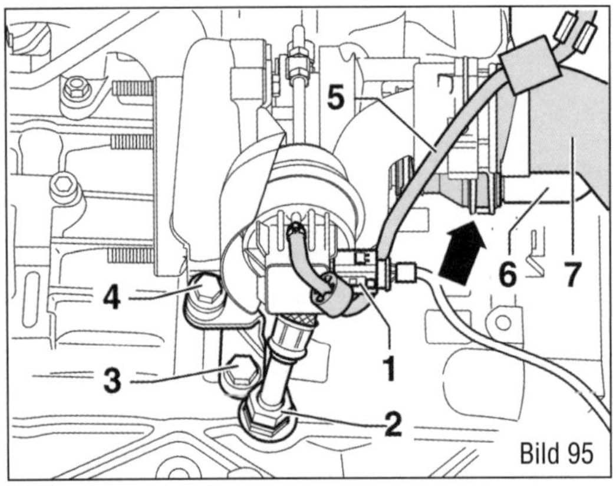

Bild 95
1 Stecker
2 Verschraubung
3 Schraube
4 Schraube
5 Unterdruckleitung
6 Ladeluftrohr
7 Verbindungsschlauch
Pfeil = Schelle

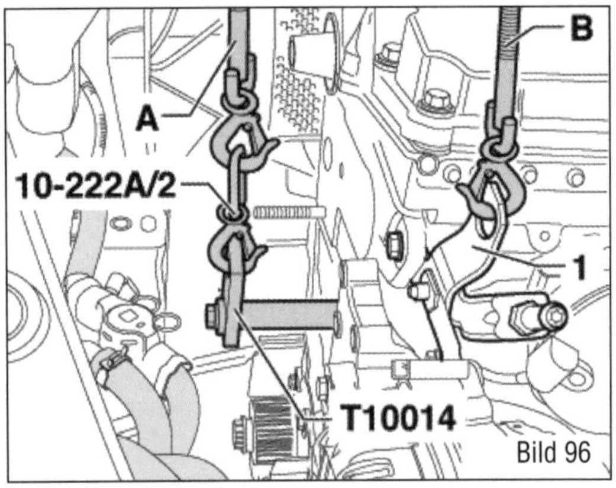

Bild 96
1 Halteöse
A+B = Spindeln
10-222A/2 = Halteöse
T10014 = Halter

■ Trennen Sie den Verbindungsschlauch am Ladeluftrohr hinten (6) und bauen Sie es aus.
■ Ölrücklaufleitung (2) vom Stutzen am Zylinderblock abschrauben.
■ Schrauben (3) und (4) herausdrehen und Halter abnehmen.

Fortsetzung für alle Fahrzeuge
■ Schrauben Sie die Ölvorlaufleitung am Ölfilterhalter und zusätzlich am Kühlmittelrohr ab.
■ Schrauben Sie die Ölvorlaufleitung am Abgasturbolader und am Abgaskrümmer ab und legen die Leitung zur Seite.
■ Bauen Sie den Zahnriemen aus.

☞ Beide Aufhängeösen für die Abfangvorrichtung befinden sich am Zylinderkopf. Deshalb muss ein zusätzlicher Halter am Zylinderblock befestigt werden. Der Motor wird dann mit der Spindel (A) abgefangen. Spindel (B) am Zylinderkopf einhängen (Bild 96).

■ Drehen Sie dann die Kurbelwelle etwas zurück.
■ Bauen Sie die Nabe für Nockenwellenrad aus.
■ Bauen Sie die Spannrolle für Zahnriemen aus.
■ Bauen Sie die Kühlmittelpumpe und die Umlenkrolle aus.
■ Schrauben Sie den Hallgeber ab.
■ Bauen Sie den Zahnriemenschutz hinten aus.
■ Schrauben Sie, wie gezeigt, den Halter »T10014« in die vordere Gewindebohrung vom ausgebauten Motorhalter im Bereich der Kühlmittelpumpe in den Zylinderblock (Bild 96).
■ Heben Sie mit der zweiten Spindel (A) und dem Zusatzhaken »10 - 222 A/2« den Motor etwas an, bis die Spindel (B) entlastet ist (Bild 85).
■ Hängen Sie die Spindel (B) aus der Aufhängeöse (1) und schieben Sie sie zur Seite.
■ Bauen Sie den Zylinderkopfdeckel ab.
■ Halten Sie die Reihenfolge beim Lösen der Zylinderkopfschrauben ein (Bild 86).
■ Heben Sie den Zylinderkopf mit einem zweiten Mechaniker heraus.

Einbauen
⚠ Zylinderkopfschrauben müssen immer ersetzt werden. Dichtungsreste im Reparaturfall von Zylinderkopf und Zylinderblock vorsichtig entfernen. Darauf achten, dass keine lang gezogenen Riefen oder Kratzer entstehen. Bei Verwendung von Schleifpapier darf die Körnung nicht unter 100 liegen. Schmirgel- und Schleifreste sorgfältig entfernen. Blasen Sie die Gewindebohrungen für die Zylinderkopfschrauben gründlich aus. Legen Sie zum Schutz vor herausspritzendem Öl einen Lappen auf die jeweilige Bohrung. Neue Zylinderkopfdichtung erst unmittelbar vor dem Einbau aus der Verpackung nehmen. Die Dichtung äußerst sorgfältig behandeln. Beschädigungen der Silikonschicht und im Sickenbereich führen zu Undichtigkeiten. Ladedruckschläuche und -Rohre sowie deren Anschlüsse müssen vor der Wiedermontage öl- und fettfrei sein.

■ Vor dem Aufsetzen des Zylinderkopfes Kurbelwelle auf OT-Markierung stellen.
■ Kurbelwelle entgegen der Motordrehrichtung zurückdrehen, bis alle Kolben nahezu gleichmäßig unter OT stehen.
■ Beachten Sie die Kennzeichnung der Zylinderkopfdichtung (Bild 90):
- Teile-Nr. = »Pfeil 1«
- Steuercode = »Pfeil 2«(nicht zu beachten!)
- Löcher = »Pfeil 3«

Wurde die Zylinderkopfdichtung oder der Zylinderkopf ersetzt, wählen Sie die neue Zylinderkopfdichtung nach der Anzahl der Löcher der alten Dichtung aus. Wurden Teile des Kurbeltriebes ersetzt, muss die neue Zylinderkopfdichtung durch Messen des Kolbenüberstandes im OT neu bestimmt werden.

■ Zylinderkopfdichtung auflegen. Zentrierhülsen im Zylinderblock beachten. Die Einbaulage der Zylinderkopfdichtung beachten, die Kennzeichnung »oben« bzw. Teile-Nr. muss zum Zylinderkopf zeigen.

■ Zylinderkopf aufsetzen, neue Zylinderkopfschrauben einsetzen und handfest anziehen.

■ Zylinderkopf in vier Stufen in gezeigter Anziehreihenfolge anziehen (Bild 87).

■ Nach dem Befestigen des Zylinderkopfes und der Nabe Nockenwelle so drehen, dass die Nocken für Zylinder 1 gleichmäßig nach oben zeigen (OT-Stellung).

Der weitere Einbau erfolgt in umgekehrter Reihenfolge.

■ Beachten Sie beim Einbauen der Ölrücklaufleitung zum Abgasturbolader unbedingt die Anziehreihenfolge der Schraubverbindungen:

1. Halter mit Mutter lose an den Abgaskrümmer anschrauben.
2. Überwurfmutter bzw. Hohlschraube am Ölfilterhalter handfest anschrauben.
3. Überwurfmutter am Abgasturbolader handfest anschrauben.
4. Überwurfmutter bzw. Hohlschraube am Ölfilterhalter mit Anziehdrehmoment festschrauben.
5. Überwurfmutter am Abgasturbolader mit Anziehdrehmoment festschrauben.
6. Schellen auf der Ölvorlaufleitung positionieren.
7. Schraube für die Halteschellen mit Anziehdrehmoment festschrauben.
8. Mutter für den Halter mit Anziehdrehmoment festschrauben.

■ Vor dem Einbau des Zahnriemens Kurbelwelle in Motordrehrichtung auf OT stellen und mit dem Kurbelwellenstopp »T10050« arretieren.

■ Klemmen Sie die Batterie an.

Führen Sie den Fahrzeugsystemtest durch.

■ Beenden Sie den Fahrzeugsystemtest, damit ggf. durch die Montage entstandene Fehlereinträge automatisch gelöscht werden.

■ Führen Sie eine Probefahrt durch.

■ Führen Sie danach erneut den Fahrzeugsystemtest durch und beheben Sie ggf. entstandene Fehler.

Bei allen Montagearbeiten, insbesondere im Motorraum aufgrund der engen Bauverhältnisse, beachten Sie bitte, dass Leitungen aller Art (z. B. für Kraftstoff, Hydraulik, Kühl- und Kältemittel, Bremsflüssigkeit, Unterdruck) und elektrische Leitungen so verlegt sind, dass die ursprüngliche Leitungsführung wieder hergestellt ist. Dann auf ausreichenden Freigang zu allen beweglichen oder heißen Bauteilen achten.

Kompressionsdruck prüfen

Die Prüfwerte des Kompressionsdrucks in den einzelnen Zylindern zeigen an, ob der Motor sich noch in einem guten mechanischen Zustand befindet oder ob er für einen Austausch reif ist, zumindest aber komplett überholt werden muss.

TDI (Diesel)-Motoren

Zur Prüfung werden ein Kompressionsdruck-Prüfgerät (VAG 1763), für den 1,9-l-TDI der Adapter (1763/8), ein Gelenkschlüssel mit Schlüsselweite 10 (VAG 3220) für Glühstiftkerzen sowie ein Drehmomentschlüssel 5 bis 50 Nm benötigt. Die Motoröltemperatur muss mindestens 30 °C und die Batteriespannung mindestens 11,5 V betragen.

Vorbereitung und Druckprüfung

■ Zündung ausschalten, Motorabdeckung ausbauen, die Geräuschdämpfung an den Injektoren herausnehmen.

■ Den Glühstiftkerzenkanal im Zylinderkopf reinigen, da kein Schmutz in den Zylinder fallen darf: Groben Schmutz mit einem Staubsauger aussaugen. Einen Bremsenreiniger oder einen anderen geeigneten Reiniger in den Glühstiftkerzenkanal sprühen, kurz einwirken lassen und mit Pressluft ausblasen. Anschließend den Glühstiftkerzenkanal mit einem ölbenetzten Lappen auswischen.

1,9 l-TDI-Motor:

■ Die Halteklammern vom Leitungsstrang öffnen und die elektrischen Steckverbindungen an den Glühstiftkerzen abziehen.

■ Die Zange (3314) mit der Zangennut am Bund der Stützhülse des Glühstiftkerzensteckers ansetzen und den Stecker vorsichtig von den Glühstiftkerzen abziehen. Dabei die Zange nicht zu fest zusammendrücken, da sonst die Stützhülse beschädigt werden kann. Darauf achten, dass keine Leitungsverbindung beschädigt wird, sonst muss der gesamte Leitungsstrang erneuert werden.
■ Die Befestigungsmutter der Kraftstoffrücklaufleitung auf dem Saugrohr abschrauben, die Schelle öffnen und die Leitung am Rail-Element (Hochdruckspeicher) abziehen.
■ Die komplette Rücklaufleitung abnehmen und vor dem Saugrohr ablegen.
■ Die Glühkerzen mit dem Gelenkschlüssel (3220) lösen und ausbauen.
■ Kompressionsdruck mit Kompressionsdruck-Prüfgerät (z. B. V.A.G 1763) prüfen. Die Handhabung des Prüfgerätes ist in dessen Bedienungsanleitung beschrieben. Adapter des Prüfgeräts entsprechend Motor anstelle der Kerze einschrauben.
■ Anlasser so lange betätigen, bis kein Druckanstieg mehr vom Prüfgerät angezeigt wird.
■ Die geforderten und zu messenden Werte sind also bei allen TDI-Motoren gleich. Der Messwert sollte etwa 25 bis 31 bar bei einem neuen Motor betragen. Ab einem Messwert von 19 bar oder einem Druckunterschied von mehr als 2 bar muss der Motor auf Verschleiß oder Leckagen untersucht werden (Druckverlusttest).

Rückbau und in Betrieb setzen
■ Glühstiftkerzen mit dem Gelenkschlüssel einschrauben und mit 18 Nm festziehen. Die Stecker von Hand wieder auf die Glühstiftkerzen aufstecken, auf festen Sitz achten.
■ Übrige Einbauarbeiten sinngemäß umgekehrt zum Ausbau.
■ Motorabdeckung aufsetzen.
■ Durch das Trennen der Steckverbindungen für Einspritzeinheiten werden Fehler abgespeichert. Daher Fehlerspeicher abfragen (VAS 5051) »Geführte Fehlersuche «, ggf. vorhandene Fehler beheben, danach Fehlerspeicher löschen und Readinesscode erzeugen.

Benzin-Motoren
Zur Prüfung werden ein Kompressionsdruck-Prüfgerät (V.A.G 1763, z. T. mit Adapter 1763/-6), passende Abzieher (T10094 A; T10112 A), ein Zündkerzenschlüssel (3122 B) sowie ein Drehmomentschlüssel 5 bis 50 Nm benötigt. Die Motoröltemperatur muss mindestens 30 °C und die Batteriespannung mindestens 11,5 V betragen.

Vorbereitung und Druckprüfung
■ Motorabdeckungen ausbauen.
■ Zündkerzen ausbauen.

1.4 l-Benzinmotor:
■ Zündspulen mit Abzieher ausbauen, Zündkerzen herausschrauben (Schlüssel 3122 B).
■ Sicherungen entnehmen.
Zu entnehmen sind Sicherungen für Zündspulen, Einspritzventile, Kraftstoffpumpe und Kraftstoffpumpenrelais. Die Sicherungsbelegung ist von Motor und Herstellungsdatum abhängig. Orientierung: Belegungslisten des Fahrzeugs. Meist kommen die Sicherungen SB 14, SB 24, SC 2 und SC 27 in Frage (E-Box Motorraum und Schalttafel links).
■ Kompressionsdruck mit Kompressionsdruck-Prüfgerät (z. B. V.A.G 1763) prüfen. Die Handhabung des Prüfgerätes ist in der jeweiligen Bedienungsanleitung beschrieben.
■ Anlasser so lange betätigen, bis kein Druckanstieg mehr vom Prüfgerät angezeigt wird.

Rückbau und in Betrieb setzen
■ Zündkerzen mit dem Zündkerzenschlüssel einschrauben und mit 30 Nm festziehen.
■ Der weitere Zusammenbau erfolgt sinngemäß in umgekehrter Reihenfolge zum Ausbau.
■ Fehlerspeicher abfragen (VAS 5051 »Geführte Fehlersuche«), ggf. vorhandene Fehler beheben, danach Fehlerspeicher löschen und Readinesscode erzeugen.

Druckverlusttest alle Motoren

Oft schon vergessen war er schon vor einigen Jahrzehnten bekannt. Da der Tester in den meisten Werkstätten nicht mehr oder kaum noch zum Einsatz kommt, lässt sich ab und an ein solches Gerät auch von Bosch schon mal günstig erstehen. 25 bis 50 Euro werden es dann meist. Auch mit diesem Gerät wird die Dichtheit des Zylinders bewertet. Nur, dass nicht der Motor den Druck aufbringt, sondern der Motor mit Luftdruck aus dem Tester beaufschlagt wird. Undichtheiten können nun zum einen zahlenmäßig erfasst und zum anderen »erhört« werden. Die Diagnose fällt deshalb deutlich präziser aus, als das Ergebnis des Kompressionstests.

Vorbereitung

- Bauen Sie alle Zündkerzen oder beim Diesel die Glühkerzen aus.
- Schalten Sie die Zündung aus.
- Prüfen Sie, ob der Zahnriemen in Ordnung ist.
- Schließen Sie den Druckverlustprüfer an die Druckluftversorgung Ihrer Werkstatt an.
- Stimmen Sie den Druckschreiber auf den Kompressordruck Ihrer Werkstatt ab.
- Wählen Sie den passenden Gewindeadapter und den Anschlussschlauch für den Druckverlusttest aus.
- Stellen Sie Radio und andere Lärmquellen ab.
- Verdrehen Sie den Motor so weit, bis er am Ende des Verdichtungstaktes oder am Anfang des Arbeitstaktes steht.
- Ertasten Sie vorsichtig den Kolbenboden mit einem Schraubendreher und verdrehen Sie den Motor bis zu Zünd-OT.
- Blockieren Sie den Motor (Gang einlegen, Handbremse anziehen). Sollten Sie den Motor mit einem 19-mm-Schlüssel auf der Kurbelwelle festhalten wollen, achten Sie darauf, dass sich der Motor verdrehen kann, sobald der Prüfdruck des Testers auf dem Kolben lastet. Er erzeugt ein nicht unbedeutendes Drehmoment, das Sie eventuell nicht von Hand halten können. Es besteht Verletzungsgefahr durch Abrutschen oder Klemmen!

Messung/Prüfung

- Führen Sie den Anschlussschlauch des Druckverlusttesters zuerst in das rechte Kerzenloch ein (Bild 97).
- Kuppeln Sie den Messschlauch an das Messgerät an.
- Werten Sie jeden Zylinder einzeln wie unten beschrieben aus.
- Wiederholen Sie diesen Vorgang nun für alle Zylinder des Motors, Auswertung (Bilder 101 und 102).
- Notieren Sie den angezeigten Druckverlust für jeden Zylinder einzeln.
- Ein Druckverlust bei 4-Takt-Hubkolbenmotor ist bis zu 15% zulässig.
- Drehen Sie den Öldeckel ab und achten Sie auf Zischgeräusche aus dem Motorblock.

Bild 97
Druckverlusttest am Motor. Verlustwert und Verlustort werden festgestellt.

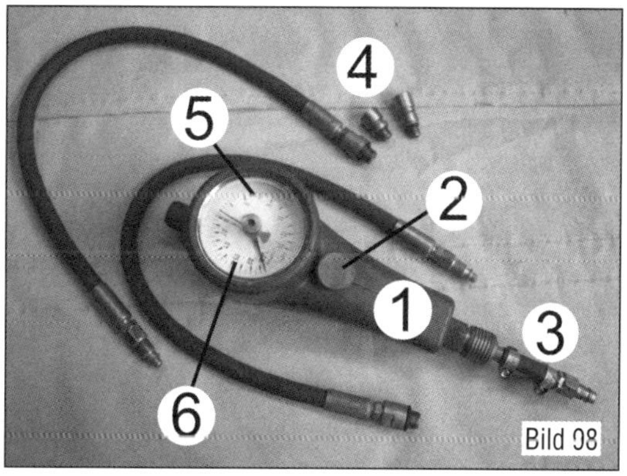

Bild 98
Meist recht günstig zu ersteigern: der Druckverlustprüfer.
1 Gehäuse
2 Einstellrad für Druckangleich
3 Anschlussschlauch Druckluftnetz
4 Prüfanschluss
5 Messuhr Kompressionsdruck
6 Messuhr Kompressionsdruck

Bild 99
Der OT-Finder: Auf dem Weg nach OT verdrängt der Kolben Luft und schiebt den Anzeigekolben im Gerät nach oben. Fällt er schlagartig ab, wurde der OT-Punkt überschritten.

Bild 100
Nicht verwechseln: Mit Ventil (1) ist er für den Kompressionstest gerüstet, ohne Ventil (2) für den Druckverlusttest.

Checkliste bei Druckverlust		
Beschreibung	**Toleranz**	**Ursache**
Druckverlust zu groß: Zischgeräusch am Ansaug trakt feststellbar, keine Zischgeräusche am Auspuff feststellbar.	Bis 15% sind zulässig.	Einlassventil nicht sauber geschlossen, Einlassventil undicht, Einlassventil beschädigt; Steuerzeiten stimmen nicht, Motor steht nicht im Zünd-OT (Arbeitstakt).
Druckverlust zu groß: Zischgeräusche am Auspuff feststellbar, keine Zischgeräusche am Ansaugtrakt feststellbar.	Bis 15% sind zulässig.	Auslassventil nicht sauber geschlossen, Auslassventil undicht, Auslassventil beschädigt, Steuerzeiten stimmen nicht, Motor steht nicht im Zünd-OT (Arbeitstakt).
Druckverlust zu groß: Zischgeräusche am Auspuff feststellbar, Zischgeräusche am Ansaugtrakt feststellbar.	Bis 15% sind zulässig.	Beide Ventile nicht sauber geschlossen, beide Ventile undicht, beide Ventile beschädigt; Steuerzeiten stimmen nicht, Motor steht nicht im Zünd-OT (Arbeitstakt).
Druckverlust zu groß: keine Zischgeräusche am Auspuff feststellbar, keine Zischgeräusche am Ansaugtrakt feststellbar.	Bis 15% sind zulässig.	Druckverlust über Kolben und Zylinder, Kolben und/oder Kolbenringe verschlissen oder defekt, Zylinderkopfdichtung defekt (während der Prüfung »blubbert« der Ausgleichsbehälter).

Bild 101
Druckverlust problematisch.

Bild 102
Druckverlust in Ordnung.

Bild 101

Bild 102

■ Legen Sie den Kopf auf den Luftfilter oder, besser noch, entfernen Sie den Luftfilter und hören Sie, ob Zischgeräusche aus dem Ansaugtrakt wahrnehmbar sind.
■ Kontrollieren Sie auch am Auspuff, ob hier ein Luftstrom oder ein Zischgeräusch hörbar ist.

Verschleißmessung am Motor

Zugegeben, in der heutigen Zeit werden diese Arbeiten nur noch selten durchgeführt. Es ist aber nicht so, dass man die Verschleißmessung am Motor nicht mehr benötigen würde. Vielmehr wird sie oft aus Zeitgründen nicht mehr durchgeführt. Im privaten Bereich legen wir nun aber eher Wert auf eine kostengünstige Reparatur und möchten gerne den Zustand unseres Gefährtes sicher dokumentieren. Sollten Sie den Motor einmal so weit zerlegt haben oder sind auf der Suche nach erhöhtem Ölverbrauch des Motors, können Sie, nachdem Zylinderkopf und Kolben demontiert wurden, den Motorblock ausmessen. Oftmals ist der Kolbenausbau auch am eingebauten Motor realisierbar. Schließlich müssen wir lediglich die Ölwanne abnehmen können, um die Pleuellager abschrauben zu können. Ob und wie weit die Laufleistung oder auch ungünstige Betriebszustände dem Motor zugesetzt haben, muss mit einigen einzelnen Messungen kontrolliert werden. Für die Messungen werden ein Innenmessgerät, Innenmessgerät, eine Messuhr, ein Messschieber, eine Fühlerlehre sowie eine Bügelmessschraube benötigt. Die Messung beschreibt den Zustand von Zylinder und Kolben. Das Zusammenspiel dieser Bauteile wird durch die Auswertung der Messergebnisse bewertet.

Messungen am Zylinder

Vorbereitung der Messungen

■ Demontieren Sie den Zylinderkopf.
■ Reinigen Sie Zylinderlaufbahn und Kolben gründlich.

Messen Sie mit Hilfe des Messschiebers den Zylinderdurchmesser. Legen Sie anhand dieses Maßes fest, welche Adaptionsstücke in das Innenmessgerät eingebaut werden müssen.
■ Montieren Sie das ausgewählte Adaptionsstück am Innenmessgerät.
■ Führen Sie die Messuhr in die Aufnahme ein. Festgezogen wird sie aber erst, nachdem die Voreinstellung durchgeführt wurde.
■ Richten Sie die Messuhr gerade in der Zylinderlaufbahn aus und stellen sie mit einer Vorspannung von 2 mm fest.
■ Richten Sie das Grundmaß (entweder das mit dem Messschieber ermittelte und gerundete, oder ein vom Hersteller angegebenes) mit der Bügelmessschraube aus.
■ Führen Sie die Feinjustierung des Innenmessgerätes durch.

Messungen

Als Nächstes wird nun das Innenmessgerät in den zu messenden Zylinder eingeführt. Die Messung der Zylinderbuchse soll den Verschleiß genau darstellen. Da der Verschleiß im Zylinder in der Regel durch die unterschiedlichen Belastungszustände ungleichmäßig ausfällt, werden die Zylinder in zwei Richtungen und drei Ebenen beurteilt. Die Messrichtung wird in die Richtung »A« und »B« aufgeteilt, wobei »B« dann die Messung in Achsenrichtung der Kurbelwelle und »A« die Messung in Drehrichtung der Kurbelwelle darstellt (Bild 103). Die Messhöhe nennt sich recht einfach »1«, »2« oder »3«. So wird ein sehr genaues Bild des Zylinderverschleißes dargestellt.
■ Zuerst einmal sollten alle Messungen in der Richtung »A« gemacht und in das Aus-

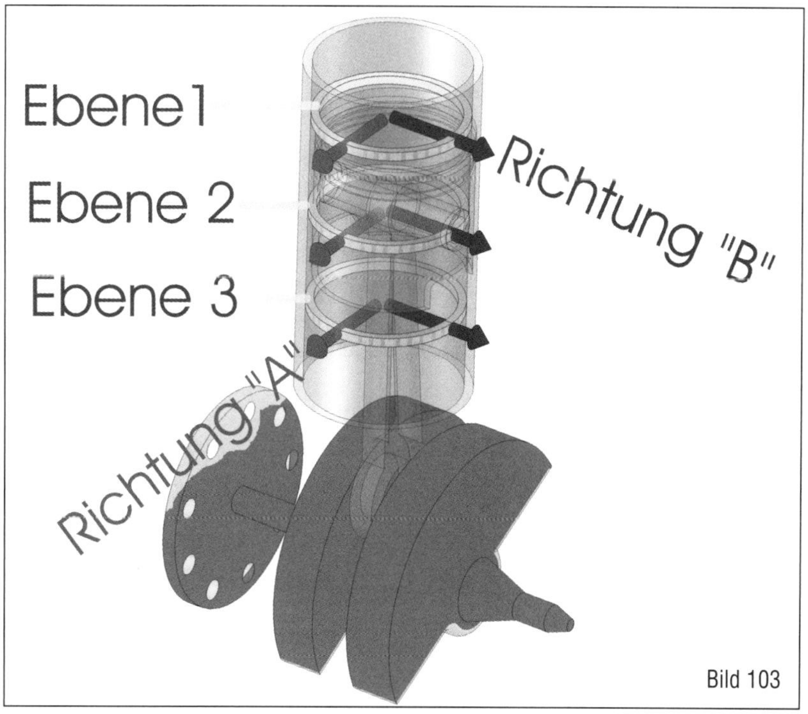

Bild 103

Bild 103
Messebenen und Messrichtungen am Zylinder.

Bild 104
Messung des Kolbendurchmessers.

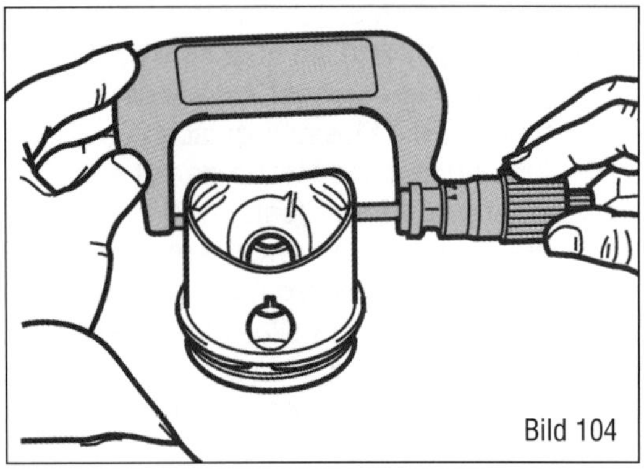

Bild 104

Bild 105
Höhenspielmessung am in die Ringnut eingelegten Kolbenring.

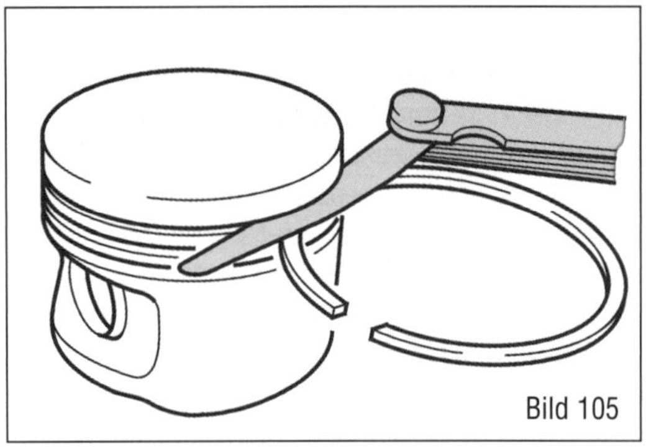

Bild 105

Bild 106
Stoßspielmessung am im Zylinder gerade eingelegten Kolbenring.

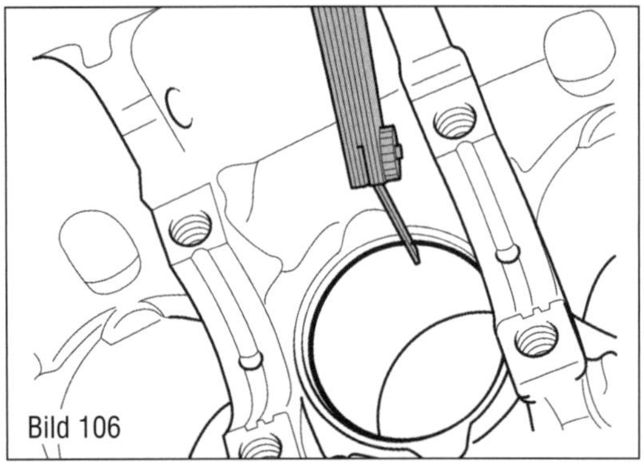

Bild 106

wertungsblatt eingetragen werden. Erst dann werden die Messungen in der Richtung »B« durchgeführt und eingetragen. Das erspart das mehrmalige Einsetzen des Innenmessgerätes in den Zylinder.

■ Führen Sie die Messung in Richtung »A« durch und tragen Sie diese ins Auswerteblatt ein.

■ Führen Sie die Messungen in der Richtung »B« durch und tragen Sie diese in das Auswerteblatt ein.

Werte, die über das Grundmaß gehen, werden als »+«-Werte eingetragen. Werte die das Grundmaß unterschreiten, werden in der Tabelle als »-«-Wert geführt. Diese Praxis spart viel Rechnerei und somit auch mögliche Fehlerquellen ein.

Messungen am Kolben
Nachdem die Messungen festgehalten wurden, werden nun die Kolben gemessen. Die Bügelmessschraube ist nun noch auf das Grundmaß des Zylinders eingestellt.

■ Sie muss nun etwas geöffnet werden. Die Messungen werden grundsätzlich 90° versetzt zur Kolbenbolzenachse durchgeführt.

Die Messung erfolgt nach Herstellerangaben am Kolbenhemd. Bei den meisten Herstellern liegt diese Messhöhe bei ca. 1,5 cm vom Hemdende, also vom unteren Ende des Kolbens.

■ Auch hier werden die Messergebnisse im Messprotokoll unter dem Begriff Kolbendurchmesser notiert.

Kolben und Ölabstreifringe
Neben dem Verschleiß am Kolbenhemd können auch die Kolbenringe beziehungsweise die Ölabstreifringe sowie die Ringnuten im Kolben verschleißen. Durch die Bewertung der Kolbenringe mit Stoß- und Höhenspiel kann hier eine ausreichend genaue Aussage über den Zustand der Bauteile getroffen werden.

Höhenspiel prüfen (Bild 105)
Der Kolbenring dichtet den Kolben zum Zylinder ab. Er schleift bei jeder Kolbenbewegung an der Zylinderwand entlang. Zwar wird er durch das Motoröl geschmiert, Verschleiß entsteht aber dennoch. Der Verschleiß der Kolbenringe muss also auch beachtet und vermessen werden.

■ Nun wird der Kolbenring in die Ringnut eingelegt.

Mit Hilfe der Fühlerlehre wird nun geprüft, wie groß das Spiel des Kolbenrings nach oben und unten ist.

■ Die Messwerte werden natürlich auch im Auswertebogen festgehalten.

Stoßspiel prüfen (Bild 106)
Mit dieser Prüfung wird der Verschleiß des Kolbenringes selbst geprüft.

Zuerst einmal muss der Kolbenring genau gerade in den Zylinder eingesetzt werden.

Liegt der Kolbenring wie gezeigt im Zylinder, wird nun wiederum mit der Fühlerlehre das Spaltmaß zwischen den beiden Kolbenringenden gemessen.

Auch hier muss ein Maß aus den Herstellerunterlagen herausgesucht werden. Über den Daumen darf dieses Maß nicht größer als 1 mm ausfallen.

Auswertung Zylinder und Kolben
Die Messung ist der eine Teil, die Auswertung der Ergebnisse ist aber mindestens genauso wichtig. Nachdem nun die Ergebnisse aus den Messungen des Zylinders und der Kolben vorliegen, können wir schon eine Aussage über die Verwendbarkeit von Zylinder und Kolben treffen.

Die Ovalität
Ovalität ist die Verformung des Zylinders. Sie kann zum einen durch die Einwirkung von Temperatur und zum anderen durch den Verschleiß entstehen. Sie wird als die größte Ovalität angegeben und vergleicht die Ovalität der einzelnen Messebenen eines Zylinders.

Das Laufspiel
Es beschreibt, wie viel Platz zwischen Kolben und Zylinder ist. Auch hier müssen wieder die Herstellerangaben zu Rate gezogen werden. Als Daumenwert kann von einem Laufspiel von 0,04 mm bis zu 0,09 mm ausgegangen werden.

- Das Laufspiel errechnet sich, wenn man den Kolbendurchmesser vom größten und dem kleinsten Zylinderdurchmesser abzieht.

Lagerspiel an Kurbelwelle und Pleuel mit Plastigage messen (Bild 107)
Im Gegensatz zu den Messungen mit dem Innenmessgerät ist die Messung mit Plastigage ungenauer, aber dafür sehr schnell durchzuführen. Liegen keine besonderen Verschleißspuren oder eigenartig anmutende Lagertragbilder vor, ist diese Messmethode durchaus legitim. Für die Messung werden die Lager komplett montiert (oder bleiben es). Um gut an die Lagerdeckel heranzukommen, empfiehlt es sich, die Kolben in eine Stellung zu bringen, an der die Lagerdeckel bequem de- und montiert werden können.

- Demontieren Sie die Lagerdeckel und reinigen Sie die Lagerstelle mit einem fusselfreien Lappen.
- Legen Sie einen Messfaden ein und montieren Sie das Lager wieder.
- Ziehen Sie das Lager auf das Solldrehmoment an. Der Messfaden wird nun »platt gedrückt«.
- Nach dem Entfernen des Lagerdeckels lässt sich anhand der Breite des Messfadens mit der mitgelieferten Tabelle das Lagerspiel ermitteln.

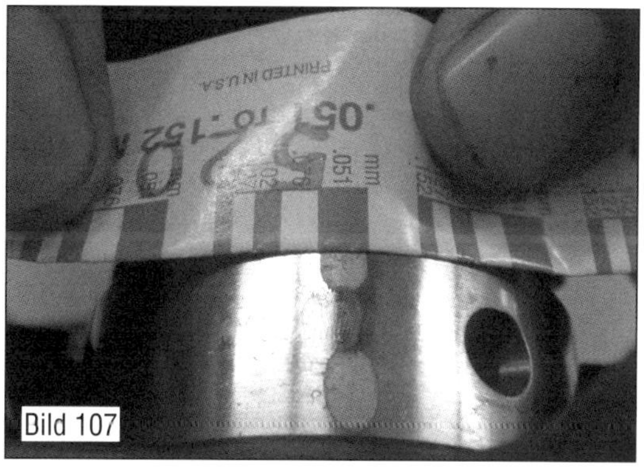

Bild 107
Lagerspielprüfung mit Plastigage.

Beurteilen von Planflächen
Für diese Prüfung ist ein Präzisionslineal erforderlich. Das Haarlineal wird auf dem Zylinderkopf aufgelegt und gegen das Licht gehalten. Diese Prüfung, über Kreuz und an mehreren Stellen am Zylinderkopf durchgeführt, lässt so die gesamte Fläche des Zylinderkopfes auf Ebenheit prüfen.

Prüfungen an der Nockenwelle
Auch die Nockenwelle unterliegt dem Verschleiß, oftmals finden sich bereits durch genaues Betrachten Mängel, die natürlich auch entsprechend bewertet werden müssen.

Laufspuren an der Nockenwelle
Kleine Laufspuren dürfen gerade in Anbetracht des Alters des Motors als normal bezeichnet werden. Tiefe Rillen und Ausbuchtungen müssen eine Ursache haben. Gratartige, scharfkantige Ausformungen an den Lagerstellen sind ein deutliches Zeichen für Verschleiß. In diesen Fällen muss das Lagerspiel geprüft werden.

Verschleiß an der Nockenwelle
Wenn sich die Nocken abnutzen, bedeutet das immer eine geringere Ventilöffnung und somit Leistungsverlust des Motors. Da auch die Oberflächenqualität in diesen Fällen stark

Bild 108
Eingelaufene Nockenwelle.

Sichtprüfung Messen

Bild 109
Messaufbau zur Axialspielmessung an der Nockenwelle.

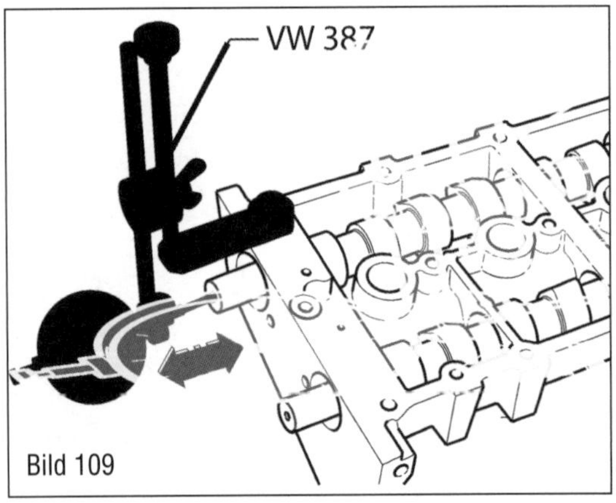

Bild 109

leidet, werden die Ventilbetätigungen, also die Kipp- oder Schlepphebel, mit beeinträchtigt. Die Lagerstellen für diese Bauteile sollten dann sehr gründlich untersucht werden. Lässt man durch Laufspuren beschädigte Teile weiterhin in Betrieb, kann es sein, dass der Schaden sich auf der beispielsweise erneuerten Nockenwelle wieder einstellt. Auch die Ursache für den Schaden muss festgestellt werden. Ist die Ölpumpe noch in Ordnung? Betrachten wir einmal einige einfache Messungen, die an der Nockenwelle durchgeführt werden sollen:

Schlagprüfung an der Nockenwelle

- Entweder wird die Nockenwelle zwischen die Spitzen der Drehbank eingespannt oder auf Auflager gelegt.
- Man richtet nun eine Messuhr mit Halter auf die einzelnen Lager aus und dreht die Nockenwelle.
- Der Höhenunterschied wird auf der Messuhr schnell deutlich. Die maximalen Toleranzen müssen den Herstellerunterlagen entnommen werden. Als Daumenrichtwert kann ein Schlag bis zu 0,01mm angenommen werden. Nockenwellen mit einer größeren Abweichung sollten ersetzt werden.

Nockenhubmessung

Mit dem gleichen Messaufbau wie bei der Schlagprüfung kann auch der Hub der Nocke festgestellt werden. Gemessen wird der Unterschied zwischen der tiefsten Stelle und der höchsten Stelle eines Nockens. Auch diese Maße werden von jedem Motorenhersteller angegeben und sind nicht ohne Weiteres übertragbar. Sollte ein relevanter Verschleiß vorliegen, ist er in der Regel auch schon am Verschleißbild gut zu erkennen. Sinnvoll ist es allerdings, die Nocken der einzelnen Zylinder untereinander auszumessen und zu vergleichen. Die Ursache für einen deutlichen Unterschied kann schon mangelhafte Schmierung für den Ventiltrieb dieses Zylinders sein.

Lagerspielmessung der Nockenwelle

Will man das Lagerspiel lediglich kontrollieren und hat keinen besonderen Befund, reicht es aus, die Lager mit Plastigage auszumessen. Die Vorgehensweise wurde bereits an den Kurbelwellen- und Pleuellagern vorgestellt. Soll das Lagerspiel genau in Augenschein genommen werden, müssen das gute alte Innenmessgerät und eine entsprechende Bügelmessschraube zum Einsatz kommen. Auch diese Vorgehensweise wurde bereits vorgestellt und muss lediglich auf den kleineren Durchmesser der Nockenwelle abgestimmt werden.

Axialspielmessung an der Nockenwelle
(Bild 109)

Das Axialspiel ist das seitliche Spiel der Nockenwelle. Auch diese Richtung ist Beschränkungen unterlegen. Selbstverständlich müssen auch hier die Werte der Motorenhersteller herangezogen werden. Im Grundsatz kann aber davon ausgegangen werden, dass ein Axialspiel von 0,15 mm noch in Ordnung ist. Am einfachsten lässt sich das Axialspiel ausmessen, wenn Ventile und/oder Ventiltrieb nicht eingebaut sind. So entfällt die Reibung zwischen den betätigten Ventilhebeln und der Nockenwelle. Als Messmittel kommt auch hier wieder die Messuhr mit Messuhrträger zum Einsatz. Sie sollte dann entweder mit dem Magnetfuß befestigt oder an einer geeigneten Stelle verschraubt werden. Eine gebrochene Nockenwelle ist immer ein Zeichen großer mechanischer Kräfte. Oftmals bedeutet das, dass Ventile und eventuell auch die Stößelstangen beschädigt wurden. Diese Teile müssen dann in jedem Fall genauer unter die Lupe genommen werden.

Ventil und Führung beurteilen (Bilder 110 und 111)

Ventil ausmessen

Natürlich gibt es auch Abmessungen am Ventil. Die Tellerbreite und die Ventilsitzbreite gehören auch zu den Abmessungen, die bei der Beurteilung eines Ventils sehr wichtig sind. Daran entscheidet sich, inwieweit ein Ventil wieder eingesetzt, überarbeitet oder erneuert werden muss. In den meisten Fällen ist aber die Überarbeitung nicht zulässig und auf das Einläppen oder Einschleifen beschränkt.

Ventilschlag ausmessen
Um den Ventilschlag beurteilen zu können, muss das Ventil spielfrei gelagert werden. Das geht schon recht gut auf einem Messprisma. Besser jedoch ist die Aufnahme in einer Ventilprüfvorrichtung. Beurteilt werden der Ventilschlag am Ventilteller und in der Mitte des Schaftes.

Ventilführung ausmessen
Auch diese Messung ist mit Hilfe einer Messuhr recht einfach zu bewerkstelligen. Das Ventil wird ohne Ventilfedern, Klemmstücke und Ventilschaftdichtung eingeführt. Nun wird das Kippen des Ventils mit einer Messuhr erfasst. Auch hier gelten durchaus unterschiedliche Werte, die von den jeweiligen Motorenherstellern vorgegeben werden. Auch muss darauf geachtet werden, dass die Messlänge (also das Maß, um das das Ventil aus dem Kopf herausragt) eingehalten wird.

Motoren aus- und einbauen

Die TDI-Motoren werden zusammen mit dem Getriebe nach vorn ausgebaut. Aus- und Einbau ist bei allen TDI's sehr ähnlich, wir behandeln das Vorgehen exemplarisch. Die Benzinmotoren im New Beetle verlassen das Fahrzeug planmäßig zusammen mit Getriebe nach unten.

Bei allen Montagearbeiten, insbesondere im Motorraum aufgrund der engen Bauverhältnisse, beachten Sie bitte Folgendes:

- Leitungen aller Art und elektrische Leitungen so verlegen, dass die ursprüngliche Leitungsführung wiederhergestellt wird.
- Auf ausreichenden Freigang zu allen beweglichen oder heißen Bauteilen achten. Fragen Sie vor dem Ausbau die Ereignisspeicher aller Steuergeräte ab.
- Klemmen Sie das Masseband an der Batterie bei ausgeschalteter Zündung ab. Prüfen Sie deshalb bitte, ob ein codiertes Radio eingebaut ist. Gegebenenfalls ist dann vorher die Anti-Diebstahl-Codierung zu erfragen.
- Bauen Sie die Motorabdeckung ab.
- Bauen Sie auch die Verkleidungen unter dem Motor und dem Getriebe aus.

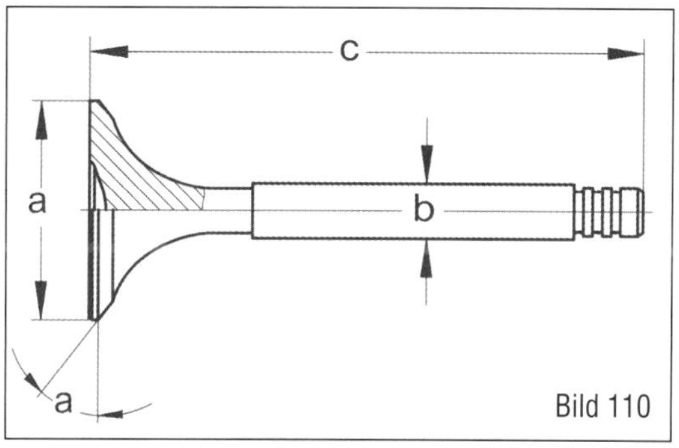

Bild 110

Bild 110
Abmessungen am Ventil.
a Tellerdurchmesser
b Schaftdurchmesser
c Ventillänge
α Sitzwinkel

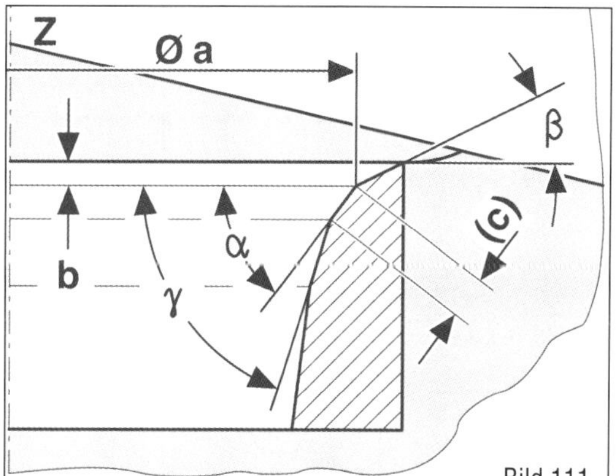

Bild 111

Bild 111
Abmessungen am Ventilsitz.
a Ventiltellerdurchmesser
α Sitzwinkel
β Korrekturwinkel außen
b maximales Nachbearbeitungsmaß
c Sitzbreite
α Sitzwinkel
γ Korrekturwinkel innen
Z Zylinderkopfkante

1,4 l-Benzinmotor (nach vorne)

- Batterie und Batteriehalter ausbauen.
- Trennen Sie nun die Kraftstoff-Vorlauf- sowie Rücklaufleitung; Entriegelungstaste drücken.
- Verschließen Sie die Leitungen, damit kein Schmutz in das Kraftstoffsystem gelangen kann.
- Lassen Sie nun das Kühlmittel ab.
- Federbandschellen lösen, die Kühlmittelschläuche vom Kühlmittelregler-Gehäuse und Kühlmittelschläuche aufbauseitig mit Montagewerkzeug für Federbandschellen VAS 5024 abziehen.
- Hydraulikleitungen zum und vom Rippenrohrkühler lösen.
- Druckleitung Flügelpumpe lösen.

Fahrzeuge mit Klimaanlage

Der Kältemittelkreislauf der Klimaanlage muss geöffnet werden! Ist es bei Reparaturen am Fahrzeug notwendig, den Kältemittelkreislauf zu entleeren, so ist das Fahrzeug einer Service-Stützpunktwerkstatt zu übergeben.
Nur die Service-Stützpunktwerkstätten verfügen über geeignete Service-Stationen und geschultes Personal, um das Kältemittel fachgerecht abzusaugen.

Sichtprüfung

Messen

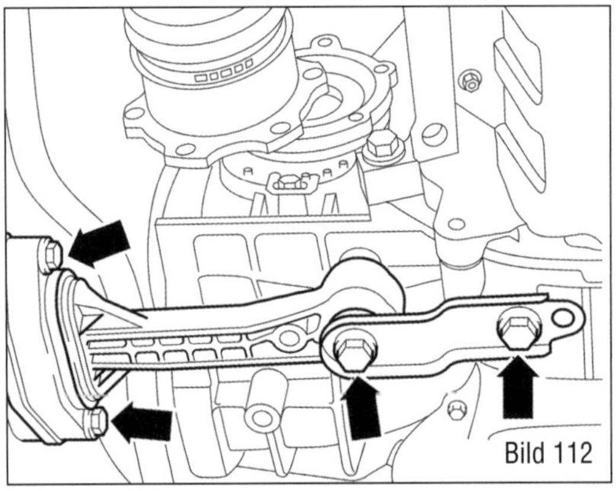

Bild 112
Befestigungspunkte der Pendelstütze am Getriebe.

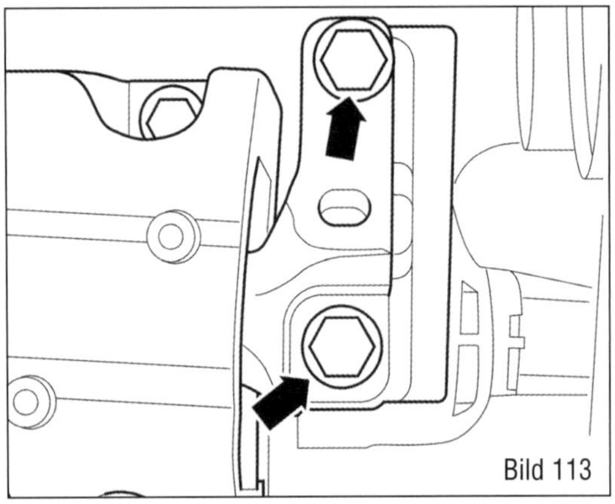

Bild 113
Verschraubung der motorseitigen Aggregatlagerung (Pfeile).

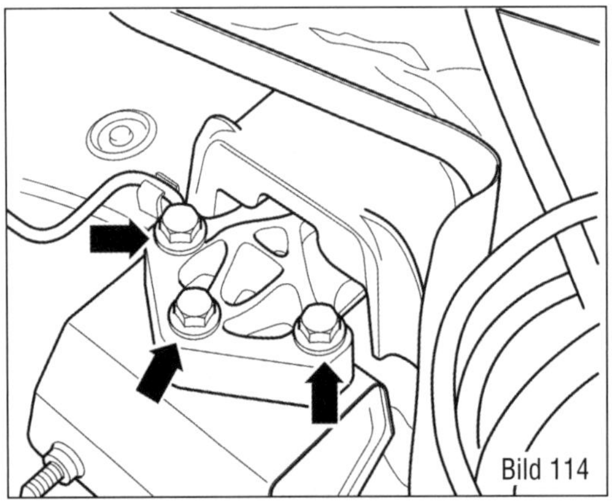

Bild 114
Verschraubung der getriebeseitigen Aggregatlagerung (Pfeile).

- Kältemittel absaugen.
- Kältemittelleitung vom Kondensator zum Kompressor lösen.
- Kältemittelleitung vom Kondensator zum Trockner lösen.

Fortsetzung für alle Fahrzeuge

- Schlossträger ausbauen.
- Lösen Sie den Unterdruckschlauch zum Bremskraftverstärker vom Saugrohr.
- Ziehen Sie den Stecker vom Geber für Motordrehzahl unterhalb des Halters vom Führungsrohr des Ölmessstabes ab und ziehen Sie den Stecker aus dem Halter heraus.
- Ziehen Sie die Stecker der Stabzündspulen ab.
- Ziehen Sie den Stecker vom Hallgeber und Drosselklappen-Steuereinheit ab.
- Ziehen Sie den Stecker vom Geber für Kühlmitteltemperatur, Öldruckschalter sowie Abgasrückführungsventil ab.
- Ziehen Sie Stecker der Einspritzventile ab.
- Ziehen Sie Stecker der Lambda-Sonde ab.
- Ziehen Sie den 2fach-Stecker vom Klopfsensor (Zylinderblock hinten) sowie den 4fach-Stecker vom Geber für Saugrohrdruck unter dem Saugrohr vorne rechts ab.
- Schaltbetätigung vom Getriebe abschrauben.
- Den Nehmerzylinder der hydraulischen Kupplung ausbauen: Kupplungspedal darf jetzt nicht mehr betätigt werden.
- Die Pendelstütze losschrauben (Bild 112).
- Unterdruck- und Entlüftungsschläuche vom Motor abziehen.
- Alle weiteren Verbindungs-, Kühlmittel-, Unterdruck- und Ansaugschläuche vom Motor abklemmen.
- Alle elektrischen Leitungen vom Getriebe, Generator und Anlasser abziehen/abklemmen und freilegen.
- Abgasrohr vorn vom Abgaskrümmer abschrauben.
- Alle weiteren erforderlichen elektrischen Leitungen vom Motor abziehen/abklemmen und freilegen.
- Rechte und linke Gelenkwelle am Getriebe abschrauben und hochbinden.
- Geeignete Aufhängevorrichtung einhängen und den Motor mit Werkstattkran leicht anheben.
- Den Ausgleichsbehälter für Kühlsystem abschrauben und zur Seite legen.
- Den Nachfüllbehälter für Servolenkung abschrauben und hochbinden.
- Die motorseitige Aggregatlagerung vom Motorhalter (Pfeile im Bild 113) von oben losschrauben.
- Die getriebeseitige Aggregatlagerung vom Getriebehalter (Pfeile im Bild 114) losschrauben.
- Das Aggregat geringfügig nach links drehen (Motor nach vorn, Getriebe nach hinten) und Motor vorsichtig nach vorne herausheben.

Das Aggregat muss beim Herausheben sorgfältig geführt werden, um Beschädigungen am Aufbau zu vermeiden.

Der Einbau erfolgt in umgekehrter Reihenfolge, dabei ist Folgendes zu beachten:

- Kupplungsausrücklager auf Verschleiß prüfen, ggf. ersetzen.
- Kupplungsausrücklager, Führungshülse für Ausrücklager und Verzahnung der Antriebswelle leicht mit (G000 100) Fett schmieren.
- Kontrollieren, ob Passhülsen zur Zentrierung Motor/Getriebe im Zylinderblock vorhanden sind, ggf. einsetzen.
- Die Zwischenplatte am Dichtflansch einhängen und auf Passhülsen aufschieben.
- Auf richtigen Sitz des Zwischenblechs am Motor achten.
- Beim Hereinschwenken des Aggregates auf Freigang zu den Gelenkwellen achten.
- Ggf. Zentrierung der Kupplungsmitnehmerscheibe prüfen.
- Nehmerzylinder der hydraulischen Kupplung einbauen.
- Schaltbetätigung anbauen.
- Schaltbetätigung anbauen.
- Abgasrohr vorn einbauen.
- Elektrische Anschlüsse und Verlegung prüfen.
- Schlossträger einbauen.

Fahrzeuge mit Klimaanlage

- Kältemittelleitung vom Kondensator zum Kompressor einbauen.
- Kältemittelleitung vom Kondensator zum Trockner einbauen.
- Klimaanlage mit Kältemittel befüllen.

Fortsetzung für alle Fahrzeuge

- Hydraulikleitungen zum und vom Rippenrohrkühler einbauen.
- Druckleitung Flügelpumpe einbauen.
- Geräuschdämpfung einbauen.
- Kühlmittel auffüllen.
- Bauen Sie den Luftfilter ein.
- Steuergerät für Motorelektronik auf die Drosselklappen-Steuereinheit anpassen.
- Aggregatelagerung für Motor und Getriebe ausrichten.

1,6 l-Benzinmotoren, Tassen- und Rollenschlepphebelmotor (nach unten)

Die Motoren werden zusammen mit dem Getriebe nach unten ausgebaut.

Alle Kabelbinder, die beim Motorausbau gelöst oder aufgeschnitten werden, sind beim Motoreinbau an der gleichen Stelle wieder anzubringen.

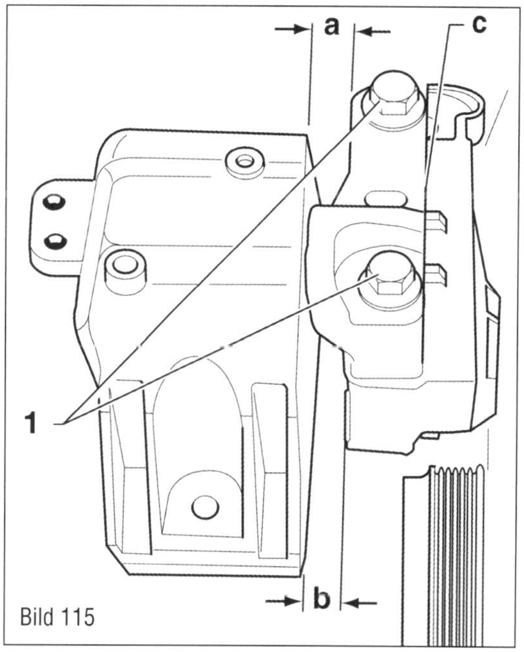

Bild 115

Bild 115 Motoraggregatlagerung. Beide Schraubenköpfe (1) müssen bündig mit der Kante c abschließen.
a = 14,0 mm
b = min. 10,0 mm

- Prüfen Sie zuerst, ob ein codiertes Radiogerät eingebaut ist. In diesem Fall erfragen Sie bitte die Antidiebstahl-Codierung ab.
- Klemmen Sie bei ausgeschalteter Zündung das Masseband der Batterie ab.
- Bauen Sie die Motorabdeckung ab.
- Kühlmittel ablassen.
- Batterie und Batteriehalter ausbauen.
- Ziehen Sie den Vorlaufschlauch (1) (mit weißer Markierung) und Rücklaufschlauch (2) (mit blauer Markierung) ab und fangen den ausfließenden Kraftstoff mit einem Putzlappen auf.
Dann den Schlauch vom Magnetventil (3) abziehen (Bild 88).
- Verschließen Sie die Leitungen, damit kein Schmutz in das Kraftstoffsystem gelangen kann.
- Trennen Sie im Zuge der weiteren Demontagearbeiten, je nach Ausrüstung, die Steckverbindungen an folgenden Bauteilen:
Zündspulen mit Leistungsendstufe, Hallgeber, Einspritzventile, Geber für Kühlmitteltemperatur, Geber für Motordrehzahl, Klopfsensor, Ventil für Abgasrückführung mit Potenziometer für Abgasrückführung, den Motor für Sekundärluftpumpe, den Öldruckschalter, den Luftmassenmesser, die Drosselklappen-Steuereinheit, den Thermoschalter für Abschaltung der Klimaanlage.
- Bauen Sie den Ansaugschlauch zwischen Luftmassenmesser und Drosselklappen-Steuereinheit aus.
- Bauen Sie den Luftfilter aus.

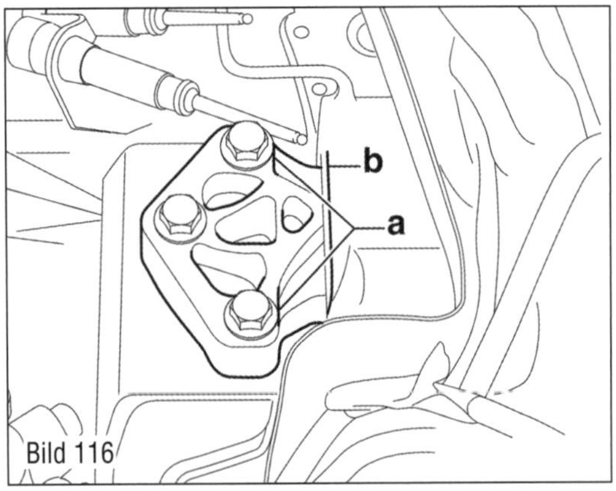

Bild 116
Aggregatlagerung am Getriebe. Die Kanten a und b müssen parallel zueinander stehen.

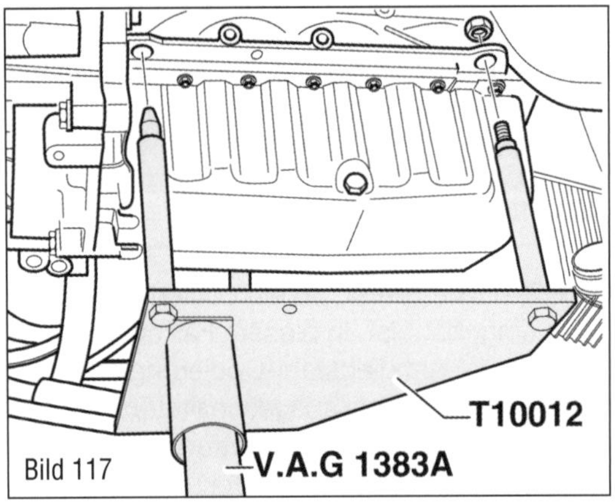

Bild 117
T10012 = Motor- und Getriebehalter
VAG 1383A = Motor- und Getriebeheber

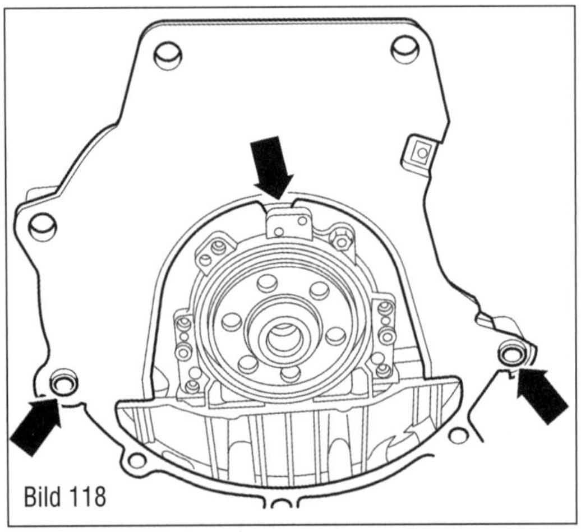

Bild 118
Pfeile: Passhülsen unten, Nase oben.

■ Bauen Sie das Saugrohr-Oberteil aus. Verschließen Sie die Ansaugkanäle im Saugrohr-Unterteil mit einem sauberen Lappen.

Fahrzeuge mit Schaltgetriebe

■ Schaltbetätigung vom Getriebe abschrauben.

■ Den Nehmerzylinder der hydraulischen Kupplung ausbauen.

Fahrzeuge mit automatischem Getriebe

■ Wählhebelseilzug vom Getriebe abbauen.

Fortsetzung für alle Fahrzeuge

■ Keilrippenriemen ausbauen.

■ Befestigungsschellen für Druckleitung der Servolenkung abschrauben.

■ Flügelpumpe für Servolenkung am Halter abschrauben und seitlich ablegen. Die Schläuche bleiben angeschlossen.

■ Soweit verbaut den Motor für Sekundärluftpumpe und Halter abschrauben und ausbauen.

Fahrzeuge mit Klimaanlage

⚠ Der Kältemittelkreislauf der Klimaanlage muss geöffnet werden! Ist es bei Reparaturen am Fahrzeug notwendig, den Kältemittelkreislauf zu entleeren, so ist das Fahrzeug einer Service-Stützpunktwerkstatt zu übergeben. Nur die Service-Stützpunktwerkstätten verfügen über geeignete Service-Stationen und geschultes Personal, um das Kältemittel fachgerecht abzusaugen.

■ Kältemittel absaugen.

■ Kältemittelleitung vom Kondensator zum Kompressor lösen.

■ Kältemittelleitung vom Kondensator zum Trockner lösen.

■ Klimakompressor ausbauen.

■ Verbindungs-, Kühlmittel-, Unterdruck- und Ansaugschläuche vom Motor abklemmen.

■ Alle elektrischen Leitungen vom Getriebe, Generator und Anlasser abziehen/abklemmen und freilegen.

■ Alle weiteren erforderlichen elektrischen Leitungen vom Motor abziehen/abklemmen und freilegen.

■ Die Pendelstütze vom Getriebe losschrauben (Pfeile in Bild 112).

■ Schutzkappe für inneres rechtes Gleichlaufgelenk vom Motor abbauen.

■ Rechte Gelenkwelle ausbauen und linke Gelenkwelle am Getriebe abschrauben.

■ Abgasrohr vorn ausbauen.

■ Motorhalter »T 10012« in Motor-/Getriebeheber »V.A.G 1383 A« einsetzen (Bild 117).

■ Gewindestift vorn entfernen und Motorhalter T 10012 mit Befestigungsmutter und Schraube M10 X 25/8.8 mit 40 Nm am Zylinderblock anschrauben.

■ Motor und Getriebe mit Motor-/Getriebeheber »V.A.G 1383 A« leicht anheben.

■ Aggregatlagerung motorseitig vom Motorhalter von oben losschrauben.

■ Aggregatlagerung getriebeseitig vom Getriebehalter von oben losschrauben.
■ Motor mit Getriebe vorsichtig nach unten absenken.

Motor und Getriebe müssen beim Absenken sorgfältig geführt werden, um Beschädigungen an Aufbau, Schläuchen und Leitungen zu vermeiden.

Der Einbau erfolgt in umgekehrter Reihenfolge, dabei ist Folgendes zu beachten:
■ Neue Passhülsen zur Zentrierung Motor/Getriebe in den Zylinderblock einsetzen.
■ Zwischenplatte am Dichtflansch einhängen und auf Passhülsen aufschieben (Bild 118).

Fahrzeuge mit Schaltgetriebe
■ Verzahnung der Antriebswelle leicht mit Fett (G 000 100) schmieren.
■ Kupplung und Kupplungsbetätigung prüfen und einbauen.
■ Schaltbetätigung anbauen.
■ Gegebenenfalls Schaltbetätigung einstellen.

Fahrzeuge mit automatischem Getriebe
■ Wählhebelseilzug am Getriebe einbauen, ggf. einstellen.

Fortsetzung für alle Fahrzeuge
■ Beim Einbau des Motor/Getriebe-Aggregates auf Freigang zum Aggregateträger sowie zum Kühler achten.
■ Rechte Gelenkwelle einbauen und linke Gelenkwelle am Getriebe anschrauben.
■ Abgaskrümmer, Abgasrohr vorn mit Katalysator und Anbauteilen anschrauben.
■ Führen Sie den Arbeitsablauf »Lernwerte löschen und Motorsteuergerät an die Drosselklappen-Steuereinheit und das Ventil für Abgasrückführung anpassen« durch. Bei Fahrzeugen mit automatischem Getriebe müssen Sie zusätzlich das Getriebesteuergerät anpassen.
■ Flügelpumpe für Servolenkung einbauen.
■ Elektrische Anschlüsse und Verlegung der Leitungen prüfen.
■ Keilrippenriemen einbauen.
■ Soweit verbaut, die Sekundärluftpumpe einbauen.
■ Dämpfungswanne Mitte, sowie links und rechts einbauen.
■ Kühlmittel auffüllen.

Um den Motor auch ohne Öffnen des Kältemittelkreislaufs aus- und einbauen zu können:
■ Stoßfänger mit Klebeband vor Beschädigung schützen.
■ Halteschelle(n) der Kältemittelleitungen abschrauben.
■ Klimakompressor ausbauen.

1,8 l- und 2,0 l-Benzinmotor
Der Motor wird zusammen mit dem Getriebe nach unten ausgebaut. Alle Kabelbinder, die beim Motorausbau gelöst oder aufgeschnitten werden, sind beim Motoreinbau an der gleichen Stelle wieder anzubringen.

■ Prüfen Sie zuerst, ob ein codiertes Radiogerät eingebaut ist. In diesem Fall erfragen Sie bitte die Antidiebstahl-Codierung.
■ Masseband an der Batterie bei ausgeschalteter Zündung abklemmen.
■ Bauen Sie die Motorabdeckung ab.
■ Bauen Sie das Luftfilter aus.

Nur 1,8 l-Motor
■ Bauen Sie den Ansaugschlauch zwischen Luftmassenmesser und Abgasturbolader aus.

Fortsetzung für alle Fahrzeuge
■ Bauen Sie den Nachfüllbehälter für Servolenkung vom Batterieträger ab, die Schläuche dabei nicht lösen.
■ Befestigen Sie den Nachfüllbehälter am Schlossträger.
■ Batterie und Batteriehalter ausbauen.
■ Unterdruck- und Entlüftungsschläuche vom Motor abziehen.

Kraftstoffvorlaufleitung steht unter Druck! Vor dem Lösen von Schlauchverbindungen Putzlappen um die Verbindungsstellen. Dann durch vorsichtiges Abziehen des Schlauches Druck abbauen.

Nur 1,8 l-Motor
■ Ziehen Sie den Vorlaufschlauch (3) und Rücklaufschlauch (2) ab und fangen den ausfließenden Kraftstoff mit einem Putzlappen auf.
■ Ziehen Sie den Schlauch vom Magnetventil (1) für Aktivkohlebehälter ab.

Nur 2,0 l-Motor (AEG, APK, AQY, AVH, AZG, AZJ, BDC,BEJ, BER, BHP, CBPA)
■ Ziehen Sie die Kraftstoffvorlaufleitung (1) sowie die Kraftstoffrücklaufleitung (2) vom Kraftstoffverteiler ab.

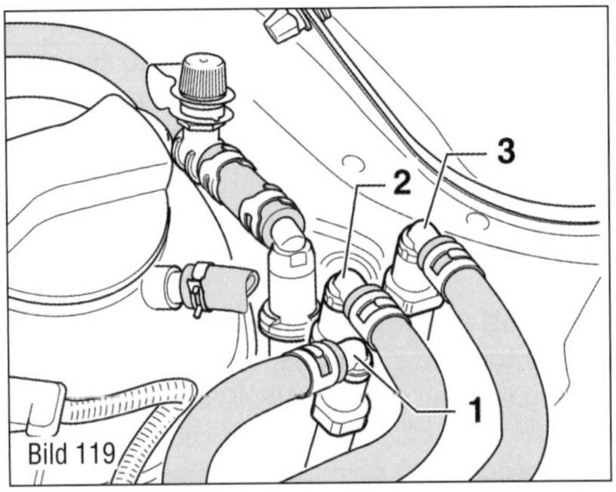

Bild 119
1 Anschluss AKF
2 Rücklauf
3 Vorlauf

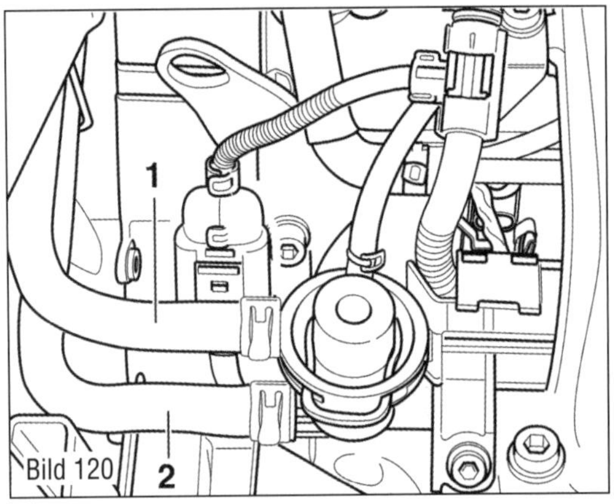

Bild 120
1 Vorlaufleitung
2 Rücklaufleitung

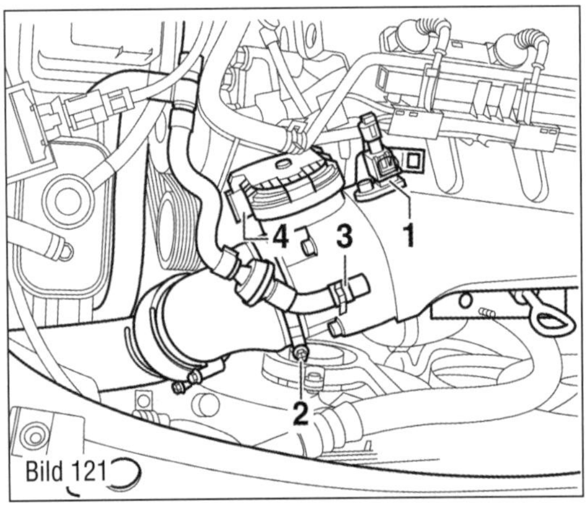

Bild 121
1 Ansauglufttemperaturfühler
2 Schelle
3 Schelle
4 DK-Steuereinheit

Nur 2,0 l-Motor BEV, BGD

■ Kraftstoffversorgungsleitung am Anschluss abziehen (1). Dazu den Sicherungsring (2) im Anschlussstutzen (3) verschieben.

Fortsetzung für alle Fahrzeuge

■ Verschließen Sie die Leitungen, damit kein Schmutz in das Kraftstoffsystem gelangen kann.

Nur 1,8 l-Motor

■ Schlauchschelle (2) vom Ansaugschlauch (zwischen Ladeluftkühler und Drosselklappen-Steuereinheit) an der Drosselklappen-Steuereinheit lösen und Schlauch abziehen.

■ Ziehen Sie die Steckverbindungen für Geber für Ansauglufttemperatur (falls vorhanden) (1) und Drosselklappen-Steuereinheit (4) unterhalb der Drosselklappen-Steuereinheit ab (Bild 121).

■ Ziehen Sie den Anschlussstecker vom Hallgeber ab.

■ Schrauben Sie den Unterdruckbehälter auf der Zylinderkopfhaube ab und ziehen ihn vom Halter.

■ Ziehen Sie die Stecker der Einspritzventile ab und clipsen Sie die Halteleiste von dem Kraftstoffverteiler ab.

■ Schrauben Sie das Massekabel zwischen den Zündspulen 1 und 2 ab.

■ Ziehen Sie die Stecker an den Zündspulen ab.

■ Ziehen Sie den Stecker vom Geber für Geschwindigkeitsmesser, am Getriebe (hinten) ab.

■ Geräuschdämpfung Mitte, sowie links und rechts ausbauen.

■ Bauen Sie das Luftführungsrohr zum Ladeluftkühler am Längsträger unten rechts ab (Pfeile).

Nur 2,0 l-Motor

■ Bauen Sie den Luftfilter aus.

■ Bauen Sie das Saugrohr-Oberteil aus.

Fahrzeuge mit 5- und 6-Gang-Schaltgetriebe

■ Schaltbetätigung vom Getriebe abschrauben.

■ Nehmerzylinder der hydraulischen Kupplung ausbauen.

☞ Kupplungspedal darf nicht betätigt werden.

Fahrzeuge mit automatischem Getriebe

■ Wählhebelseilzug vom Getriebe abbauen.

Fortsetzung für alle Fahrzeuge

■ Kühlmittel ablassen.

■ Kühlmittelschläuche am Motor mit Zange für Federbandschellen »VAS 5024 A« abziehen.

■ Trennen Sie die Kühlmittelschläuche am Wärmetauscher.

■ Kühlmittelschlauch zum Kühlmittelrohr der Drosselklappensteuereinheit abziehen.

■ Zusatzlüfter, falls vorhanden, an der rechten Fahrzeugseite ausbauen.

■ Ziehen Sie beide Steckverbindungen für Kühlerlüfter an der Lüfterzarge links unten ab.
■ Alle weiteren Verbindungs-, Kühlmittel-, Unterdruck- und Ansaugschläuche vom Motor abklemmen.
■ Motor für Sekundärluftpumpe und Halter abschrauben und ausbauen.
■ Alle elektrischen Leitungen vom Getriebe, Generator und Anlasser abziehen/abklemmen und freilegen.
■ Alle weiteren erforderlichen elektrischen Leitungen vom Motor abziehen/abklemmen und freilegen.

Beim Einbau des Motors Folgendes beachten:

Bei allen Montagearbeiten, insbesondere im Motorraum aufgrund der engen Bauverhältnisse, beachten Sie bitte Folgendes:
■ Leitungen aller Art (z. B. für Kraftstoff, Hydraulik, Aktivkohlebehälter-Anlage, Kühl- und Kältemittel, Bremsflüssigkeit, Unterdruck) und elektrische Leitungen so verlegen, dass die ursprüngliche Leitungsführung wieder hergestellt wird.
■ Auf ausreichenden Freigang zu allen beweglichen oder heißen Bauteilen achten.

Alle Fahrzeuge
■ Neue Passhülsen zur Zentrierung Motor/Getriebe in den Zylinderblock einsetzen.
■ Zwischenplatte am Dichtflansch einhängen und auf Passhülsen aufschieben (Pfeile).

Fahrzeuge mit Schaltgetriebe
■ Zentrierung der Kupplungsmitnehmerscheibe prüfen.
■ Kupplungsausrücklager auf Verschleiß prüfen, ggf. ersetzen.
■ Kupplungsausrücklager, Führungshülse für Ausrücklager und Verzahnung der Antriebswelle leicht mit Fett (G 000 100) schmieren.

Fahrzeuge mit Schaltgetriebe
■ Nehmerzylinder der hydraulischen Kupplung einbauen.
■ Schaltbetätigung anbauen gegebenenfalls Schaltbetätigung einstellen.

Fahrzeuge mit automatischem Getriebe
■ Zur Befestigung des Drehmomentwandlers an der Mitnehmerscheibe nur Muttern verwenden, die im Ersatzteilprogramm freigegeben sind.
■ Wählhebelseilzug an das Getriebe anbauen.
■ Gegebenenfalls Schaltbetätigung einstellen.

Fortsetzung für alle Fahrzeuge
■ Beim Einbau des Aggregates auf Freigang zu den Gelenkwellen achten.

Fahrzeuge mit Klimaanlage
■ Klimakompressor anbauen.

Fortsetzung für alle Fahrzeuge
■ Aggregatelagerung für Motor und Getriebe ausrichten.
■ Gelenkwellen einbauen.
■ Schutzkappe für inneres rechtes Gleichlaufgelenk einbauen.

Nur 1,8 l-Motor
■ Abgasrohr vorn mit Katalysator einbauen.
■ Ansaugschlauch (zwischen Ladeluftkühler und Drosselklappen-Steuereinheit) an der Drosselklappen-Steuereinheit aufstecken und befestigen.

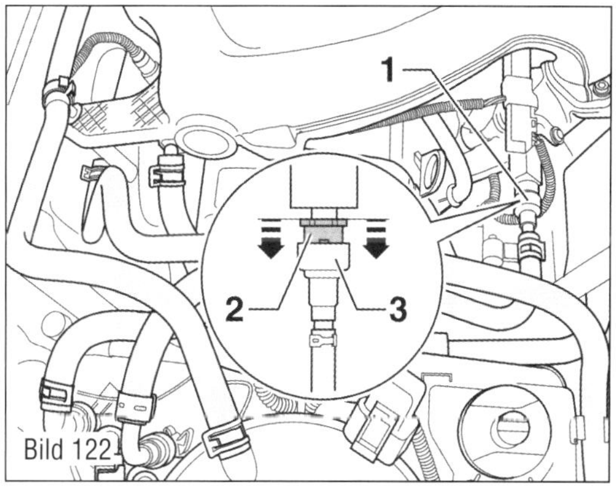

Bild 122
1 Vorlauf
2 Sicherungsring
3 Anschlussstutzen

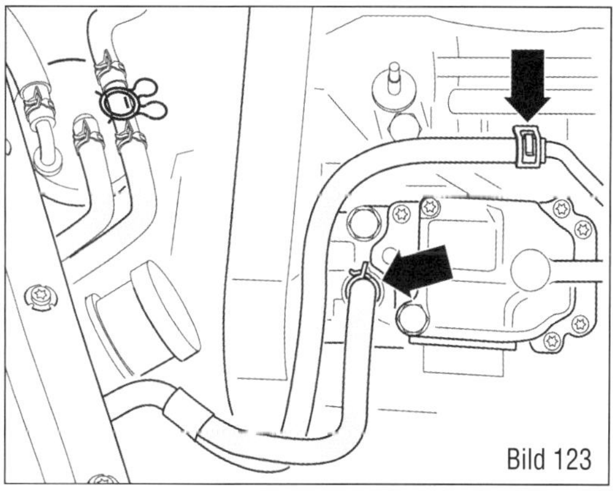

Bild 123
Anschlüsse an der Verteilereinspritzpumpe.

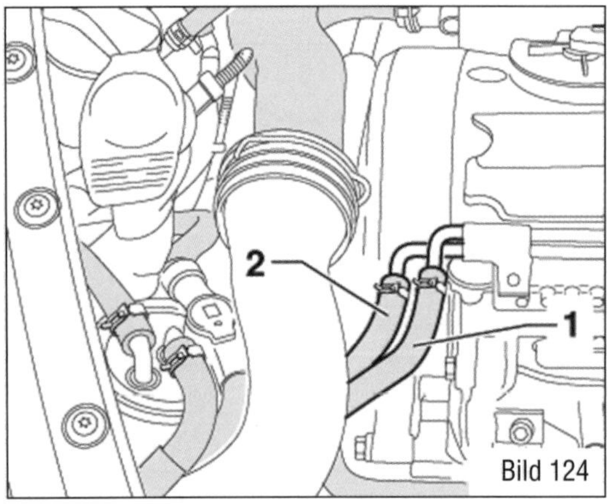

Bild 124
1 Vorlaufleitung
2 Rücklaufleitung

Nur 2,0 l-Motor
■ Bauen Sie den Luftfilter ein.
■ Bauen Sie das Saugrohr-Oberteil ein.

Fortsetzung für alle Fahrzeuge
■ Flügelpumpe für Servolenkung einbauen.
■ Elektrische Anschlüsse und Verlegung kontrollieren.
■ Keilrippenriemen einbauen.
■ Motor für Sekundärluftpumpe mit Halter einbauen.
■ Kühlmittel auffüllen.
■ Geräuschdämpfung Mitte, sowie links und rechts einbauen.
Fragen Sie die Fehlerspeicher aller Steuergeräte ab, beheben Sie ggf. vorhandene Fehler und löschen Sie danach die Fehlerspeicher.
■ Probefahrt durchführen und erneut Fehlerspeicher aller Steuergeräte abfragen.

1, 9 l-Turbo-Dieselmotor mit Tassenstößeln oder Rollenschlepphebeln

Bei allen Montagearbeiten, insbesondere im Motorraum aufgrund der engen Bauverhältnisse, beachten Sie bitte, dass Sie die Leitungen aller Art (z. B. für Kraftstoff, Hydraulik, Kühl- und Kältemittel, Bremsflüssigkeit, Unterdruck) und elektrische Leitungen so verlegen, dass die ursprüngliche Leitungsführung wieder hergestellt wird. Achten Sie auf ausreichenden Freigang zu allen beweglichen oder heißen Bauteilen. Im weiteren Arbeitsablauf muss das Masseband der Batterie abgeklemmt werden. Prüfen Sie deshalb bitte, ob ein codiertes Radiogerät eingebaut ist. Gegebenenfalls ist dann vorher die Antidiebstahlcodierung zu erfragen.

■ Der Motor wird zusammen mit dem Getriebe nach unten ausgebaut.
■ Alle Kabelbinder, die beim Motorausbau gelöst oder aufgeschnitten werden, sind beim Motoreinbau an der gleichen Stelle wieder anzubringen.
■ Klemmen Sie bei ausgeschalteter Zündung das Masseband der Batterie ab.
■ Bauen Sie die Motorabdeckung ab.
■ Bauen Sie den Nachfüllbehälter für Servolenkung vom Batterieträger ab, die Schläuche dabei nicht lösen.
■ Binden Sie den Nachfüllbehälter am Schlossträger an.
■ Batterie und Batteriehalter ausbauen.
■ Bauen Sie den Luftfilter aus.
■ Verbindungsrohr oben ausbauen.
■ Bauen Sie das Ladeluftrohr unten aus. Dazu Befestigungsschraube herausdrehen und die Steckverbindungen entriegeln.
■ Offene Enden sorgfältig abdecken bzw. verschließen.
■ Kraftstoffvor- und -rücklaufleitung (Bild 124) an der Einspritzpumpe abklemmen.
■ Verschließen Sie die Leitungen, damit kein Schmutz in das Kraftstoffsystem gelangen kann.

Fahrzeuge mit Schaltgetriebe
■ Schaltbetätigung vom Getriebe abschrauben.
■ Nehmerzylinder der hydraulischen Kupplung ausbauen. Das Kupplungspedal darf jetzt nicht mehr betätigt werden.

Fahrzeuge mit automatischem Getriebe
■ Wählhebelseilzug vom Getriebe abbauen.
■ Aggregateträger ausbauen.

Fortsetzung für alle Fahrzeuge
■ Bauen Sie das Ladeluftrohr zwischen Ladeluftkühler und Abgasturbolader aus.
■ Geräuschdämpfung Mitte sowie links und rechts ausbauen.
■ Das Kühlmittel ablassen.
■ Den Anschlussstecker vom Thermoschalter und Lüfter für Kühler abziehen.
■ Kühlmittelschläuche des Kühlers am Motor mit Schlauchklemmenzange »V.A.G 1921« bzw. der Zange für Federbandschellen »VAS 5024« abziehen.
■ Kühlmittelschlauch unten vom Kühler abziehen und ausbauen.
■ Zusatzlüfter, falls vorhanden, an der rechten Fahrzeugseite ausbauen.
■ Pendelstütze ausbauen (Bild 112).
■ Unterdruck- und Entlüftungsschläuche

vom Motor abziehen.
■ Alle elektrischen Leitungen vom Getriebe, Generator und Anlasser abziehen/abklemmen und freilegen.
■ Abgasrohr vorn mit Katalysator ausbauen.
■ Keilrippenriemen ausbauen.
■ Flügelpumpe für Servolenkung am Halter abschrauben und seitlich ablegen. Die Schläuche bleiben angeschlossen.
■ Falls vorhanden, Schutzkappe für inneres rechtes Gleichlaufgelenk vom Motor abbauen.
■ Rechte Gelenkwelle ausbauen und linke Gelenkwelle am Getriebe abschrauben.
■ Befestigungsschellen für Druckleitung der Servolenkung abschrauben.

Fahrzeuge mit Klimaanlage
■ Klimakompressor abbauen.

Fortsetzung für alle Fahrzeuge
■ Motorhalter »T10012« in Motor -und Getriebeheber »V.A.G 1383 A« einsetzen (Bild 117).
■ Bauen Sie den Halter für Kühlwasserschlauch unten vom Zylinderblock ab. Die Gewindebohrung wird zum Befestigen des Motorhalters »T10012« benötigt.
■ Getriebelager vom Getriebehalter von oben losschrauben.
■ Motor mit Getriebe vorsichtig nach unten absenken. Die Druckleitung der Servolenkung dabei am Getriebe vorbeiführen.

Motor mit Getriebe müssen beim Absenken sorgfältig geführt werden, um Beschädigungen am Aufbau zu vermeiden.

Der Einbau erfolgt in umgekehrter Reihenfolge.
■ Neue Passhülsen zur Zentrierung Motor/Getriebe in den Zylinderblock einsetzen.
■ Zwischenplatte am Dichtflansch einhängen und auf Passhülsen aufschieben (Bild 118).

Fahrzeuge mit Schaltgetriebe
■ Die Verzahnung der Antriebswelle leicht mit Schmierfett »G 000100« schmieren.
■ Kupplung und Kupplungsbetätigung prüfen und einbauen.
■ Schaltbetätigung anbauen ggf. Seilzugschaltung einstellen.

Fahrzeuge mit automatischem Getriebe
■ Wählhebelseilzug am Getriebe einbauen, ggf. einstellen.

Fahrzeuge mit Klimaanlage
■ Klimakompressor anbauen.

Fortsetzung für alle Fahrzeuge
■ Beim Einbau des Motor/Getriebe-Aggregates auf Freigang zum Aggregateträger sowie zum Kühler achten.
■ Druckleitung der Servolenkung dabei am Getriebe vorbeiführen.
■ Aggregatelagerung für Motor und Getriebe ausrichten.
■ Rechte Gelenkwelle einbauen und linke Gelenkwelle am Getriebe anschrauben.
■ Abgasrohr vorn einbauen.
■ Verbindungsrohr oben einbauen.
■ Flügelpumpe für Servolenkung einbauen.
■ Elektrische Anschlüsse und Verlegung prüfen.
■ Geräuschdämpfung Mitte sowie links und rechts einbauen.
■ Kühlmittel auffüllen.
■ Fragen Sie die Fehlerspeicher aller Steuergeräte ab, beheben Sie ggf. vorhandene Fehler und löschen Sie danach die Fehlerspeicher.

Fahrzeuge mit der Abgasnorm EU 3 oder TIER 1

Nach dem Löschen der Fehlerspeicher müssen Sie den Readinesscode neu erzeugen.

Fortsetzung für alle Fahrzeuge
■ Probefahrt durchführen und erneut Fehlerspeicher aller Steuergeräte abfragen.

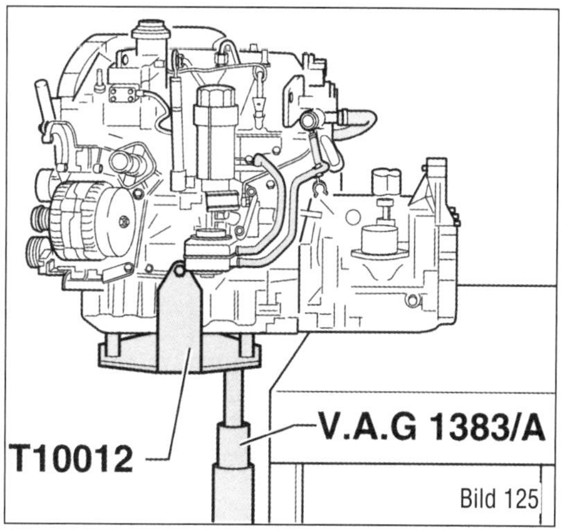

Bild 125

Bild 125
T10012 und VAG 1383/A sind die Werkzeugkombination für den Ausbau der meisten Motoren.

Sichtprüfung Messen

5 Motorschmierung

Alle Stellen im Motor, an denen Metalle aufeinander gleiten, müssen ständig mit Öl versorgt werden: Kolben, Zylinderlaufbahnen, die Lager von Kurbelwelle und Nockenwelle. Kein Triebwerk hielte mehr als einige wenige Minuten ohne passende Schmierung durch. Damit das Öl seine Aufgabe erfüllen kann, strömt es im Motorblock durch ein System von Leitungen und feinen Bohrungen an die richtige Adresse. Eine wichtige Rolle in diesem Kreislauf spielt die Ölpumpe. Sie holt über das Ölsaugrohr das Motoröl aus der Ölwanne und drückt es in die Leitungen. Zuvor muss die Flüssigkeit den im Hauptstrom des Schmiersystems sitzenden Ölfilter passieren. Dort werden Verunreinigungen wie Ruß, Metallabrieb und Staub herausgefiltert. Ein Überdruckventil an der Pumpe öffnet bei zu hohem Druck, sodass ein Teil des Öls in die Ölwanne zurückfließen kann. Der Motor verbraucht Öl, weil es teilweise in den Verbrennungsraum gelangt und dort verbrennt. Ein undichter Motor, defekte Ventilschaftabdichtungen, auch falsch eingebaute Kolbenringe oder zu viel Spiel zwischen Ventilführung und Ventilschaft treiben den Verbrauch in die Höhe. Wenn der Motor technisch in Ordnung ist, verbraucht er allerdings so wenig, dass zwischen den Ölwechselintervallen nichts oder nur eine geringe Menge nachgefüllt werden muss.

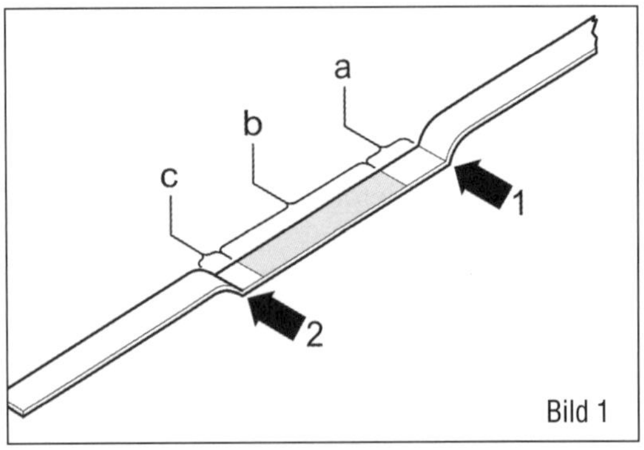

Bild 1
Markierungen an Ölmessstäben in Flachmetallform. Pfeile = Markierungen für maximalen (1) und minimalen (2) Füllstand.
- a Kein Öl nachfüllen
- b In diesem geriffelten Feld kann Öl nachgefüllt werden
- c Öl muss unbedingt nachgefüllt werden

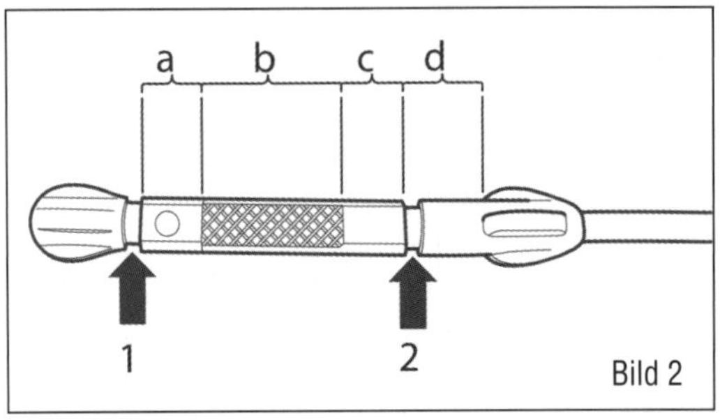

Bild 2
Markierungen an Ölmessstäben in Kunststoffausführung. Pfeile: Markierungen für maximalen (1) und minimalen (2) Füllstand.
- a Öl muss unbedingt nachgefüllt werden
- b In diesem geriffelten Feld kann Öl nachgefüllt werden
- c Kein Öl nachfüllen
- d Überfüllung

Motorölstand prüfen

■ Das Fahrzeug zum Messen des Ölstandes waagerecht abstellen. Motor abstellen und mindestens drei Minuten warten, damit das Öl in die Wanne zurückfließen kann.

■ Ölmessstab herausziehen, mit einem sauberen Putzlappen abwischen und den Messstab wieder bis zum Anschlag hinein schieben.

■ Messstab anschließend wieder herausziehen und Ölstand ablesen (Bilder 1 und 2). Die Bilder zeigen die hauptsächlich eingesetzten Varianten des Messstabs, es gibt aber noch andere Ausführungen. Das in den Bildern gezeigte Prinzip gilt jedoch generell. Die Markierungen besagen: Bei Ölstand oberhalb der Markierung »a« (Max-Marke, Pfeil 1) besteht die Gefahr von Katalysatorschäden. Beim Nachfüllen im Bereich »b« kann es vorkommen, dass der Ölstand danach im Bereich »a« steht. Beim unbedingt nötigen Nachfüllen von Öl im Bereich »c« genügt es, dass danach der Ölstand im Messfeld »b« (geriffeltes Feld) steht. Bei Ölstand unterhalb der c-Markierung (Min-Marke, Pfeil 2) etwa 0,5 Liter Öl (bis zur a-Markierung) auffüllen.

Motoröl ablassen oder absaugen, Motoröl auffüllen

Ölwechsel mit Altölauffang- und Absauggerät

■ Öleinfüllverschlussdeckel abnehmen und Motoröl mit Altölauffang- und Absauggerät absaugen. Der Motorölwechsel mit einem Altölauffang- und Absauggerät (z. B. V.A.G 1782) sollte nach Möglichkeit bei betriebswarmem Motor durchgeführt werden.

Öl über Schraube ablassen

■ Fahrzeug anheben, Geräuschdämpfung ausbauen, Ölablassschraube unten in der Ölwanne herausdrehen und das austretende Öl auffangen.

■ Neue Ölablassschraube mit unverlierbarem Dichtring handfest einschrauben und mit 30 Nm (M14) oder 50 Nm (M24) anziehen.

Das Drehmoment darf nicht überschritten werden. Ein zu hohes Drehmoment könnte zu Undichtigkeiten oder sogar zu Beschädigungen im Bereich der Ölablassschraube führen.

■ Ölfilter ersetzen (auf den nächsten Seiten).

Motoröl einfüllen

Werkseitig ist ein Qualitäts-Mehrbereichsöl eingefüllt, das, außer in extrem kalten Klimazonen, als Ganzjahresöl gefahren werden kann. Die Benzinmotoren benötigen die in nachfolgender Tabelle angegebenen Ölfüllmengen mit Ölfilterwechsel, der immer zum Ölwechsel gehört.
Wird der Filter nicht ausgebaut und gewechselt, werden rund 0,5 Liter weniger Öl benötigt. Beim Nachfüllen und beim Ölwechsel muss unbedingt die Spezifikation beachtet werden, wie sie der Hersteller vorschreibt. In der Vergangenheit gab es eine ganze Reihe Öle nach VW-Norm für Benzin- und für Dieselmotoren. In neuerer Zeit ist ein »Motorenöl speziell für VW/Audi-Fahrzeuge / SAE 5W-30« entwickelt worden, das der VW-Norm 504 00 und auch der (Dieselmotor-) Norm 507 00 entspricht. Volkswagen empfiehlt als entsprechendes Produkt das ARAL-Öl »Super Tronic LongLife III«.

■ Einfüllöffnung aufschrauben, Öl gemäß Spezifikation (siehe Tabelle), möglichst mit Trichter, auffüllen.

■ Öleinfüllverschlussdeckel wieder aufschrauben.

■ Motor anlassen und auf Undichtigkeiten prüfen.

■ Motorölstand erneut prüfen und ggf. Öl nachfüllen.

■ Nachdem Öl erneut nachgefüllt worden ist, mindestens drei Minuten warten und dann erneut Ölstand prüfen.

■ Geräuschdämpfung einbauen und Fahrzeug ablassen.

Spezifikationen New Beetle-Motoren

Motor-Bauart	*Mit LongLife Service (QG1)*	*Ohne LongLife Service (QG0, QG2)*
4 Zyl. Benziner bis 2007	504 00[2] alternativ 503 00[3]	501 01/502 00
4 Zyl. Benziner ab 2008		502 00
4 Zyl. Diesel mit nachgerüstetem DPF	507 00[2] alternativ 506 01[4]	505 01
4 Zyl. Diesel mit originalem DPF	507 00[1]	507 00[1]

1) Bei Betrieb mit Dieselkraftstoffen mit erhöhtem Schwefelanteil gilt ein Ölwechselservice von 7500 km
2) Kombiprodukt: 504 00 / 507 00; 3) Kombiprodukt: 503 00 / 506 00; 4) Kombiprodukt: 503 00 / 506 00/ 506 01

Ölfilter oder Ölfiltereinsatz wechseln

Zum Einsatz kommen hier im Wesentlichen zwei Bauarten für die unterschiedlichen Motortypen. Der Übersicht halber werden wir die Motoren anhand des Filteraufbaus darstellen.

1.4-, 1.6-, 1.8-, 2.0 l-Benziner

Beim 1,4 l-Motor befindet sich der Ölfilter am Motorblock (Bild 3). An den 1,6 l-, 1,8 l- und 2,0 l-Benzinmotoren sind die Ölfilter an einem externen Gehäuse verbaut (Bild 5). Die Vorgehensweise unterscheidet sich aber kaum.

■ Demontieren Sie die Motorabdeckung soweit verbaut.

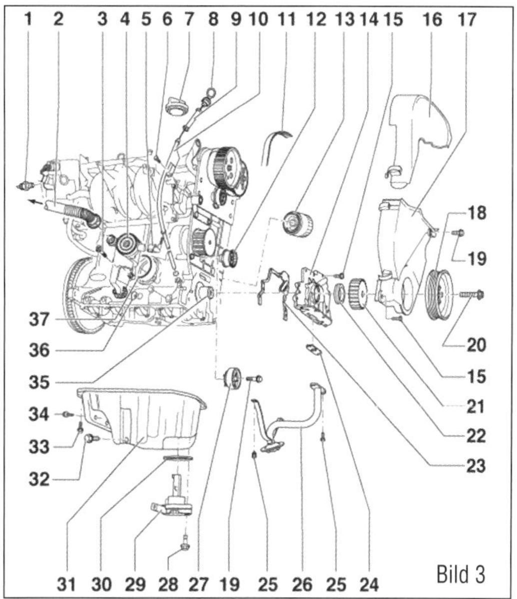

Bild 3

Bild 3
1 Öldruckschalter 0,3 bar
2 Verbindungsrohr
3 Schraube
4 Ölabscheider mit Heizwiderstand
5 2fach-Steckverbindung
6 Schraube
7 Verschlussdeckel
8 Ölmessstab
9 Einführtrichter
10 Führungsrohr
11 Koppeltrieb-Zahnriemen
12 Umlenkrolle
13 Ölfilter
14 Ölpumpe
15 Schraube
16 Zahnriemenschutz-Oberteil
17 Zahnriemenschutz-Unterteil
18 Riemenscheibe
19 Schraube
20 Schraube
21 Zahnriemenrad-Kurbelwelle
22 Dichtring
23 Dichtung
24 Dichtring
25 Schraube
26 Saugleitung
27 Spannrolle
28 Schraube
29 Geber für Ölstand/-temperatur
30 Dichtring
31 Ölwanne
32 Ölablassschraube
33 Schraube
34 Schraube
35 Mitnehmer
36 Dichtung
37 Dichtring

Bild 4
Aufsatz (3417) für die Ölfilter- und Deckeldemontage.

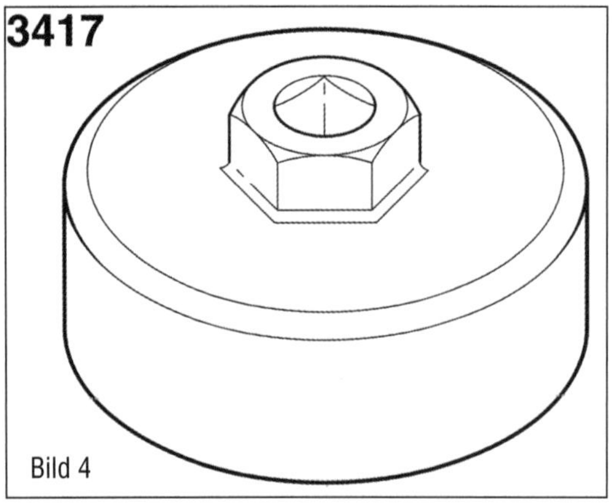

Bild 4

Bild 5
1 Verschlussschraube
2 Dichtring
3 Feder
4 Kolben
5 Dichtung
6 Rücklaufsperrventil
7 Dichtring
8 Verschlussdeckel
9 Halteklammer
10 Verschlussschraube
11 Dichtring
12 Öldruckschalter 1,4 bar
13 Dichtring
14 Ölfilterhalter
15 Schraube
16 Dichtung
17 Ölkühler
18 Mutter
19 Ölfilter

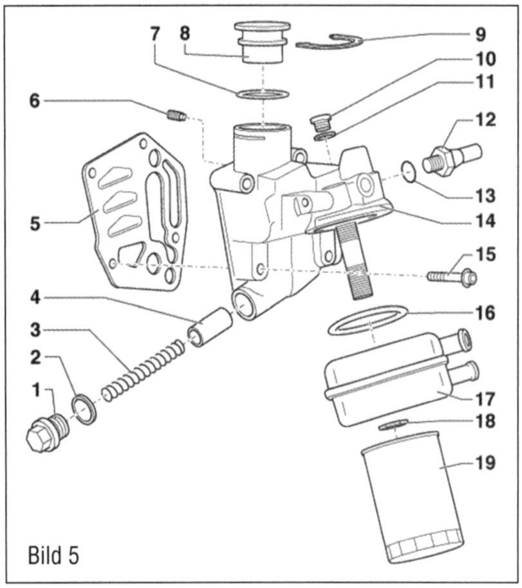

Bild 5

■ Bauen Sie die Geräuschdämmung in der Mitte unter dem Motor aus.
■ Drehen Sie den Ölfilter (4 in Bild 3) von unten her heraus. Hierzu sollten Sie einen passenden Ölfilterschlüssel verwenden (Bild 4). Achten Sie darauf, dass sich auch der alte Dichtring mit ablöst.
■ Fangen Sie auslaufendes Öl mit einem Lappen auf.
■ Wischen Sie den Bereich um den Ölfilter gründlich sauber.
Tragen Sie etwas Öl auf den neuen Dichtring des Ölfilters auf und ziehen Sie ihn handfest an.
■ Bauen Sie die Geräuschdämmung unten wieder ein, wenn Sie den Ölwechsel beendet haben.

1,9 l-Dieselmotoren (PD und VP)
Beim 1,9l-Dieselmotor befindet sich der Ölfilter in einem externen Gehäuse verbaut (Bild 5). Die Vorgehensweise für den Pumpendüsenmotor und den Motor mit der Verteilereinspritzpumpe unterscheidet sich aber kaum.

■ Demontieren Sie die Motorabdeckung soweit verbaut.
■ Bauen Sie die Geräuschdämmung in der Mitte unter dem Motor aus.
■ Drehen Sie den Ölfilter (4 im Bild 3) von unten her heraus. Hierzu sollten Sie einen passenden Ölfilterschlüssel verwenden. Achten Sie darauf, dass sich auch der alte Dichtring mit ablöst.
■ Fangen Sie auslaufendes Öl mit einem Lappen auf.
■ Wischen Sie den Bereich um den Ölfilter gründlich sauber.
■ Tragen Sie etwas Öl auf den neuen Dichtring des Ölfilters auf und ziehen Sie ihn handfest an.
■ Bauen Sie die Geräuschdämmung unten wieder ein, wenn Sie den Ölwechsel beendet haben.

Ölwanne aus- und einbauen

Die Montagearbeiten an den einzelnen Motortypen unterscheiden sich nur geringfügig. Wir werden Ihnen im Folgenden eine allgemeingültige Beschreibung zur Verfügung stellen. Die Besonderheiten zu den einzelnen Motoren werden gesondert hervorgehoben.

■ Geräuschdämpfung unten ausbauen.
■ Ziehen Sie (soweit verbaut) den 3fach-Stecker vom Geber für Ölstand-/Temperatur ab.

Motoren mit Ölwannenschutz
■ Schrauben (2) abschrauben und Hülsen (3) vom Hinter- und Vorderteil des Ölwannenschutzes abnehmen (Bild 6).
■ Spreizstift nach oben drücken und Spreizniete (4) herausnehmen.
■ Ölwannenschutz abnehmen.

Weiter für alle Fahrzeuge
■ Lassen Sie das Motoröl ab.
■ Schrauben Sie das Abgasrohr vorn vom Abgaskrümmer ab.
■ Schrauben Sie die zwei Verbindungsschrauben von der Getriebeglocke zur Ölwannenabstützung ab.

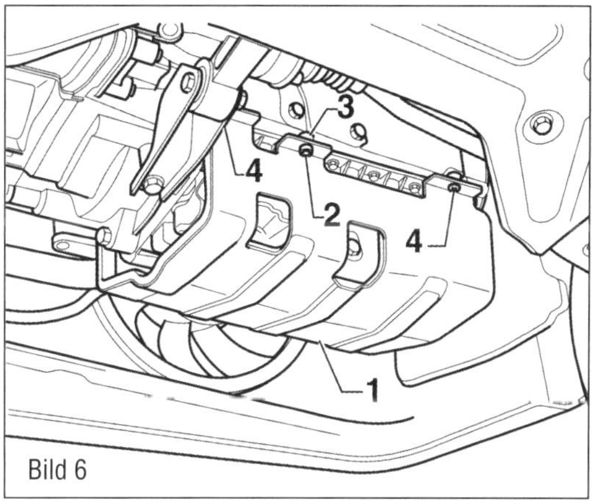

Bild 6
1 Ölwannenschutz
2 Schrauben
3 Hülsen
4 Spreitzniete

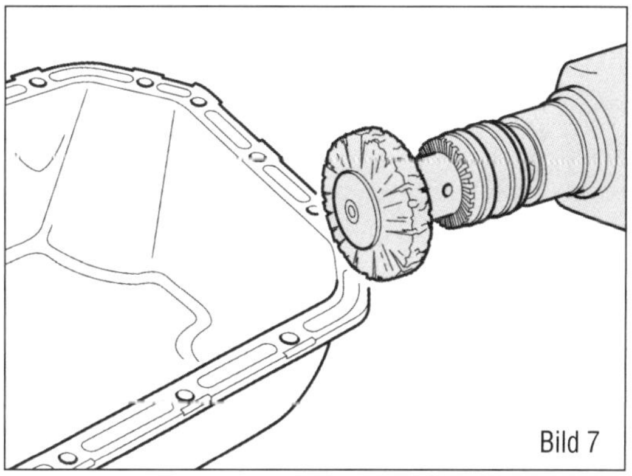

Bild 7
Reinigung mit einem Bürstenaufsatz auf einer Bohrmaschine.

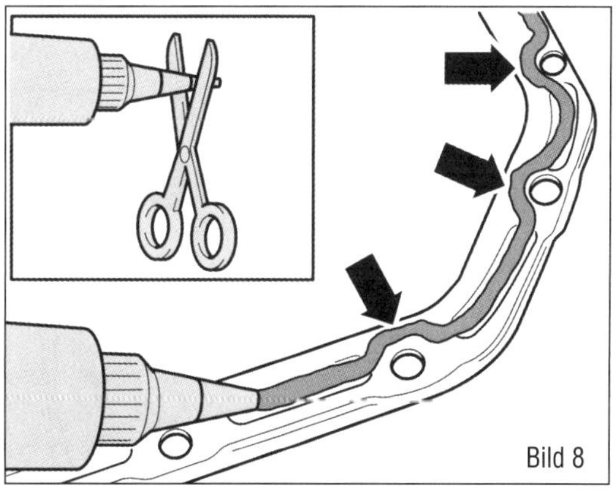

Bild 8
Lage der Dichtmasse auf der Ölwanne.

- Schrauben Sie die mit Flüssigdichtung abgedichtete Ölwanne los.
- Nehmen Sie die Ölwanne ab. Gegebenenfalls müssen Sie die Ölwanne dazu durch leichte Schläge mit einem Gummihammer lösen.
- Entfernen Sie die Dichtmittelreste am Zylinderblock mit einem Flachschaber.
- Entfernen Sie die Dichtmittelreste an der Ölwanne mittels einer rotierender Bürste (Bild 7), z. B. einer Handbohrmaschine mit Kunststoffbürsten-Einsatz (Schutzbrille aufsetzen).
- Reinigen Sie die Dichtflächen. Sie müssen öl- und fettfrei sein.

Einbau

Tipp: Beachten Sie das Haltbarkeitsdatum des Dichtmittels. Die Ölwanne muss nach dem Auftragen des Silikon-Dichtmittels innerhalb 5 Minuten eingebaut werden. Die Ölwanne lässt sich leichter und sicherer ansetzen, wenn Sie zur Führung an zwei Stellen am Flansch des Zylinderblocks M6-Gewindestifte einsetzen.

- Schneiden Sie die Tubendüse an der vorderen Markierung ab (oder Düse ca. 3 mm).
- Tragen Sie das Silikon-Dichtmittel wie gezeigt auf die saubere Dichtfläche der Ölwanne auf. Die Dichtmittelraupe muss 2 bis 3 mm dick sein. Die Dichtmittelraupe darf nicht dicker sein, da sonst überschüssiges Dichtmittel in die Ölwanne gelangen und das Sieb im Ölansaugrohr verstopfen kann. Sie muss im Bereich der Schraubenbohrungen an der Innenseite vorbeilaufen (Pfeile in Bild 8).

Tipp: Beim Einbau der Ölwanne am ausgebauten Motor darauf achten, dass die Ölwanne schwungradseitig bündig mit dem Zylinderblock abschließt.

Nur 1,6 l-Benzinmotor

- Alle Schrauben Ölwanne/Zylinderblock nur sehr leicht über Kreuz anziehen.
- Die drei Schrauben Ölwanne/Getriebe leicht anziehen.
- Alle Schrauben Ölwanne/Zylinderblock über Kreuz leicht nachziehen.

Nur 1,8 l-Motoren

Achtung: Die Dichtmittelraupe muss bei Motoren mit einteiliger Ölwanne 2 bis 3 mm dick sein. Bei Motoren mit zweiteiliger Ölwanne darf sie nur 1 bis 2 mm dick sein. Sie muss im Bereich der Schraubenbohrungen an der Innenseite vorbeilaufen.

Weiter für alle Fahrzeuge

- Setzen Sie sofort die Ölwanne an und ziehen Sie alle Ölwannenschrauben leicht an.
- Schrauben Ölwanne/Getriebe mit 45 Nm festziehen.
- Schrauben Sie die Ölwannenschrauben mit 13 Nm fest.

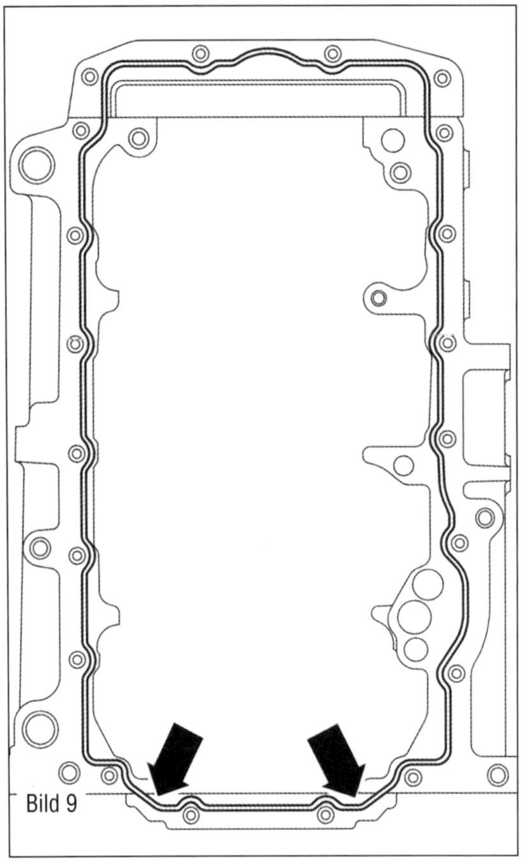

Bild 9
Beispiel 1,8 l-Motor.
Pfeile: An dieser Stelle muss die Dichtmasse besonders sorgfältig aufgetragen werden.

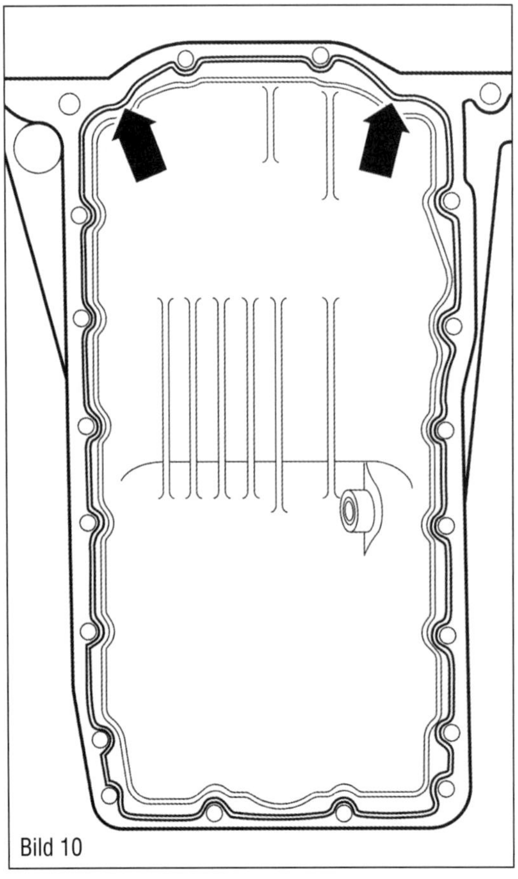

Bild 10
Beispiel 2,0 l-Motor.
Pfeile: An dieser Stelle muss die Dichtmasse besonders sorgfältig aufgetragen werden.

Der weitere Zusammenbau erfolgt sinngemäß in entgegengesetzter Reihenfolge zum Ausbau.

⚠ Nach der Montage der Ölwanne muss das Dichtmittel ca. 30 Minuten trocknen. Erst danach darf Motoröl eingefüllt werden.

Demontage der Ölpumpe

☞ Werden bei Motorreparaturen Metallspäne sowie Abrieb in größeren Mengen (verursacht durch Fressschäden wie z. B. Kurbelwellen- und Pleuellagerschäden) im Motoröl festgestellt, ist, um Folgeschäden zu vermeiden, neben der sorgfältigen Reinigung der Ölkanäle der Ölkühler zu ersetzen. Der Ölstand darf die Max-Markierung nicht überschreiten – Gefahr von Katalysatorschäden!

1,4 l-Benziner

- Haupttrieb-Zahnriemen ausbauen.
- Befestigen Sie das Zahnriemenrad Kurbelwelle (1) mit der alten Befestigungsschraube (2) an der Kurbelwelle (Bild 11).
- Stellen Sie die Kurbelwelle auf »OT« des 1. Zylinders. Der abgeschrägte Zahn vom Zahnriemenrad muss mit der Markierung auf der Ölpumpe übereinstimmen (Pfeil).
- Drehen Sie die Kurbelwelle bzw. das Zahnriemenrad aus der OT-Stellung drei Zähne entgegen dem Uhrzeigersinn.

⚠ Rechts neben dem abgeflachten Zahn (A) des Zahnriemenrades, muss der dritte Zahn (Pfeil) mit der OT-Markierung am Ölpumpengehäuse fluchten (Bild 12). Durch diese Einstellung erhält die Kurbelwelle die Einbauposition für die Ölpumpe. Einer der vier Mitnehmer-Polygonnocken auf der Kurbelwelle steht oben.

- Bauen Sie die Haupttrieb-Spannrolle aus.
- Bauen Sie die Ölwanne aus.
- Bauen Sie die Saugleitung aus.
- Zahnriemenrad-Kurbelwelle ausbauen.
- Bauen Sie die Ölpumpe aus.
- Nehmen Sie die Dichtung ab.
- Dichtmittelreste am Zylinderblock mit Flachschaber entfernen.
- Dichtflächen reinigen, sie müssen öl- und fettfrei sein.

Einbau

Einer der vier Mitnehmer-Polygonnocken (Pfeil) auf der Kurbelwelle muss oben stehen.
Die Innensechskantschraube aus »3083« mit Hülse »T10022« auf die Kurbelwelle aufsetzen und handfest anziehen (Bild 13).

- Setzen Sie die neue Dichtung auf die Passhülsen (A) auf.
- Stellen Sie die Markierung Pfeil (A) des Innenrotors der Ölpumpe auf die Einbaupositions-Markierung Pfeil (B) des Ölpumpengehäusedeckels (Bild 14).
- Bestreichen Sie die vier Mitnehmer-Polygonnocken der Kurbelwelle mit Öl.
- Die Dichtlippe des Dichtringes der Ölpumpe leicht einölen.
- Führen Sie vorsichtig die Ölpumpe auf die Mitnehmer-Polygonnocken der Kurbelwelle.
- Richten Sie eventuell den Innenrotor durch geringfügiges Verdrehen zu den Mitnehmer-Polygonnocken der Kurbelwelle aus.
- Schieben Sie anschließend die Ölpumpe vorsichtig auf die Passhülsen auf.
- Schrauben Sie die Ölpumpe mit neuen Schrauben fest.
- Bauen Sie die Hülse »T10022« aus.
- Bauen Sie die Saugleitung ein.
- Bauen Sie die Ölwanne ein.
- Anschließend wird die Haupttrieb Spannrolle eingebaut, und der Zahnriemen eingebaut und gespannt.

1.6-, 1.8-, 2.0 l-Benziner sowie die Dieselmotoren

Die Montagearbeiten für die beschriebenen Motoren unterscheiden sich hier kaum. Die Ölpumpe ist in der Ölwanne am Motorblock verbaut. Hierfür muss die Ölwanne demontiert werden. Für den 2,0 l-Motor gibt es eine weitere Bauweise mit einem Ausgleichswellengetriebe, deren Arbeitsablauf wir im folgenden Unterkapitel beschreiben werden.

- Bauen Sie die Motorabdeckung unten ab.
- Lassen Sie das Motoröl ab.
- Bauen Sie Ölwanne und Schwallwand aus.
- Drehen Sie die Schraube (2) heraus (Bild 15).
- Ziehen Sie das Kettenrad von der Ölpumpenwelle ab.

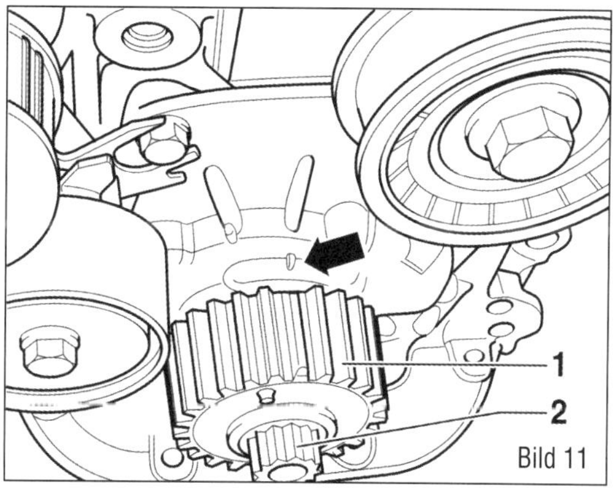

Bild 11

Bild 11
1 Zahnriemenrad
2 Befestigungsschraube
Pfeil = Markierung auf der Ölpumpe

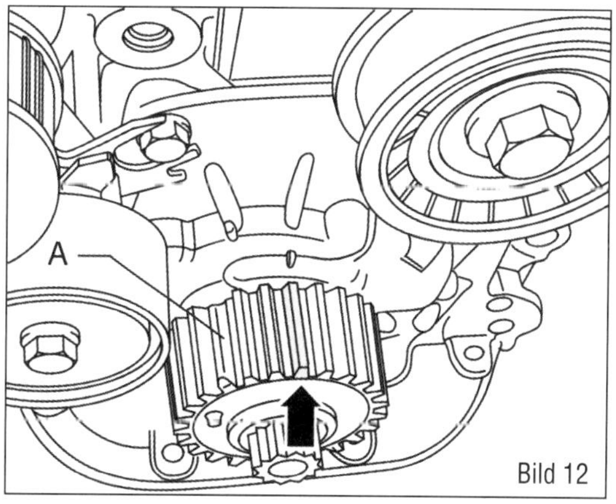

Bild 12

Bild 12
A Zahnriemenrad
Pfeil = Zahn Nummer drei

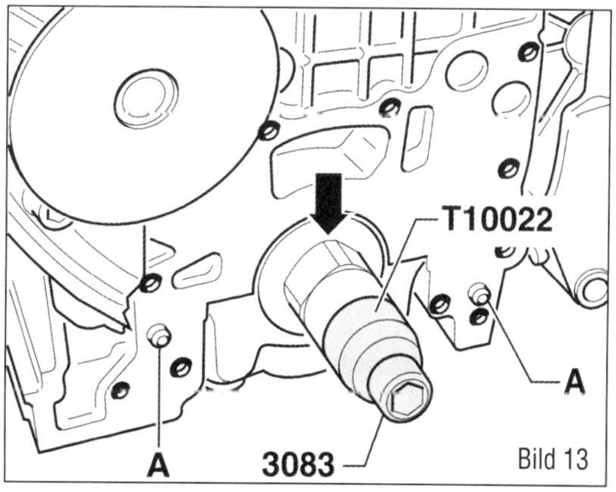

Bild 13

Bild 13
Passhülsen (A), Polygonnocken (Pfeil), Hülse (T10022) und Schraube (3083).

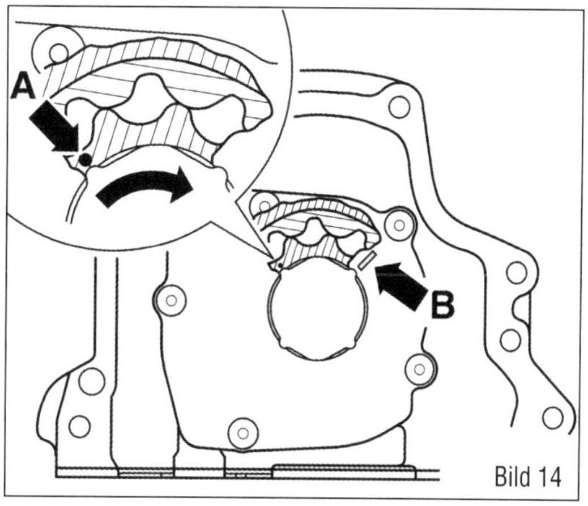

Bild 14

Bild 14
A Markierung Innenrotor
B Markierung Gehäuse

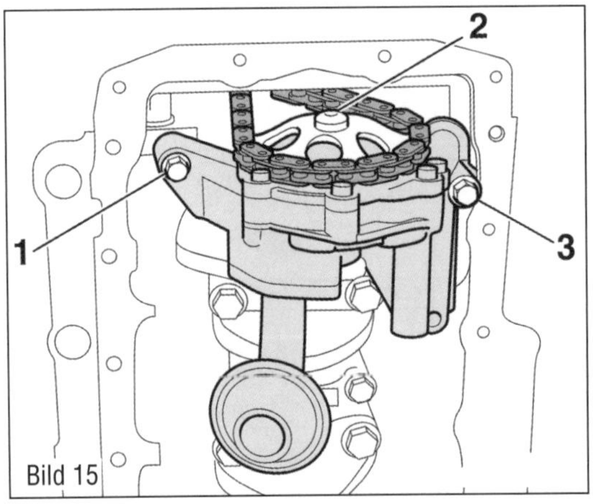

Bild 15
1 Schraube
2 Schraube
3 Schraube

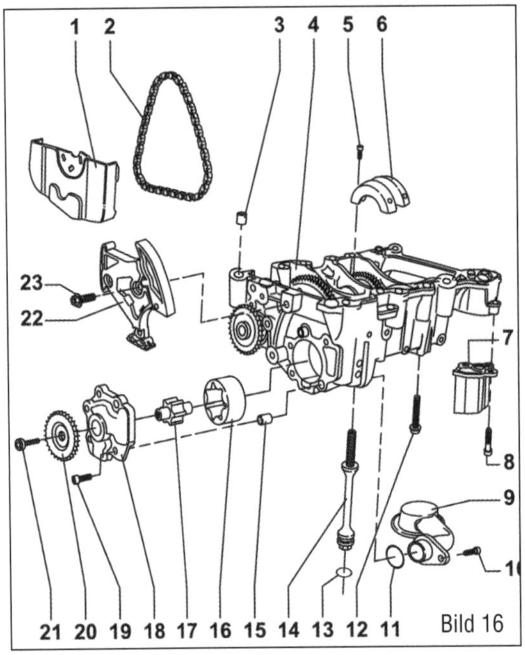

Bild 16
Ölpumpe mit Ausgleichswellengetriebe.
1 Kettenschutz
2 Kette
3 Passhülsen
4 Ölpumpe
5 Schraube
6 Abdeckung
7 Ölrücklaufstutzen
8 Schraube
9 Saugleitung
10 Schraube
11 O-Ring
12 Schraube
13 O-Ring
14 Verschlussschraube
15 Passhülsen
16 Außenrotor
17 Innenrotor
18 Ölpumpendeckel
19 Schraube
20 Kettenrad
21 Schraube
22 Kettenspanner
23 Schraube

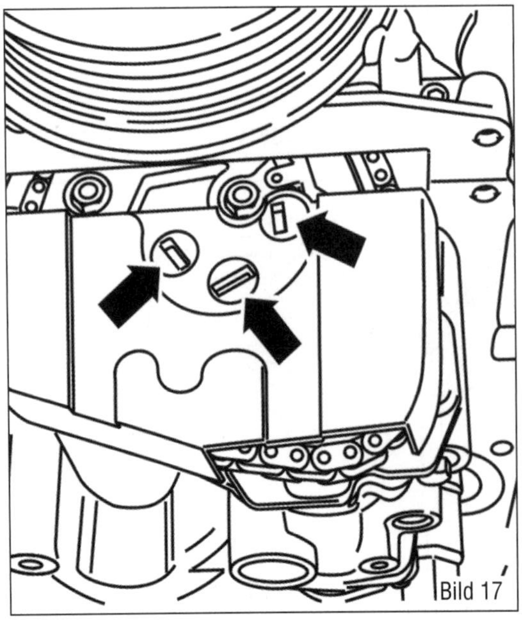

Bild 17
Rastnasen (Pfeile).

■ Drehen Sie die Schrauben (1) und (3) heraus und nehmen Sie die Ölpumpe ab.

Einbauen
Der Einbau erfolgt in umgekehrter Reihenfolge. Dabei ist Folgendes zu beachten:
■ Passhülsen oben an der Ölpumpe einsetzen.
■ Ölpumpenwelle/Kettenrad lässt sich nur in einer Stellung aufstecken.

2,0 l-Benziner mit Ausgleichswellengetriebe (Bild 16)
■ Bauen Sie die Ölwanne aus.
■ Ziehen Sie den Kettenschutz ab. Die Rastnasen ggf. durch die Öffnungen (Pfeile im Bild 17) mit einem kleinen Schraubendreher entriegeln.
■ Lösen Sie die Schraube vom Kettenrad der Ölpumpe.
■ Entspannen Sie die Kettenschiene mit einem Schraubendreher (Pfeil in Bild 18) und arretieren Sie diese mit einem Inbusschlüssel (1), Schlüsselweite 3 mm.
■ Bauen Sie das Kettenrad der Ölpumpe ab und hängen Sie die Kette am Ausgleichswellenantrieb aus.
■ Lösen Sie die Schrauben vom Ausgleichswellengetriebe von außen nach innen und bauen Sie es aus.
■ Anschließend muss die Ölpumpe mit Ausgleichswellengetriebe zerlegt und zusammengebaut.

Ölpumpe mit Ausgleichswellengetriebe einbauen und einstellen
■ Spannen Sie den Kolben von Hand vor (Pfeil im Bild 18).
■ Kettenschiene in Pfeilrichtung drücken und mit einem Inbusschlüssel (1) Schlüsselweite 3 mm arretieren.
■ Bauen Sie die Ölpumpe mit Ausgleichswellengetriebe ein.
■ Ziehen Sie die Befestigungsschrauben von innen nach außen mit 15 Nm + 90° (1/4 Umdrehung) an.
■ Stellen Sie die Kurbelwelle auf OT-Zylinder 1 (Pfeile).
■ Stellen Sie die Markierung (Pfeil) am Kettenrad der Ausgleichswelle der Fixierbohrung gegenüber.
■ Arretieren Sie das Kettenrad in dieser Stellung mit dem Absteckstift »T10027« (Bild 19).
■ Legen Sie die Kette auf das Kettenrad der Ausgleichswelle.

■ Stellen Sie die angefräste Seite der Ölpumpenwelle senkrecht nach vorn (Fahrtrichtung).
■ Bauen Sie das Kettenrad der Ölpumpe ein und ziehen Sie die Schraube von Hand an.

Das Kettenrad der Ölpumpe passt nur in einer Stellung. Zum Einbau darf ausschließlich die Ölpumpe gedreht werden.
■ Entfernen Sie den Absteckstift »T10027« und den Inbusschlüssel (1 im Bild 19).
■ Befestigen Sie das Kettenrad der Ölpumpe. Halten Sie an der Zentralschraube des Schwingungsdämpfers zum Anschrauben gegen.
Der weitere Zusammenbau erfolgt sinngemäß in entgegengesetzter Reihenfolge zum Ausbau.

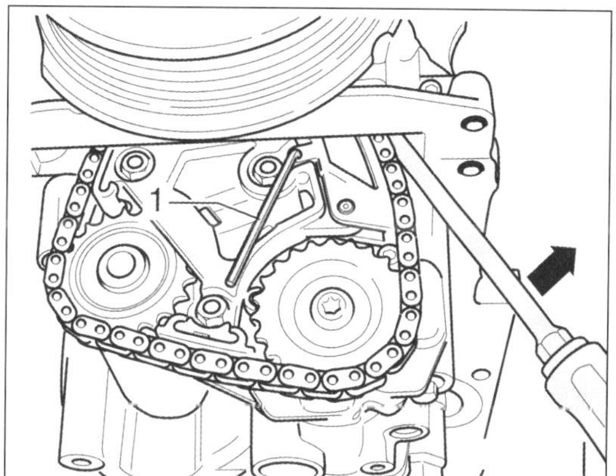

Bild 18

Bild 18
Pfeil = Bewegungsrichtung zum Entspannen
1 Inbusschlüssel SW3

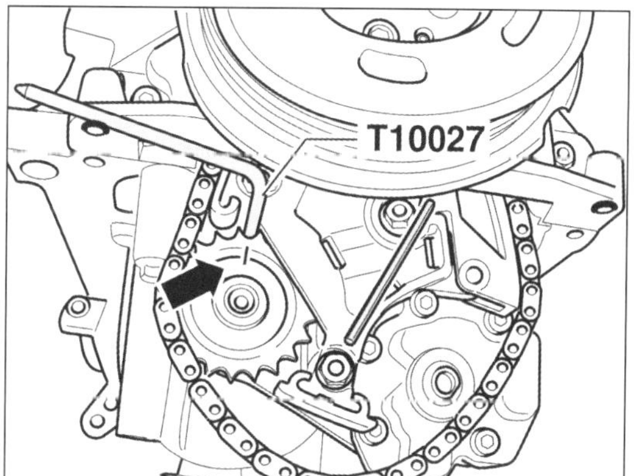

Bild 19

Bild 19
Pfeil = Markierung
T10027 = Absteckwerkzeug

Öldruckschalter und Öldruck prüfen

Es werden ein üblicher Öldruckprüfer (z. B. V.A.G 1342) sowie ein Spannungsprüfer mit Leuchtdiode und den Messhilfsmitteln (Anschlusskabel) benötigt.
Der Öldruckschalter ist bei den einzelnen Motortypen an unterschiedlichen Stellen eingebaut. Zur Orientierung können Sie die Abbildungen 3 und 5 verwenden.

Funktion der dynamischen Öldruckwarnanzeige
Der Öldruckschalter ist drucklos geöffnet und wird beim Erreichen des Schaltdruckes geschlossen. Die Öldruckwarnung wird nach dem Einschalten der Zündung aktiviert. Die Einschaltverzögerung der Öldruckwarnung beträgt etwa 3 Sekunden, die Ausschaltverzögerung der Öldruckwarnung etwa 5 Sekunden.

Kontrolllampe prüfen
■ Nach Einschalten der Zündung und bei stehendem Motor muss die Öldruckkontrolllampe im Schalttafeleinsatz ca. 3 Sekunden leuchten und danach verlöschen.
■ Die Prüfung wird abgebrochen, wenn der Motor läuft.

Warnkriterien
■ Das Einschalten der optischen Öldruckwarnung (Blinken der Öldruckkontrolllampe) und das 3malige Ertönen des Summers zur akustischen Warnung erfolgt bei einer der folgenden Bedingungen.
a) »Zündung ein«, Motor steht, Öldruckschalter ist geschlossen.
b) Motordrehzahl größer 1500/min, Öldruckschalter ist geöffnet.

Bei einer Motordrehzahl über 5000/min bleibt die Kontrolllampe auch dann eingeschaltet, wenn der Öldruckschalter geschlossen ist. Bei einer Motordrehzahl unter 5000/min wird die Kontrolllampe wieder ausgeschaltet. Ist der Öldruckschalter bei einer Motordrehzahl über 1500/min nur 0,3 ... 3,0 Sekunden geöffnet, wird das im Kombiprozessor des Schalttafeleinsatzes gespeichert.
Tritt dieser Zustand während des Motorlaufes dreimal auf, wird sofort die Öldruckwarnung ausgelöst und auch unter 1500/min nicht gelöscht. Die Löschung der Öldruckwarnung erfolgt, wenn der Öldruckschalter über 1500/min länger als 5 Sekunden geschlossen ist oder die Zündung ausgeschaltet wird.

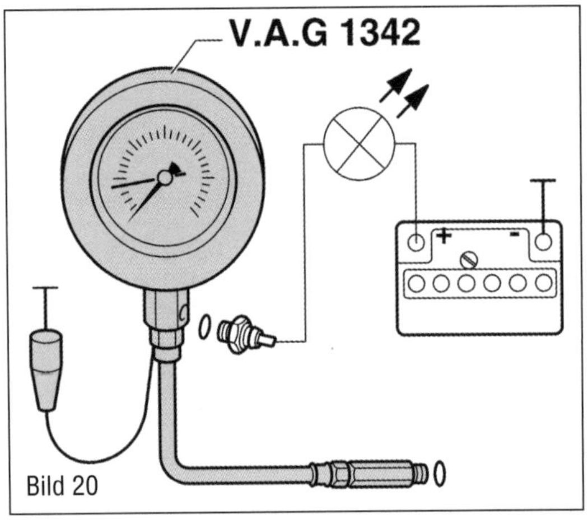

Bild 20
Messaufbau zur Öldruckprüfung.

Prüfablauf

- Prüfen Sie den Motorölstand.
- Stecker vom Öldruckschalter abziehen.
- Öldruckschalter ausbauen und in das Prüfgerät schrauben.
- Prüfgerät anstelle des Öldruckschalters in den Zylinderkopf einschrauben.
- Braune Leitung des Prüfgerätes an Masse (-) legen. Spannungsprüfer mit Hilfsleitungen (Kabelset) an Batterie plus (+) und Öldruckschalter anschließen (Prüfanordnung nach Bild 20).
Die Leuchtdiode darf nicht aufleuchten.
- Wenn die Leuchtdiode aufleuchtet, ersetzen Sie den Niederdruck-Öldruckschalter.

1,4 l-Benzinmotoren

- Lassen Sie den Motor an und erhöhen Sie langsam die Drehzahl. Bei 0,3 bis 0,7 bar Überdruck muss die Leuchtdiode aufleuchten, andernfalls Öldruckschalter ersetzen.
- Drehzahl weiter erhöhen. Bei 2000/min und 80 °C Öltemperatur soll der Öl-Überdruck mindestens 2,0 bar betragen. Bei höherer Drehzahl darf der Öl-Überdruck 7,0 bar nicht überschreiten.

1,6-, 1,8 l-Benzinmotoren

- Lassen Sie den Motor an und erhöhen Sie langsam die Drehzahl. Bei 1,2 bis 1,6 bar Überdruck muss die Leuchtdiode aufleuchten, andernfalls Öldruckschalter ersetzen.
- Drehzahl weiter erhöhen. Bei 2000/min und 80 °C Öltemperatur soll der Öl-Überdruck etwa 2,7 bis 4,7 bar betragen. Bei höherer Drehzahl darf der Öl-Überdruck 7,0 bar nicht überschreiten.

1,9 l-Dieselmotoren

- Lassen Sie den Motor an und erhöhen Sie langsam die Drehzahl. Bei 0,55 bis 0,85 bar Überdruck muss die Leuchtdiode aufleuchten, andernfalls Öldruckschalter ersetzen.
- Drehzahl weiter erhöhen. Bei 2000/min und 80 °C Öltemperatur soll der Öl-Überdruck etwa 2,0 bar betragen. Bei höherer Drehzahl darf der Öl-Überdruck 7,0 bar nicht überschreiten.

Werden die Sollwerte nicht erreicht

- Mechanische Schäden, z. B. Lagerschäden beseitigen.
- Ölfilterhalter mit Überdruckventil ersetzen.

Wird der Sollwert überschritten:

- Ölkanäle prüfen.
- Wenn erforderlich Ölfilterhalter mit Überdruckventil ersetzen.

Öldruckschalter aus- und einbauen

Der Arbeitsablauf für die einzelnen Motortypen ist sehr ähnlich. Wir stellen den Ablauf allgemeingültig vor und heben die Besonderheiten für die einzelnen Modelle hervor. Auch hier können die Übersichtsbilder 3 und 5 helfen die Einbauposition zu finden.

- Stellen Sie den Motor ab.
- Lassen Sie den Motor abkühlen.
- Ziehen Sie den Zündschlüssel ab.
- Motorabdeckung ausbauen.
- Legen Sie den Anschluss des Öldruckschalters frei. Hierzu müssen bei einigen Modellen Abdeckungen und Leitungsführungen gelöst oder auch demontiert werden.
- Ziehen Sie den Steckkontakt vom Öldruckschalter ab.
- Drehen Sie den Öldruckschalter heraus.
- Legen Sie einen Lappen unter, um abtropfendes Restöl aufzunehmen.

Die Montage erfolgt sinngemäß in umgekehrter Reihenfolge.

- Führen Sie nach dem Einbau eine Funktionsprüfung durch und lesen Sie den Fehlerspeicher des Fahrzeuges aus.

Ölsensor aus- und einbauen

Der Ölqualitätssensor ist bei allen Fahrzeugen in der Ölwanne verbaut und liefert wichtige Informationen zur Ölqualität. Die Montagearbeiten unterscheiden sich für alle Fahrzeuge nicht.

- Stellen Sie den Motor ab.
- Lassen Sie den Motor abkühlen.
- Ziehen Sie den Zündschlüssel ab.
- Motorabdeckung ausbauen.
- Lassen Sie das Motoröl ablaufen.
- Ziehen Sie die Steckverbindung ab.
- Drehen Sie die Befestigungsschrauben heraus.
- Nehmen Sie den Ölsensor aus der Ölwanne heraus.

Die Montage erfolgt sinngemäß in umgekehrter Reihenfolge.

- Erneuern Sie beim Einbau den O-Ring, um Undichtigkeiten zu vermeiden.

6 Kühlsystem

Funktion des Kühlkreislaufs
Das Kühlsystem sorgt für die richtige Betriebstemperatur des Motors. Es besteht aufbauseitig aus Kühler, Ladeluftkühler, Luftführungshutze mit Kühlerlüftern und Ausgleichsbehälter für Kühlmittel. Motorseitig gehören Kühlmittelschläuche und Kühlmittelrohre sowie ein Netz aus kleinen, genau bemessenen Kanälen in Motorblock und Zylinder, in denen die in den Ausgleichsbehälter eingefüllte Kühlflüssigkeit zirkuliert, zum System. So entsteht ein Wassermantel, der die Verbrennungswärme über die Schläuche des Kühlsystems an den Kühler abführt.
Welche Wege im jeweils konkreten Betriebszustand das Kühlmittel im Kühlsystem nimmt, hängt von der Temperatur des Motors ab.
Zu den motorseitigen Aggregaten des Kühlsystems gehören ferner der Motorölkühler und der Kühler für Abgasrückführung. Diese Niedertemperatur-Abgasrückführung sorgt für die Reduzierung der NOx-Emissionen. Bei geschlossenem Kühlmittelregler (Thermostat) wird der Abgasrückführungs-Kühler direkt vom Motorkühler mit kaltem Kühlmittel versorgt. Aufgrund des dadurch größeren Temperaturgefälles kann eine größere Abgasmenge zurückgeführt werden. Somit können die Verbrennungstemperaturen und in deren Folge die Stickoxid-Emissionen in der Warmlaufphase des Motors weiter gesenkt werden.
Eine mechanische Kühlmittelpumpe (»Wasserpumpe«) sorgt für den ständigen Kreislauf des Kühlmittels. Sie wird bei den TDI-Motoren von der Kurbelwelle über den Zahnriemen angetrieben, der das Nockenwellenrad und die Hochdruckpumpe des Einspritzsystems antreibt. Die elektrische Zusatzwasserpumpe wird vom Motorsteuergerät angesteuert und läuft nach Motorstart ständig mit. Ein Kühlmittelregler (Dehnstoff-Thermostat) hält die Kühlmitteltemperatur konstant. Das Kühlsystem steht unter einem Überdruck von etwa 1,2 bis 1,5 bar bei Betriebstemperatur. Dadurch und durch den Einsatz von Kühlmittelzusätzen erhöht sich der Siedepunkt der Kühlflüssigkeit von 100 °C auf rund 120 °C. Die höhere Temperatur ermöglicht einen wirtschaftlicheren und damit Kraftstoff sparenden Motorbetrieb. Wenn bei einem heißen Motor der Kühlmitteldruck 1,5 bar übersteigt, tritt das Überdruckventil am Ausgleichsbehälter in Aktion. Es öffnet dann und lässt zum Druckausgleich etwas Wasserdampf entweichen.

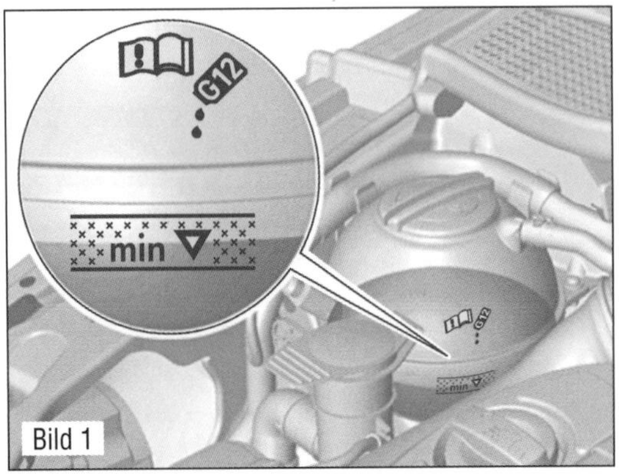

Bild 1
Kühlmittelstand am Kühlmittelausgleichsbehälter.

Sicht- und Funktionsprüfungen

Kühlmittelstand prüfen

■ Der Kühlmittelstand wird bei kaltem Motor am Kühlmittel-Ausgleichsbehälter geprüft. Dieser Behälter befindet sich im Motorraum rechts hinten. Er ist meist mit den Markierungen »Max« und »Min« gekennzeichnet, auf jeden Fall mit der »Min«-Markierung und einer Markierungslinie für den maximalen Füllstand.

■ Ist der Motor kalt, muss das Kühlmittel zwischen »Max« und »Min« (Bild 1), bei warmem Motor etwas über der Markierungslinie für maximalen Füllstand stehen.

■ Bei nicht verbrauchsbedingtem Flüssigkeitsverlust muss die Ursache ermittelt und durch Reparatur beseitigt werden.

Frostschutz des Kühlmittels prüfen
Zur Frostschutzprüfung wird ein handelsüblicher Ansaugprüfer oder für genauere Prüfung ein so genanntes Refraktometer (VW: T10007, T10007 A) benötigt. Beim Ansaugprüfer wird der jeweilige Frostschutz in °C angezeigt. VW schreibt den Werkstätten aber vor, die Konzentration des Kühlmittelzusatzes bei der jüngsten Motorengeneration mit dem Refraktometer »T10007 A« entsprechend Bedienungsanleitung zu prüfen (Bilder 2 und 3). Die Skala »1« des Refraktometers bezieht sich auf die Kühlmittelzusätze G12, G12 plus, G12 plus plus und G11. Die Skala »2« bezieht sich nur auf den Kühlmittelzusatz G13.

■ Prüfen Sie den Kühlmittelstand im Ausgleichsbehälter bei kaltem Motor.

■ Den genauen Wert bei den Prüfungen liest man an der Hell/Dunkel-Grenze ab. Zur besseren Veranschaulichung der Hell/Dunkel-

Grenze wird mit der Pipette ein Tropfen Wasser auf das Glas gebracht. Die Hell-/Dunkel-Grenze ist dann deutlich an der »Waterline« zu erkennen (Bild 3). Der Frostschutz muss bis etwa -25 °C gewährleistet sein.

■ Bei zu geringem Frostschutz Kühlflüssigkeit ablassen und durch Kühlmittelzusatz G12 plus plus ergänzen.

■ Probefahrt durchführen und Frostschutz des Kühlmittels erneut prüfen. Kühlsystem auf Dichtigkeit prüfen. Zur Prüfung der Dichtheit des Kühlsystems und des Überdruckventils wird ein Kühlsystem-Prüfgerät (V.A.G 1274 B) einschließlich Adapter für Kühlsystem-Prüfgerät (V.A.G 1274/8 und V.A.G 1274/9) benötigt. Der Motor muss betriebswarm sein.

■ Verschlussdeckel vom Kühlmittel-Ausgleichsbehälter öffnen.

■ Adapter für Kühlsystemprüfgerät (V.A.G 1274/8) in den Kühlmittelausgleichsbehälter schrauben, Anschlussstück (V.A.G 1274 B/1) in den Adapter für Kühlsystemprüfgerät klemmen und das Anschlussstück über den mitgelieferten Verbindungsschlauch mit dem Kühlsystem-Prüfgerät (V.A.G 1274 B) verbinden (Bild 4).

■ Mit der Handpumpe des Kühlsystem-Prüfgerätes ca. 1,0 bar Überdruck erzeugen. Fällt der Druck ab: Undichte Stelle suchen und Fehler beseitigen. Bevor das Kühlsystemprüfgerät vom Verbindungsschlauch oder Anschlussstück getrennt wird, muss unbedingt der vorhandene Druck abgebaut werden. Dazu das Druckentlastungsventil am Kühlsystem-Prüfgerät drücken, bis das Druckmanometer den Wert »0« anzeigt. Überdruckventil im Verschlussdeckel des Kühlmittelbehälters prüfen.

■ Verschlussdeckel des Kühlmittel-Ausgleichsbehälters in den Adapter für Kühlsystemprüfgerät (V.A.G 1274/9) schrauben, Anschlussstück (V.A.G 1274 B/1) in den Adapter für Kühlsystemprüfgerät klemmen und das Anschlussstück über den mitgelieferten Verbindungsschlauch mit dem Kühlsystem-Prüfgerät verbinden.

■ Mit der Handpumpe des Kühlsystem-Prüfgerätes einen Überdruck von max. 1,6 bar erzeugen. Das Überdruckventil darf noch nicht öffnen. Öffnet das Überdruckventil vorzeitig: Verschlussdeckel ersetzen.

■ Druck auf über 1,6 bar erhöhen. Das Überdruckventil muss öffnen. Öffnet das Überdruckventil nicht: Verschlussdeckel ersetzen.

T10007 A

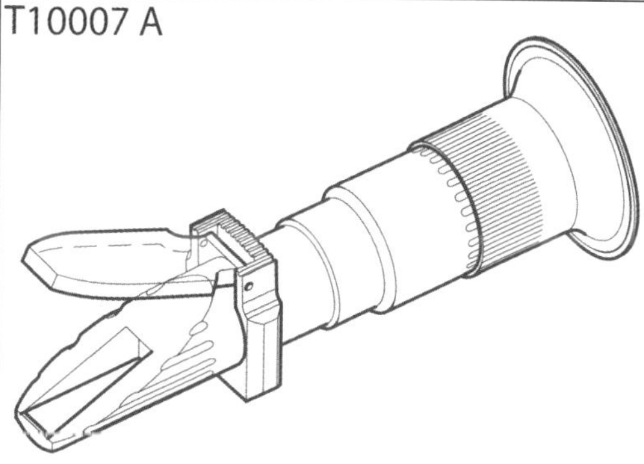

Bild 2

Bild 2
Refraktometer zur Frostschutzgehaltsprüfung.

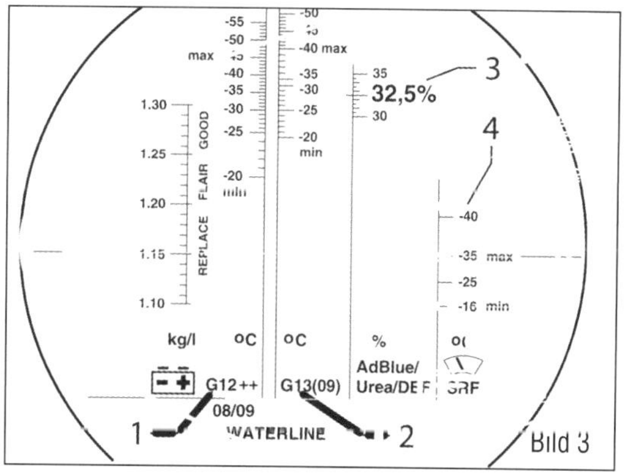

Bild 3

Bild 3
Sichtfeld des Refraktometers.
1 G12; G12 Plus, G12 plus plus und G11
2 G13
3 Ad Blue
4 Scheibenfrostschutz

V.A.G 1274 B

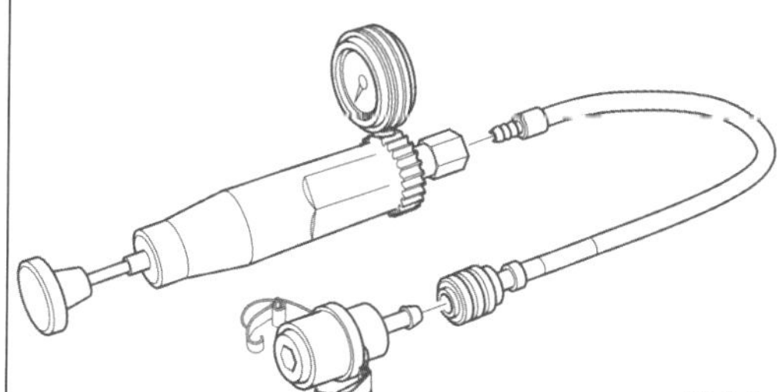

Bild 4

Bild 4
Kühlsystemprüfgerät V.A.G 1274 BCC.

Kühlmittel ablassen, ergänzen, auffüllen

Kühlmittel ablassen

Die wesentlichen Arbeitsschritte unterscheiden sich nicht bei den einzelnen Motormodellen. Wir stellen Ihnen eine allgemeingültige Anweisung vor und führen die Besonderheiten der einzelnen Modelle auf.

■ Verschlussdeckel vom Kühlmittel-Ausgleichsbehälter öffnen.

⚠ Bei warmem Motor steht das Kühlsystem unter Druck, beim Öffnen des Ausgleichsbehälters kann deshalb heißer Dampf bzw. heißes Kühlmittel entweichen. Überdruck abbauen, dazu Verschlussdeckel

mit einem Lappen abdecken und vorsichtig öffnen. Schutzbrille und Schutzbekleidung tragen, um Augenverletzungen und Verbrühungen zu vermeiden.
■ Fahrzeug anheben und Motorspritzschutz (Geräuschdämpfung) abschrauben.
■ Auffangwanne für Werkstattkräne (z. B. VAS 6208) unter den Motor stellen.

1,9 l-TDI-Motor
■ Schlauchschellen lösen und den Luftführungsschlauch ausbauen.
☞ Es darf kein Kühlmittel eindringen, deshalb den Anschluss am Ladeluftkühler mit einem sauberen Stopfen verschließen. Gut geeignet ist das Verschlussstopfenset Motor (VAS 6122).
■ Kühlmittelschlauch an der Pumpe für Kühlmittelumlauf abziehen und unten vom Kühler abbauen. Beim Schlauch am Kühler die Halteklammer anheben und Kühlmittel ablaufen lassen.
■ Zusätzlich zum Ablassen des Kühlmittels aus dem Motor auch den Kühlmittelschlauch am Ölkühler abziehen.

1,4 l-(T)FSI-Motoren
■ Ziehen Sie die Halteklammer heraus und ziehen Sie den unteren Kühlmittelschlauch vom Kühler ab.
■ Kühlmittel aus dem Ladeluftkühlsystem ablassen. Dazu den Kühlmittelschlauch (Schnellkupplung) am unteren Anschlussstutzen des Zusatzwasserkühlers für Ladeluftsystem trennen.

2,0 l-(T)FSI-Motoren
■ Schraube am Halter für Pumpe für Kühlmittelnachlauf herausdrehen. Die Pumpe für Kühlmittelnachlauf verbleibt in Einbaulage.
■ Kühlmittelschlauch abziehen.
■ Kühlmittelschlauch unten zur Pumpe für Kühlmittelnachlauf abbauen und Kühlmittel ablaufen lassen.

Fahrzeuge mit Standheizung:
■ Kühlmittelschläuche abbauen und restliches Kühlmittel ablaufen lassen.

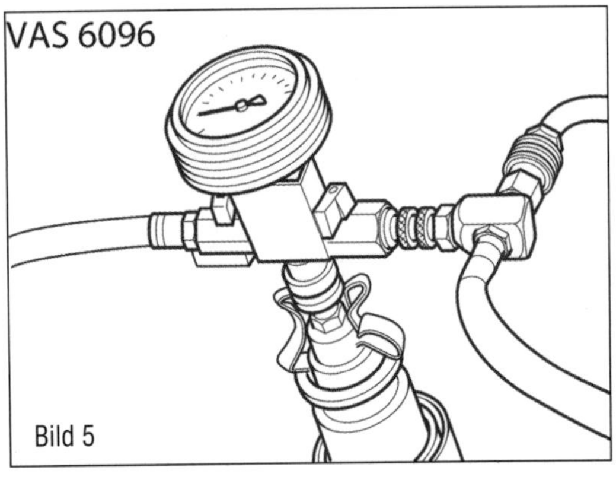

Bild 5

Bild 5
Füllgerät für den Kühlkreislauf bei VW/Audi.

Motorkühlsystem befüllen
Wurden Kühler, Wärmetauscher, Zylinderkopf oder Zylinderkopfdichtung ersetzt: Gebrauchtes Kühlmittel vorschriftsmäßig entsorgen und nicht wieder verwenden!
■ Kühlmittelschlauch unten am Kühler einbauen und mit Halteklammer sichern.
■ Kühlmittelschläuche am Ölkühler und an der Pumpe 2 für Kühlmittelumlauf anschließen.
■ Geräuschdämpfung einbauen.
■ Zum Befüllen ist laut Werkstattunterlagen von VW ab Herbst 2010 ausdrücklich destilliertes Wasser (plus Frostschutz) vorgeschrieben. Bis dahin galt die Vorschrift »Leitungswasser mit dem vorgeschriebenen Frostschutzzusatz«. Nun also heißt es: »Durch die unterschiedlichen Inhaltsstoffe, die länderspezifisch und sogar regionalspezifisch sein können, hat Volkswagen entschieden, die Wasserqualität für Kühlsysteme zu definieren. Destilliertes Wasser erfüllt alle Anforderungen. Aus diesem Grund wird empfohlen, auch bei älteren Modellen das Kühlmittel bei Ergänzungen und Neubefüllungen mit destilliertem Wasser anzumischen. Bei neueren Fahrzeugtypen (ab Baujahr 2010) ist destilliertes Wasser zwingend vorgeschrieben.« Die Konzentration des Kühlmittels darf auch in der warmen Jahreszeit bzw. in warmen Ländern nicht durch Nachfüllen von Wasser verringert werden. Der Kühlmittelzusatz-Anteil muss mindestens 40 % betragen. Ist ein stärkerer Frostschutz erforderlich, kann der Anteil von G12 plus plus erhöht werden, jedoch nur bis zu 60 % (Frostschutz bis etwa -40 °C), da sich sonst der Frostschutz wieder verringert und außerdem die Kühlwirkung verschlechtert wird.
■ Zum Feststellen der aktuellen Frostschutzdichte wird das Refraktometer (T10007) empfohlen.

Befüllen mit Gerät VAS 6096
■ Den Adapter für Ausgleichsbehälter V.A.G 1274/8 auf den Behälter schrauben.
■ Den Kühlmittelkreislauf mit dem Kühl-

system-Befüllgerät entsprechend Bedienungsanleitung mit mindestens 8 Litern vorgemischtem Kühlmittel (im Behälter VAS 6096/1) im richtigen Mischungsverhältnis befüllen. Dazu werden die Ventile bedient. Der Schlauch wird an Druckluft (6 bis 10 bar Überdruck) angeschlossen.

■ Die Abluft durch den Schlauch reißt eine geringe Menge Kühlmittel mit, die in einem geeigneten offenen Behälter aufgefangen wird.

Befüllen ohne Gerät

■ Das Kühlmittel langsam bis zur oberen Markierung des gerasterten Feldes am Ausgleichsbehälter auffüllen (Bild 1).

■ Ausgleichsbehälter verschließen. Den Motor starten und die Motordrehzahl für ca. 3 Minuten auf ca. 2000/min halten.

■ Motor danach im Leerlauf laufen lassen, bis der Lüfter anläuft.

■ Kühlmittelstand prüfen und ggf. ergänzen. Bei betriebswarmem Motor muss der Kühlmittelstand an der oberen Markierung, bei kaltem Motor in der Mitte des gerasterten Feldes liegen.

Kühler aus- und einbauen

Als Kühlmittelzusatz darf nur »G 12« nach TL VW 774 D verwendet werden. Erkennungsmerkmal ist die rote Färbung. Auf keinen Fall darf G12 mit anderen Kühlmittelzusätzen vermischt werden! Ist die Flüssigkeit im Ausgleichsbehälter braun, wurde G12 mit einem anderen Kühlmittel vermischt. In diesem Fall muss das Kühlmittel gewechselt werden. G12 und Kühlmittelzusätze mit dem Vermerk »gemäß TL VW 774 D« verhindern Frost- und Korrosionsschäden, Kalkansatz und heben außerdem die Siedetemperatur an. Aus diesen Gründen muss das Kühlsystem unbedingt ganzjährig mit Kühlerfrost- und Korrosionsschutzmittel befüllt sein. Besonders in Ländern mit tropischem Klima trägt das Kühlmittel durch den höheren Siedepunkt bei hoher Belastung des Motors zur Betriebssicherheit bei. Der Frostschutz muss bis etwa -25 °C (in Ländern mit arktischem Klima bis etwa -35 °C) gewährleistet sein. Die Konzentration des Kühlmittels darf auch in der warmen Jahreszeit bzw. in warmen Ländern nicht durch Nachfüllen von Wasser verringert werden. Der Kühlmittelzusatz-Anteil muss mindestens 40% betragen. Ist aus klimatischen Gründen ein stärkerer Frostschutz erforderlich, kann der Anteil von G12 erhöht werden, aber nur bis zu 60% (Frostschutz bis etwa -40 °C), da sich sonst der Frostschutz wieder verringert und außerdem die Kühlwirkung verschlechtert wird. Zum Festlegen der aktuellen Frostschutzdichte wird das Refraktometer T10007 empfohlen. Wurden Kühler, Wärmetauscher, Zylinderkopf oder Zylinderkopfdichtung ersetzt, gebrauchtes Kühlmittel nicht wieder verwenden.

1,4-, 1,6 l-Benzinmotor

■ Öffnen Sie den Verschlussdeckel vom Kühlmittel-Ausgleichbehälter.

■ Geräuschdämpfung unten ausbauen.

■ Schrauben Sie zum Ablassen des Kühlmittels aus dem Kühler die Ablassschraube (Pfeil in Bild 6) im Kühler heraus.

1,4- und 1,6- (Tasse), 2,0 l-Benzinmotor und 1,9 l-Dieselmotor

■ Kühlmittelschläuche vom Kühler abziehen.

1,6 l-Rollenschlepphebel, 1,8 l-Benzinmotor

■ Schnellkupplungen der Kühlmittelschläuche vom Kühler abziehen.

■ Anschlussstecker vom Thermoschalter bzw. Geber für Kühlmitteltemperatur (Kühlerausgang) sowie vom Lüfter für Kühler abziehen.

1,9 l-Dieselmotor mit PD-Elementen

■ Bringen Sie den Schlossträger in Servicestellung.

■ Stützen Sie den Schlossträger mit einer Hülse (B), 80 mm lang und einer Schraube M8 x 100 ab (Bild 7).

■ Befestigungsschrauben des Kühlers herausdrehen und Kühler nach unten herausnehmen.

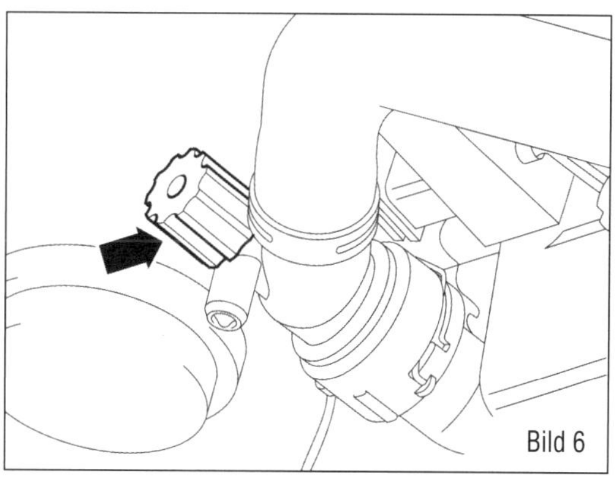

Bild 6

Bild 6
Der Ablasshahn am Kühler ist leider nicht immer verbaut.

Bild 7
Absteckdorn (T 10093), Schraube M8x100 (A) und Hülse 80 mm (B).

Bild 8
1 Frontteil
2 Schraube
3 Kombischraube
4 Schraube
5 Dämpfung
6 Sechskantmutter
7 Schraube
8 Schraube
9 Spreizclip
10 Blende
11 Frontspoiler
12 Lüftungsgitter

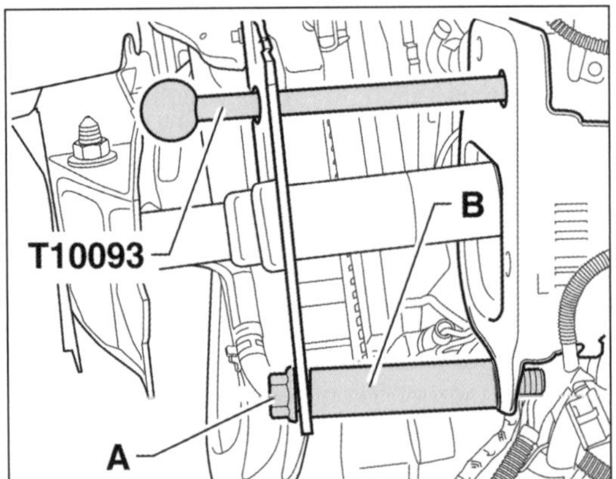

Bild 7

Weiter für alle Fahrzeuge

- Anschlussstecker vom Thermoschalter abziehen.
- Bauen Sie den Schlossträger aus. Die Montagearbeiten hierzu werden wir am Ende des Kapitels aufgreifen, da sie für alle Modellvarianten zur Anwendung kommen.
- Lösen Sie die Befestigungsschrauben des Kühlers und nehmen Sie den Kühler heraus.

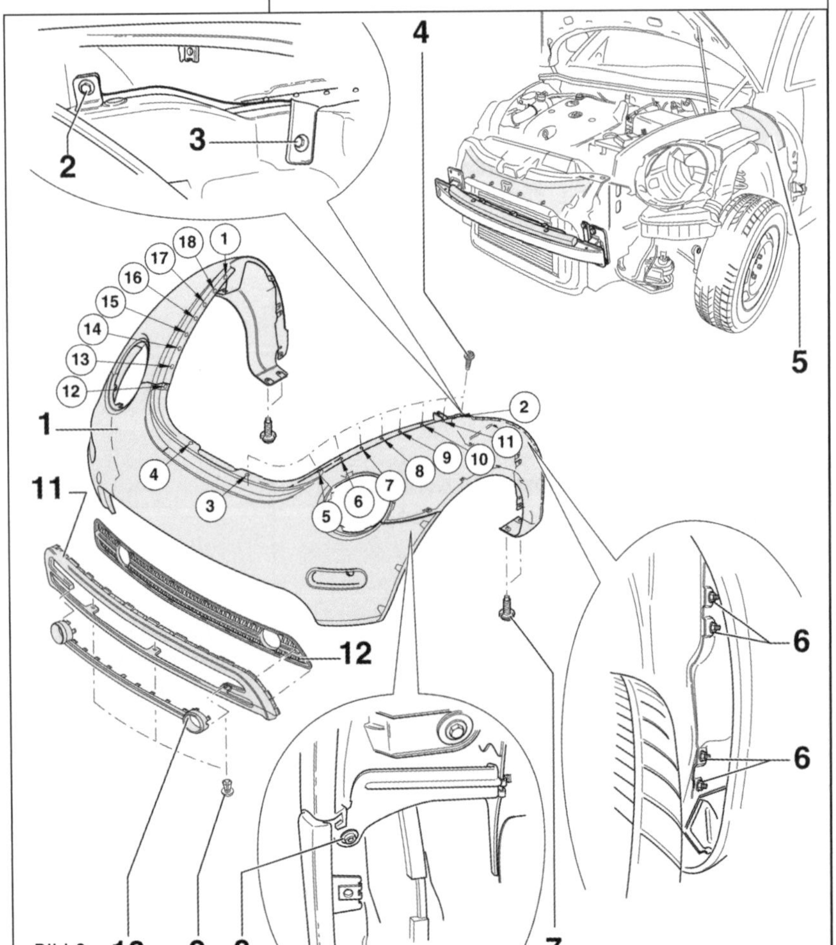

Bild 8

1,4- und 1,6- (Tasse), 2,0 l-Benzinmotor und 1,9 l-Dieselmotor

- Kühlmittelschläuche vom Kühler abziehen.

1,6 l-Rollenschlepphebel, 1,8 l-Benzinmotor

- Schnellkupplungen der Kühlmittelschläuche vom Kühler abziehen.
- Anschlussstecker vom Thermoschalter bzw. Geber für Kühlmitteltemperatur (Kühlerausgang) sowie vom Lüfter für Kühler abziehen.

1,9 l-Dieselmotor mit PD-Elementen

- Bringen Sie den Schlossträger in Servicestellung.
- Stützen Sie den Schlossträger mit einer Hülse (B), 80 mm lang und einer Schraube M8 x 100 ab (Bild 7).
- Befestigungsschrauben des Kühlers herausdrehen und Kühler nach unten herausnehmen.

Weiter für alle Fahrzeuge

- Anschlussstecker vom Thermoschalter abziehen.
- Bauen Sie den Schlossträger aus. Die Montagearbeiten hierzu werden wir am Ende des Kapitels aufgreifen, da sie für alle Modellvarianten zur Anwendung kommen.
- Lösen Sie die Befestigungsschrauben des Kühlers und nehmen Sie den Kühler heraus.

Einbauen

Der Einbau erfolgt in umgekehrter Reihenfolge. Im Regelfall ist der Ausbau von Teilen der Klimaanlage nicht erforderlich. Sollten Sie Arbeiten an der Klimaanlage machen müssen, vergeben Sie den Auftrag an einen Betrieb, der die entsprechenden Werkzeuge und den erforderlichen Sachkundenachweis hat.

Frontverkleidungen aus- und einbauen

Für die Montagearbeiten im Frontbereich muss oftmals der Vorderbau zerlegt werden. Diese Arbeiten werden wir Ihnen an dieser Stelle vorstellen.

- Frontscheinwerfer ausbauen.
- Radhausschalen ausbauen.
- In den Radhäusern die Schrauben in Po-

sition 2, Position 3 und Position 8 (eingekreist im Bild 8) herausdrehen.

- Steckverbindungen für Blinkleuchten und Nebelscheinwerfer abziehen.
- Bei Fahrzeugen mit Scheinwerferreinigungsanlage Schlauchverbindung trennen.
- Die Muttern in der Position 6 (eingekreist im Bild 8) abschrauben.
- Die Spreizclipse in der Position 9 (eingekreist im Bild 8) ausbauen.
- Die Schrauben in der Position 4 (eingekreist im Bild 8) und in Position 4 und Position 7 herausdrehen.
- Frontteil links und rechts nach außen von den Gewindebolzen ziehen und mit zwei Monteuren nach vorn vom Fahrzeug abnehmen.

Montage
Der Einbau erfolgt sinngemäß in umgekehrter Reihenfolge.

- Vor dem Ansetzen des Frontteils sind die Anlagebereiche wieder mit Scheuerschutzfolie für den Haubenöffner vorne zu bekleben bzw. der Zustand der alten Scheuerschutzfolie zu überprüfen.
- Beim Aufsetzen des Frontteils auf beiden Seiten den korrekten Sitz der Dämpfung 5 (Bild 8) auf dem Längsträger herstellen und auf korrekte Verrastung am Halter des Hauptscheinwerfers achten.

Schlossträger aus- und einbauen

Auch diese Arbeitsschritte unterscheiden sich bei den unterschiedlichen Modellen nur so geringfügig, dass wir auf eine Differenzierung verzichtet haben.

- Frontteil ausbauen.
- Bowdenzug am Schloss aushängen und elektrische Steckverbindungen trennen.
- Schrauben in Position 3 und Position 4 (Bild 9) herausdrehen und Stoßfängerträger abnehmen.
- Kühler und Kondensator vom Schlossträger abschrauben.
- Kühler und Kondensator im Motorraum sichern.

⚠ Kondensator nicht an den Leitungen aufhängen. Die Kondensatorleitungen dürfen nicht geknickt werden.

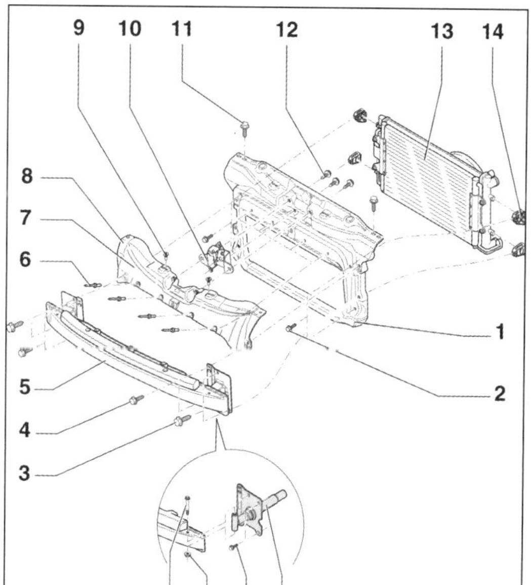

Bild 9

Bild 9
1 Schlossträger
2 Schraube
3 Schraube
4 Schraube
5 Stoßfängerträger
6 Blindniet
7 Dämpfung
8 Verbindungsblech
9 Blindnietmutter
10 Klappenschloss
11 Schraube
12 Sechskantschraube
13 Kühler und Kondensator
14 Kühlerlager
15 Pralldämpfer (USA)
16 Mutter (USA)
17 Schraube (USA)

- Schrauben an Position 11 (Bild 9) herausdrehen.
- Schlossträger mit Verbindungsblech und Schloss abnehmen.

Montage
Der Einbau erfolgt sinngemäß in umgekehrter Reihenfolge.

- Schlossträger an den Längsträgern ausmitteln.
- Scheinwerfer neu einstellen.

Lüfter und Zarge aus- und einbauen

⚠ Bei warmem Motor steht das Kühlsystem unter Druck. Vor Reparaturen ggf. Druck abbauen. Schlauchverbindungen sind mit Federbandschellen gesichert. Im Reparaturfall nur Federbandschellen verwenden. Zur Montage der Federbandschellen wird das Montagewerkzeug VAS 5024 empfohlen. Kühlmittelschläuche beim Einbau spannungsfrei verlegen, ohne dass sie mit anderen Bauteilen in Berührung kommen (Markierung auf dem Kühlmittelanschluss und Schlauch beachten). Die Dichtheitsprüfung des Kühlsystems mit Kühlsystem-Prüfgerät »V.A.G 1274« und den Adaptern »V.A.G 1274/8« und »V.A.G 1274/9« durchführen.

- Motorabdeckung ausbauen.
- Geräuschdämmung unten ausbauen.

Bild 10
1 Kühler
2 O-Ring
3 Kühlmittelschlauch oben
4 zum Abzweigstück Wärmetauscher/Ausgleichsbehälter
5 zum Kühlmittelregler-Gehäuse
6 Luftführungshutze
7 Schraube
8 Zusatzlüfter
9 Lüfterring
10 Anschlussstecker
11 Lüfter für Kühler
12 zum Kühlmittelregler-Gehäuse
13 Ausgleichsbehälter
14 Verschlussdeckel
15 zum Wärmetauscher
16 zum Abzweigstück Kühlmittelreglergehäuse/Kühlmittelschlauch oben
17 Kühlmittelschlauch unten
18 O-Ring
19 Thermoschalter
20 Halter
21 Schraube

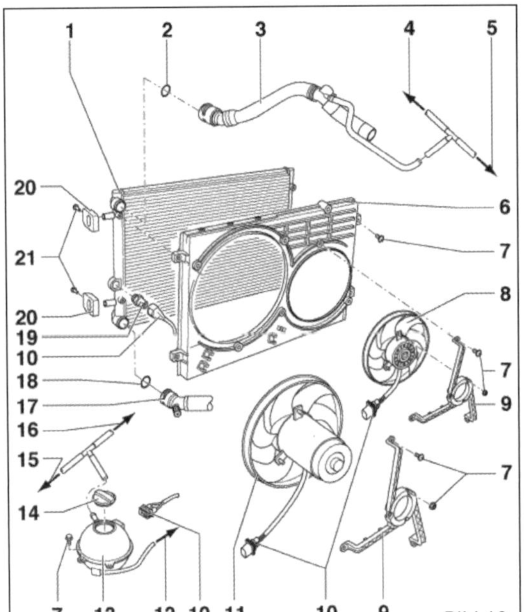

Bild 10

■ Eventuell Luftfiltergehäuse mit Luftmassenmesser und dem Verbindungsrohr ausbauen.
■ Die oberen Schrauben der Luftführungshutze herausdrehen.

Diesel- und Benzin-Turbomotoren
Verbindungsschlauch »heiße Seite« zum Ladeluftrohr ausbauen. Dazu die Schlauchschelle lösen.
■ Steckverbindung (10) trennen.
■ Die unteren Schrauben (7 in Bild 10) herausdrehen.
■ Luftführungshutze mit den Kühlerlüftern nach oben herausnehmen.

Weiter für alle Fahrzeuge
■ Steckverbindung der Lüftermotoren (wenn vorhanden) und die Leitungen freilegen und abziehen.

Bild 11
1 Schraube
2 Zahnriemenschutz
3 Kühlmittelpumpe
4 Schraube
5 Schraube
6 Umlenkrolle

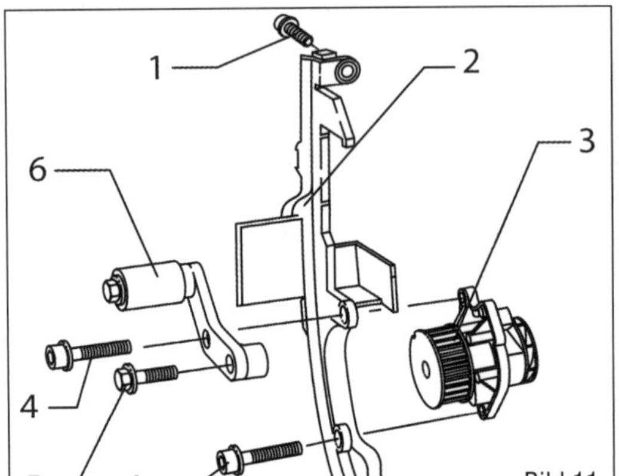

Bild 11

■ Die Muttern der Lüftermotoren abschrauben und die Kühlerlüfter herausnehmen.
Der Einbau erfolgt sinngemäß in umgekehrter Reihenfolge.

Kühlmittelpumpe/Wasserpumpe aus- und einbauen

1,4 l-Benzinmotor
■ Kühlmittel ablassen.
■ Bauen Sie zuerst den Haupttrieb-Zahnriemen aus.
■ Umlenkrolle (6) ausbauen, hierzu Schraube (5) der Umlenkrolle herausschrauben.
■ Schrauben (1) und (4) herausdrehen und Zahnriemenschutz hinten (2) und Kühlmittelpumpe (3) herausnehmen (Bild 11).

Einbau
Der Einbau unter Bezug auf Bild 11 erfolgt in umgekehrter Reihenfolge, dabei ist Folgendes zu beachten:
■ Kühlmittelpumpe (3) in den Zylinderblock einsetzen und Befestigungsschrauben (4) zusammen mit hinterem Zahnriemenschutz einbauen.
■ Befestigungsschrauben (4) festziehen.
■ Umlenkrolle (6) einbauen und Befestigungsschraube (5) festziehen.
■ Zahnriemen einbauen und spannen.
■ Keilrippenriemen einbauen.
■ Kühlmittel auffüllen.

1,6-, 2,0 l-Benzinmotor
Dichtungen und Dichtringe werden grundsätzlich ersetzt. Das Zahnriemenschutz-Unterteil kann eingebaut bleiben. Der Zahnriemen bleibt auf dem Kurbelwellen-Zahnriemenrad aufgelegt. Zum Schutz vor dem Kühlmittel den Zahnriemen vor dem Ausbau der Kühlmittelpumpe mit einem Lappen abdecken.

■ Kühlmittel ablassen.
■ Keilrippenriemen ausbauen.
■ Bauen Sie das Spannelement für den Keilrippenriemen aus.

Motoren mit Rollenschlepphebel (Bild 13)
■ Zahnriemenschutz Ober- und Mittelteil ausbauen.

Weiter für beide Motorbauarten

- Zahnriemen vom Zahnriemenrad der Kühlmittelpumpe abnehmen.
- Befestigungsschraube (1) vom Zahnriemenschutz hinten (2) herausschrauben.
- Befestigungsschrauben (5) der Kühlmittelpumpe herausschrauben und Kühlmittelpumpe (4) ausbauen (Bild 12).

Einbau

Der Einbau erfolgt in umgekehrter Reihenfolge, dabei ist Folgendes zu beachten:

- Neuen O-Ring (3) mit Kühlmittel benetzen.
- Kühlmittelpumpe (4) einsetzen. Einbaulage: Verschlussstopfen im Gehäuse zeigt nach unten.
- Kühlmittelpumpe (4) in den Zylinderblock einsetzen und Befestigungsschrauben (5) festziehen.
- Befestigungsschraube (1) für Zahnriemenschutz hinten (2) am Zylinderkopf festziehen.
- Den Zahnriemen einbauen und die Steuerzeiten einstellen.
- Spannelement für Keilrippenriemen einbauen.
- Keilrippenriemen einbauen.
- Kühlmittel auffüllen.

1,8 l-Benzinmotor (Bild 14)

- Kühlmittel ablassen.
- Keilrippenriemen ausbauen.
- Zahnriemenschutz oben und Mitte ausbauen.
- Zahnriemen vom Zahnriemenrad der Kühlmittelpumpe abnehmen.
- Befestigungsschrauben (1) der Kühlmittelpumpe herausschrauben und Kühlmittelpumpe (2) ausbauen.

Einbau

Der Einbau erfolgt in umgekehrter Reihenfolge, dabei ist Folgendes zu beachten:

- Neuen O-Ring mit Kühlmittel benetzen.
- Kühlmittelpumpe mit dem Verschlussstopfen im Gehäuse nach unten zeigend in den Zylinderblock einsetzen und Befestigungsschrauben festziehen.
- Bauen Sie den Zahnriemen ein und stellen die Steuerzeiten ein.
- Keilrippenriemen einbauen.
- Kühlmittel auffüllen.

1,9 l-Dieselmotor (Bild 15)

- Kühlmittel ablassen.
- Keilrippenriemen ausbauen.

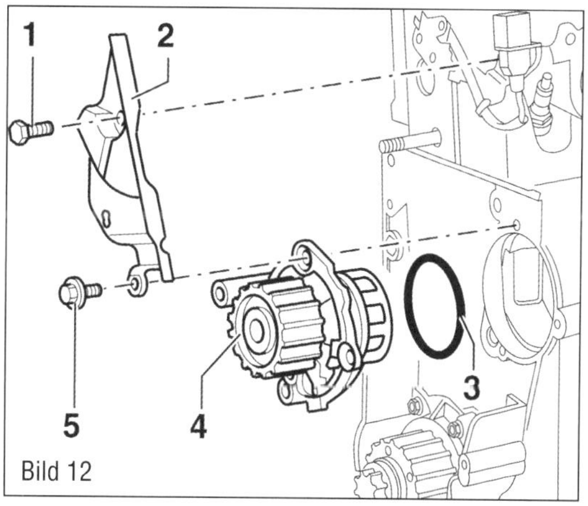

Bild 12

Bild 12
1,6 l- und 2,0 l-Motoren mit Tassenstößeln.
1 Schraube
2 Zahnriemenschutz
3 O-Ring
4 Kühlmittelpumpe
5 Schraube

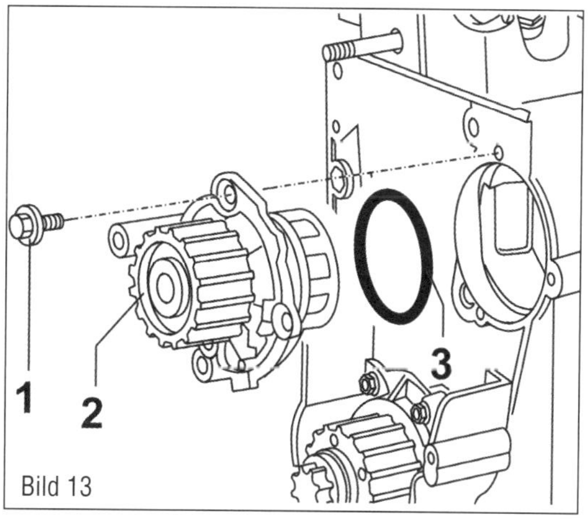

Bild 13

Bild 13
Motoren mit Rollenschlepphebeln.
1 Schraube
2 Kühlmittelpumpe
3 O-Ring

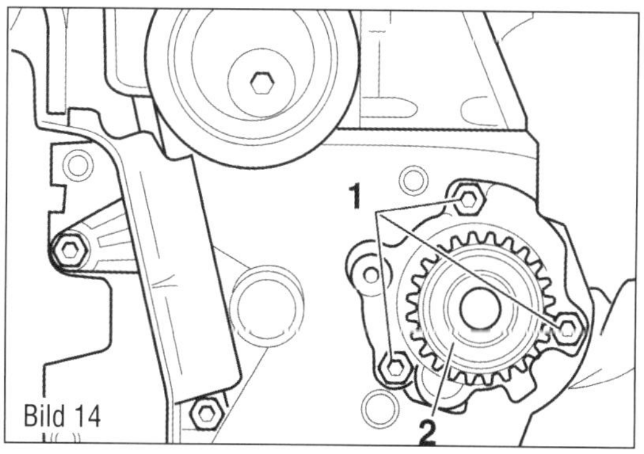

Bild 14

Bild 14
Motoren mit Tassenstößel.
1 Schraube
2 Kühlmittelpumpe

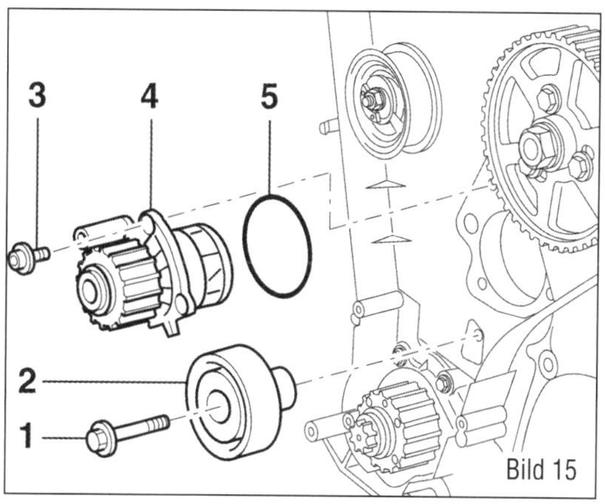

Bild 15

Bild 15
Dieselmotoren.
1 Schraube
2 Umlenkrolle
3 Schraube
4 Kühlmittelpumpe
5 O-Ring

Sichtprüfung Messen

Bild 16
1,4-l-Benzinmotor
1 Anschlussstutzen
2 Schneidschraube
3 O-Ring
4 Kühlmittelregler
5 zum Abzweigstück Ausgleichsbehälter
6 zum Wärmetauscher
7 vom Ausgleichsbehälter unten
8 Kühlmittelregler-Gehäuse
9 vom Wärmetauscher
10 Kühlmittelrohr
11 Dichtring
12 Kühlmittelpumpengehäuse am Zylinderblock
13 Halteklammer
14 Schraube
15 Verschlussstopfen
16 Geber für Kühlmitteltemperatur
17 Halteklammer
18 zum Kühler oben
19 vom Kühler unten

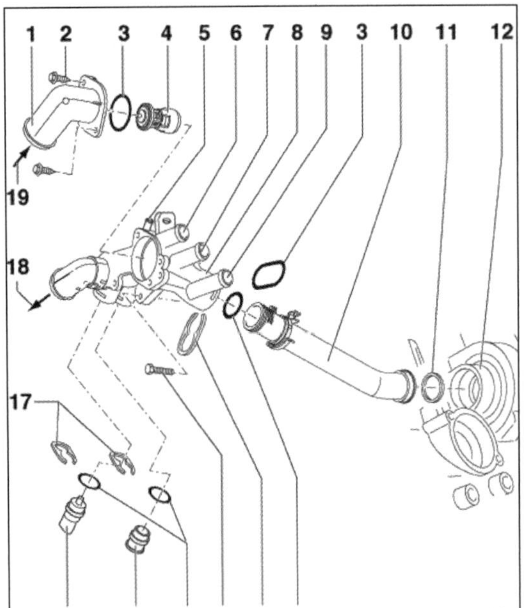

Bild 16

■ Verbindungsrohr oben ausbauen.
■ Bauen Sie den Kraftstofffilter mit Halter aus.
■ Zahnriemenschutz-Ober- und -Mittelteil ausbauen.
■ Zahnriemen vom Nockenwellenrad, Einspritzpumpenrad und Kühlmittelpumpenrad abnehmen.
■ Befestigungsschraube (1) herausschrauben und Umlenkrolle (2) ca. 30 mm nach unten drücken.
■ Befestigungsschrauben (3) der Kühlmittelpumpe herausschrauben und Kühlmittelpumpe (4) vorsichtig zwischen Motorhalter und Zahnriemenschutz hinten herausnehmen.

Einbau
Der Einbau erfolgt in umgekehrter Reihenfolge, dabei ist Folgendes zu beachten:
■ Einen neuen O-Ring (5) mit Kühlmittel benetzen.

Bild 17
1,6-, 1,8- und 2,0 l-Benzinmotoren.
1 Thermostat (Kühlmittelregler)
2 O-Ring
3 Anschlussstutzen
4 Schraube

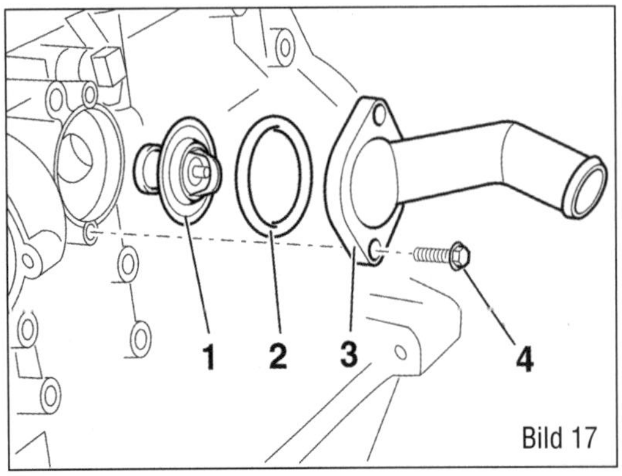

Bild 17

■ Kühlmittelpumpe (4) in den Zylinderblock einsetzen und Befestigungsschrauben (3) festziehen. Der Verschlussstopfen der Kühlmittelpumpe muss nach unten zeigen.
■ Umlenkrolle (2) einbauen und neue Befestigungsschraube (1) festziehen.
■ Zahnriemen einbauen und spannen.
■ Bauen Sie den Kraftstofffilter mit Halter ein.
■ Montieren Sie den Keilrippenriemen.
■ Verbindungsrohr oben einbauen.
■ Kühlmittel auffüllen.

Temperaturregler und Thermostate

1,4 l-Benzinmotor
■ Kühlmittel ablassen.
■ Legen Sie den Anschlussstutzen (1) so weit frei, dass Sie die Verschraubungen (2) lösen können.
■ Demontieren Sie die Verschraubungen (2) und nehmen Sie den Anschlussstutzen (1) ab. Nehmen Sie den Dichtring (3) heraus und erneuern sie ihn.
■ Nehmen Sie den Thermostat (4) (Kühlmittelregler) heraus.

Einbau
Der Einbau erfolgt sinngemäß in umgekehrter Reihenfolge.
■ Kühlmittel auffüllen.
■ Entlüften Sie das Kühlsystem.

1,6 l-, 1,8 l-, 2,0 l-Benzinmotor (Bild 17)
■ Kühlmittel ablassen.
■ Legen Sie den Anschlussstutzen (3) so weit frei, dass Sie die Verschraubungen (4) lösen können.
■ Kühlmittelschlauch vom Anschlussstutzen (3) abziehen.
■ Befestigungsschrauben (4) des Anschlussstutzens (3) herausschrauben und Anschlussstutzen (3) mit Kühlmittelregler (1) ausbauen.

Einbau
Der Einbau erfolgt in umgekehrter Reihenfolge, dabei ist Folgendes zu beachten:
■ Neuen O-Ring (2) mit Kühlmittel benetzen.
■ Anschlussstutzen (3) mit Kühlmittelregler (1) in den Motorblock einsetzen.
☞ Die Bügel vom Kühlmittelregler müssen nahezu senkrecht stehen.

■ Befestigungsschrauben (4) festziehen.
■ Kühlmittel auffüllen.

1,9 l-Dieselmotor (EDC) (Bild 18)
■ Kühlmittel ablassen.
■ Kühlmittelschlauch vom Anschlussstutzen (2) abziehen.
■ Befestigungsschrauben (1) des Anschlussstutzens (2) herausschrauben und Anschlussstutzen (2) mit Kühlmittelregler (4) ausbauen.
■ Kühlmittelregler (4) 1/4 Umdrehung (90°) nach links drehen und aus dem Anschlussstutzen (2) herausnehmen.

Einbau
Der Einbau erfolgt in umgekehrter Reihenfolge, dabei ist Folgendes zu beachten:
■ Neuen O-Ring (3) mit Kühlmittel benetzen.
■ Kühlmittelregler (4) in den Anschlussstutzen (2) einsetzen und 1/4 Umdrehung (90°) nach rechts drehen. Die Bügel vom Kühlmittelregler müssen nahezu senkrecht stehen.
■ Anschlussstutzen (2) mit Kühlmittelregler (4) in den Motorblock einsetzen.
■ Befestigungsschrauben (1) festziehen.
■ Kühlmittel auffüllen.

1,9 l-Dieselmotor (PD)
■ Kühlmittel ablassen.
■ Kühlmittelschlauch vom Anschlussstutzen abziehen.
■ Befestigungsschrauben (1) des Anschlussstutzens (2) herausschrauben und Anschlussstutzen (2) mit Kühlmittelregler (4) ausbauen.
■ Kühlmittelregler (4) 1/4 Umdrehung (90°) nach links drehen und aus dem Anschlussstutzen (2) herausnehmen.

Einbau
Der Einbau erfolgt in umgekehrter Reihenfolge, dabei ist Folgendes zu beachten:
■ Neuen O-Ring (3) mit Kühlmittel benetzen und auf den Anschlussstutzen (2) stecken.
■ Kühlmittelregler (4) in den Anschlussstutzen (2) einsetzen und 1/4 Umdrehung (90°) nach rechts drehen. Die Bügel vom Kühlmittelregler müssen nahezu senkrecht stehen.
■ Anschlussstutzen (2) mit Kühlmittelregler (4) in den Motorblock einsetzen.
■ Befestigungsschrauben (1) festziehen.
■ Kühlmittel auffüllen.

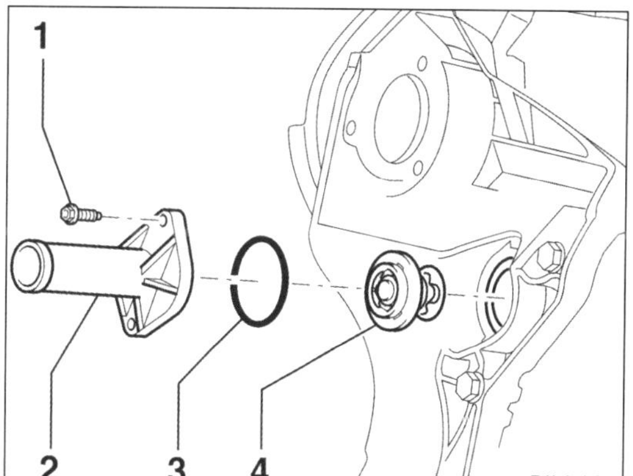

Bild 18

Bild 18
Dieselmotoren.
1 Schraube
2 Anschlussstutzen
3 O-Ring
4 Thermostat (Kühlmittelregler)

Elektronisch geregeltes Kühlsystem prüfen

Das Kühlsystem wird bei diesem Motor vom Motorsteuergerät Kennfeld-gesteuert geregelt.
Lastabhängige Vorgabe der Solltemperatur, thermostatische Regelung der Kühlmitteltemperatur und die Steuerung der Lüfterstufen sind die Hauptmerkmale dieses neuen Systems. Durch eine höhere Motortemperatur in Teillastbereichen ergeben sich folgende Vorteile:
- Verbrauchsreduzierung in Teillastbereichen,
- Reduzierung der CO- und HC-Rohemissionen.

■ Schließen Sie das Fehlerauslesegerät V.A.G 1551 (V.A.G 1552) oder ein anderes VAG-geeignetes Testgerät an.
■ Starten Sie den Motor an und wählen Sie das Motorsteuergerät an. Es wird hier die Plausibilität des Systems überprüft. Es kann deshalb »Syst.iO« angezeigt werden, obwohl schon ein elektrischer Fehler erkannt wurde.
■ Fehlerspeicher des Motorsteuergerätes abfragen und löschen.
■ Liegen Fehler an den Kühlmitteltemperaturgebern bzw. den Leitungsverbindungen oder den Lüfterendstufen vor, werden vom Motorsteuergerät die Lüfterstufen angesteuert.

Pumpe für Kühlmittelnachlauf prüfen

■ Prüfen Sie, ob die Sicherung Nr. 16 im Sicherungsträger in Ordnung ist.

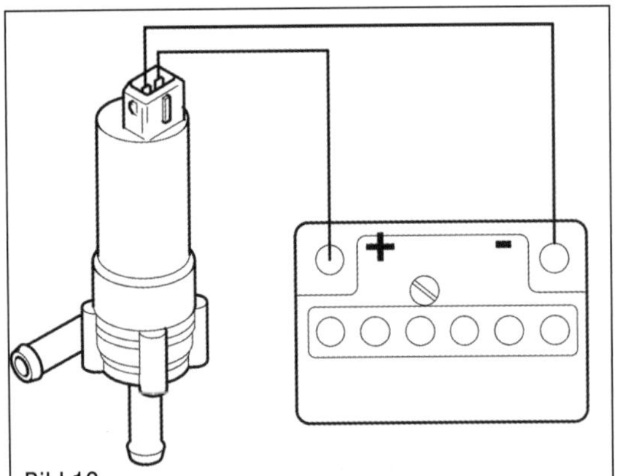

Bild 19

■ Ziehen Sie den 2-poligen Stecker von der Pumpe für Kühlmittelnachlauf ab.

■ Verbinden Sie die Kontakte der Pumpe für Kühlmittelnachlauf mit Hilfsleitungen mit der Batterie. Die Pumpe für Kühlmittelnachlauf muss nun anlaufen.

Pumpe läuft nicht:

■ Pumpe für Kühlmittelnachlauf ersetzen.

Pumpe läuft:

■ Schalten Sie die Zündung ein und wieder aus.

■ Schließen Sie ein Multimeter mit Hilfsleitungen am abgezogenen Anschlussstecker der Pumpe für Kühlmittelnachlauf an. Es sollten 12 V anliegen. Diese Prüfung muss innerhalb von 10 Min. nach dem Ausschalten der Zündung durchgeführt werden.

■ Liegen keine 12V an, muss die Leitungsunterbrechung nach Stromlaufplan ermitteln und beseitigt werden.

Thermostat prüfen

■ Legen Sie den Thermostat in ein Wasserbad ein und erwärmen Sie ihn langsam.

■ LDer Stift des Thermoelementes muss sich herausbewegen. Der Öffnungsbeginn liegt etwa bei 84 °C, die vollständige Öffnung bei ca. 98 °C. Hierzu muss der Thermostat aber im Wasserbad aufgehängt werden. Der Öffnungsweg ist nicht angegeben.

7 Kraftstoffversorgung

Bauteile der Anlage und Arbeiten am Kraftstoffsystem

Sicherheit geht vor

⚠ Kraftstoffvorlaufleitung steht unter Druck! Vor dem Lösen von Schlauchverbindungen Putzlappen um die Verbindungsstelle legen. Dann durch vorsichtiges Abziehen des Schlauches Druck abbauen. Tragen Sie Schutzbrille und Schutzbekleidung, um Verletzungen und Hautkontakt zu vermeiden.

⚠ Aus Sicherheitsgründen muss vor dem Öffnen des Kraftstoffsystems die Stromzufuhr zur Kraftstoffpumpe unterbrochen werden. Die Kraftstoffpumpe wird sonst beim Öffnen der Fahrertür aktiviert. Nutzen Sie eine der folgenden Möglichkeiten um die Stromzufuhr zu unterbrechen.

⚠ Wichtig zu wissen für die Arbeit an dieser Reparaturgruppe ist die Tatsache, dass es automatische Ein- und Ausschaltfunktionen für die Kraftstoffpumpe gibt. Die Crash-Kraftstoffabschaltung soll die Gefahr eines Fahrzeugbrandes nach einem Crash reduzieren, indem die Kraftstoffpumpe abgeschaltet wird. Kurzzeitiges Einschalten der Pumpe beim Öffnen der Tür soll andererseits eine Komfortverbesserung des Startverhaltens beim Motor bewirken. Dabei wird die Kraftstoffpumpe 2 Sekunden lang angesteuert, damit sich im Kraftstoffsystem Druck aufbaut. Weil die Kraftstoffpumpe beim Einschalten der Zündung und durch den Türkontaktschalter der Fahrertür aktiviert wird, muss vor dem Öffnen des Kraftstoffsystems aus Sicherheitsgründen, wenn die Batterie nicht abgeklemmt wird, der Anschlussstecker von der Kraftstoff-Fördereinheit abgezogen oder die Sicherung für die Ansteuerung der Kraftstofffördereinheit aus dem Sicherungshalter entfernt werden.

Die Anlage im Überblick

Wichtigste Bauteile des Systems der Kraftstoffversorgung sind der Kraftstoffbehälter (Tank), in den der Kraftstoff über Tankklappeneinheit und Einfüllstutzen eingebracht wird, die in den Tank eingebaute Kraftstofffördereinheit (Kraftstoffpumpe), der Kraftstofffilter und die Kraftstoffleitungen (Bild 1). Die Vorlaufleitung (die untere Leitung über dem Verschlussring der Fördereinheit) ist schwarz gekennzeichnet, die Rücklaufleitung (im Bild die obere) ist blau. Es gibt kaum Merkmale, durch die sich die durchaus unterschiedlichen Tankanlagen für Diesel- und Benzinermodelle mit 0,5 oder 6 bar Niederdrucksystem sich voneinander unterscheiden lassen. Die Einbauposition der Komponenten unterscheidet sich nicht. Erfahrungsgemäß werden der Ersatz oder auch Arbeiten am Tanksystem sich auf die Intankpumpe oder den Kraftstoffgeber beschränken. Der Austausch der kompletten Tankanlage ist möglich, aber aufwändig und kommt sehr selten vor.

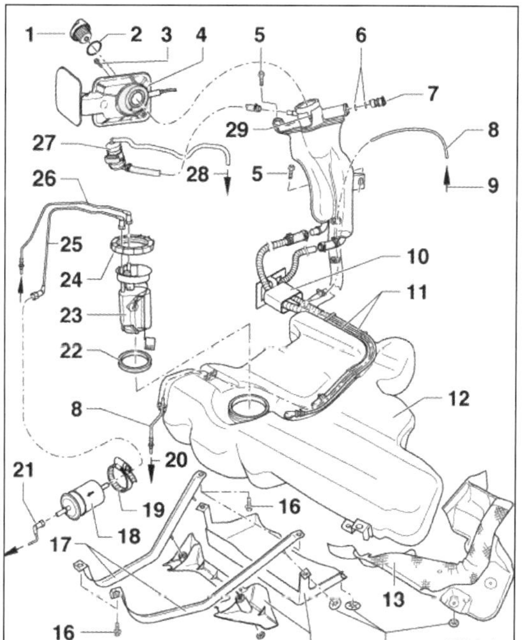

Bild 1

Bild 1
1 Verschlussdeckel
2 O-Ring
3 Befestigungsschraube
4 Tankklappeneinheit
5 Schraube
6 O-Ring
7 Entlüftungsventil
8 Entlüftungsleitung
9 vom Aktivkohlebehälter
10 Leitungsführung
11 Entlüftungsleitung
12 Kraftstoffbehälter
13 Wärmeschutzblech
14 Klemmscheibe
15 Abdeckung
16 Schraube
17 Spannband
18 Kraftstofffilter
19 Schraubschelle
20 zum Magnetventil für Aktivkohlebehälter
21 Vorlaufleitung
22 Dichtring
23 Kraftstofffördereinheit
24 Überwurfmutter
25 Vorlaufleitung
26 Rücklaufleitung
27 Schwerkraftventil
28 zum Aktivkohlebehälter
29 Masseverbindung

Elektrische Sicherungen für Kraftstoffpumpe

Die zutreffende Sicherung befindet sich auf dem Steckplatz »SB 28« des Sicherungshalters »SB« in der Schalttafel links. Diese 15-A-Sicherung 28 sichert die Stromzufuhr zum Steuergerät für Kraftstoffpumpe und zum Kraftstoffpumpensteuergerät auf der Kraftstofffördereinheit. Einbezogen in diesen Sicherungskreis ist auch die Diagnosepumpe für Kraftstoffsystem. Der Sicherungshalter »SB« ist der wichtigste Einbauort für die zum schnellen Zugriff gedachten Sicherungen. Beim Aus- und Einbau des Gebers für Kraftstoffvorratsanzeige oder der Kraftstoffpumpe

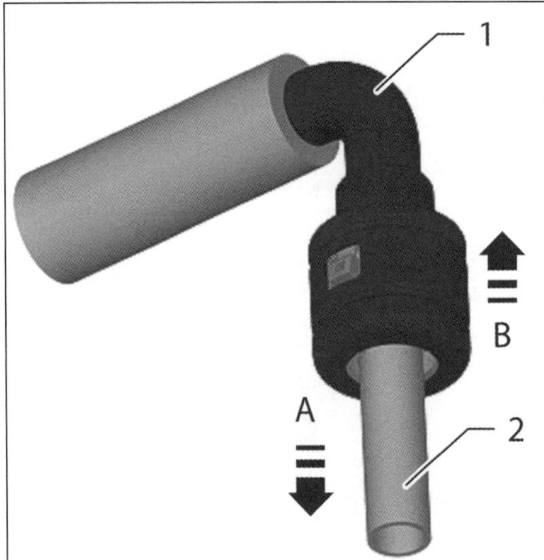

Bild 2
Variante 1.
1 Steckkupplung
2 Kraftstoffleitung

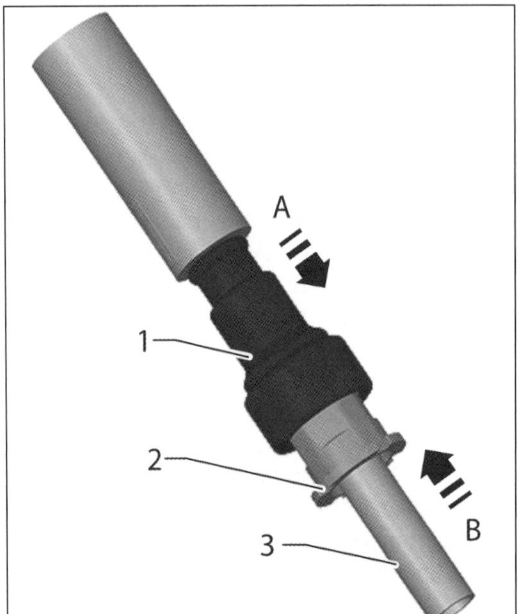

Bild 3
Variante 2:
1 Steckkupplung
2 Zugentriegelung
3 Kraftstoffleitung

Bild 4
Variante 3.
Pfeil = Entriegelungstaste.

(Kraftstofffördereinheit) aus gefüllten oder teilweise gefüllten Kraftstoffbehältern muss bereits vor Beginn der Arbeiten in der Nähe der Montageöffnung des Kraftstoffbehälters zum Absaugen der freiwerdenden Kraftstoffgase der Abgasschlauch einer eingeschalteten Abgas-Absauganlage gelegt werden. Alternativ kann ein Radiallüfter mit Motor außerhalb des Luftstroms und mit Fördervolumen größer als 15 m³/h verwendet werden. Kraftstoffleitungen sind mit Schnellverschlüssen gesichert. Kraftstoffschläuche dürfen nur mit Federbandschellen gesichert werden. Die Verwendung von Klemm- oder Schraubschellen ist nicht zulässig.

Steckkupplungen trennen

Bei Fahrzeugen der Volkswagengruppe finden sich sechs typische Stecksysteme für die Verbindungen der Kraftstoffversorgungsschläuche.

Variante 1 (Bild 2)

- Steckkupplung (1) in Pfeilrichtung A drücken.
- Entriegelungstasten drücken und gedrückt halten.
- Steckkupplung (1) in Pfeilrichtung B von der Kraftstoffleitung (2) abziehen.
- Beim Einbau Farbzuordnung beachten.
- Steckkupplungen müssen beim Verriegeln »hörbar« einrasten.
- Den festen Sitz der Steckkupplung durch Gegenziehen prüfen!

Variante 2 (Bild 3)

- Steckkupplung (1) in Pfeilrichtung A drücken.
- Zugentriegelung (2) in (Pfeilrichtung B) ziehen.
- Steckkupplung (1) in Pfeilrichtung B von der Kraftstoffleitung (3) abziehen.
- Beim Einbau Farbzuordnung beachten.
- Die Steckkupplungen müssen beim Verriegeln »hörbar« einrasten.
- Den festen Sitz der Steckkupplung durch Gegenziehen prüfen!

Variante 3 (Bild 4)

- Entriegelungstaste (Pfeil) drücken und Steckkupplungen abziehen.
- Beim Einbau Farbzuordnung beachten.

- Steckkupplungen müssen beim Verriegeln »hörbar« einrasten.
- Den festen Sitz der Steckkupplungen durch Gegenziehen prüfen!

Variante 4 (Bild 5)
- Steckkupplung in Pfeilrichtung A drücken.
- Entriegelungstasten (Pfeile) drücken und Steckkupplung abziehen.
- Beim Einbau Farbzuordnung beachten.
- Steckkupplungen müssen beim Verriegeln »hörbar« einrasten.
- Den festen Sitz der Steckkupplung durch Gegenziehen prüfen!

Variante 5 (Bild 6)
- Steckkupplung mit Entriegelungstasten (Pfeile) rechts und links öffnen.
- Entriegelungstasten (Pfeile) drücken und Steckkupplung abziehen.
Beim Einbau Farbzuordnung beachten.
- Steckkupplungen müssen beim Verriegeln »hörbar« einrasten.
- Den festen Sitz der Steckkupplung durch Gegenziehen prüfen!

Variante 6 (Bild 7)
- Steckkupplung mit Entriegelungstasten (Pfeile) rechts und links.
- Steckkupplung (1) in Pfeilrichtung drücken und gedrückt halten.
- Entriegelungstasten (Pfeile) drücken und Steckkupplung abziehen.
- Beim Einbau Farbzuordnung beachten.
- Steckkupplungen müssen beim Verriegeln »hörbar« einrasten.
- Den festen Sitz der Steckkupplung durch Gegenziehen prüfen!

Kraftstofffördereinheit aus- und einbauen

Die Montagearbeiten für die einzelnen Modelle unterscheiden sich nur unwesentlich. Die hier beschriebenen Arbeitsschritte können als Arbeitsschema für alle Modelle übernommen werden. Der Kraftstoffbehälter darf maximal ½ gefüllt sein. Im weiteren Arbeitsablauf muss das Masseband der Batterie abgeklemmt werden. Prüfen Sie deshalb bitte, ob ein codiertes Radiogerät eingebaut ist. Gegebenenfalls ist dann vorher die Antidiebstahlcodierung zu erfragen.

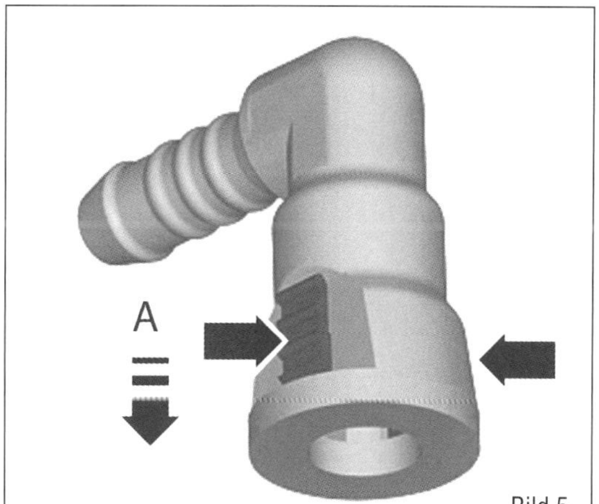

Bild 5

Bild 5
Variante 4.
Pfeile = Entriegelungstasten.

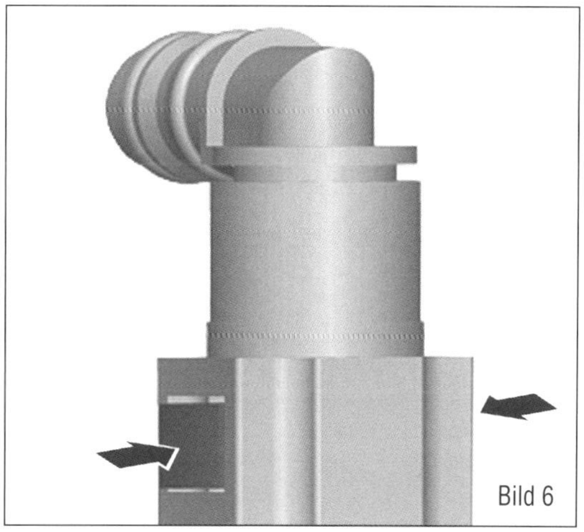
Bild 6

Bild 6
Variante 5. Pfeile = Entriegelungstasten.

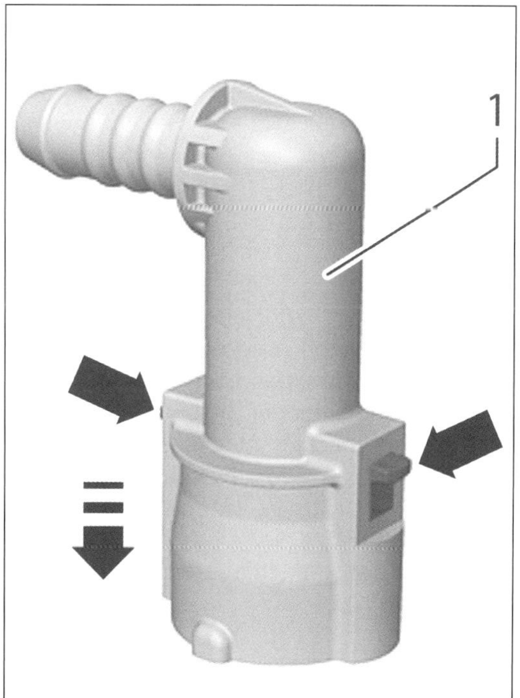

Bild 7

Bild 7
Variante 6.
Pfeile = Entriegelungstasten
1 Steckkupplung

Sichtprüfung Messen

Bild 8
Schlüssel 3217 für Kunststoffverschluss.

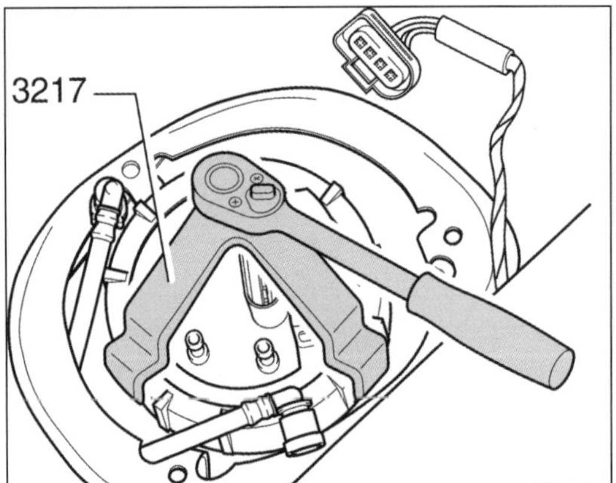

Bild 8

Bild 9
1 Rücklauf (R)
2 Vorlauf (V)
Pfeil = Montagemarkierung

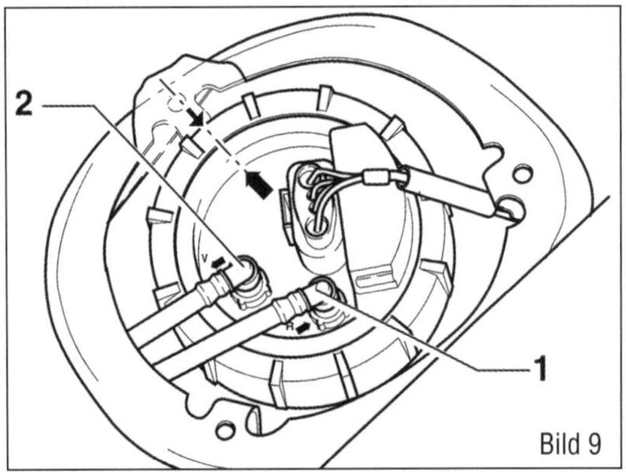

Bild 9

Bild 10
Schlüssel T10202 für Metallverschluss.

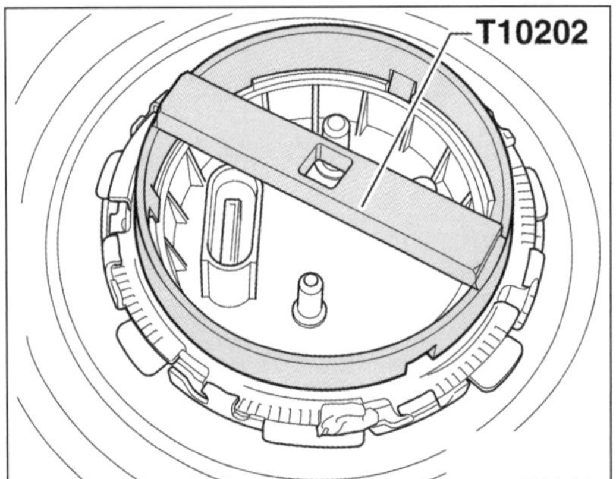

Bild 10

■ Klemmen Sie bei ausgeschalteter Zündung das Masseband der Batterie ab.
■ Abdeckung unter der Sitzbank ausbauen.
■ 4-poligen Anschlussstecker sowie Vor- und Rücklaufleitung vom Flansch (Bild 9) abziehen.
■ Verschließen Sie die Leitungen, damit kein Schmutz in das Kraftstoffsystem gelangen kann.

Kraftstoffbehälter mit Überwurfmutter
■ Überwurfmutter mit Schlüssel »3217« abschrauben (Bild 8).

Kraftstoffbehälter mit Verschlussring (Metall)
■ Öffnen Sie den Verschlussring mit dem Schlüssel »T10202« (Bild 10).

Fortsetzung für alle
■ Kraftstofffördereinheit und Dichtring aus der Öffnung des Kraftstoffbehälters ziehen.
Wenn Sie die Fördereinheit ersetzen wollen, müssen Sie die alte Fördereinheit vor dem Entsorgen entleeren.

Einbau
■ Der Einbau der Kraftstofffördereinheit erfolgt sinngemäß in umgekehrter Reihenfolge.
Beim Einsetzen der Kraftstofffördereinheit bitte darauf achten, dass der Geber für die Kraftstoffvorratsanzeige nicht verbogen wird.
■ Den Dichtring der Kraftstofffördereinheit trocken in die Öffnung des Kraftstoffbehälters einsetzen. Den Dichtring nur zur Montage der Kraftstofffördereinheit mit Kraftstoff benetzen.
■ Auf festen Sitz der Kraftstoffschläuche achten. Kraftstoffschläuche mit Federbandschellen sichern.
Die Einbaulage des Flansches der Kraftstofffördereinheit beachten: Die Markierung auf dem Flansch muss mit Markierung auf dem Kraftstoffbehälter übereinstimmen (Pfeile).
■ Nach dem Einbau der Kraftstofffördereinheit prüfen, ob die Vorlauf-, Rücklauf- und Entlüftungsleitungen noch am Kraftstoffbehälter eingeclipst sind.

Geber für Kraftstoffvorratsanzeige prüfen

Zum Prüfen der Widerstandswerte »voll« bzw. »leer« müssen Sie den Geber für Kraftstoffvorratsanzeige ausbauen und den Schwimmer des Gebers vorsichtig zum oberen bzw. unteren Anschlag schwenken. Die Messwerte unterscheiden sich zwischen den einzelnen Modellen nicht.

■ Bauen Sie die Abdeckung von der Kraftstofffördereinheit aus.
■ 4-poligen Anschlussstecker vom Flansch an der Kraftstofffördereinheit abziehen.
■ Messen Sie den Widerstand an den beiden Kontakten (2) und (3) am Verschlussflansch (Bild 11):

Bei einem Füllstand zwischen »voll« und »leer« muss ein Widerstandswert zwischen den beiden Sollwerten angezeigt werden.
■ Messen Sie 0 Ω oder ∞ Ω, dann liegt eine Leitungsunterbrechung oder ein Kurzschluss vor.

Tank	Messwert
Voll	295 Ω
Mitte	ca. 150 Ω
Leer	52 Ω

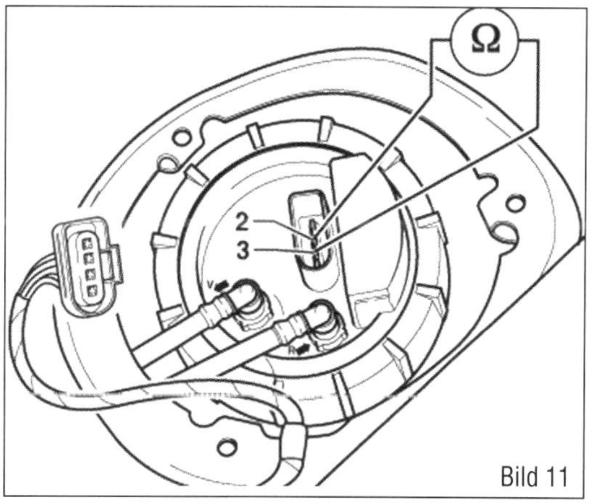

Bild 11

Bild 11
Messpunkte: Pin 2 auf Pin 3.

Geber für Kraftstoffvorratsanzeige aus- und einbauen

Die Montagearbeiten für die einzelnen Modelle unterscheiden sich nur unwesentlich. Die hier beschriebenen Arbeitsschritte können als Arbeitsschema für alle Modelle übernommen werden.

■ Kraftstofffördereinheit ausbauen.
■ Stecker der Leitungen (1) und (2) entriegeln und abziehen (Bild 12).
■ Haltelaschen (3) und (4) mit Schraubendreher anheben und Geber für Kraftstoffvorratsanzeige nach unten abziehen (Pfeil).

Einbau
■ Geber für Kraftstoffvorratsanzeige in den Führungen an der Kraftstofffördereinheit einsetzen und bis zum Einrasten nach oben drücken.
■ Klemmen Sie die Stecker an und prüfen Sie die sichere Verrastung.
■ Kraftstofffördereinheit einbauen.

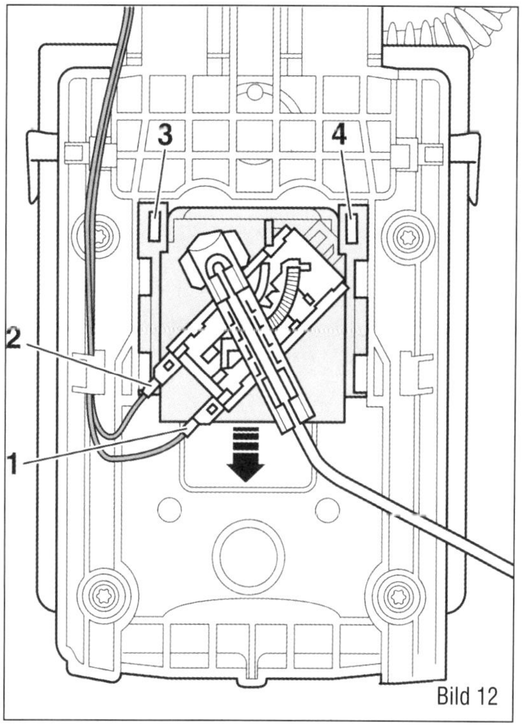

Bild 12

Bild 12
1 und 2 Steckkontakte
3 und 4 Haltelaschen
Pfeil = Demontagerichtung

Kraftstoffpumpe prüfen

Die Batteriespannung muss mindestens 11,5 V betragen. Die Sicherung Nr. 28 ist intakt. Alle elektrischen Verbraucher wie z. B. Licht und Heckscheibenheizung müssen ausgeschaltet sein. Ist das Fahrzeug mit einer Klimaanlage ausgerüstet, muss diese ausgeschaltet sein.
Im weiteren Arbeitsablauf ist es eventuell erforderlich, das Masseband der Batterie abzuklemmen. Prüfen Sie deshalb bitte, ob ein codiertes Radiogerät eingebaut ist. Gegebenenfalls ist dann vorher die Antidiebstahlcodierung zu erfragen.

Spannungsversorgung prüfen
■ Rücksitzbank nach vorn klappen.
■ Bauen Sie die Abdeckung von der Kraftstofffördereinheit aus.
■ Den Anlasser kurz betätigen. Die Kraftstoffpumpe muss hörbar anlaufen.
■ Zündung ausschalten.

Läuft die Kraftstoffpumpe nicht an:
■ Die Abdeckung vor dem Sicherungshalter ausbauen.
■ Die Sicherung Nr. 28 aus dem Sicherungshalter ziehen.
■ Fernbedienung (es ist ein Schalter) »V.A.G 1348/3A« mit Adapterleitung V.A.G 1348/3-2 am Kontakt 28a zur Kraftstoffpumpe und Batterie-Plus (+) anschließen (Bild 13).

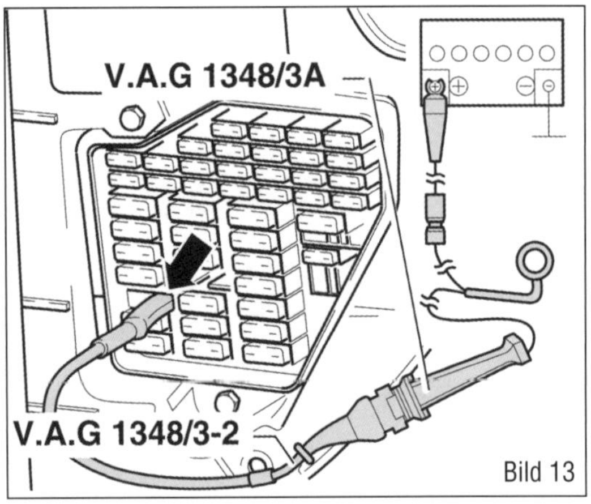

Bild 13
1348/3A Fernbedienungsschalter
1348/3-2 Adapter
Pfeil = Steckplatz Sicherung 28 der Kraftstoffpumpe

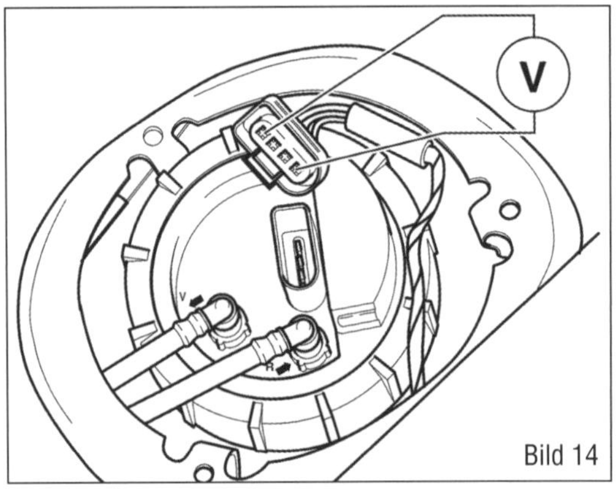

Bild 14
Spannungsmessung an Pin 1 und Pin 4 des Kombisteckers.

■ Die Fernbedienung betätigen.

Kraftstoffpumpe läuft:
■ Ansteuerung des Kraftstoffpumpenrelais nach Stromlaufplan prüfen.

Kraftstoffpumpe läuft nicht:
■ 4-poligen Anschlussstecker vom Flansch an der Kraftstofffördereinheit abziehen.
Multimeter an die äußeren Kontakte des Steckers anschließen (Bild 14).
■ Fernbedienung betätigen. Es sollten nun etwa 12 V anliegen.

Es liegt keine Spannung an:
■ Leitungsunterbrechung nach Stromlaufplan ermitteln und beseitigen.

Die Spannungsversorgung ist in Ordnung:
■ Überwurfmutter mit Schlüssel 3217 abschrauben.
■ Prüfen, ob die elektrischen Leitungen zwischen Flansch und Kraftstoffpumpe angeschlossen sind. Ist keine Leitungsunterbrechung festzustellen, ist die Kraftstoffpumpe defekt. Ersetzen Sie die Kraftstofffördereinheit.

Fördermenge prüfen
Die Spannungsversorgung der Kraftstoffpumpe ist in Ordnung. Die Fernbedienung »V.A.G 1348/3A« ist noch angeschlossen.
■ Nehmen Sie den Verschlussdeckel vom Kraftstoff-Einfüllstutzen ab.
■ Ziehen Sie den Vorlaufschlauch (1) (mit weißer Markierung) ab und fangen den ausfließenden Kraftstoff mit einem Putzlappen auf.
■ Schließen Sie die Druckmessvorrichtung »V.A.G 1318« mit dem Adapter »V.A.G 1318/23« und »V.A.G 1318/17« an die Kraftstoffvorlaufleitung an (Bild 16).
■ Stecken Sie den Schlauch »V.A.G 1318/1« auf den Adapter »V.A.G 1318/11« der Druckmessvorrichtung und halten Sie ihn in ein Messgefäß.
■ Öffnen Sie den Absperrhahn der Druckmessvorrichtung. Der Hebel zeigt dann in Durchflussrichtung (A).
Betätigen Sie die Fernbedienung »V.A.G 1348/3A«. Dabei schließen Sie langsam den Absperrhahn, bis am Manometer 3 bar Überdruck angezeigt wird. Die Stellung des Absperrhahns jetzt nicht mehr verändern.
■ Messgefäß entleeren.
■ Die Fördermenge der Kraftstoffpumpe hängt von der Batteriespannung ab. Schließen Sie deshalb das Multimeter an die Fahrzeugbatterie an.
■ Betätigen Sie die Fernbedienung 30 Sekunden lang und messen dabei die Batteriespannung.
■ Vergleichen Sie die geförderte Kraftstoffmenge mit dem Sollwert.

Ablesebeispiel:
Während der Prüfung wird eine Spannung von 12,5 Volt an der Batterie gemessen. Da die Spannung an der Pumpe ca. 2 Volt geringer als die Batteriespannung ist, ergibt sich eine Mindest-Fördermenge von 200 $cm^3/30s$.

Wird die Mindestfördermenge nicht erreicht:
■ Kraftstoffleitungen auf mögliche Verengungen (Knicke) oder Verstopfungen prüfen.
■ Ziehen Sie die Vorlaufleitung (1) vom Kraftstofffiltereingang ab (Bild 15).
■ Schließen Sie die Druckmessvorrichtung »V.A.G 1318« mit dem Adapter »V.A.G 1318/17« an die Kraftstoffvorlaufleitung an.
■ Prüfung der Fördermenge wiederholen.

Wird die Mindestfördermenge jetzt erreicht:
■ Ersetzen Sie den Kraftstofffilter.

Wird die Mindestfördermenge wieder nicht erreicht:
■ Bauen Sie die Kraftstofffördereinheit aus und prüfen Sie das Filtersieb auf Verschmutzung.

Bisher liegt kein Fehler vor:
■ Kraftstoffpumpe defekt, ersetzen Sie die Kraftstofffördereinheit.

Stromaufnahme messen
Sie haben die Fördermenge erreicht, vermuten trotzdem einen Fehler in der Kraftstoffversorgung (z. B. zeitweiser Ausfall der Kraftstoffversorgung):
■ Prüfen Sie die Stromaufnahme der Kraftstoffpumpe.
■ Alle gelösten Kraftstoffleitungen wieder anschließen.
■ Multimeter oder Stromzange an die grün/gelbe Leitung vom Leitungsstrang anschließen.
■ Lassen Sie den Motor an und im Leerlauf laufen.

Stromaufnahme der Kraftstoffpumpe messen. Sollwert: max. 8 Ampere.

Ist die Störung in der Kraftstoffanlage nur zeitweise vorhanden, können Sie die Prüfung auch während einer Probefahrt durchführen, es ist dazu jedoch eine zweite Person erforderlich.

Wird die Stromaufnahme überschritten:
■ Kraftstoffpumpe defekt.

Rückschlagventil der Kraftstoffpumpe prüfen
Die Fernbedienung »V.A.G 1348/3A« ist noch angeschlossen. Die Druckmessvorrichtung »V.A.G 1318« ist noch angeschlossen.

Mit dieser Prüfung werden gleichzeitig die Anschlüsse der Kraftstoffvorlaufleitung von der Kraftstofffördereinheit bis zur Anschlussstelle der Druckmessvorrichtung »V.A.G 1318« auf Dichtheit geprüft.
■ Absperrhahn der Druckmessvorrichtung schließen (Hebel quer zur Durchflussrichtung).
■ Fernbedienung in kurzen Abständen betätigen, bis ein Überdruck von ca. 3 bar aufgebaut ist.

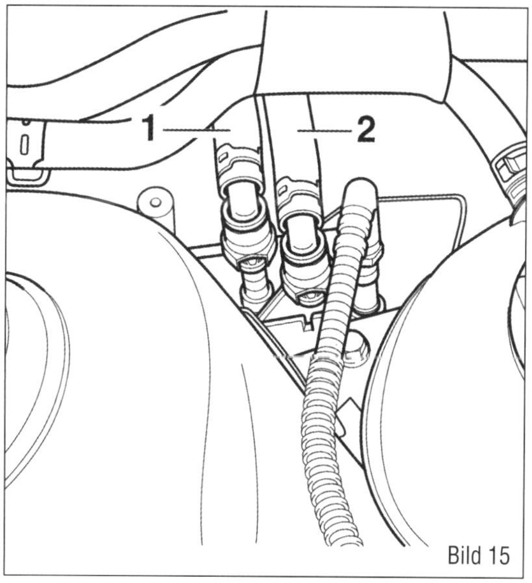

Bild 15

Bild 15
1 Vorlaufschlauch
2 Rücklaufschlauch

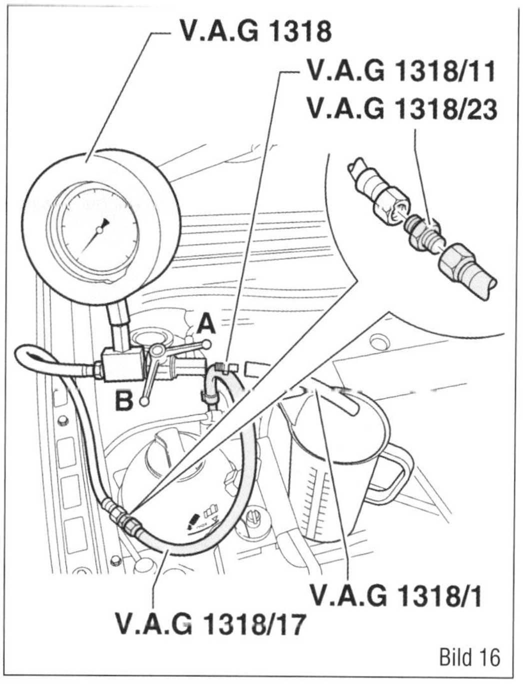

Bild 16

Bild 16
1318 = Druckmanometer bis 15 bar
1318/11 = Anschlussschlauch
1318/23 = Adapter
1318/17 = Anschlussschlauch
1318/1 = Messbecher 1 Liter

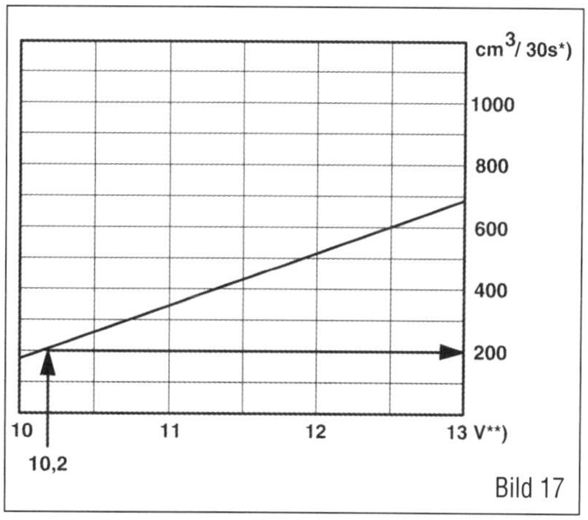

Bild 17

Bild 17
Sollwerte Diagramm:
*) Mindestfördermenge cm^3/30 s
**) Spannung an der Kraftstoffpumpe bei Motorstillstand und laufender Pumpe (ca. 2 Volt weniger als Batteriespannung)

■ Senken Sie einen zu hoch aufgebauten Überdruck durch vorsichtiges Öffnen des Absperrhahns ab.
■ Beachten Sie den Druckabfall am Manometer. Der Druck darf nach 10 Minuten nicht unter 2,5 bar abfallen.

Fällt der Druck weiter ab:
■ Prüfen Sie die Leitungsanschlüsse auf Dichtheit.

Wird kein Fehler in den Leitungen festgestellt:
■ Kraftstoffpumpe defekt, ersetzen Sie die Kraftstofffördereinheit.

Tandempumpe prüfen

Die Tandempumpe ist die Kraftstoffversorgungspumpe bei den Dieselmotoren mit

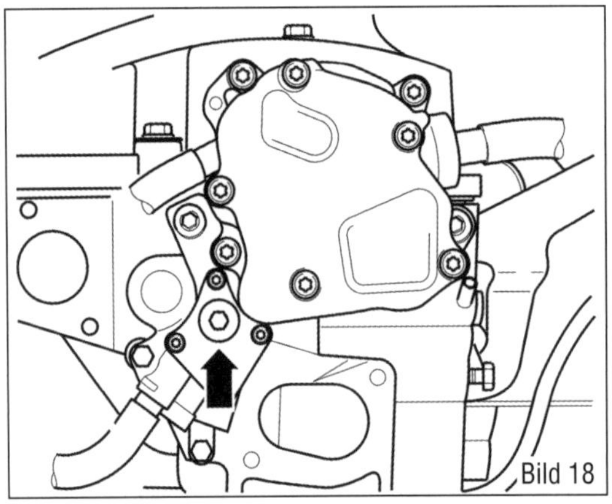

Bild 18

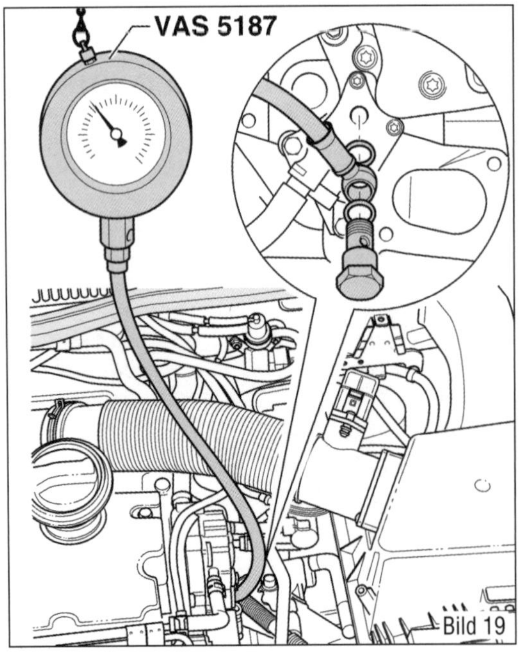

Bild 19

Pumpendüsenelementen. Eine weitere Funktion liegt in der Unterdruckerzeugung für den Bremskraftverstärker und die verschiedenen Steller für die Motorelektronik.

Die Kühlmitteltemperatur muss mindestens 85 °C betragen. Die Pumpe-Düse-Einheiten müssen in Ordnung sein. Kraftstofffilter und Kraftstoffleitungen dürfen nicht verstopft sein. Ziehen Sie nach dem Abbau des Prüfgerätes für Tandempumpe »VAS 5187« die Verschlussschraube mit 25 Nm fest. Der Dichtring ist grundsätzlich zu ersetzen.
■ Schrauben Sie die Verschlussschraube (Pfeil) heraus (Bild 18).
Schließen Sie das Prüfgerät für Tandempumpe (VAS 5187) wie gezeigt an.
■ Starten Sie den Motor und lassen Sie ihn im Leerlauf laufen.
Schließen Sie das Fahrzeugdiagnose-, Mess- und Informationssystem (VAS 5051 oder einen anderen geeigneten Tester) an und wählen Sie die Betriebsart »Fahrzeug Eigendiagnose«. Gehen Sie dann mit dem Adresswort »01« in das Steuergerät für Motorelektronik.
■ Drücken Sie die Diagnosefunktion »08-Messwerteblock lesen«.
■ Geben Sie über die Zahlentastatur die Anzeigegruppe »2« ein und quittieren Sie die Eingabe mit der »Q«-Taste.
■ Lesen Sie die Leerlaufdrehzahl im Anzeigefeld 1 ab.
■ Erhöhen Sie die Drehzahl auf 1500/min.
■ Beobachten Sie den angezeigten Druck am Manometer. Sollwert: mindestens 3,5 bar
■ Drücken Sie die ( )-Taste.
■ Drücken Sie die Funktion »06-Ausgabe beenden«.
■ Schalten Sie die Zündung aus.

Wird der Sollwert nicht erreicht:
■ Ersetzen Sie die Tandempumpe.

Tandempumpe aus- und einbauen

Der Kraftstoff bzw. die Kraftstoffleitungen im Kraftstoffsystem können sehr heiß werden (Verbrühungsgefahr)! Außerdem steht das Kraftstoffsystem unter Druck! Vor dem Öffnen des Systems

Putzlappen um die Verbindungsstelle legen und durch vorsichtiges Lösen der Verbindungsstelle Druck abbauen! Bei allen Montagearbeiten am Kraftstoffsystem Schutzbrille und Schutzhandschuhe tragen!

■ Ziehen Sie den Vorlaufschlauch (1) (weiße Markierung) und den Rücklaufschlauch (2) (blaue Markierung) von den Kraftstoffleitungen am Zylinderkopf ab.
■ Schließen Sie die Handvakuumpumpe »V.A.G 1390« mit Entlüftungsbehälter »V.A.G 1390/1« an die Rücklaufleitung (3) an.
■ Betätigen Sie die Handvakuumpumpe, bis kein Kraftstoff mehr aus dem Rücklaufschlauch austritt. Achten Sie darauf, dass kein Kraftstoff in die Handvakuumpumpe gesaugt wird (Bild 20).

Einbauen

Der Einbau erfolgt in umgekehrter Reihenfolge, dabei ist Folgendes zu beachten:

⚠ Achten Sie auf richtigen Sitz von der Kupplung der Tandempumpe in der Nockenwelle. Die Dichtungen der Tandempumpe sind grundsätzlich zu ersetzen.

■ Schließen Sie den Rücklaufschlauch (3) (blaue Markierung) am Rücklaufanschluss der Tandempumpe an.
■ Bauen Sie die Tandempumpe ein und ziehen Sie die Befestigungsschrauben oben mit 20 Nm fest.
■ Ziehen Sie die unteren Befestigungsschrauben mit 10 Nm fest.
■ Schließen Sie den Vorlaufschlauch (2) (weiße Markierung) am Vorlaufanschluss und die Unterdruckleitung (1) vom Bremskraftverstärker an der Tandempumpe (4) an.
■ Ziehen Sie die Unterdruckleitung (1) vom

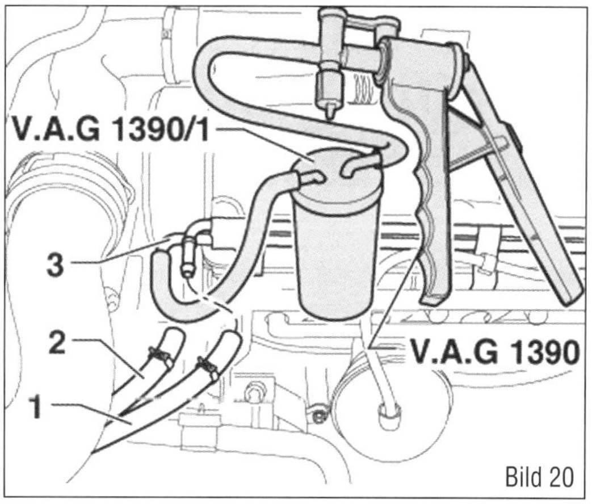

Bild 20
1 Vorlaufleitung
2 Rücklaufleitung
3 Anschluss Rücklaufleitung
1390 = Handvakuumpumpe

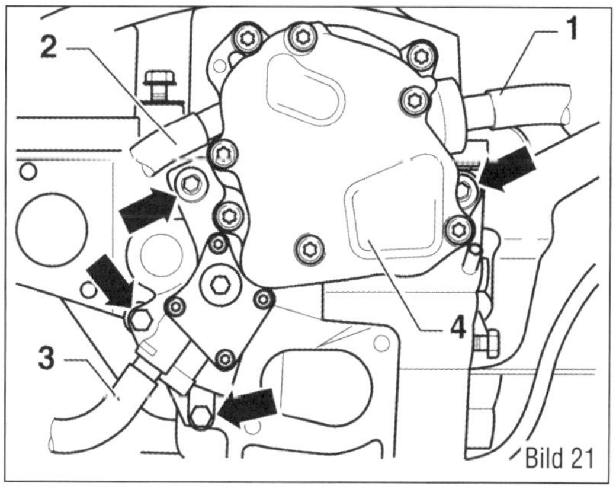

Bild 21
1 Unterdruckleitung
2 Vorlaufleitung
3 Rücklaufleitung
4 Tandempumpe
Pfeile = Befestigungsschrauben

Bremskraftverstärker von der Tandempumpe (4) ab.
■ Ziehen Sie den Vorlaufschlauch (2) (weiße Markierung) an der Tandempumpe (4) ab.
■ Schrauben Sie die Befestigungsschrauben (Pfeile) heraus.
■ Nehmen Sie die Tandempumpe (4) vom Zylinderkopf ab.
■ Ziehen Sie die Tandempumpe (4) etwas nach oben, ziehen Sie den Rücklaufschlauch (3) (blaue Markierung) ab und bauen Sie die Tandempumpe (4) aus (Bild 21).

8 Kraftstoffaufbereitung und Einspritzung

Gemischaufbereitung, Einspritzung und (Selbst-)Zündung werden durch elektronisch gesteuerte Einspritzsysteme realisiert. Die Aufladung über Abgasturbolader gehört bei einigen Modellen zur Ausrüstung der Motoren, egal ob diese der Gattung »Diesel« oder »Benzin« angehören. Die Benzinmotoren haben eine Saugrohr-Benzineinspritzung (SRE) und der 1,8 l T hat dazu eine Aufladung über Abgasturbolader.

Benzin-Motoren

Im New Beetle kommen nur SRE (Saugrohr-Einspritzer) zum Einsatz. Überwiegend unterscheiden sich die Arbeiten an den einzelnen Motormodellen kaum. Die folgenden Arbeitsbeschreibungen werden wir allgemeingültig verfassen. Besonderheiten heben wir gegebenenfalls hervor. Die Simos- und die Motronicanlage werden getrennt vorgestellt.

Die Bauteile A bis D sind auf der Abbildung (Bild 2) nicht dargestellt.

A – Bremspedalschalter (F47) bzw. Bremslichtschalter (F) zusammen in einem Gehäuse im Fußraum verbaut.

B – Geber für Gaspedalstellung (G79 und G185) im Fußraum verbaut.

C – Kupplungspedalschalter (F36) im Fußraum verbaut.

D – Lambdasonde 1 vor Katalysator (G39) im Abgaskrümmer verbaut.

E – Lambdasonde 2 nach Katalysator (G130) im Katalysator hinten verbaut.

TDI-Motoren

Die TDI-Motoren haben eine direkte Kraftstoffeinspritzung mit zwei unterschiedlichen Systemen. Ein Einspritzsystem arbeitet über eine Verteilereinspritzpumpe. Das andere System mit Pumpe-Düseelementen. Die folgenden Arbeitsschritte werden wir für diese Motoren getrennt ausweisen, soweit das erforderlich sein sollte.

Die Bauteile A bis C sind auf den Abbildungen (Bilder 3und 4) nicht dargestellt.

A – Bremspedalschalter und Bremslichtschalter zusammen in einem Gehäuse im Lagerbock für Brems- und Gaspedal.

B – Geber für Gaspedalstellung am Lagerbock für Brems- und Gaspedal.

C – Kupplungspedalschalter im Lagerbock für Kupplungspedal.

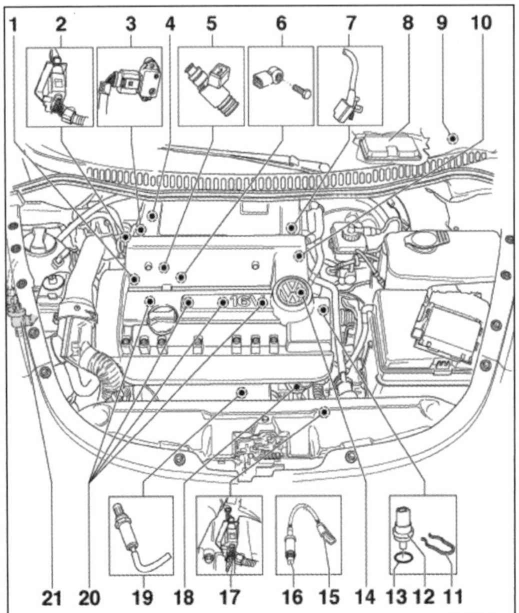

Bild 1

Bild 1
1 Kraftstoff-Druckregler
2 3fach-Steckverbindung
3 Geber Saugrohrdruck
4 Saugrohr
5 Einspritzventil
6 Klopfsensor
7 Geber Motordrehzahl
8 Motorsteuergerät
9 Kupplungspedalschalter, Bremslichtschalter und Bremspedalschalter
10 Drosselklappeneinheit
11 Halteklammer
12 Geber Kühlmittel
13 O-Ring
14 Hallgeber
15 4fach-Steckverbindung
16 Lambdasonde
17 6fach-Steckverbindung
18 Ventil AGR
19 Lambdasonde vor Kat
20 Zündspule
21 Magnetventil für Aktivkohlebehälter

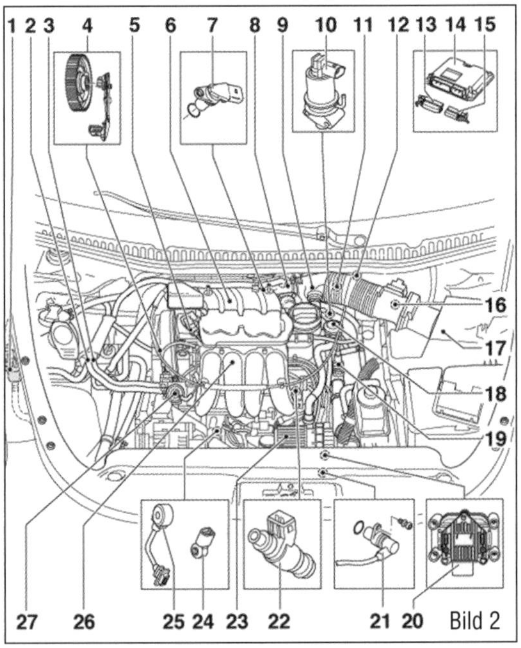

Bild 2

Bild 2
1 Magnetventil für Aktivkohlebehälter
2 Rücklaufleitung
3 Vorlaufleitung
4 Hallgeber
5 Ventil für Registersaugrohrumschaltung
6 Saugrohr-Oberteil
7 Hallgeber
8 Drosselklappen-Steuereinheit
9 Heizwiderstand
10 Ventil für AGR
11 Sekundärluftventil
12 Schutzgehäuse Relais
13 Stecker, 81-polig
14 Motorsteuergerät
15 Stecker, 40-polig
16 Luftmassenmesser
17 Luftfilter
18 Kombiventil
19 Geber Kühlmittel
20 Zündtrafo
21 Geber Motordrehzahl
22 Einspritzventil
23 Sekundärluftpumpe
24 Klopfsensor (BFS)
25 Klopfsensor (AYD)
26 Saugrohr-Unterteil
27 Kraftstoff-Druckregler

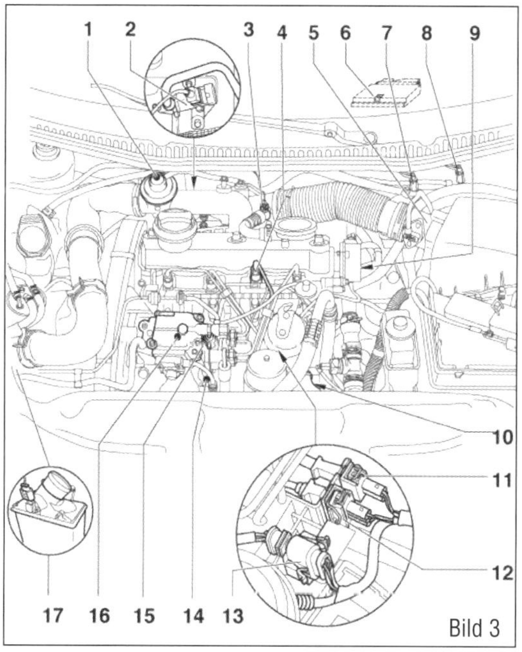

Bild 3

Bild 3
EDC-Motoren
1 AGR-Ventil
2 Umschaltventil Saugrohrklappe
3 Heizwiderstand (Kurbelgehäuseentlüftung)
4 Einspritzdüse
5 Luftmassenmesser
6 Steuergerät
7 Magnetventil Ladedruck
8 Ventil für AGR
9 Wassertemperaturgeber
10 Geber Motordrehzahl
11 2fach-Stecker
12 3fach-Stecker
13 10fach-Stecker
14 Ventil für Spritzbeginn
15 Kraftstoffabschaltventil
16 Mengenstellwerk
17 Geber Saugrohrdruck

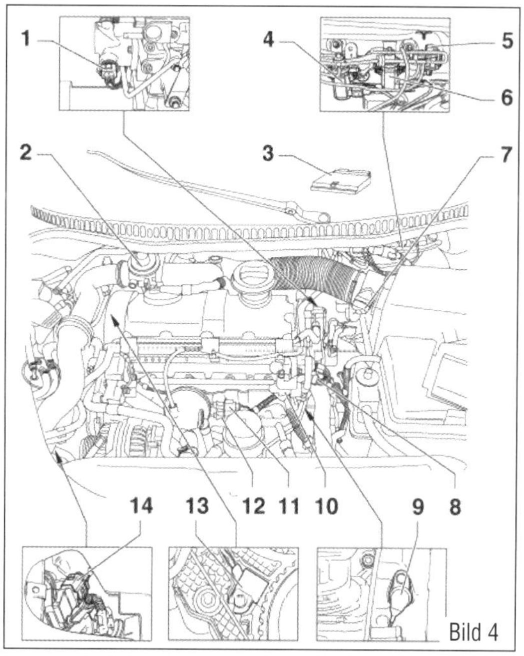

Bild 4

Bild 4
PD-Motoren (ATD).
1 Wassertemperaturgeber
2 Saugstutzen
3 Steuergerät
4 AGR-Ventil
5 Umschaltventil für Saugrohrklappe
6 Magnetventil Ladedruck
7 Luftmassenmesser
8 Steckverbindung
9 Motordrehzahlgeber
10 Kraftstofftemperaturgobor
11 Steckverbindung
12 Steckverbindung
13 Hallgeber
14 Saugrohrdruckgeber

Einspritzdüsen prüfen/wechseln

Motronicanlagen

Einspritzdüsen demontieren

■ Schalten Sie die Zündung aus und ziehen Sie den Zündschlüssel ab.

■ Bauen Sie die Motorabdeckung oben ab.

■ Demontieren Sie den Luftfilter.

■ Ziehen Sie die Anschlussstecker der Einspritzventile ab.

■ Demontieren Sie den Unterdruckschlauch sowie Vor- und Rücklauf vom Sammelrohr (Kraftstoffverteiler).

■ Drehen Sie die Befestigungsschrauben (12 in Bild 5) heraus und ziehen Sie das Sammelrohr mit den Einspritzdüsen vom Ansaugrohr ab.

■ Ziehen Sie die Halteklammern vom Sammelrohr ab und ziehen Sie die Einspritzdüse aus dem Sammelrohr heraus.

Die Montage erfolgt sinngemäß in umgekehrter Reihenfolge.

■ Achten Sie darauf, dass die Gummiringe der Einspritzdüsen unbeschädigt sind.

■ Die Halteklammern der Einspritzdüsen dürfen weder verformt noch beschädigt sein.

Einspritzdüsen prüfen

Alle Sicherungen müssen in Ordnung sein. Der Masseanschlüsse zwischen Motor (an der Getriebeglocke) und Karosserie (unter der Batterie) sowie im Wasserkasten müssen in Ordnung sein. Die Batteriespannung muss mindestens 11,5 Volt betragen. Der Geber für Motordrehzahl, das Kraftstoffpumpenrelais sowie der Hallgeber müssen fehlerfrei arbeiten.

■ Ziehen Sie die Anschlussstecker (Pfeile) der Einspritzventile ab.

Schließen Sie eine Diodenprüflampe an die Kontakte des Steckers vom Zylinder 1 an.

■ Betätigen Sie den Anlasser und achten Sie auf die Leuchtdiode. Die Leuchtdiode sollte flackern.

■ Wiederholen Sie die Prüfung an den Steckern von den Einspritzventilen Zylinder 2 ... 4.

■ Schalten Sie die Zündung aus.

Wenn an keinem Zylinder Spannung anliegt:

■ Multimeter am Stecker Zylinder 1, Kontakt 1 und Masse anschließen. Es sollte nun eine Spannung von 12 V anliegen.

■ Wiederholen Sie die Prüfung an den Steckern der Einspritzventile Zylinder 2 ... 4.

Wenn an keinem Zylinder Spannung anliegt:

■ Schalten Sie die Zündung aus.

■ Prüfen Sie die Leitung zwischen 2fach-Stecker Kontakt 1 und Kraftstoffpumpenrelais nach Stromlaufplan auf Unterbrechung. Leitungswiderstand: Max. 1,5Ω.

Sichtprüfung Messen

Bild 5
Motronic-Anlage.
1 Anschlussstecker
2 Motronic-Steuergerät
3 vom Anschlussstutzen
4 Luftfilter
5 Verschlussstopfen
6 Schraube
7 Verbindungsschlauch
8 zum AGR-Ventil
9 Kurbelgehäuseentlüftungsventil
10 Dichtung
11 Leitungsführung
12 Schraube
13 Kraftstoffverteiler mit Einspritzventilen
14 vom Magnetventil für Aktivkohlebehälter
15 Anschlussstecker
16 vom Bremskraftverstärker
17 Dichtung
18 Verbindungsrohr
19 Saugrohr
20 Schraube
21 Geber Motordrehzahl
22 4fach-Steckverbindung
23 Sekundärluftpumpe
24 6fach-Steckverbindung
25 Lambdasonde vor Kat
26 Dichtung
27 Schraube
28 Unterdruckschlauch
29 Vorlaufschlauch
30 Rücklaufschlauch
31 Anschlussstecker
32 Anschlussstecker
33 Anschlussstecker
34 Anschlussstecker
35 Anschlussstecker
36 Wassertemperaturgeber
37 Verschlussstopfen
38 O-Ring
39 Halteklammer
40 Kühlmittelregler-Gehäuse

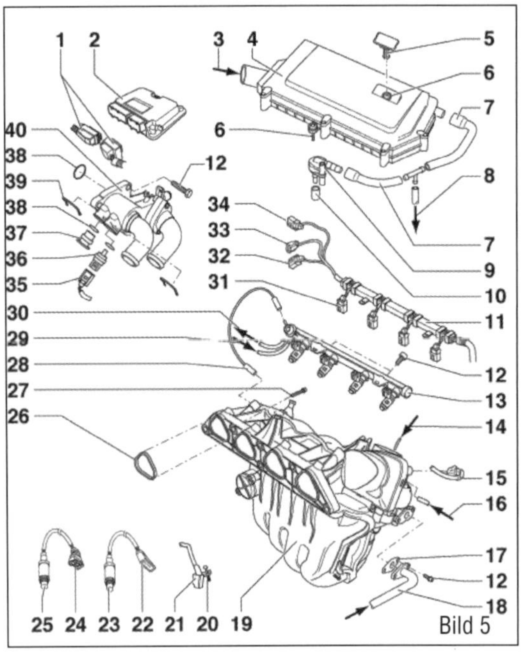

Bild 5

Wenn an einem oder mehreren Zylindern keine Spannung anliegt:
- Innere Abdeckung Wasserkasten links ausbauen.
- Schließen Sie die Prüfbox »V.A.G 1598/22« am Leitungsstrang Steuergerät an.
- Prüfen Sie die Leitungen zwischen Prüfbox und den 2fach-Steckern der Einspritzventile (Stecker zum Steuergerät) nach Stromlaufplan auf Unterbrechung.

Einspritzventil 1: Kontakt 2 + Buchse 79
Einspritzventil 2: Kontakt 2 + Buchse 59
Einspritzventil 3: Kontakt 2 + Buchse 73
Einspritzventil 4: Kontakt 2 + Buchse 65
Leitungswiderstand: Max. 1,5 Ω.

- Prüfen Sie zusätzlich die Leitungen auf Kurzschluss untereinander. Sollwert: ∞Ω.
- Prüfen Sie die Leitungen zwischen den Kontakten 1 der Stecker von den Einspritzventilen zueinander auf Unterbrechung. Leitungswiderstand: Max. 1,5 Ω.

Simosanlagen

Einspritzdüsen demontieren
- Schalten Sie die Zündung aus und ziehen Sie den Zündschlüssel ab.
- Bauen Sie die Motorabdeckung oben ab.
- Bauen Sie den Luftfilterkasten aus.
- Demontieren Sie das Saugrohroberteil.
- Ziehen Sie die Anschlussstecker der Einspritzventile ab.
- Ziehen Sie die Kabel an der Leiste ab.
- Demontieren Sie die Kabelleiste.
- Demontieren Sie den Vor- und Rücklauf vom Sammelrohr (Kraftstoffverteiler).
- Ziehen Sie den Unterdruckschlauch vom Kraftstoffdruckregler ab.
- Ziehen Sie das Sammelrohr mit den Einspritzdüsen vom Ansaugrohr ab.
- Ziehen Sie die Halteklammern vom Sammelrohr ab und ziehen Sie die Einspritzdüse aus dem Sammelrohr heraus.

Die Montage erfolgt sinngemäß in umgekehrter Reihenfolge.
- Achten Sie darauf, dass die Gummiringe der Einspritzdüsen unbeschädigt sind.
- Die Halteklammern der Einspritzdüsen dürfen weder verformt noch beschädigt sein.

Einspritzdüsen prüfen

Der Geber für Motordrehzahl muss in Ordnung sein, prüfen. Das Kraftstoffpumpenrelais muss in Ordnung sein. Die Sicherungen 10, 28, 29 und 32 müssen in Ordnung sein.

Ziehen Sie die Anschlussstecker (Pfeile) der Einspritzventile ab.
- Schließen Sie eine Diodenprüflampe an die Kontakte des Steckers vom Zylinder 1 an.
- Betätigen Sie den Anlasser und achten Sie auf die Leuchtdiode. Die Leuchtdiode sollte flackern.
- Wiederholen Sie die Prüfung an den Steckern der Einspritzventile Zylinder 2 ... 4.
- Schalten Sie die Zündung aus.

Wenn an keinem Zylinder Spannung anliegt:
- Multimeter am Stecker Zylinder 1, Kontakt 1 und Masse anschließen. Es sollte nun eine Spannung von 12 V anliegen.
- Wiederholen Sie die Prüfung an den Steckern von den Einspritzventilen Zylinder 2 ... 4.

Wenn an keinem Zylinder Spannung anliegt:
- Schalten Sie die Zündung aus.
- Prüfen Sie die Leitung zwischen 2fach-Stecker Kontakt 1 und Kraftstoffpumpenrelais nach Stromlaufplan auf Unterbrechung. Leitungswiderstand: Max. 1,5Ω.

Wenn an einem oder mehreren Zylindern keine Spannung anliegt:
- Innere Abdeckung Wasserkasten links ausbauen.
- Schließen Sie die Prüfbox »V.A.G

1598/31« am Leitungsstrang Steuergerät an. Das Motorsteuergerät wird dabei nicht angeschlossen.

- Prüfen Sie die Leitungen zwischen Prüfbox und den 2fach-Steckern der Einspritzventile (Stecker zum Steuergerät) nach Stromlaufplan auf Unterbrechung.

Einspritzventil 1: Kontakt 2 + Buchse 88
Einspritzventil 2: Kontakt 2 + Buchse 87
Einspritzventil 3: Kontakt 2 + Buchse 85
Einspritzventil 4: Kontakt 2 + Buchse 86
Leitungswiderstand: Max. 1,5 Ω.

- Prüfen Sie zusätzlich die Leitungen auf Kurzschluss untereinander. Sollwert: ∞Ω.
- Prüfen Sie die Leitungen zwischen den Kontakten 1 der Stecker von den Einspritzventilen zueinander auf Unterbrechung. Leitungswiderstand: Max. 1,5 Ω.

Verteilereinspritzpumpe

Defekte Einspritzdüsen verursachen folgende Störungen:

- Fehlzündungen
- Klopfen in einem oder mehreren Zylindern
- Motor überhitzt
- Leistungsabfall
- übermäßiger schwarzer Auspuffqualm
- hoher Kraftstoffverbrauch
- verstärkter Blaurauch bei Kaltstart

Tipp: Defekte Düsen macht man ausfindig, indem man der Reihe nach die Einspritzleitungs-Überwurfmuttern löst, während der Motor in schnellem Leerlauf dreht. Bleibt die Motordrehzahl nach Lösen einer Überwurfmutter konstant, so zeigt dies eine defekte Düse an.

Einspritzdüsen demontieren

- Schalten Sie die Zündung aus und ziehen Sie den Zündschlüssel ab.
- Demontieren Sie die Motorabdeckung oben.
- Bauen Sie die Einspritzleitungen mit dem offenen Ringschlüssel »3035« (Schlüssel für Dieselleitungen) aus.

Achtung: Den 2-teiligen Leitungssatz immer komplett ausbauen. Biegeform nicht verändern.

- Lösen Sie die Befestigungsschraube der Einspritzdüse und nehmen Sie den Spannbügel ab.
- Ziehen Sie die Einspritzdüse heraus.

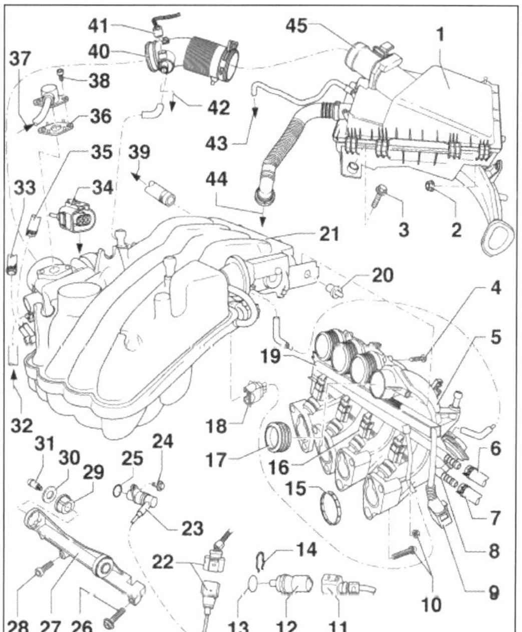

Bild 6

Bild 6
Simos-Anlage.
1 Luftfilter
2 Mutter
3 Schraube
4 Schraube
5 Saugrohr-Unterteil
6 Vorlaufleitung
7 Rücklaufleitung
8 Kraftstoffverteiler mit Einspritzventilen
9 3fach-Steckverbindung
10 Verschraubung
11 Anschlussstecker
12 Schraube
13 O-Ring
14 Halteklammer
15 Dichtring
16 Anschlussstecker
17 Dichtung
18 Anschlussstecker
19 Kabelleiste
20 Spreizniet
21 Saugrohr-Oberteil
22 3fach-Steckverbindung
23 Geber Motordrehzahl
24 Schraube, 25 O-Ring
26 Schraube
27 Stütze
28 Schraube
29 Gummibuchse
30 Scheibe
31 Schraube
32 vom Magnetventil für Aktivkohlebehälter
33 vom Heizungsvorlauf
34 Anschlussstecker
35 zum T-Stück und weiter bis zum Kühlmittel-Ausgleichsbehälter
36 Dichtung
37 vom AGR-Ventil
38 Schraube
39 zum Bremskraftverstärker
40 Ansaugschlauch
41 Anschlussstecker
42 zum Entlüftungsgehäuse
43 zum Ventil für Abgasrückführung
44 Ansaugschlauch
45 Luftmassenmesser

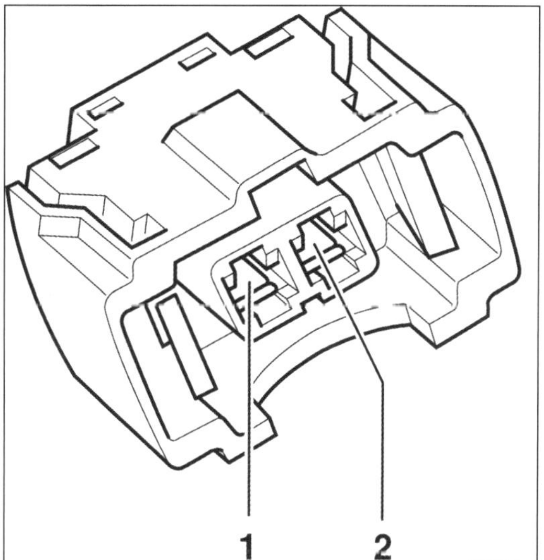

Bild 7

Bild 7
Steckkontakte 1 und 2 an den Einspritzdüsen.

Montage

- Ersetzen Sie immer die Wärmeschutzdichtung zwischen Zylinderkopf und Einspritzdüsen.
- Setzen Sie die Einspritzdüsen ein.
- Achten Sie auf den richtigen Sitz der Lagerböcke im Zylinderkopf.
- Setzen Sie den Spannbügel ein.
- Fehlerspeicher des Motorsteuergerätes abfragen.

Einspritzdüsen prüfen

Tipp: Dieser Motor ist mit 2-Feder-Einspritzdüsen ausgerüstet. Das Einspritzen der Kraftstoffmenge erfolgt dadurch in 2 Stufen.

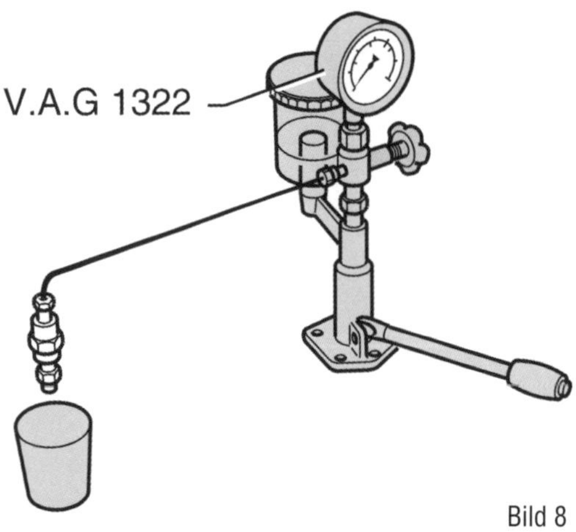

Bild 8

Bild 8
Düsenprüfgerät (VW V.A.G.1322)

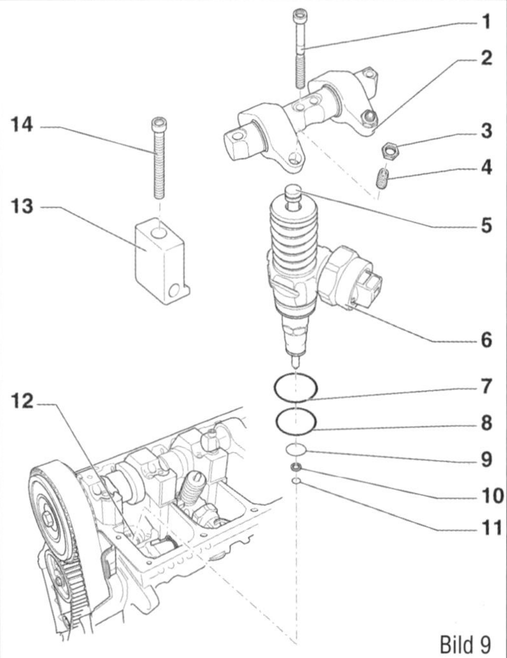

Bild 9

Bild 9
Motor mit PD.
1 Schraube
2 Schwinghebelachse
3 Kontermutter
4 Einstellschraube
5 Kugelbolzen
6 Pumpe-Düse-Einheit
7 O-Ring
8 O-Ring
9 3fach-Steckverbindung
10 Wärmeschutzdichtung
11 Sicherungsring
12 Zylinderkopf
13 Spannklotz
14 Schraube

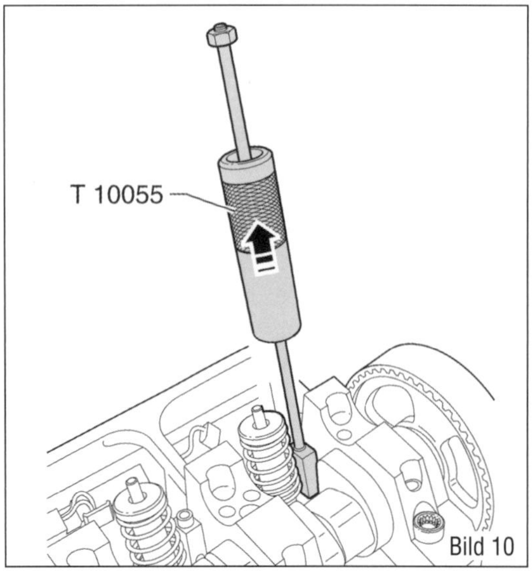

Bild 10

Bild 10
Düsenauszieher T10055.

Bei einer Beanstandung an diesen Einspritzdüsen kommt nur ein Austausch in Frage, da weder eine Druckeinstellung noch eine Instandsetzung möglich ist.

Bei der Prüfung von Einspritzdüsen ist darauf zu achten, dass der Kraftstoffstrahl nicht auf die Hände trifft, da der Kraftstoff durch den hohen Druck in die Haut eindringt und schwere Verletzungen verursachen kann.

Abspritzdruck prüfen

Schließen Sie die Einspritzdüse an das Einspritzdüsenprüfgerät »V.A.G 1322« an (Bild 8).

■ Drücken Sie den Pumpenhebel langsam nach unten und lesen Sie beim Beginn des Abspritzens den Abspritzdruck ab.

Sollwerte:
Neue Düsen: 220 bis 230 bar (Überdruck)
Verschleißgrenze: 200 bar (Überdruck)

■ Weicht der Abspritzdruck vom Sollwert ab, ersetzen Sie die Einspritzdüsen.

Dichtigkeit prüfen

Drücken Sie den Pumpenhebel langsam nach unten und halten Sie 10 Sekunden lang den Druck bei ca. 150 bar. Dabei darf kein Kraftstoff aus der Düsenöffnung sickern.

■ Ersetzen Sie bei Undichtigkeit die Einspritzdüse.

Pumpendüsenelemente

Mit Einsatz der Wartungsintervallverlängerung (LongLife-Service) sind die Einstellschraube (1) und der Kugelbolzen (2 in Bild 9) der Pumpe-Düse-Einheit geändert worden. Bei älteren Motoren ohne Wartungsintervallverlängerung ist eine gemischte Verbauung zulässig.

Einspritzdüsen demontieren

■ Bauen Sie das Zahnriemenschutz-Oberteil und den Zylinderkopfdeckel aus.

■ Drehen Sie die Kurbelwelle, bis das Nockenpaar der jeweils ein- und auszubauenden Pumpe-Düse-Einheit gleichmäßig nach oben zeigt.

■ Lösen Sie die Kontermuttern der Einstellschrauben (1) und schrauben Sie die Einstellschrauben heraus (Bild 9).

■ Lösen Sie die Befestigungsschrauben (2)

für die Schwinghebelachse von außen nach innen mit dem Steckeinsatz »3410« und nehmen Sie die Schwinghebelachse ab.

■ Lösen Sie die Befestigungsschraube (3) für den Spannklotz mit dem Steckeinsatz »T10054« und nehmen Sie den Spannklotz heraus.

■ Hebeln Sie den Stecker von der Pumpe-Düse-Einheit mit einem Schraubendreher ab. Um ein Verkanten zu vermeiden, unterstützen Sie dabei die Gegenseite des Steckers mit leichtem Fingerdruck.

■ Beachten Sie die Zylinderzuordnung der Pumpe-Düse-Einheiten.

■ Setzen Sie den Abzieher »T10055« anstelle des Spannklotzes in den seitlichen Schlitz der Pumpe-Düse-Einheit ein (Bild 10).

■ Ziehen Sie die Pumpe-Düse-Einheit durch vorsichtige Klopfbewegungen nach oben aus ihren Zylinderkopfsitz.

Montage

Bauen Sie eine neue Pumpe-Düse-Einheit ein, müssen Sie auch die dazugehörige Einstellschraube im Schwinghebel erneuern. Bei jeder Arbeit, welche eine Einstellung der Pumpe-Düse-Einheit erfordert, müssen die Einstellschraube im Schwinghebel und auch der Kugelbolzen der Pumpe-Düse-Einheit ersetzt werden. Fetten Sie bei der älteren Version des Pumpe-Düse-Antriebs die Berührungsflächen zwischen Kugelbolzen und Einstellschraube mit (G 000 100) ein. Neue Pumpe-Düse-Einheiten werden mit O-Ringen und Wärmeschutzdichtung geliefert. Bauen Sie die alte Pumpe-Düse-Einheit wieder ein, müssen Sie die O-Ringe und die Wärmeschutzdichtung ersetzen. Vor dem Einbau der Pumpe-Düse-Einheit überprüfen Sie den ordnungsgemäßen Sitz der drei O-Ringe, der Wärmeschutzdichtung und des Sicherungsringes. Die O-Ringe dürfen nicht in sich verdreht sein.

■ Ölen Sie die O-Ringe ein und setzen Sie die Pumpe-Düse-Einheit mit größter Vorsicht in den Zylinderkopfsitz ein.

■ Schieben Sie die Pumpe-Düse-Einheit durch gleichmäßiges Drücken bis auf Anschlag in den Zylinderkopfsitz ein.

■ Setzen Sie den Spannklotz in den seitlichen Schlitz der Pumpe-Düse-Einheit ein.

⚠ Steht die Pumpe-Düse-Einheit nicht rechtwinklig zum Spannklotz, kann sich die Befestigungsschraube lösen und damit kommt es zu Beschädigungen der Pumpe-Düse-Einheit bzw. des Zylinderkopfes.

■ Richten Sie die Pumpe-Düse-Einheit daher wie folgt aus.

■ Schrauben Sie die neue Befestigungsschraube so weit in den Spannklotz ein, dass sich die Pumpe-Düse-Einheit noch leicht verdrehen lässt.

■ Richten Sie jetzt die Pumpe-Düse-Einheit rechtwinklig zu den Lagerstühlen der Nockenwelle aus.

Überprüfen Sie mit einem Messschieber (Messbereich mind. 400 mm) das Maß »a« von der Zylinderkopfaußenkante zur runden Fläche der Pumpe-Düse-Einheit.

Gleitender Einsatz von Pumpe-Düse-Einheiten mit neuer Magnetventilmutter. Eine gemischte Verbauung ist unter Berücksichtigung des Maßes »a« zulässig.

Pumpe-Düse-Einheit mit alter Magnetventilmutter

Zylinder Maß (a)
1 332,2 ± 0,8 mm
2 244,2 ± 0,8 mm
3 152,8 ± 0,8 mm
4 64,8 ± 0,8 mm

Pumpe-Düse-Einheit mit neuer Magnetventilmutter

Zylinder Maß (a)
1 333,0 ± 0,8 mm
2 245,0 ± 0,8 mm
3 153,6 ± 0,8 mm
4 65,6 ± 0,8 mm

■ Richten Sie ggf. die Pumpe-Düse-Einheit nach und ziehen Sie die Befestigungsschraube fest.

■ Setzen Sie die Schwinghebelachse auf und ziehen Sie die neuen Befestigungsschrauben fest.

■ Setzen Sie eine Messuhr auf die Einstellschraube der Pumpe-Düse-Einheit.

■ Drehen Sie die Kurbelwelle in Motordrehrichtung, bis die Rolle des Schwinghebels auf der Antriebsnockenspitze steht. Rollenseite steht auf dem höchsten Punkt, Messuhr steht auf dem tiefsten Punkt.

■ Nehmen Sie die Messuhr ab.

■ Drehen Sie jetzt die Einstellschraube in den Schwinghebel, bis Sie einen deutlichen Widerstand spüren (Pumpe-Düse-Element steht auf Anschlag).

■ Drehen Sie die Einstellschraube vom Anschlag um 225° zurück.
■ Halten Sie die Einstellschraube in dieser Position und ziehen Sie die Kontermutter mit 30 Nm fest.
■ Stecken Sie den Stecker der Pumpe-Düse-Einheit auf und bauen Sie den Zylinderkopfdeckel und das Zahnriemenschutz-Oberteil ein.

Einspritzdüsen prüfen
Die Prüfung der PD-Elemente ist mit herkömmlichen Werkstattmitteln nicht möglich. Sie können aber bei darauf spezialisierten Bosch Betrieben überprüft werden.

Zündanlage Benzinmotoren

Ein weiterer Teil des Systems ist die Zündanlage. Der 1,4 l- und der 1,8 l-Turbo haben eine Zündspule mit Leistungsendstufe für jeden Zylinder. Der Zündtravo ist gleichzeitig der Zündkerzenstecker. Beim 1,6 l- und 2,0 l-Motor kommt eine »ruhende Verteilung« zum Einsatz. In diesem Unterkapitel werden speziell die Bauteile behandelt, welche die Zündanlage betreffen. Das Motorsteuergerät ist mit Eigendiagnose ausgestattet.

Zur einwandfreien Funktion der elektrischen Bauteile ist eine Spannung von mindestens 11,5 Volt erforderlich. Bei einigen Prüfungen kann es vorkommen, dass vom Steuergerät ein Fehler erkannt und gespeichert wird. Deshalb ist nach Beendigung aller Prüfungen und Reparaturen der Fehlerspeicher abzufragen und ggf. zu löschen. Springt der Motor nach der Fehlersuche, Reparatur oder Prüfungen von Bauteilen nur kurz an und geht dann aus, kann das daran liegen, dass die Wegfahrsicherung das Motorsteuergerät sperrt. Dann muss der Fehlerspeicher abgefragt werden und ggf. das Steuergerät angepasst werden.

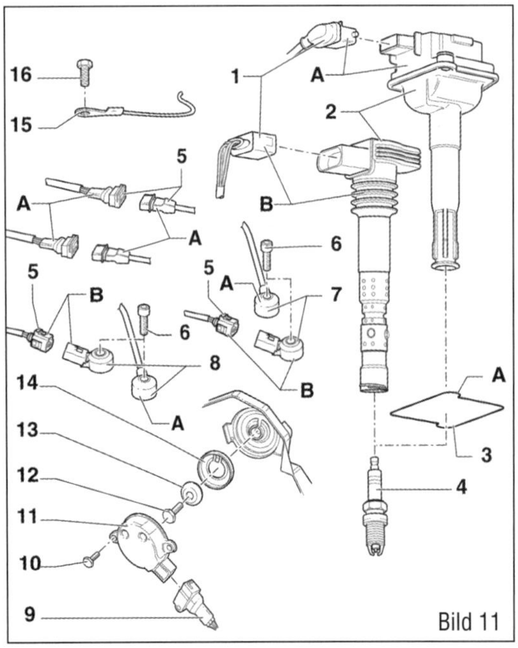

Bild 11

Bild 11
Zündanlage mit Leistungsendstufe.
1 Anschlussstecker,
2 Zündspule (A und B Bauvarianten)
3 Dichtring
4 Zündkerze
5 Anschlussstecker
6 Schraube Klopfsensor
7 Klopfsensor 1
8 Klopfsensor 2
9 Anschlussstecker
10 Wärmeschutzdichtung
11 Hallgeber Nockenwelle
12 Schraube
13 Scheibe
14 Blende
15 Masseleitung
16 Schraube

⚠ Um Verletzungen von Personen und/oder eine Zerstörung der Einspritz- und Zündanlage zu vermeiden, dürfen die Zündleitungen bei laufendem Motor bzw. bei Anlassdrehzahl nicht berührt bzw. abgezogen werden.
Die Leitungen der Einspritz- und Zündanlage (auch Messgeräteleitungen) nur bei ausgeschalteter Zündung ab- und anklemmen.

⚠ Ist bei Probefahrten der Einsatz von Prüf- und Messgeräten erforderlich, müssen die Geräte immer auf dem Rücksitz befestigt und durch eine zweite Person auch von dort bedient werden.
Wenn die Prüf- und Messgeräte vom Beifahrersitz aus bedient werden, könnte es bei einem Unfall durch das Auslösen des Beifahrer-Airbags zu Verletzungen der dort sitzenden Person kommen.

☞ Wenn der Motor mit Anlassdrehzahl betrieben werden soll, ohne dass er anspringt, ziehen Sie alle 4fach-Stecker von den Zündspulen ab.
Ziehen Sie die Sicherung Nr. 32 aus dem Sicherungshalter. Durch das Entfernen der Sicherung 32 wird die Spannungsversorgung der Einspritzventile unterbrochen.

Zündspulen mit Leistungsendstufe ausbauen
■ Schalten Sie die Zündung aus und ziehen Sie den Zündschlüssel ab.
■ Bauen Sie die Motorabdeckung ab.
■ Ziehen Sie den 4fach-Stecker von der Zündspule ab.

Bautyp »A«
■ Drehen Sie die Befestigungsschrauben heraus und ziehen Sie die Zündspule mit Leistungsendstufe senkrecht von der Zündkerze ab.

Bautyp »B«
Beim Bautyp »B« (siehe Bild 11) müssen Sie hierzu einen Abzieher »T40039« verwenden.

Montage
- Ersetzen Sie bei Beschädigung die Dichtung unter der Zündspule des Bautyps »A«.
- Drücken Sie die Zündspule mit Leistungsendstufe senkrecht auf die Zündkerze.
- Befestigungsschrauben eindrehen und mit 10 Nm anziehen.
- Stecken Sie den 4fach-Stecker (Pfeil) auf die Zündspule auf.
- Bauen Sie die Motorabdeckung ein.

Zündspule mit ruhender Verteilung ausbauen
Kennzeichnungen für den Anschluss der Zündleitungen:
A = Zylinder 1
B = Zylinder 2
C = Zylinder 3
D = Zylinder 4

- Schalten Sie die Zündung aus und ziehen Sie den Zündschlüssel ab.
- Bauen Sie die Motorabdeckung ab.
- Lösen Sie die Sekundärluftpumpe und die Anschlussschläuche.
- Ziehen Sie die Zündkabel vorsichtig von der Zündspule ab.

Wenn Sie die Isolierung etwas verdrehen löst, sie sich leichter vom Kunststoff des Zündtravos.

- Drehen Sie die Befestigungsschrauben (3) im Bild 12 heraus und nehmen Sie die Zündspule ab.

Versorgungsspannung prüfen

Für die folgenden Prüfungen sollten Sie auch einen Schaltplan für Ihr Fahrzeug bereithalten. Nur so können Sie den Verschaltungsverlauf im Bordnetz des Fahrzeugs nachvollziehen. Die Batteriespannung muss mindestens 11,5 V betragen. Der Geber für Motordrehzahl, der Hallgeber und die Sicherung Nr. 29 müssen in Ordnung sein.

Zündtravo mit Leistungsendstufe

Zündspulen und Leistungsendstufe sind ein Bauteil und können nicht einzeln ersetzt werden.
- Bauen Sie die Abdeckung über dem Nockenwellengehäuse aus.
- Ziehen Sie den Stecker von der zu prüfenden Zündspule ab.

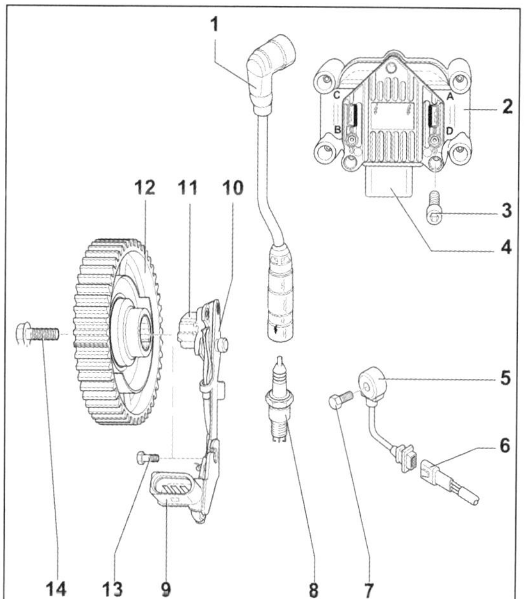

Bild 12

Bild 12
Zündanlage mit ruhender Verteilung.
1 Zündleitung
2 Zündtrafo
3 Schraube
4 Anschlussstecker
5 Klopfsensor
6 3fach-Steckverbindung
7 Schraube Klopfsensor
8 Zündkerze
9 Anschlussstecker
10 Halter
11 Hallgeber
12 Nockenwellenrad
13 Schraube
14 Zentralschraube Nockenwelle

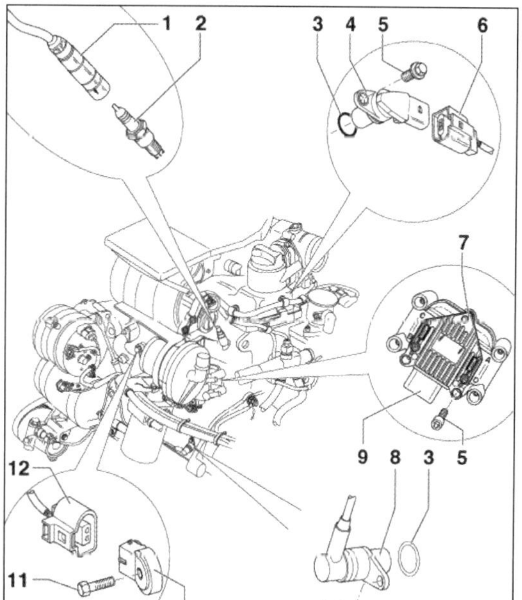

Bild 13

Bild 13
Bauteillage Zündanlage mit ruhender Verteilung.
1 Zündleitung
2 Zündkerze
3 O-Ring
4 Hallgeber
5 Schraube
6 Anschlussstecker
7 Zündtrafo
8 Geber Motordrehzahl
9 Anschlussstecker
10 Klopfsensor
11 Schraube Klopfsensor
12 Anschlussstecker

- Messen Sie die Versorgungsspannung mit dem Multimeter und Hilfsleitungen aus V.A.G 1594 zwischen den Kontakten (3 + 1) und (3 + 2) des abgezogenen Steckers.
- Schalten Sie die Zündung ein. Sie sollten mindestens 11,5 V messen können.
- Schalten Sie die Zündung aus.

Wenn keine Spannung vorhanden ist:
- Prüfen Sie die Leitung zwischen 4fach-Stecker Kontakt 3 und Relaisplatte nach Stromlaufplan auf Unterbrechung. Der Leitungswiderstand darf maximal 1,5 Ω erreichen.

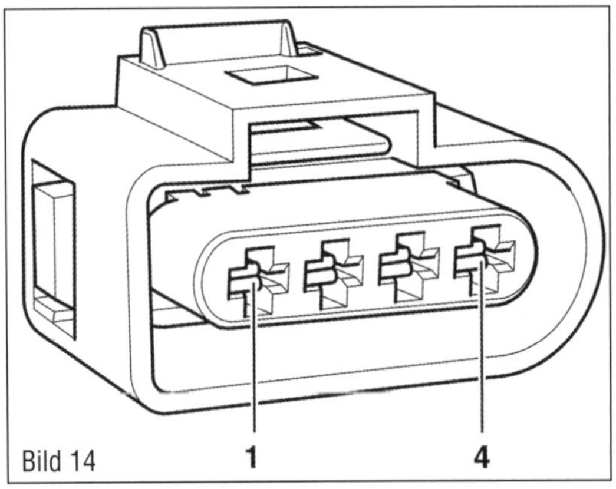

Bild 14
Anschlussstecker an einer Zündanlage mit ruhender Verteilung.

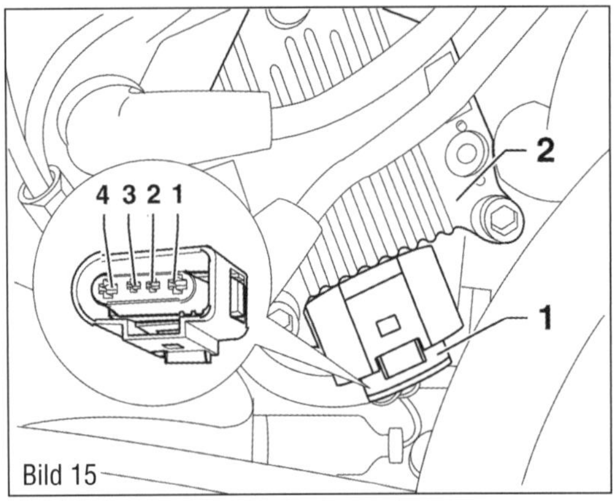

Bild 15
Einbaulage des Anschlusssteckers an einer Zündanlage mit ruhender Verteilung.

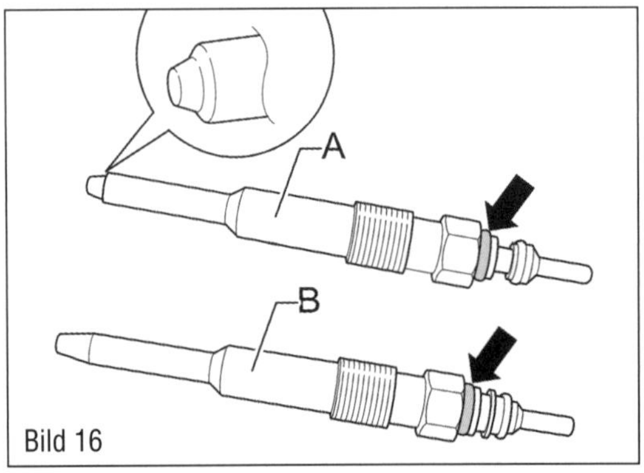

Bild 16
Optische Merkmale der Glühkerzen.
A Keramik-Glühkerze: Fasen-Absatz an der Spitze (siehe Lupe), Farbcodierung (Pfeil): weiß
B Metall-Glühkerze, Farbcodierung (Pfeil): grün

■ Prüfen Sie die Leitungen zwischen 4fach-Stecker und Masse nach Stromlaufplan auf Unterbrechung.
Kontakt 1 und Masse
Kontakt 2 und Masse
Der Leitungswiderstand darf auch hier maximal 1,5 Ω erreichen.

Zündtravo mit ruhender Verteilung
■ Ziehen Sie den 4fach-Stecker vom Zündtrafo ab.
■ Messen Sie die Versorgungsspannung mit dem Multimeter und Hilfsleitungen aus V.A.G 1594 zwischen den Kontakten (2 + 4) des abgezogenen Steckers.
■ Schalten Sie die Zündung ein. Sie sollten mindestens 11,5 V messen können.
■ Schalten Sie die Zündung aus.

Wenn keine Spannung vorhanden ist:
■ Prüfen Sie die Leitung zwischen 4fach-Stecker Kontakt (2) und Sicherungshalter nach Stromlaufplan auf Unterbrechung. Der Leitungswiderstand darf maximal 1,5 Ω erreichen.
■ Prüfen Sie die Leitung zwischen 4fach-Stecker Kontakt 4 und Masse nach Stromlaufplan auf Unterbrechung. Der Leitungswiderstand darf maximal 1,5 Ω erreichen.

Glühanlage am Dieselmotor

Bei den Dieselmotoren können zwei unterschiedliche Glühkerzen verbaut sein. Die beiden Typen können durch die Farbringe und eine vorhandene Anfasung an den Sitzen unterschieden werden.

⚠ Die Keramik-Glühkerzen sind gegen Stoß und Biegung empfindlich. Aus diesem Grund dürfen selbst aus geringer Höhe (ca. 2 cm) herabgefallene Glühkerzen keinesfalls verwendet werden, auch wenn augenscheinlich keine Beschädigung erkennbar ist.
Der Montageanweisung ist unbedingt Folge zu leisten, ansonsten besteht die Gefahr des Stiftbruches und daraus folgend ein Motorschaden.

Glühkerzen ausbauen
Der Motor muss für die folgenden Arbeiten aus Sicherheitsgründen kalt sein. Beim Aus- und Einbau der Glühkerzen darauf achten, dass sie nicht verkantet werden.
☞ Achten Sie auf Sauberkeit. Schmutz darf keinesfalls in die abgezogenen Rücklaufleitungen und in die Anschlüsse der Einspritzeinheiten gelangen.
■ Schalten Sie die Zündung aus und ziehen Sie den Schlüssel ab.
■ Bauen Sie die Motorabdeckung ab und falls vorhanden die Dämpfung Motor oben aus.
■ Ziehen Sie die Glühkerzenstecker von den Glühkerzen ab.
■ Bauen Sie die Keramik-Glühkerzen mit dem Gelenkschlüssel »3220« aus.

Montage
Der Einbau erfolgt sinngemäß in umgekehrter Reihenfolge. Vor dem Einbau muss die Zylinderkopfbohrung und das Gewinde vollständig von Ablagerungen gesäubert werden.

Beispiel zum Reinigen:
- Groben Schmutz mit einem Staubsauger aussaugen.
- Sprühen Sie Bremsenreiniger oder einen geeigneten Reiniger in den Glühkerzenkanal, einwirken lassen und mit Pressluft ausblasen.
- Reinigen Sie anschließend den Glühkerzenkanal mit einem Öl benetzten Lappen.
- Verwenden Sie zum Lösen der Glühkerzen den Gelenkschlüssel Schlüsselweite 10 (3220, Bild 17).
- Drehen Sie die Glühkerzen von Hand mit dem Gelenkschlüssel »3220« in den Zylinderkopf ein.
- Ziehen Sie anschließend die Keramik-Glühkerzen auf 15 Nm fest.

Führen Sie nach dem Einbau und vor dem ersten Motorstart am kalten Motor grundsätzlich eine Widerstandsprüfung an allen Glühkerzen durch.

Spannungsversorgung prüfen
Für die Spannungsprüfung müssen die Streifensicherung für Glühkerzen im Sicherungshalter/Batterie in Ordnung sein und die Batteriespannung mindestens 11,5 V betragen.
- Schalten Sie die Zündung aus und ziehen Sie den Schlüssel ab.
- Bauen Sie die Motorabdeckung ab und, falls vorhanden, die Dämpfung Motor oben aus.
- Ziehen Sie die Glühkerzenstecker von den Glühkerzen ab.
- Stecken Sie ein Messadapterkabel auf die Glühkerze und in den Stecker ein.
- Ziehen Sie den Stecker des Temperaturfühlers (blau) ab. Sie simulieren so eine Temperatur von etwa 40 °C. Die Glühanlage wird nun für etwa 20 Sekunden bestromt. Messen Sie die anliegende Spannung, sie sollte etwa 10 V betragen.

Widerstandsmessung (Prüfung)
- Schalten Sie die Zündung aus und ziehen Sie den Schlüssel ab.
- Bauen Sie die Motorabdeckung ab und falls vorhanden die Dämpfung Motor oben aus.

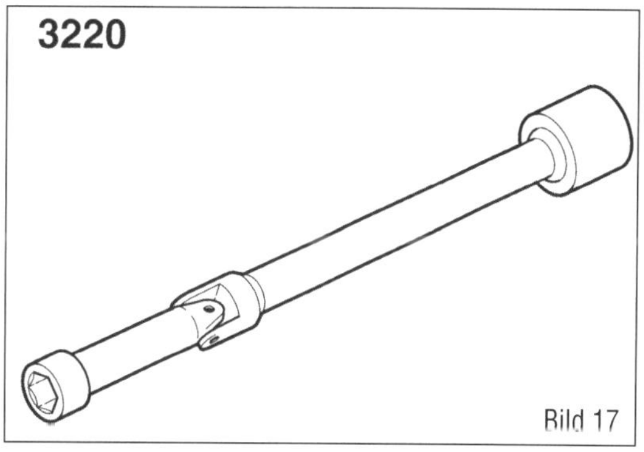

Bild 17
Glühkerzenschlüssel mit Gelenk.

- Ziehen Sie die Glühkerzenstecker von den Glühkerzen ab.
- Messen Sie den Widerstand jeder Glühkerze einzeln gegen die Motormasse. Die Glühkerzen sollten einen Widerstandswert von etwa 1 Ω aufweisen.

Kraftstofffilter wechseln

Benzinmotoren
- Die Kraftstoffleitungen 1, 2 und 3 abziehen.
- Drehen Sie die Schraube 4 (Bild 18) heraus.
- Nehmen Sie den Kraftstofffilter ab.

Der Einbau erfolgt in umgekehrter Reihenfolge, dabei bitte Folgendes beachten:
- Steckkupplungen müssen beim Verriegeln »hörbar« einrasten. Den festen Sitz der Steckkupplung durch Gegenziehen prüfen!
- Beim Einbau der Steckkupplungen die Farbzuordnung beachten. Die Durchflussrichtung ist am Filtergehäuse mit Pfeilen gekennzeichnet. Der Stift am Filtergehäuse muss in die Aussparung der Führung am Filterhalter eingreifen.

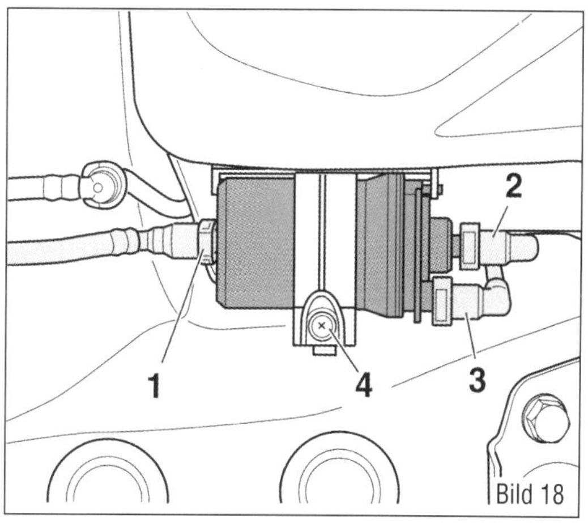

Bild 18
Filter beim Benzinmotor.
1-3 Kraftstoffleitungen
4 Halteschraube

Sichtprüfung Messen

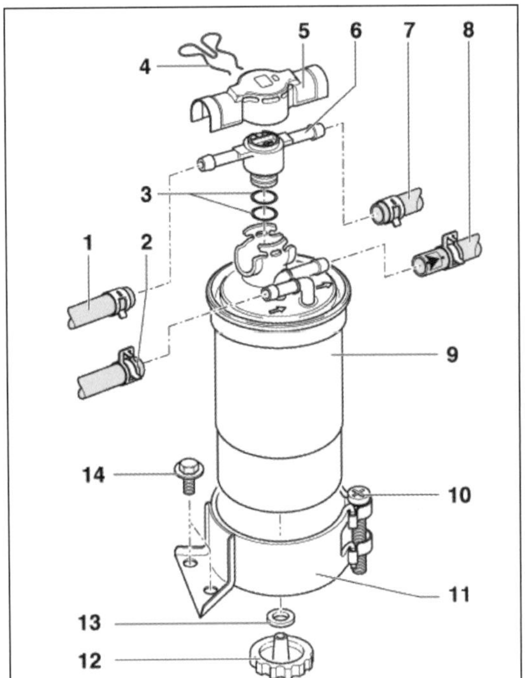

Bild 19

Bild 19
Filter beim Dieselmotor.
1 Rücklaufleitung
2 Vorlaufleitung
3 O-Ring
4 Halteklammer
5 Schutzblech
6 Vorwärmventil
7 Rücklaufleitung
8 Vorlaufleitung
9 Kraftstofffilter
10 Spannschraube
11 Halter
12 Entwässerungsschraube
13 Dichtung
14 Schraube

Dieselmotoren
Die Filteranlagen für die beiden Einspritzkonzepte der Dieselmotoren unterscheiden sich nicht. Auch die Montagearbeiten weisen keinen wesentlichen Unterschied auf.
■ Stellen Sie den Motor ab.
■ Trennen Sie die Schnellverschlüsse der Kraftstoffleitungen.
■ Ziehen Sie die Sicherungsklammer (4) heraus.
■ Nehmen Sie das Schutzblech (5) ab.
■ Ziehen Sie das Vorwärmventil (6) aus dem Filter heraus.
■ Schellen öffnen und Kraftstoffschläuche abziehen.
■ Kraftstofffilter an den Befestigungen (10 in Bild 19) abschrauben.
■ Kraftstofffilter nach oben herausnehmen.

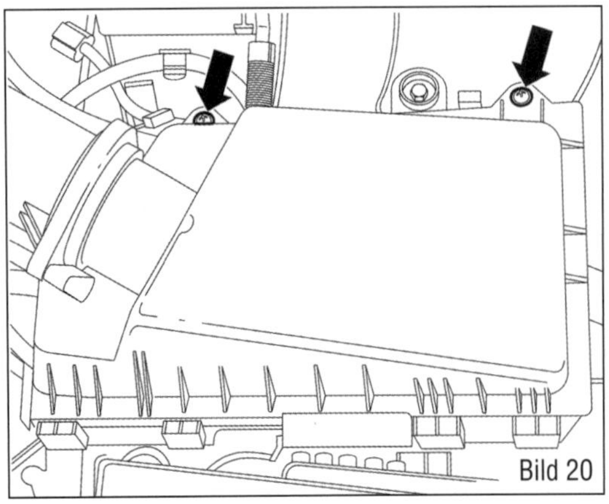

Bild 20

Bild 20
Verschraubungen am Luftfilteroberteil (Pfeile).

■ Fangen Sie eventuell abtropfenden Kraftstoff mit einem geeigneten Lappen auf.

Der Einbau erfolgt in umgekehrter Reihenfolge. Dabei ist Folgendes zu beachten:
⚠ Kraftstoffschläuche müssen knickfrei verlegt werden.
■ Ersetzen Sie die beiden Dichtringe (3) im Bild 19.

Luftfilter wechseln

Beim Ausblasen des Luftfiltergehäuses mit Pressluft ist Folgendes zu beachten: Zur Vermeidung von Funktionsstörungen bitte die kritischen Luft führenden Motorbauteile wie Luftmassenmesser, Lufteinlassrohre usw. mit einem sauberen Putzlappen abdecken. Schlauchstutzen und Schläuche für Ladeluftsystem müssen vor dem Montieren öl- und fettfrei sein. Verwenden Sie keine silikonhaltigen Gleitmittel bei der Montage.

Je nach Ausstattung ist im Luftfiltergehäuse-Unterteil, im Bereich der Luftansaugung, ein Sieb in der Luftführung eingebaut. Dieses Sieb hat in den Wintermonaten die Funktion, Schnee und Eis aufzufangen und dadurch den Luftfiltereinsatz nicht zu verstopfen. Wenn man von vorne in die Luftansaugung hineinfasst, kann man fühlen, ob ein Schneesieb verbaut ist.

Luftfiltereinsatz demontieren
■ Befestigungsschrauben (Pfeile in Bild 20) herausdrehen.
■ Filtergehäuse-Oberteil anheben und nach oben herausnehmen.
■ Alten Filtereinsatz (Pfeil) herausnehmen.
■ Filtergehäuse reinigen und neuen Filtereinsatz einsetzen.
■ Filtergehäuse-Oberteil einsetzen und mit Schrauben (Pfeile im Bild 20) befestigen.

Montage
Der Einbau erfolgt sinngemäß in umgekehrter Reihenfolge.

Schneesieb reinigen (2,0 l-Motor)
Das Schneesieb befindet sich in der Luftansaugung (4 in Bild 21).
■ Bauen Sie das Luftfilter-Oberteil aus.
■ Nehmen Sie den Luftfiltereinsatz (1) heraus.

- Bauen Sie das Luftfilter-Unterteil (7) aus.
- Bauen Sie die Luftansaugung (4) aus, und nehmen Sie das Schneesieb (5) aus der Luftansaugung heraus.
- Reinigen Sie das Schneesieb.

Montage
Der Einbau erfolgt sinngemäß in umgekehrter Reihenfolge.

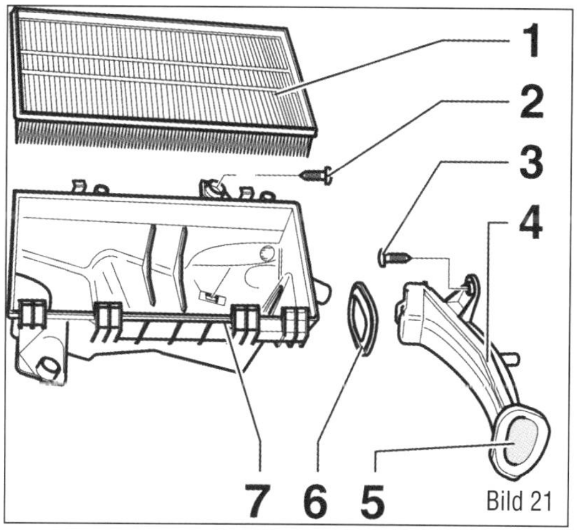

Bild 21
1 Luftfiltereinsatz
2 Schraube
3 Schraube
4 Ansaugrohr
5 Schneesieb
6 Dichtung
7 Luftfilterunterteil

Fahrzeugdiagnosetester einsetzen

Es gibt eine Reihe von Arbeiten im Bereich der Einspritz- und Zündanlage, die man ohne Tester mit Übung und Erfahrung, unter Einsatz bestimmter Spezialwerkzeuge und am besten auch mit fachkundiger Beratung in einer Mietwerkstatt, ausführen kann. Darauf gehen wir mit den folgenden Arbeitsbeschreibungen ein. Vielfach aber kann man an den elektronisch gesteuerten Einspritzsystemen nur selbst Hand anlegen, wenn man über einen Diagnosetester verfügt. Das Steuergerät kann zwar viele Fehler an elektrischen Teilen der Einspritz- und Zündanlage per Selbstdiagnose erkennen und sie in einem Fehlerspeicher ablegen. Dabei wird auch eine Entscheidung getroffen, ob es sich um permanente Fehler oder um sporadische Mängel handelt.

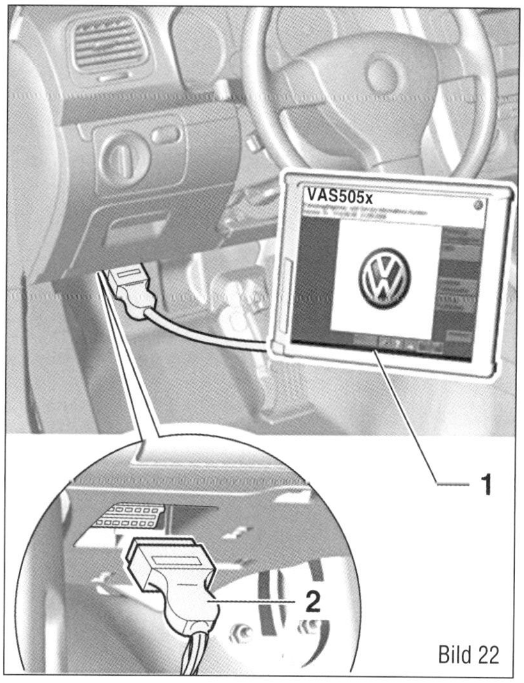

Bild 22
1 VAG-Tester als Tabletgerät
2 Anschlussstecker an die E-OBD Dose im Fußraum

Diagnosegeräte

Volkswagen-Werkstätten verwenden das schon mehrmals erwähnte VAS 505x, aber mit geeigneter Software und gewisser Kenntnis der Funktions- und Vorgehensweise sind auch andere Werkstattsysteme zu verwenden, wie sie in vielen Mietwerkstätten vorhanden sind. Wir haben schon auf das System »VCDS« hingewiesen. Es ist absehbar, dass sich dieser hochwertige Tester in freien Werkstätten verbreitet. Die Firma PCI Tuning bietet auf Internetseiten Fehlerbeschreibungen und das Vorgehen mit dem VCDS an.

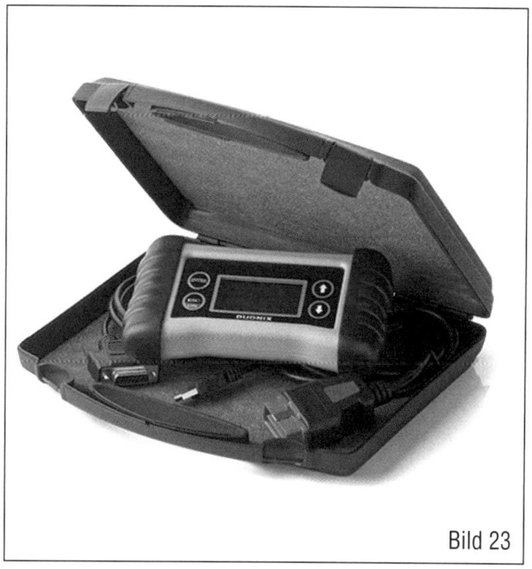

Bild 23
Duonix-Tester für Auto und Motorräder.

Anschluss am Fahrzeug

- Schließen Sie ein Erhaltungsladegerät an die Batterie an.
- Stecken Sie den Stecker der Diagnoseleitung auf den Diagnoseanschluss (Bild 24).
- Schalten Sie den Fahrzeugdiagnosetester und die Zündung ein.

Bild 24
VAG-Tester in Werkstatt-station.

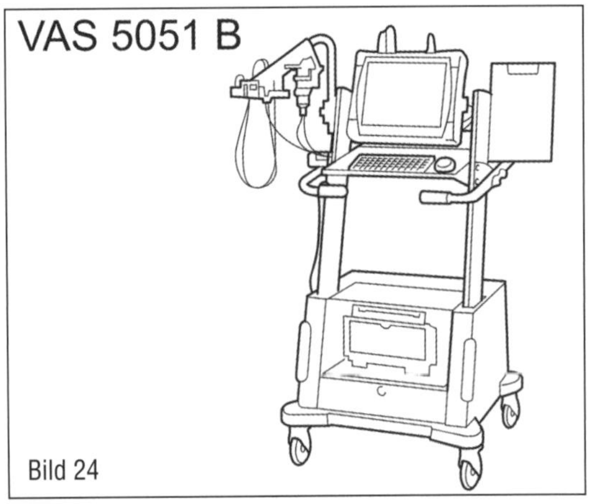

Bild 24

■ Folgen Sie den Anzeigen auf dem Bildschirm, um die gewünschten Funktionen zu starten.

Fehlerspeicher auslesen (am Beispiel »Motor«)

Die meisten Fahrzeugtester arbeiten » menügeführt«. Sie werden mit der Displayanzeige oder der Bildschirmanzeige durch einzelne Menüpunkte geführt, indem Sie diese mit Cursor oder Maustaste anwählen. Die Menüpunkte hängen wesentlich von den freigegebenen Funktionen des Steuergerätes ab. Für die VW/Audi-Szene hat sich der VAG-Com als verbreiteter Standardtester durchgesetzt. Wir zeigen Ihnen am Beispiel der Fehlerspeicherauslese für das Motorsteuergerät die wirklich einfache Vorgehensweise. Sie verändert sich für andere Steuergeräte und auch Funktionen so unwesentlich, dass wir auf weitere Beschreibungen verzichten und den Schwerpunkt auf die praktische Arbeit mit Ihrem Tester legen wollen.

■ Schließen Sie ein Erhaltungsladegerät an die Batterie an.
■ Stecken Sie den Stecker der Diagnoseleitung auf den Diagnoseanschluss (Bild 22).
■ Klicken Sie auf die Taste »Verbaut«.
■ Klicken Sie auf die Taste »01 Motorelektronik« (Bild 26).
■ Klicken Sie auf die Taste »Fehlerspeicher

Bild 25
Grafische Auswertung zur Bauteilprüfung: Hier wird anhand des Spannungsverlaufs und der Spannungshöhe der Zustand des Luftmassenmessers bewertet.

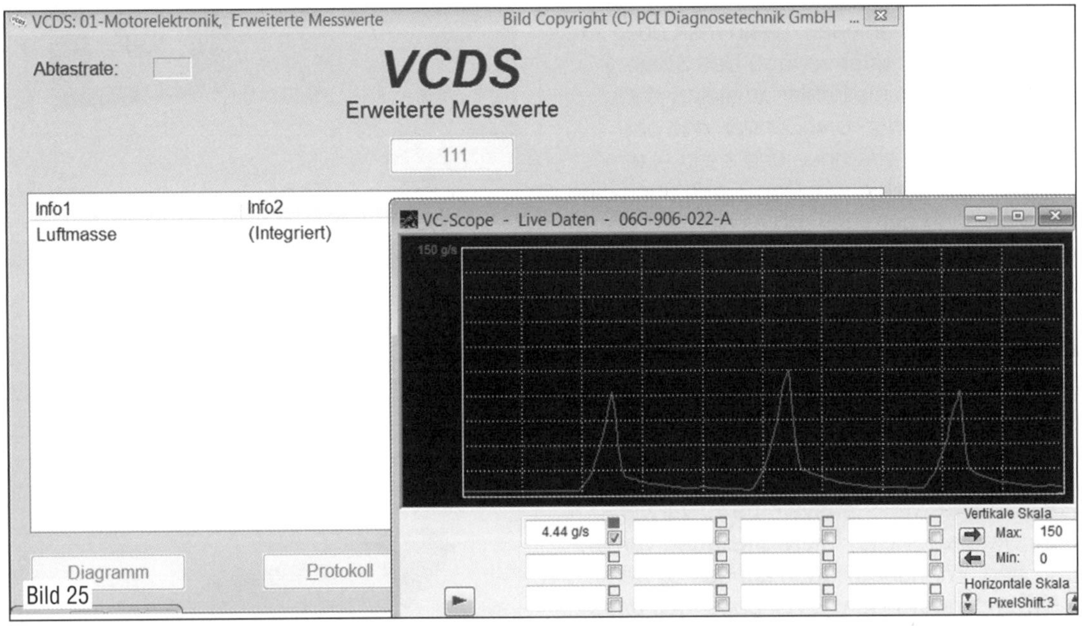

Bild 25

Bild 26
Anwahl der Motorelektronik.

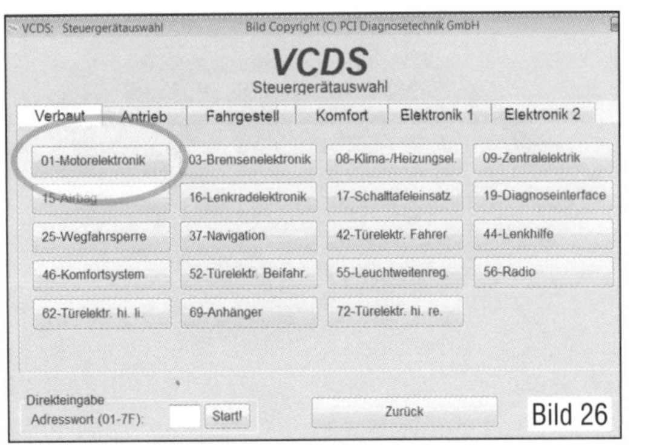

Bild 26

Bild 27
Sonderfunktion »Aussetzererkennung« zur Fehlersuche.

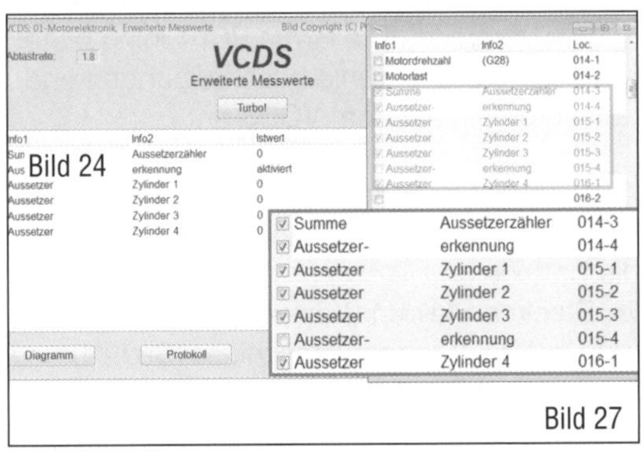

Bild 27

02«. Nun werden Ihnen die Fehler, soweit vorhanden, als Text angezeigt.

- Sie können die Fehleranzeige speichern, drucken oder kopieren. Sie sollten in jedem Fall den Fehler vermerken, um diesem vielleicht einmal nachgehen zu können.
- Anschließend können Sie den einzelnen oder alle Fehler mit einem Klick löschen.
- Schalten Sie die Zündung aus.
- Ziehen Sie den Tester aus der OBD-Dose.

Steuergeräte anpassen

Der »VAG-Com« ermöglicht auch die Anpassung verschiedener Funktionen rund um die unterschiedlichsten Steuergeräte. Angefangen von unterschiedlichsten Funktionen in der Lichtanlage wie beispielsweise die Abdimmung des Tagfahrlichtes bis hin zur Anpassung von Tank- und Verbrauchsanzeige sind viele Funktionen veränderbar. Wichtig ist es die originalen Einstellungen zu notieren oder auch die Codierung des Steuergerätes auszudrucken. So können Sie bei einer fehlerhaften Codierung den alten Zahlencode wieder eingeben, und die Funktion Ihres Steuergerätes ist wieder hergestellt. Die Codierung auch bei fast gleichen Fahrzeugen muss nicht identisch sein.

9 Abgasanlage

Die Abgas- oder Auspuffanlage am Unterboden des New Beetle reinigt mit Partikelfilter plus Oxidationskatalysator und Abgasvorrohr oder mit Katalysator und Abgasvorrohr die Verbrennungsabgase und leitet sie mit geringem Gegendruck ins Abgasrohr mit Schalldämpfer und Endrohr am Fahrzeugheck (Bilder 1 und 2). Der Schalldämpfer reduziert die Verbrennungsgeräusche auf ein Minimum. Der Differenzdruckgeber und der Abgastemperaturgeber mit Regelsystem tragen dazu bei, die Motorleistung zu optimieren. Der Auspuff moderner Pkw ist für mehr als 60.000 Kilometer gut, wobei die Lebensdauer natürlich auch von den Einsatzbedingungen des Fahrzeugs abhängt. Ist man überwiegend auf kurzen Strecken unterwegs, fallen mehr Kondensat, Ruß und aggressive Säuren im Innern der Anlage an als beim Langstreckenbetrieb mit voll durchgewärmtem Motor. Das Abgasvorrohr ist seltener als die anderen Teile vom Rost bedroht, weil dort die Verbrennungsgase noch mit Temperaturen zwischen 800 und 1000 °C einströmen. Danach verlieren die Abgase an Temperatur und sind am Endrohr nur noch 150 bis 300 °C heiß. Dort tritt das meiste Kondenswasser aus. Es mischt sich mit Verbrennungsrückständen zu aggressiven Säuren und lässt das Auspuffblech von innen nach außen durchrosten. Falls das Endrohr nicht aus besonders korrosionsbeständigem Material hergestellt wurde, ist Arbeit angesagt: Ausbau des alten und Einbau eines neuen Abgasrohrs mit Schalldämpfer.

Hinweise und Regeln für Arbeiten an der Auspuffanlage

Reparaturen an durchgerosteten Auspuffanlagen, z. B. mit Auspuffkitt und Bandagen, haben nur kurzzeitig Erfolg. Das Blech bricht bald neben der Reparaturstelle. Werkstätten wechseln Auspuffanlagen meist komplett aus. Vor weiteren Arbeiten daher Zustand der Anlage genau prüfen und dann entscheiden, ob einzelne Teile oder das ganze System erneuert werden sollen. Die Abgasanlage hinten kann, bei der Demontage abgestützt, komplett mit Schalldämpfer ausgebaut werden.
Wird nach gründlicher Prüfung an der Abgasanlage gearbeitet, sollten folgende Grundregeln beachtet werden:

- Bei einer Demontage darf die Abgasanlage keinesfalls herunterfallen. Dabei könnten wichtige Teile beschädigt werden.
- Dichtungen und selbstsichernde Muttern immer ersetzen.
- Verschraubungen der Auspuffanlage lassen sich beim nächsten Mal leichter lösen, wenn die Gewinde beim Einbau mit hochhitzefestem Kupferfett bestrichen werden.

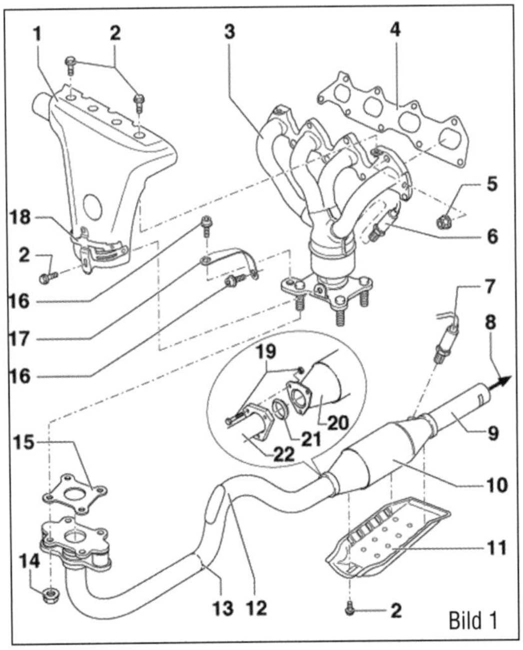

Bild 1

Bild 1
Auspuffanlage 1,4 l-Motor.
1 Warmluftfangblech
2 Schraube
3 Abgaskrümmer
4 Dichtung
5 Sicherungsmutter
6 Lambdasonde vor Kat
7 Lambdasonde nach Kat
8 zum Vorschalldämpfer
9 Markierung
10 Hauptkatalysator
11 Abschirmblech
12 Abgasrohr vorn
13 Trennstelle
14 Sicherungsmutter
15 Dichtung
16 Schraube
17 Halter
18 Halter
19 Verschraubung
20 Hauptkatalysator
21 Dichtring
22 Abgasrohr vorn

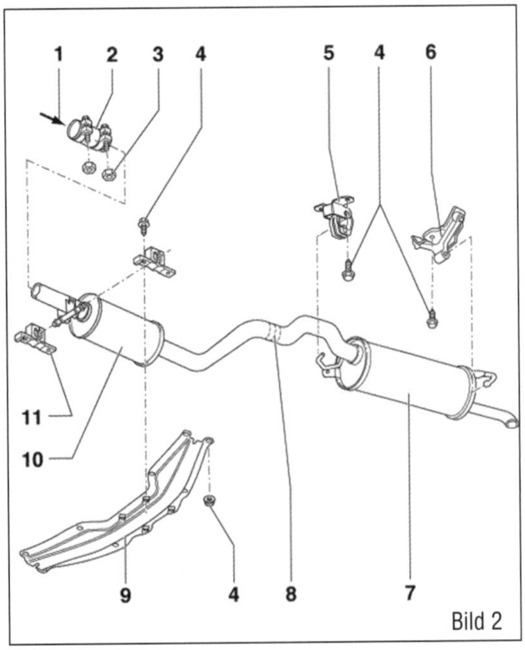

Bild 2

Bild 2
Filter beim Dieselmotor.
1 vom Abgasrohr vorn
2 Doppelschelle
3 Verschraubung
4 Schraube
5 Aufhängung
6 Aufhängung
7 Nachschalldämpfer
8 Trennstelle
9 Tunnelbrücke
10 Vorschalldämpfer
11 Aufhängung

Werden Partikelfilter oder Differenzdruckgeber gewechselt, muss der Differenzdruckgeber zwingend über den Fahrzeugdiagnosetester angepasst werden (Tester erforderlich).

■ Werden Partikelfilter ausgebaut und ersetzt, müssen die Altteile vorschriftsmäßig entsorgt werden. Sie dürfen nicht wie Schrott behandelt werden, weil sie wertvolles Edelmetall enthalten, das wieder in den Produktionsprozess eingebracht werden kann.

Für Arbeiten an Lambdasonden gilt: Nur das Gewinde mit Heißschraubenpaste »G 052 112 A3« fetten. An die Schlitze des Sondenkörpers darf kein Fett kommen. Aus- und Einbau am besten mit Ringschlüsselsatz für Lambdasonde (3337). Dichtring bei Undichtigkeit aufkneifen und ersetzen. Festziehen mit 50 bzw. 55 Nm.

■ Alle Schlauchverbindungen mit Schlauchschellen sichern, die dem Serienstand entsprechen.

■ Alle Kabelbinder, die beim Ausbau gelöst werden, sind beim Einbau an der gleichen Stelle wieder anzubringen.

■ Nach Montagearbeiten an der Abgasanlage darauf achten, dass die Anlage nicht verspannt wird und ausreichend Abstand zum Aufbau hat. Gegebenenfalls Doppelschelle lösen und Schalldämpfer und Abgasrohr so ausrichten, dass überall ausreichend Abstand zum Aufbau vorhanden ist und die Aufhängungen gleichmäßig belastet werden.

■ Nach getaner Arbeit immer Motorprobelauf durchführen und »Auspuffanlage auf Dichtheit prüfen«. Ansonsten gelten für Arbeiten an Abgasanlage und Abgasrückführung hinsichtlich Sauberkeit und Sicherheit die Vorschriften, die auch für Arbeiten an Motor, Kraftstoff- oder Einspritzsystem üblich sind.

Zustand der Auspuffanlage kontrollieren

■ Fahrzeug auf einer Hebebühne anheben oder absolut rüttelsicher aufbocken. Es darf nicht kippeln, wenn heftig an den Rohren der Auspuffanlage gedreht oder gezerrt wird. Die Aufhängungen und Gummiösen dürfen keine Schäden aufweisen.

■ Zur Kontrolle die Abgasanlage an den Schraubbefestigungen rütteln. Komponenten auf Brüchigkeit, Einrisse oder sonstige Schäden überprüfen, bei Bedarf ersetzen.

■ Wenn sich beim Demontieren eine Verschraubung nicht lösen lässt, mit rostlösendem Mittel behandeln oder durch Überdrehen abreißen. Beim Festziehen von Verschraubungen z. B. am Abgaskrümmer die Reihenfolge von innen nach außen und über Kreuz einhalten.

■ Wenn Teile der Anlage schon einmal ersetzt wurden, trennt man die Steckverbindung der Rohrenden am besten in erwärmtem Zustand. Schweißbrenner oder Propangasbrenner verwenden und Feuerlöscher bereithalten.

■ Schalldämpfer mit einem Hammer rundum gründlich abklopfen, auch an den Stirnseiten (Übergang von den Töpfen zu den Rohren). Nicht zu zaghaft hämmern. Klingt es bei jedem Schlag hell, ist das Blech noch gesund. Wird das Klopfgeräusch an manchen Stellen dumpfer, ist die Außenhaut bereits geschwächt und wird bald durchbrechen.

Ein sehr dumpfer Auspuffton und Knallen im Schiebebetrieb können auf einen durchgerosteten Auspuff hinweisen.

■ Dichtheit der Auspuffanlage prüfen (nachfolgende Anleitung).

Abgasanlage auf Dichtheit prüfen

■ Motor anlassen und im Leerlauf drehen lassen.

■ Auspuffendrohr für die Dauer der Dichtheitsprüfung verschließen (Lappen, Stöpsel). Der Motor kann ausgehen. Grundsätzlich sollten Sie keine lauten Zischgeräusche wahrnehmen können (Bild 3).

■ Verbindungsstellen Zylinderkopf/Abgaskrümmer, Abgasturbolader/Abgasvorrohr usw. durch Abhören auf Dichtheit prüfen. Gibt

Bild 3
Zuhalten des Abgasrohres zur Dichtheitsprüfung.

Bild 4
1 Kombiventil
2 Relais für Sekundärluftpumpe
3 Verschraubung
4 Verbindungsrohr
5 zum Anschluss am Abgaskrümmer
6 O-Ring
7 Druckschlauch
8 Ansaugschlauch
9 vom Luftfilter
10 Motor für Sekundärluftpumpe
11 Anschlussstecker
12 Mutter
13 Schraube
14 Schraube
15 Halter
16 Saugrohr-Unterteil
17 Schraube
18 Verbindungsstück
19 Dichtung
20 Mutter
21 AGR Ventil
22 Muffe
23 Schraube

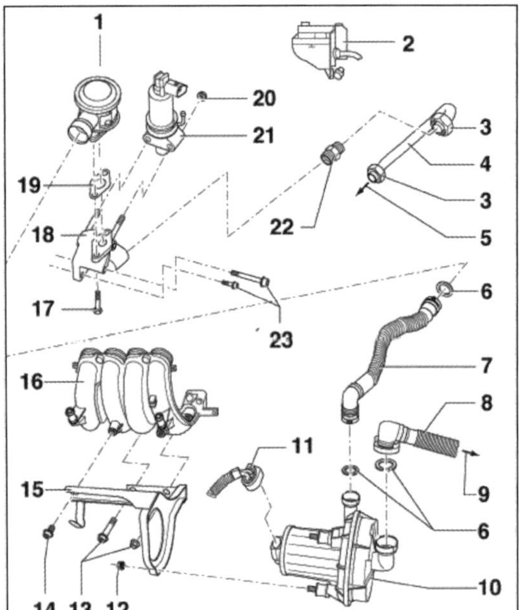

Bild 4

es zischelnde Geräusche an Verbindungsstellen, ist die Anlage an der Geräuschstelle undicht.

■ Festgestellte Undichtigkeiten beseitigen.

Arbeiten am Sekundärluftsystem

Vom Sekundärluft-System (Bild 4) wird nach dem Kaltstart (von +17 °C ... +33 °C Kühlmitteltemperatur) für max. 100 Sekunden Luft hinter die Auslassventile geblasen. Dadurch reichert sich das Abgas mit Sauerstoff an, leitet eine Nachverbrennung ein und verkürzt somit die Aufheizphase des Katalysators. Die Ansteuerung erfolgt vom Motorsteuergerät

Bild 5
Sicherung für Sekundärluftpumpe.

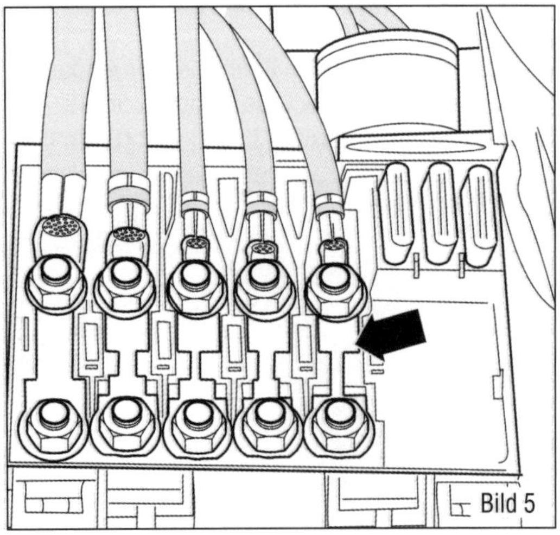
Bild 5

über das Relais für Sekundärluftpumpe zum Kombiventil. Das Sekundärluftsystem wird vom Motorsteuergerät angesteuert. Entsprechend ist ein Prüfmodus vorgesehen, der es erleichtert die Ansteuerung und die Komponenten bewusst anzusteuern und zu beobachten oder messtechnisch zu untersuchen.

Sekundärluftsystem prüfen

Für diese Arbeiten ist es erforderlich, dass die Sicherung für das Relais für Sekundärluftpumpe (Pfeil in Bild 5) in der Hauptsicherungsbox auf der Batterie in Ordnung ist. Weiterhin müssen die Sicherungen 10, 28, 29, 34 und 43 in Ordnung sein. Die Batteriespannung muss mindestens 11,5 V betragen und das Fahrzeug steht. Bei Fahrzeugen mit automatischem Getriebe muss der Wählhebel in »P«- oder »N«-Stellung stehen. Alle elektrischen Verbraucher wie z. B. Licht und Heckscheibenheizung müssen ausgeschaltet sein. Die Kühlmitteltemperatur muss mindestens 80 °C betragen.

Systemprüfung mit dem Diagnosetester

Schließen Sie das Fehlerauslesegerät an.

■ Lassen Sie dann den Motor an und im Leerlauf laufen. Wählen Sie das Motorsteuergerät an.

■ Fragen Sie den Fehlerspeicher ab, ggf. Fehler beheben und Fehlerspeicher anschließend löschen.

■ Führen Sie die Grundeinstellung für das Sekundärluftsystem durch.

Motor für Sekundärluftpumpe prüfen

■ Bauen Sie die Motorabdeckung ab.

■ Bauen Sie den Druckschlauch am Motor für Sekundärluftpumpe ab.

Führen Sie mit dem Diagnosegerät einen Stellgliedtest für das Sekundärluft-System durch. Lassen Sie das Bremspedal von einer zweiten Person betätigen und steuern Sie das Relais für Sekundärluft an.

■ Der Motor für Sekundärluftpumpe muss anlaufen und am Auslassstutzen muss Luft austreten.

■ Läuft der Motor für Sekundärluftpumpe nicht an, stellen Sie den Motor ab.

■ Schalten Sie die Zündung aus und ziehen Sie den Zündschlüssel ab.

■ Ziehen Sie den Stecker am Motor der Sekundärluftpumpe ab.

■ Schließen Sie abgesicherte Hilfskabel an den Motor für die Sekundärluftkabel an.
■ Bestromen Sie den Motor. Läuft der Motor nun an, prüfen Sie die Spannungsversorgung nach Schaltplan.

Spannungsversorgung für die Sekundärluftpumpe prüfen
■ Bauen Sie die Motorabdeckung ab.
■ Bauen Sie den Druckschlauch am Motor für Sekundärluftpumpe ab.
■ Schalten Sie die Zündung aus und ziehen Sie den Zündschlüssel ab.
■ Ziehen Sie den Stecker am Motor der Sekundärluftpumpe ab.
■ Prüfen Sie den Masseanschluss (1 in Bild 6) mit dem Multimeter gegen Batterie-Minus. Der Wert sollte 1,5 Ω nicht überschreiten.
■ Ziehen Sie das Relais aus den Sicherungsträger heraus (Pfeil in Bild 7)
■ Prüfen Sie den Masseanschluss (1 in Bild 6) mit dem Multimeter gegen Batterie-Minus. Der Wert sollte 1,5 Ω nicht überschreiten.
■ Messen Sie die Spannung aus der Sicherung (Pfeil im Bild 5) gegen Masse.
■ Messen Sie die Spannung KL 30 im Relaissockel gegen Masse.
■ Messen Sie den Widerstand der Zuleitung zwischen Relais und Motor. Der Wert sollte 1,5 Ω nicht überschreiten.

Für weitergehende Prüfungen gehen Sie die Spannungsversorgung nach Schaltplan durch.

Arbeiten am Abgasrückführungssystem

Im Prinzip werden an diesem Fahrzeug zwei Bauarten des AGR-Ventils verbaut. Die Aufgabe ist für beide gleich. Eine bestimmte Abgasrate wird bei bestimmten Betriebszuständen des Motors dem Ansaugbereich zugeführt.
Die beiden Systeme unterscheiden sich in der Bauweise und dadurch auch in der Diagnose.

AGR-Ventil prüfen
Wir werden allgemeingültig auf die Prüfung der beiden Systeme eingehen. Die Unterschiede werden dann im Ablauf soweit erforderlich gesondert hervorgehoben.

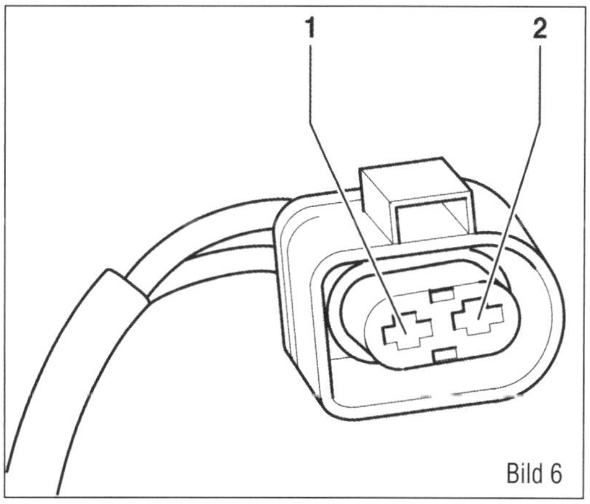

Bild 6

Bild 6
1 Masseanschluss
2 Ansteuerung durch das Motorsteuergerät über das Relais

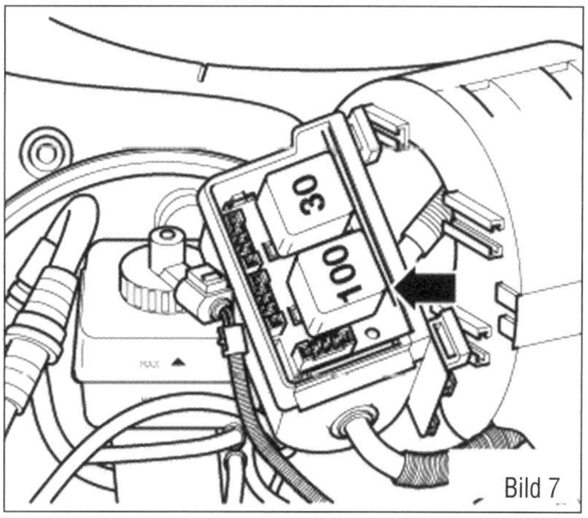

Bild 7

Bild 7
Einbaulage des Relais für Sekundärluftpumpe (Pfeil).

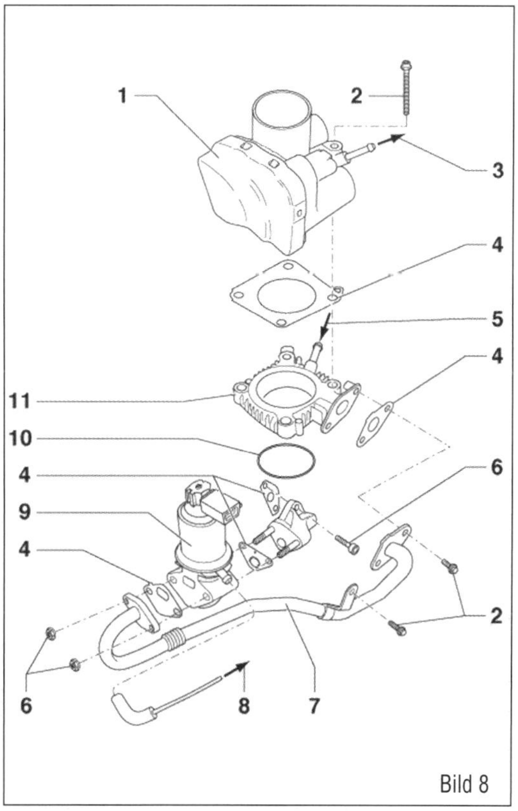

Bild 8

Bild 8
1,4 l-Benzinmotor.
1 Drosselklappen-Steuereinheit
2 Schraube
3 zum Bremskraftverstärker
4 Dichtung
5 vom Magnetventil 1 für Aktivkohlebehälter
6 Schraube
7 Verbindungsrohr
8 zum Abzweigstück Luftfilter / Kurbelgehäuseentlüftungsventil
9 Ventil für Abgasrückführung mit Potenziometer
10 Dichtring
11 Saugstutzen

Sichtprüfung Messen

Bild 9
1,9 l-Dieselmotor (EDC).
1 Ansaugrohr
2 O-Ring
3 Saugstutzen
4 Abgasrückführungsventil
5 Schraube
6 vom Ladeluftkühler
7 Dichtung
8 Schraube
9 Verbindungsrohr
10 Verbindungsrohr
11 Abgaskrümmer
12 Mutter
13 Verbindungsrohr
14 zum Wärmetauscher
15 Kühler für Abgasrückführung (nicht immer verbaut)
16 vom Anschlussstutzen
17 zum Abzweigstück Ausgleichsbehälter oben/Kühlmittelrohr

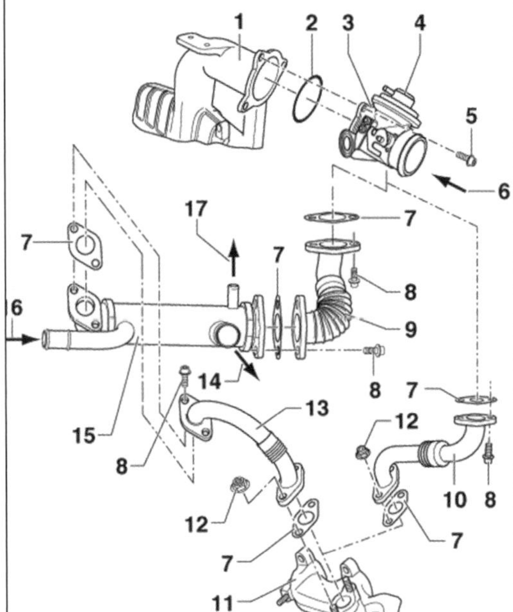

Bild 9

Bild 10
1,4 l-Motor. Pinbelegung am Stecker für das AGR-Ventil.

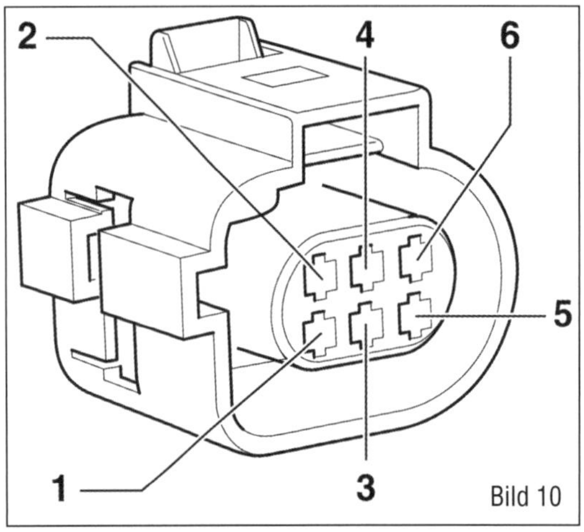

Bild 10

Elektrische Ansteuerung mit Rückmeldung
Bei diesem System wird mit einem Stellmotor das AGR-Ventil zugefahren. Die Position, die das Ventil tatsächlich eingenommen hat, wird über ein Potenziometer erfasst und an das Motorsteuergerät weitergegeben. Es ist somit voll eigendiagnosefähig. Die Sicherungen müssen in Ordnung sein. Die Batteriespannung muss mindestens 11,5 V betragen. Alle elektrischen Verbraucher wie z. B. Licht und Heckscheibenheizung müssen ausgeschaltet sein. Ist das Fahrzeug mit einer Klimaanlage ausgerüstet, muss diese ausgeschaltet sein.

Systemprüfung mit dem Diagnosetester

- Schließen Sie das Fehlerauslesegerät an.
- Lassen Sie dann den Motor an und im Leerlauf laufen. Wählen Sie das Motorsteuergerät an.
- Fragen Sie den Fehlerspeicher ab, ggf. Fehler beheben und Fehlerspeicher anschließend löschen.
- Führen Sie den Stellgliedtest für das Sekundärluftsystem durch. Das Ventil wird dann etwa 50 Sekunden geöffnet und geschlossen.

Rückmeldepoti prüfen

- Schalten Sie die Zündung aus und ziehen Sie den Zündschlüssel ab.
- Ziehen Sie den Stecker am Motor der Sekundärluftpumpe ab.
- Ziehen Sie den 6fach-Stecker (grau) vom Ventil für Abgasrückführung ab.
- Schließen Sie das Multimeter zur Spannungsmessung am 6fach-Stecker Kontakt 2 und 4 an (Bild 10).
- Schalten Sie die Zündung ein. Sie sollten mindestens 4,5 V messen können.
- Schalten Sie die Zündung aus.
- Innere Abdeckung zum Wasserkasten links ausbauen.
- Schließen Sie die Prüfbox »V.A.G 1598/22« am Leitungsstrang Steuergerät an.
- Prüfen Sie die Leitungen zwischen Prüfbox und 6fach-Stecker nach Stromlaufplan auf Unterbrechung.

Kontakt 2 und Prüfbox-Buchse 62
Kontakt 4 und Prüfbox-Buchse 54
Kontakt 6 und Prüfbox-Buchse 69
Leitungswiderstand: Max. 1,5 Ω

- Prüfen Sie zusätzlich die Leitungen auf Kurzschluss untereinander sowie auf Kurzschluss nach Plus und Masse.

Leitungen und Spannungsversorgung in Ordnung

- Ersetzen Sie das Ventil für Abgasrückführung mit Potenziometer.
- Löschen Sie die Lernwerte und passen Sie das Motorsteuergerät neu an.

Kein Fehler in den Leitungen festgestellt, die Spannungsversorgung ist nicht in Ordnung:

- Ersetzen Sie das Motorsteuergerät.

Pneumatisch betätigtes Ventil
Das Ventil wird über das Magnetventil für die Abgasrückführung angesteuert (meistens das schwarze). Die Ansteuerung des Magnetventils erfolgt durch das Steuergerät. Eine

Rückmeldung erfolgt nur indirekt über den Luftmassenmesser. Bei im Fehlerspeicher abgelegten Fehlern rund um den Luftmassenmesser sollten Sie das AGR-Ventil in die Fehlersuche mit einbeziehen. Die Leitungsprüfung nach Schaltplan kann wie schon am Potenziometer beschrieben durchgeführt werden. Die mechanische Prüfung stellen wir im Folgenden vor.

- Bauen Sie die Motorabdeckung ab.
- Verbindungsschlauch am Saugstutzen abbauen.
- Unterdruckschlauch am Abgasrückführungsventil abziehen.
- Handvakuumpumpe am Abgasrückführungsventil anschließen.

Handvakuumpumpe betätigen und Membranstange beobachten.

Die Membranstange muss sich in (Pfeilrichtung im Bild 11) bewegen.

- Schlauch der Handvakuumpumpe vom Abgasrückführungsventil abziehen. Die Membranstange muss sich entgegen der Pfeilrichtung (im Bild 11) in die Ausgangslage zurückbewegen.

AGR-Ventil reinigen: Ablagerungen und Verkokungen können die Beweglichkeit einschränken oder sogar blockieren. Es muss dann nicht sofort ersetzt werden. Das ausgebaute Ventil lässt sich sehr gut mit Backofenspray reinigen.

AGR-Ventil ausbauen

Für diese Arbeiten ist es erforderlich, dass die Zündung ausgeschaltet und der Zündschlüssel abgezogen ist. Weiterhin muss der Motor kalt sein, um Verbrennungen bei den Montagearbeiten zu vermeiden.

Montagarbeiten Fahrzeug von unten:

- Bauen Sie die Geräuschdämpfung aus.
- Lassen Sie das Kühlmittel ab.

Motoren mit Abgas-Kühler

- Trennen Sie die Kühlmittelschläuche von den beiden Anschlussstutzen.
- Legen Sie die beiden Kühlmittelschläuche zur Seite.

Montagarbeiten Motorraum von oben:

- Bauen Sie die Motorabdeckung aus.
- Masseleitung an der Batterie bei ausgeschalteter Zündung abklemmen.
- Bauen Sie das Luftfiltergehäuse aus.

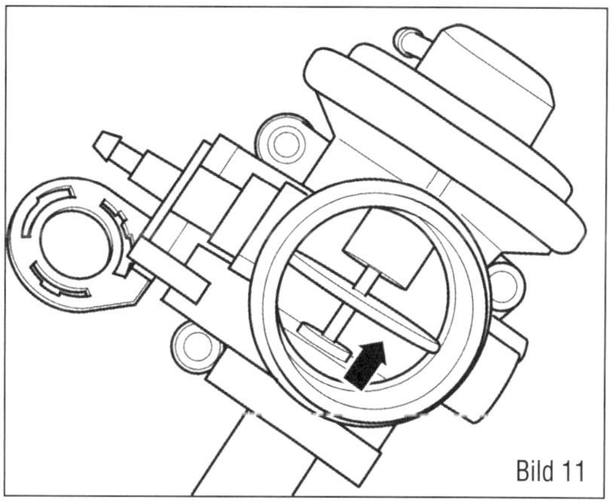

Bild 11

Bild 11
Bewegungsrichtung der Membranstange.

- Batterie und den Batterieträger ausbauen.
- Ziehen Sie die Steckverbindung vom Abgasrückführungsventil (soweit vorhanden) ab und fädeln Sie die Leitung aus.

Beachten Sie die Einbaulage der Leitungsverlegung und des Wärmeschutzes!

Der Einbau erfolgt sinngemäß in umgekehrter Reihenfolge.

Abgasvorrohr aus- und einbauen

Die eigentlichen Arbeitsschritte unterscheiden sich von Motortyp zu Motortyp kaum. Wir werden auch hier wieder eine allgemeingültige Arbeitsanweisung vorstellen, die die Besonderheiten für die einzelnen Motortyp gesondert hervorhebt. Die Arbeiten an den hinteren Schalldämpferbauteilen sind eigentlich selbsterklärend. Somit werden wir hierauf nicht gesondert eingehen.

Nach Montagearbeiten an der Abgasanlage darauf achten, dass die Anlage nicht verspannt wird und genügend Abstand zum Aufbau hat. Gegebenenfalls Doppel- und Klemmschelle lösen und Schalldämpfer und Abgasrohr so ausrichten, dass ausreichend Abstand vorhanden ist und die Aufhängungen gleichmäßig belastet werden. Selbstsichernde Muttern grundsätzlich ersetzen.

- Stellen Sie den Motor ab.
- Schalten Sie die Zündung aus und ziehen Sie den Zündschlüssel ab.
- Bauen Sie die Geräuschdämpfung oben und unten aus.

Sichtprüfung Messen

Bild 12
Entspannen an der Verbindungsstelle.

Bild 12

Bild 13
Die Abstandmaße zum Schalldämpferrohr müssen annähernd gleich ausfallen.

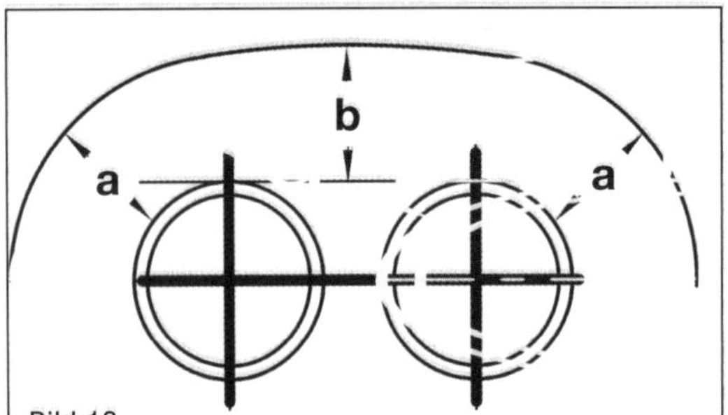

Bild 13

Bild 14
1 Schraubenende
2 Einbauwinkel

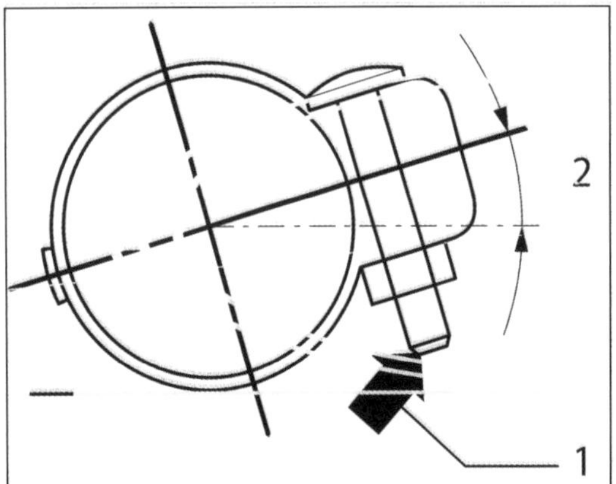

Bild 14

Bild 15
1 Klemmhülse
2 Abgasvorrohr
3 Befestigungsmutter
4 Befestigungsmutter
a Einbaumaß
A Markierung

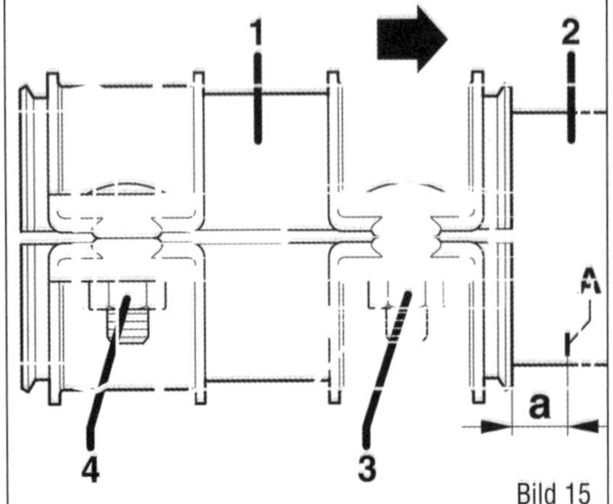

Bild 15

■ Sprühen Sie die Verschraubungen mit Rostlöser oder einem Kriechöl ein. Schwergängige Schraube sollte im »Heißzustand« zumindest etwas bewegt werden.
■ Lassen Sie die Auspuffanlage und den Motor abkühlen.

Sonden und Sensoren
■ Demontieren Sie die elektrischen Leitungen und ziehen Sie die Steckkontakte ab.
■ Demontieren Sie, wenn das Abgasrohr ersetzt oder instand gesetzt werden soll, die verbauten Sensoren oder Sonden.

■ Lösen Sie die Verschraubungen am Turbolader. Verschließen Sie den Zugang mit einem sauberen Lappen um das Eindringen von Fremdkörpern zu verhindern.
■ Lösen Sie die beiden Schrauben am Verbindungselement (Bild 12) und schieben Sie es nach hinten.
■ Hängen Sie das Auspuffrohr am Lagergummi aus.
■ Nehmen Sie das Auspuffrohr heraus.

Montage:
Die Montage erfolgt sinngemäß in umgekehrter Reihenfolge.

Abgasanlage spannungsfrei einrichten

■ Der Motor muss kalt sein. Beide Verschraubungen der Klemmhülse vorn (Bild 12) lösen. Die Klemmhülse zur Markierung auf dem Abgasvorrohr (2) ausrichten; der Pfeil zeigt in Fahrtrichtung (Bild 15). Wenn eine Klemmhülse vorn mit zwei einzelnen Schellen (A nach Bild 15) eingebaut ist, beträgt das Maß »a« = 5 mm. Die Klemmenschrauben sind mit 25 Nm festzuziehen.
☞ VW führt aber gleitend den Einsatz von Klemmhülsen mit durchgehender Schelle ein. Bei dieser Klemmhülse beträgt das Einbaumaß (nur Klemmhülse vorn) »a« = 8,5 mm. Die Schrauben werden mit 35 Nm festgezogen.
■ Die Verschraubungen dieser »Klemmhülse vorn« müssen nach rechts zeigen, dürfen nicht über die Unterkante der Klemmhülse (1) hinausragen und sollten zur Waagerechten einen Winkel zwischen 15° und maximal 20° bilden (Bild 14).

■ Vordere Verschraubung der Klemmhülse (im Bild 15 die rechte) handfest anziehen.
■ Schalldämpfer so weit nach vorn schieben, bis das Maß »a« zwischen Aufhängung/ Karosserie und Aufhängung/Schalldämpfer von 15 bis 17 mm (bei den 2 l-Motoren) oder 3 bis 7 mm (bei den 1,4 l-Motoren) an der Aufhängeöse erreicht ist (Bild 13).
■ Schalldämpfer waagerecht ausrichten. In diesem Zustand die Verschraubungen der Klemmhülse festziehen (25 bzw. 35 Nm).
■ Nach dem Anziehen der Klemmhülse das Maß »a« prüfen und ggf. korrigieren.

Arbeiten am Aufladesystem

Einige Motoren für den VW Beetle, wie der 1,8 l-Benziner und die beiden Dieselmotorvarianten, sind mit Aufladesystemen wie dem Turbolader ausgerüstet. Die sich ergebende Mehrleistung und das steigende Drehmoment erlauben den Einsatz von Motoren mit kleinerem Hubraum bei erstaunlichen Fahrleistungswerten.

⚠ Wird am Abgasturbolader ein mechanischer Schaden festgestellt (z. B. ein zerstörtes Verdichterrad) genügt es nicht, nur den Turbolader zu ersetzen. Um Folgeschäden zu vermeiden, reinigen Sie sämtliche Ölleitungen, wechseln Sie das Motoröl und den Ölfilter, prüfen Sie das Luftfiltergehäuse, den Luftfiltereinsatz und die Ansaugschläuche sowie die gesamte Ladeluftstrecke und den Ladeluftkühler auf Verunreinigungen und Fremdkörper. Werden Fremdkörper im Ladeluftsystem festgestellt, muss die Ladeluftstrecke gereinigt und der Ladeluftkühler ggf. ersetzt werden.

Ausbau des Turboladers,
1,8 l-Benzinmotor (Bild 16)
■ Lassen Sie den Motor aus Sicherheitsgründen abkühlen.
■ Schalten Sie die Zündung aus und ziehen Sie den Zündschlüssel ab.
■ Wasserkastenabdeckung ausbauen.
■ Bauen Sie die Motorabdeckung oben aus.
■ Öffnen Sie den Verschlussdeckel des Kühlmittel-Ausgleichsbehälters.
■ Bauen Sie die Geräuschdämmung unten, Mitte und rechts aus.
■ Lassen Sie das Kühlmittel ab.

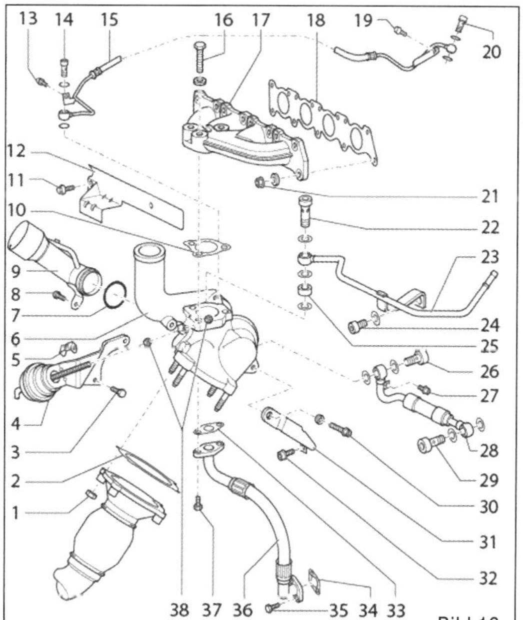

Bild 16

■ Schrauben Sie das Wärmeschutzblech für Gelenkwelle rechts ab.
■ Bauen Sie die Gelenkwelle rechts aus.
■ Schrauben Sie die Schutzabdeckung ab.
■ Trennen Sie die elektrischen Steckverbindungen und legen Sie die Leitungen zu den Lambdasonden frei.

☞ Das Abkoppelelement im Abgasvorrohr darf nicht mehr als 10° geknickt werden – Beschädigungsgefahr.

■ Drehen Sie die Muttern der Verbindung Abgasvorrohr/Abgasturbolader heraus.
■ Trennen Sie die Abgasanlage an der Klemmhülse (Pfeile) und schieben Sie die Klemmhülse nach hinten.
■ Nehmen Sie das Abgasvorrohr mit Katalysator ab.
■ Stellen Sie den Altöl-Auffangbehälter unter den Motor und lassen Sie das Motoröl ab.
■ Knöpfen Sie den Wärmeschutz auf und nehmen Sie ihn vom Luftführungsschlauch ab.
■ Bauen Sie den Luftführungsschlauch zwischen Luftführungsrohr oben und Luftführungsrohr unten aus.
■ Drehen Sie die Schrauben vom Halter zum Motorblock heraus.
■ Bauen Sie die Ölrücklaufleitung am Turbolader ab.
■ Schrauben der Halteschelle für Luftführungsrohr oben demontieren. Der Halter wird später, gemeinsam mit dem Luftführungsrohr oben, ausgebaut.

Bild 16
1,8 l-Benziner.
1 Mutter
2 Dichtring
3 Schraube
4 Druckdose
5 Sicherung
6 Abgasturbolader
7 O-Ring
8 Schraube
9 Ansaugrohr
10 Dichtung
11 Schraube
12 Abschirmblech
13 Schraube
14 Hohlschraube
15 Ölrücklaufleitung
16 Schraube
17 Abgaskrümmer
18 Dichtung
19 Schraube
20 Hohlschraube
21 Mutter
22 Hohlschraube
23 Kühlmittelrücklauf
24 Schraube
25 Distanzhülse
26 Hohlschraube
27 Schraube
28 Kühlmittelvorlauf
29 Hohlschraube
30 Schraube
31 Halter
32 Schraube
33 Dichtung
34 Dichtung
35 Schraube
36 Ölrücklaufleitung
37 Schraube
38 Mutter

Bild 17
1,9 l-Diesel (EDC).
1 Abgaskrümmer
2 Ansaugrohr
3 vom Ladeluftkühler
4 Dichtung
5 Schraube
6 Dichtung
7 Halter
8 Unterlegscheibe
9 Abschirmblech
10 Abgasturbolader
11 Druckdose
12 vom Luftfilter
13 Dichtung
14 Dichtring
15 Ölrücklaufleitung
16 Hohlschraube
17 Schraube
18 Schraube
19 Stütze
20 Schraube
21 Dichtung
22 Abgasrohr vorn
23 Anschlussstutzen
24 Schraube
25 Ölvorlaufleitung

Bild 18
1 Schlauch
2 Schlauch
3 Umluftventil
4 Ladedruck-begrenzungsventil
5 Luftführung
6 Unterdruckventil
7 Kurbelgehäu-seentlüftung

Bild 19
1 Schrauben
2 Schelle
3 Schraube
4 Schelle
5 Schraube
6 Luftführungsrohr

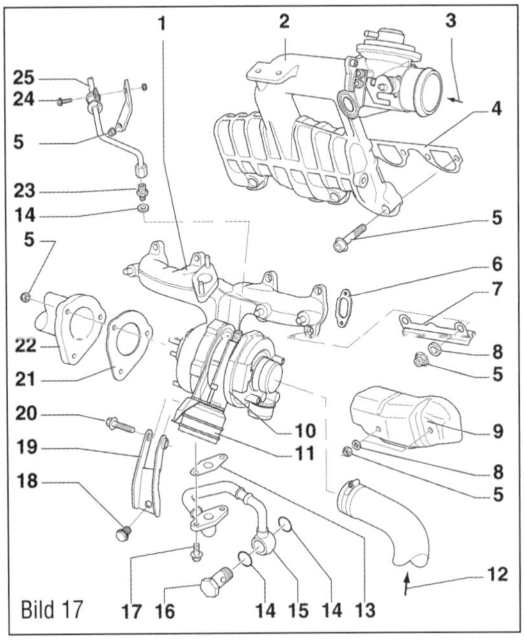

Bild 17

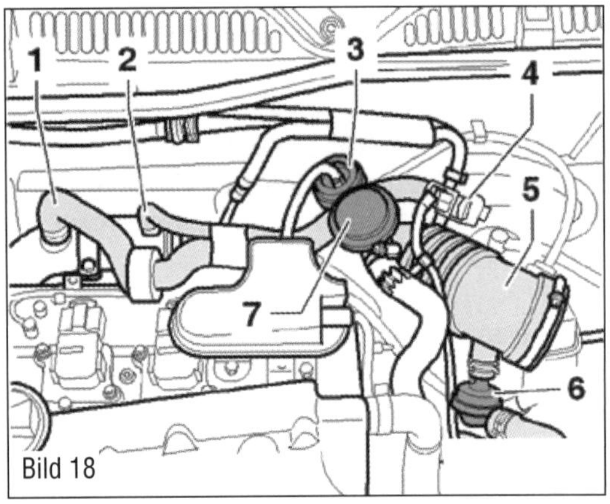

Bild 18

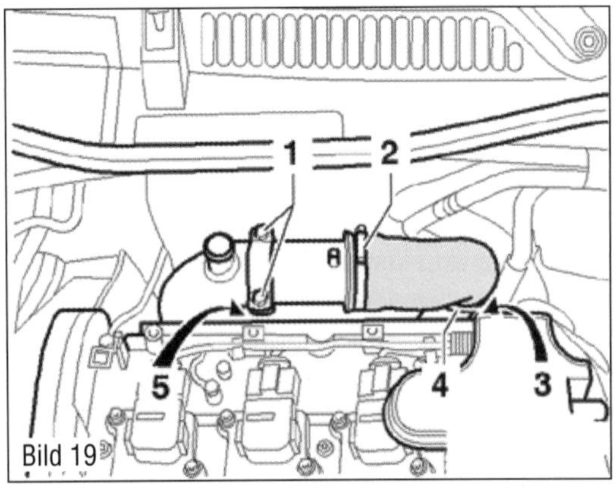

Bild 19

■ Lösen Sie die Verschraubung für den Halter für Abgasturbolader einige Umdrehungen.
■ Drehen Sie die Schrauben im Motorblock heraus.
■ Lösen Sie die Verschraubung am Halter einige Umdrehungen.

■ Stellen Sie eine Auffangwanne unter das Fahrzeug und schrauben Sie die Kühlmittelvorlaufleitung (28 im Bild 16) vom Zylinderblock ab.
■ Bauen Sie die Schläuche zur Druckdose und zum Gehäuse vom Abgasturbolader ab.
■ Bauen Sie den Luftführungsschlauch zur Sekundärluftpumpe vom Luftfiltergehäuse ab.
■ Bauen Sie die Luftführung vom Luftmassenmesser ab.
■ Trennen Sie die elektrische Steckverbindung am Luftmassenmesser.
■ Drehen Sie die Halteschrauben los und nehmen Sie das Luftfiltergehäuse heraus.
■ Bauen Sie das mechanische Umluftventil (3) und das Druckregelventil der Kurbelgehäuseentlüftung (7 in Bild 18) aus der Luftführung (5) aus.
■ Bauen Sie das Magnetventil für Ladedruckbegrenzung (4) und das Unterdruckventil (6) aus der Luftführung (5) aus.
■ Bauen Sie die Schläuche (1) und (2) vom Luftführungsrohr oben ab.
■ Bauen Sie die Luftführung (5) aus. Dazu die Sicherungsspange am Stutzen des Abgasturboladers herausziehen. Verschließen Sie die Öffnung im Ansaugtrakt des Abgasturboladers mit einem sauberen Lappen.
■ Bauen Sie den Wärmeschutz vom Luftführungsrohr oben ab.
■ Lösen Sie die beiden Schellen (2 und 4 in Bild 19) zum Ansaugtrakt und nehmen Sie den Luftführungsschlauch zum Abgasturbolader ab. Verschließen Sie die Öffnung im Ansaugtrakt des Abgasturboladers mit einem sauberen Lappen.
■ Drehen Sie die Schrauben (1) an der Halteschelle für Luftführungsrohr oben heraus.
■ Nehmen Sie die Schelle (2) und den Halter ab.
■ Drehen Sie die Schraube (5) für Wärmeschutzblech an der Rückseite des Zylinderkopfs heraus.
■ Lösen Sie die Schraube (3) für Wärmeschutzblech an der Rückseite des Zylinderkopfs so weit wie möglich. Die Schraube (3) für Wärmeschutzblech kann erst herausgedreht werden, wenn die Schraubverbindung Abgasturbolader/Abgaskrümmer getrennt worden ist.
■ Schwenken Sie das Wärmeschutzblech nach oben.
■ Nehmen Sie das Luftführungsrohr oben und die Halteschelle ab.
■ Schrauben Sie die Ölvorlaufleitung am

Ölfilterhalter und zusätzlich am Zylinderkopf ab und legen Sie die Leitung zur Seite.

- Schrauben Sie den Abgasturbolader vom Abgaskrümmer ab.
- Nehmen Sie die Dichtung ab. Der Abgasturbolader senkt sich dann etwas nach unten. Verschließen Sie die Öffnung im Ansaugtrakt des Abgasturboladers mit einem sauberen Lappen.
- Drehen Sie die Muttern (Pfeile im Bild 19) für Abgaskrümmer heraus (von oben zugänglich).
- Nehmen Sie die Unterlegscheiben und den Abgaskrümmer (2, Bild 20) ab.
- Schrauben Sie die Haltelasche für Ölvorlaufleitung links am Abgasturbolader ab (Pfeil).
- Schrauben Sie den Halter für Abgasturbolader wieder am Zylinderblock fest.
- Schrauben Sie die Ölvorlaufleitung und die Kühlmittelrücklaufleitung vom Abgasturbolader ab.
- Ziehen Sie die Leitungen (1) und (2) vom Abgasturbolader ab (Bild 21).
- Schrauben Sie den Halter für Abgasturbolader vom Zylinderblock ab und nehmen Sie den Abgasturbolader ab.

Montage

Der Einbau erfolgt in umgekehrter Reihenfolge. Dabei ist Folgendes zu beachten:

⚠ Alle Dichtungen, Dichtringe und selbstsichernden Muttern müssen ersetzt werden. Der Abgasturbolader wird nach dem Einbau am Anschlussstutzen der Ölvorlaufleitung mit Motoröl befüllt. Bringen Sie alle Wärmeschutzmanschetten beim Einbau wieder an der gleichen Stelle an. Schlauchstutzen und Schläuche für Ladeluftsystem müssen vor dem Montieren öl- und fettfrei sein. Nur bei Steckkupplungen müssen der Dichtring und die Dichtfläche leicht eingeölt werden. Sichern Sie alle Schlauchverbindungen mit Schlauchschellen, die dem Serienstand entsprechen. Sämtliche Schlauchverbindungen des Ladeluftsystems sind durch Federbandschellen oder durch Steckkupplungen gesichert. Bringen Sie alle Kabelbinder beim Einbau wieder an der gleichen Stelle an. Das Ladeluftsystem muss dicht sein. Prüfen Sie den Ölstand.

- Schrauben Sie den Halter für Abgasturbolader lose am Abgasturbolader an.
- Setzen Sie den Abgasturbolader von

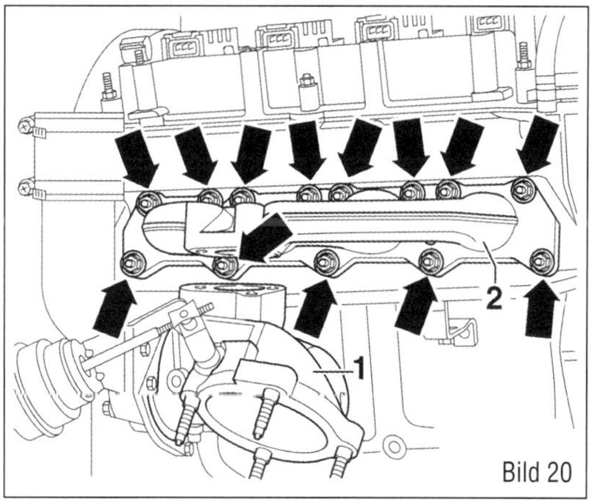

Bild 20
1 Turbolader
2 Abgaskrümmer
Pfeile = Schrauben

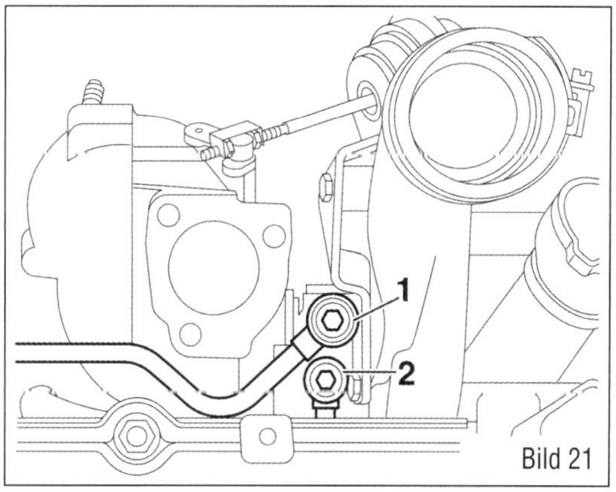

Bild 21
Leitungen (1 und 2).

unten am Motor an und schrauben Sie den Halter handfest am Zylinderblock an.

- Schrauben Sie die Ölvorlaufleitung und die Haltelasche an.
- Schrauben Sie die Kühlmittelrücklaufleitung am Abgasturbolader fest.
- Schrauben Sie den Halter für Abgasturbolader nochmals vom Zylinderblock ab.
- Schrauben Sie die Haltelasche für Ölvorlaufleitung links am Abgasturbolader an. Schrauben Sie die Haltelasche für Ölvorlaufleitung links am Abgasturbolader an, bevor Sie den Abgasturbolader am Abgaskrümmer festschrauben.
- Bauen Sie den Abgaskrümmer ein.
- Schrauben Sie den Abgasturbolader am Abgaskrümmer fest.
- Die Schrauben der Halteschelle und die Schelle erst festziehen, wenn der Halter für Luftführungsrohr am Motor festgeschraubt ist.
- Bauen Sie die Gelenkwelle rechts ein.
- Prüfen Sie den Ölstand.
- Füllen Sie Kühlmittel auf.

⚠ Motor nach dem Einbau des Abgasturboladers ca. 1 Minute im Leerlauf laufen lassen und nicht gleich hochdrehen, damit die Ölversorgung des Turboladers sichergestellt ist.

Ausbau des Turboladers 1,9 l-Dieselmotor
Der Abgasturbolader darf nur komplett mit Abgaskrümmer und Druckdose aus- und eingebaut und ersetzt werden.

- Lassen Sie den Motor aus Sicherheitsgründen abkühlen.
- Schalten Sie die Zündung aus und ziehen Sie den Zündschlüssel ab.
- Bauen Sie die Motorabdeckung und die Geräuschdämpfungen oben ab.
- Bauen Sie die Geräuschdämpfung unten aus.
- Stellen Sie eine Altöl-Auffangwanne unter den Motor und lassen Sie das Motoröl ab.
- Schrauben Sie das Abgasvorrohr vom Abgasturbolader ab.
- Das Abkoppelelement im Abgasvorrohr darf nicht mehr als 10° geknickt werden – Beschädigungsgefahr.
- Bauen Sie den Halter für das Abgasrohr vorn vom Aggregateträger ab.
- Trennen Sie die Abgasanlage an der Klemmhülse (Pfeile) und nehmen Sie das Abgasvorrohr mit Katalysator ab.
- Schrauben Sie das Wärmeschutzblech für Gelenkwelle rechts ab.
- Gelenkwelle rechts von der Flanschwelle abbauen und so weit wie möglich hochbinden. Den Oberflächenschutz der Gelenkwelle dabei nicht beschädigen.
- Drehen Sie die beiden Schrauben heraus und nehmen Sie die Stütze für Abgasturbolader ab.
- Bauen Sie die Ölrücklaufleitung am Zylinderblock ab.
- Bauen Sie den Schlauch an der Unterdruckdose für Ladedruckregelung vom Abgasturbolader ab.
- Klemmschelle öffnen und den Luftführungsschlauch vom Abgasturbolader abbauen.
- Bauen Sie den Luftführungsschlauch aus. Dazu die Halteklammern etwas anheben.
- Bauen Sie das Verbindungsrohr für Abgasrückführung aus.
- Bauen Sie das Wärmeschutzblech vom Abgaskrümmer ab.
- Schrauben Sie die Ölvorlaufleitung am Abgasturbolader und am Abgaskrümmer ab.
- Schrauben Sie die Ölvorlaufleitung am Ölfilterhalter und zusätzlich am Zylinderkopf ab. Dann die Ölvorlaufleitung nach links, unter dem Kühlmittelschlauch, durchschieben.
- Pendelstütze am Getriebe ausbauen.
- Motor/Getriebe-Aggregat vorsichtig nach vorn drücken und mit geeignetem Mittel abstützen. Beim Verlagern des Motor/Getriebe-Aggregates auf alle Leitungen und den Kühler achten, damit diese nicht beschädigt werden.
- Bauen Sie den Halter (1) vom Abgaskrümmer (2) ab (Bild 22).
- Schrauben Sie die Muttern (Pfeile) ab.
- Nehmen Sie den Abgaskrümmer/Abgasturbolader zwischen Gelenkwelle und Aggregateträger heraus.

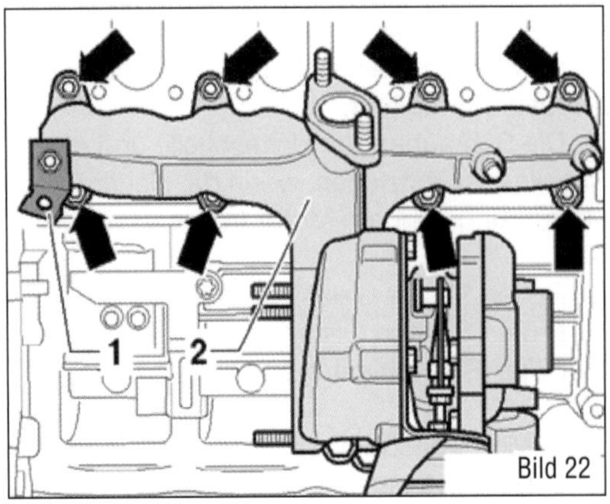

Bild 22

Bild 22
1 Halter
2 Abgaskrümmer mit Turbolader
Pfeile = Verschraubungen

Einbauen

⚠ Wird am Abgasturbolader ein mechanischer Schaden festgestellt (z. B. ein zerstörtes Verdichterrad) genügt es nicht, nur den Turbolader zu ersetzen. Um Folgeschäden zu vermeiden, reinigen Sie sämtliche Ölleitungen, wechseln Sie das Motoröl und den Ölfilter, prüfen Sie das Luftfiltergehäuse, den Luftfiltereinsatz und die Ansaugschläuche sowie die gesamte Ladeluftstrecke und den Ladeluftkühler auf Verunreinigungen und Fremdkörper. Werden Fremdkörper im Ladeluftsystem festgestellt, muss die Ladeluftstrecke gereinigt und der Ladeluftkühler ggf. ersetzt werden.

⚠ Alle Dichtungen, Dichtringe und selbstsichernden Muttern müssen ersetzt werden. Der Abgasturbolader wird nach dem Einbau am Anschlussstutzen der Ölvorlaufleitung mit Motoröl befüllt. Bringen Sie alle Wärmeschutzmanschetten beim Einbau wieder an der gleichen Stelle an. Schlauchstutzen und Schläuche für Ladeluftsystem müssen vor dem Montieren öl- und fettfrei sein. Nur bei Steckkupplungen müssen der Dichtring und die Dichtfläche leicht eingeölt werden. Sichern Sie alle Schlauchverbindungen mit Schlauchschellen, die dem Serienstand entsprechen. Sämtliche Schlauchverbindungen des Ladeluftsystems sind durch Federbandschellen oder durch Steckkupplungen gesichert. Bringen Sie alle Kabelbinder beim Einbau wieder an der gleichen Stelle an. Das Ladeluftsystem muss dicht sein. Prüfen Sie den Ölstand.

- Pendelstütze an Aggregateträger und Getriebe befestigen.
- Abgasanlage vorn mit Katalysator einbauen.
- Bauen Sie die Gelenkwelle rechts an.

Montagearbeiten am Ladeluftsystem
Die Ladeluftsysteme unterscheiden sich nicht wesentlich voneinander. Auch das System für den Benzinmotor ist lediglich durch wenige Bauteile und den Aufbau des Turboladers vom Dieselaufladesystem zu unterscheiden. Wir werden Ihnen eine allgemeingültige Beschreibung zur Verfügung stellen, die für alle Ladesysteme am New Beetle angewendet werden kann.

Ladeluftkühler ausbauen

- Bauen Sie das Ladeluftrohr oben mit dem Verbindungsschlauch aus.
- Blinkleuchte vorn rechts ausbauen.
- Ziehen Sie den Anschlussstecker des Ladedrucksensors ab.
- Bauen Sie die Radhausschale vorn rechts aus.
- Bauen Sie das Ladeluftrohr unten aus.
- Demontieren Sie die Geräuschdämpfung Mitte und rechts.
- Verschließen Sie die Öffnung im Ansaugtrakt des Abgasturboladers mit einem sauberen Lappen.

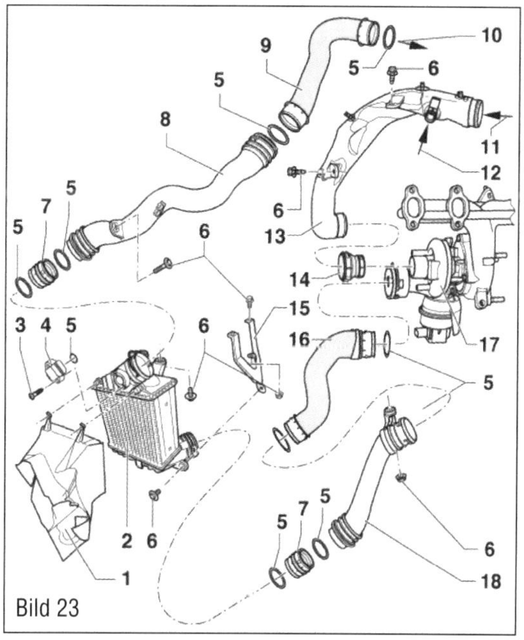

Bild 23
1,9 l-Diesel (PD).
1 Luftführung
2 Ladeluftkühler
3 Schraube
4 Saugrohrdruckgeber
5 O-Ring
6 Schraube
7 Rohrstutzen
8 Ladeluftrohr oben
9 Verbindungsschlauch
10 zum Saugstutzen
11 vom Luftfilter
12 von Kurbelgehäuseentlüftung/Zylinderkopfdeckel
13 Ladeluftrohr hinten
14 Halter
15 Verbindungsschlauch
16 Abgasturbolader
17 Verbindungsschlauch
18 Ladeluftrohr unten

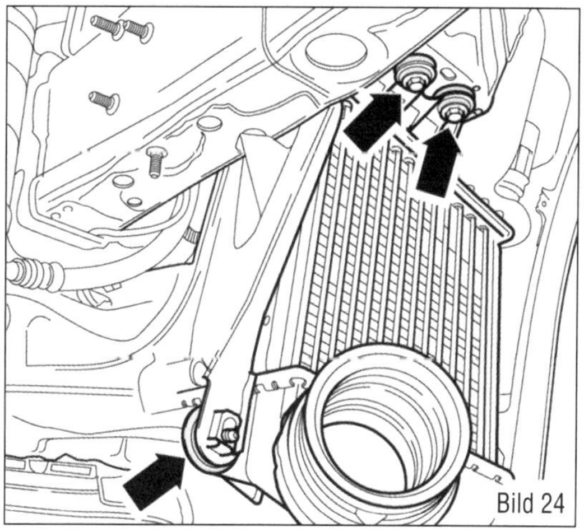

Bild 24
Verschraubungen des Ladeluftkühlers (Pfeile).

- Befestigungsschrauben des Ladeluftkühlers herausdrehen und den Ladeluftkühler herausnehmen.

Einbauen
Der Einbau erfolgt sinngemäß in umgekehrter Reihenfolge.

10 Kraftübertragung

Zum System der Kraftübertragung bei Fahrzeugen mit Schaltgetriebe gehören Getriebe, Kupplung und Achsantrieb. Damit alle Akteure perfekt zusammenarbeiten und die vom Motor produzierte Leistung an die Antriebsräder übertragen, sind sie durch Gelenke, Wellen und Zahnräder miteinander verbunden. Welche Kraft tatsächlich an den Rädern benötigt wird, hängt davon ab, was dem Fahrzeug während der Fahrt abverlangt wird. Der Motor bietet jedoch nur in einem begrenzten Drehzahlbereich eine verwertbare Leistung an. Damit der Wagen beim Beschleunigen und bei Bergfahrten trotzdem genügend Zugkraft entwickelt, ist das Getriebe nötig. Mit seinen verschiedenen Gängen gewährleistet es eine jeweils passende Übersetzung. Je nach Motor werden vier verschiedene Getriebe verbaut. Gerade beim Ersetzen des Getriebes aus dem Gebrauchtmarkt ist es wichtig, die Getriebe unterscheiden zu können.

Bedeutung der Getriebekennung

Auf dem Getriebeblock von oben sichtbar ist im Bereich des Pfeils in Bild 1 die Kennnummer eingeschlagen. Diese Kennnummer finden Sie auch auf dem Fahrzeugdatenträger im Fahrzeug oder im Serviceplan.

Kennbuchstaben	**Fertigung**		
	Tag	*Monat*	*Jahr*
DZQ	06	05	8

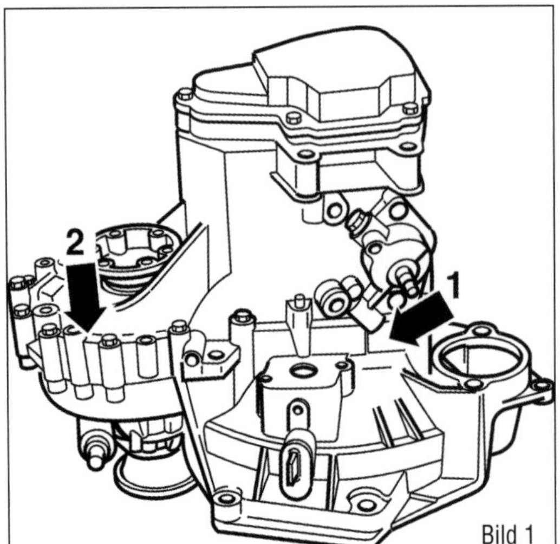

Bild 1

Bild 1
1 Kennbuchstaben und Baudatum
2 Fertigungsdetail Schaltgetriebe

Die Bezeichnung bedeutet, dass die Fertigung des Getriebes am 06.05.2008 beendet wurde. Bei gleicher Bezeichnung kann sich das Übersetzungsverhältnis der Getriebe je nach Motorvariante teilweise unterscheiden. Wird ein Getriebe gebraucht verbaut, sollte die Verwendung nach Motortyp geprüft werden. Die Untergruppierungen der Getriebe lässt sich bestimmten Fahrzeugen und Bauzeiträumen zuordnen.

Getriebe 02T (5-Gang-Schaltgetriebe)

Fahrzeug (Bauzeitraum)	*Kennbuchstaben*
OTTO 1,4 l – 55 kW (keine Angabe)	FLU, GEQ, GSE, GAH, GEW, GSG

Getriebe O2J (5-Gang-Schaltgetriebe)

Fahrzeug (Bauzeitraum)	*Kennbuchstaben*
OTTO 1,6 l – 74 kW (11/99–09/00)	EUQ
OTTO 1,6 l – 75 kW (09/00)	FCH
OTTO 1,8 l – 110 kW (05/00–09/00)	FBW
OTTO 1,8 l – 110 kW (06/99–09/00)	EBQ
OTTO 1,8 l – 110 kW (09/00)	EGX
OTTO 1,8 l – 110 kW (06/99–09/00)	FDS
OTTO 2,0 l – 85 kW (07/97–05/99)	DZQ
OTTO 2,0 l – 85 kW (06/99–09/00)	EBP
OTTO 2,0 l – 85 kW (09/00)	EKG
OTTO 2,0 l – 85 kW (06/99–09/00)	EGT
OTTO 2,0 l – 85 kW (05/00–09/00)	FBV
OTTO 2,0 l – 85 kW (09/00–10/00)	EZH
OTTO 2,0 l – 85 kW (10/00)	EZK
OTTO 2,0 l – 85 kW (09/00)	FDU
TDI 1,9 l – 66 kW (08/97–05/99)	DQJ
TDI 1,9 l – 66 kW (06/99–09.00)	EBJ
TDI 1,9 l – 66 kW (09/00)	EGR
TDI 1,9 l – 74 kW (09/00)	EGS

Getriebe O1M (Automatikgetriebe)

Fahrzeug (Bauzeitraum)	*Kennbuchstaben*
OTTO 1,6 l – 74-75 kW (02/00)	FDH
OTTO 1,8 l – 110 kW (08/98–06/99)	ECP
OTTO 1,8 l – 110 kW (06/99–12/99)	ELY
OTTO 1,8 l – 110 kW (12/99–02/99)	EPC
OTTO 1,8 l – 110 kW (02/00)	FDC
OTTO 2,0 l – 85 kW (08/97–08/98)	DYQ
OTTO 2,0 l – 85 kW (08/98–06/99)	ECV
OTTO 2,0 l – 85 kW (08/98–06/99)	EFB
OTTO 2,0 l – 85 kW (06/99–02/00)	ELZ
OTTO 2,0 l – 85 kW (02/00)	FDF
OTTO 2,0 l – 85 kW (02/00)	FDG
TDI 1,9 l – 66 kW (01/97–08/98)	DMP
TDI 1,9 l – 66 kW (08/98–06/99)	ECN
TDI 1,9 l – 66 kW (06/99–02/00)	ELT
TDI 1,9 l – 66 kW (12/99–03/00)	EPB
TDI 1,9 l – 66 kW (02/00)	FDB

DSG-Getriebe Frontantriebe 02E (6-Gang)

Fahrzeug (Bauzeitraum)	*Kennbuchstaben*
TDI 1,9 l – 74 kW (07/03)	GHG, GPX
TDI 1,9 l – 74 kW (07/03–08/04)	GYS
TDI 1,9 l – 74 kW (08/04–07/05)	HLJ
TDI 1,9 l – 74 kW (07/05)	HQJ
TDI 1,9 l – 4-77 kW (07/05–12/05)	HQP

Montagearbeiten am Getriebe

Die Demontage des Getriebes erfordert einige spezielle Werkzeuge und auch Erfahrung in der Montage. Im Rahmen dieses Buches gehen wir nur auf Arbeiten ein, die üblicherweise in privater Hand von Schraubern angegangen werden.
Hinzu kommt, dass der Umfang der Arbeitsbeschreibungen für die Demontage den Rahmen dieses Buches sprengen würde. Wir stellen Ihnen trotzdem einige Montageübersichten mit einigen Anzugsdrehmomenten vor. Sicherlich ersetzen diese nicht die Handbücher, die für eine sachgerechte Montage erforderlich sind, verschaffen Ihnen aber eine Übersicht über die Bauteile. Arbeiten am DSG sollten Sie grundsätzlich einem Spezialisten überlassen.

Ölwechsel am Getriebe

Ölwechsel am 5-Gang-Schaltgetriebe
Die Arbeitsvorgänge für die Schaltgetriebe sind sehr ähnlich. Wir stellen Ihnen hier eine allgemeingültige Arbeitsbeschreibung vor.

- Geräuschdämpfung abbauen.
- Drehen Sie die Ablassschraube heraus und lassen Sie das Getriebeöl vollständig ablaufen.
- Drehen Sie die Schraube zur Getriebeölkontrolle (oberer Pfeil im Bild 2) heraus.
- Drehen Sie die Ablassschraube unter Verwendung eines neuen Dichtrings wieder hinein.
- Füllen Sie neues Getriebeöl durch die Einfüll- und Kontrollschraube ein. Der Ölstand ist korrekt, wenn das Getriebe bis Unterkante Öleinfüllbohrung befüllt ist.

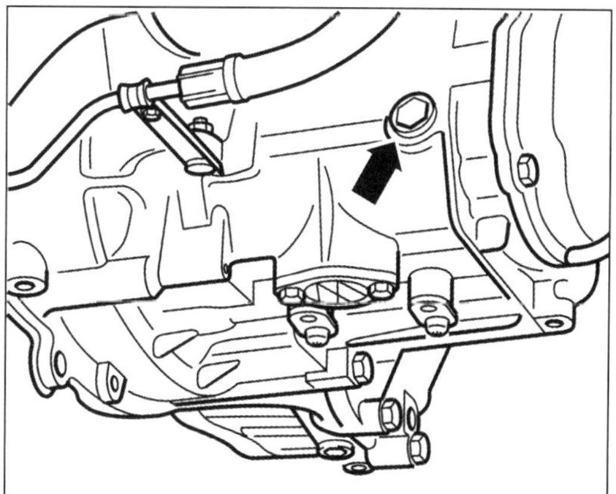

Bild 2

Bild 2
Einfüllschraube (Pfeil oben) und Ablassschraube (Pfeil unten).

Bild 3
1 1. Gang
2 2. Gang
3 3. Gang
4 4. Gang
5 5. Gang
6 Getriebegehäuse
7 Schaltbetätigung
8 Antriebsrad für Schaltrad 1. Gang und Rückwärtsgang
9 Antriebswelle
10 Abtriebswelle
11 Ausgleichsgetriebe
12 Kupplungsgehäuse

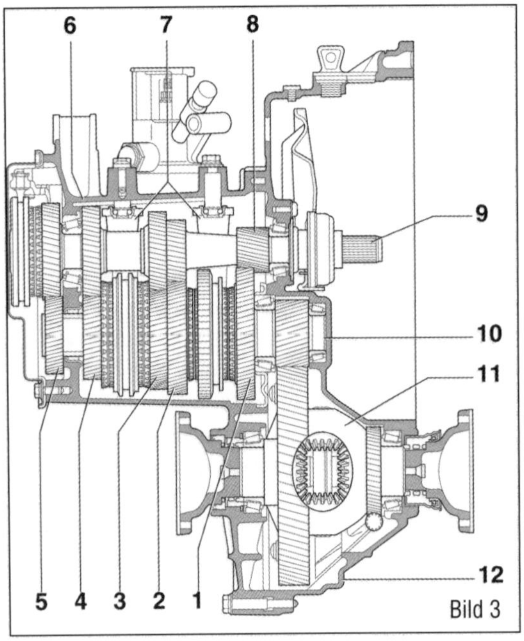

Bild 3

Bild 4
1 Deckel für Getriebegehäuse und 5. Gang
2 Getriebegehäuse und Schaltbetätigung
3 Antriebswelle, Abtriebswelle, Ausgleichsgetriebe und Schaltgabeln

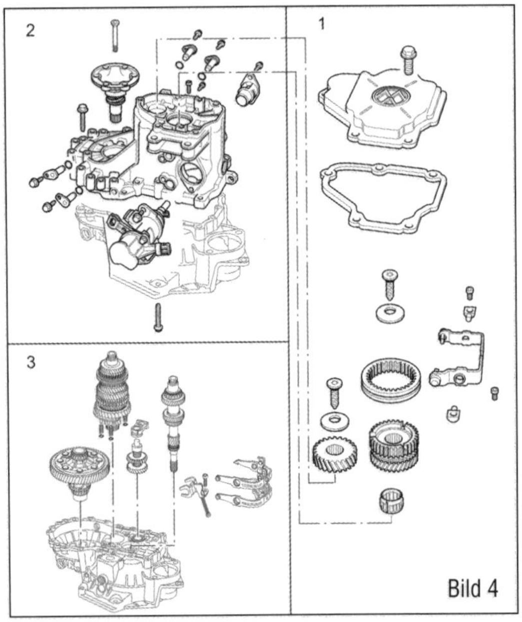

Bild 4

Bild 5
1 Überlaufrohr
2 Verschlussschraube

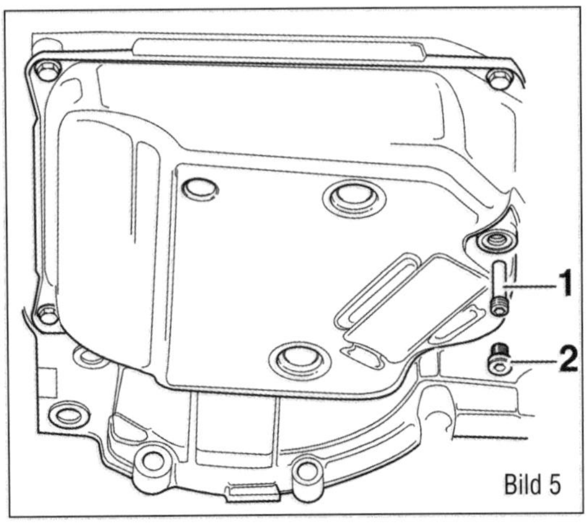

Bild 5

■ Öleinfüllschraube mit neuem Dichtring einschrauben und mit 45 Nm festziehen.
■ Falls vorhanden, Geräuschdämpfung an das Getriebe und unterhalb Motor/Getriebe anbauen.

Ölwechsel am Automatikgetriebe
■ Geräuschdämpfung unten abbauen.
■ Drehen Sie die Verschlussschraube heraus (2 in Bild 5).
■ Drehen Sie das Überlaufrohr (1) heraus und lassen Sie das ATF-Öl vollständig ablaufen.

ATF-Öl einfüllen
■ Überlaufrohr (1) einbauen und festschrauben.
■ Die Verschlussschraube (2) mit neuem Dichtring handfest einschrauben.
■ 3 Liter ATF auffüllen und ATF-Stand prüfen und ergänzen.
■ Motor starten.
■ Bremspedal treten.
■ Im Stand einmal alle Wählhebelstellungen durchschalten, wobei jede Position ca. 10 Sekunden geschaltet bleiben muss.
■ Anschließend ATF-Stand prüfen und ergänzen.

Ölstand kontrollieren
⚠ Das Getriebe darf sich nicht im Notlauf befinden. Das Fahrzeug muss in waagerechter Stellung abgestellt werden. Der Wählhebel muss in »P«-Position stehen, der Motor muss im Leerlauf drehen. Klimaanlage und Heizung müssen ausgeschaltet sein. Die ATF-Temperatur darf zu Beginn der Prüfung nicht höher als 30 °C sein, ggf. müssen Sie das Getriebe erst abkühlen lassen. Der ATF-Stand ändert sich mit der ATF-Temperatur. Eine ATF-Standsprüfung bei zu niedriger ATF-Temperatur führt zu Überbefüllung. Eine ATF-Standsprüfung bei zu hoher ATF-Temperatur führt zu einer Minderbefüllung. Eine Überbefüllung wie eine Minderbefüllung beeinträchtigen die Funktion des Getriebes. Nur das als Ersatzteil erhältliche ATF darf im automatischen Getriebe 01M verwendet werden. Andere Öle führen zu Funktionsstörungen bzw. zum Ausfall des Getriebes.

■ Schließen Sie das Fahrzeugdiagnosesystem an.
■ Wählen Sie in der Fahrzeug-Eigendiagnose die »Getriebeelektronik« an.

■ Vorratsbehälter des ATF-Befüllsystems V.A.G 1924 am Fahrzeug befestigen (Bild 6).
■ Diagnosetester anschließen und »Automatisches 4-Gang-Getriebe 01M« anwählen.

Über die Eigendiagnose den »ATF-Stand prüfen« anwählen.

■ Motor anlassen.
■ Fahrzeug anheben.
■ Die Ölauffangwanne unterstellen. Wird die Prüftemperatur: 35 °C bis 45 °C angezeigt, sollten Sie die Verschlussschraube zur ATF-Kontrolle in der Ölwanne (Pfeil) ausbauen.
■ Zuerst läuft das im Überlaufrohr (Pfeil 2 im Bild 7) vorhandene ATF ab.

Tropft das ATF weiter ab:
■ Es braucht kein ATF nachgefüllt zu werden.
■ Die Verschlussschraube (Pfeil 1 in Bild 7) mit neuem Dichtring mit 15 Nm festziehen. Damit ist die ATF-Kontrolle beendet. Spätestens bei 45 °C muss die Verschlussschraube wieder festgeschraubt sein. Verschlussstopfen (Pfeil 3) und Kappe (Pfeil 4) bleiben geschlossen.

Tropft kein ATF aus der Bohrung:
■ Sie müssen ATF-Öl ergänzen.

ATF-Öl ergänzen
■ Kappe (Pfeil 4) zum Sichern des Verschlussstopfens mit einem Schraubendreher aufhebeln. Die Verrastung der Kappe wird dabei zerstört, deshalb Kappe immer ersetzen.
■ Verschlussstopfen vom Einfüllrohr ziehen.
■ ATF mit V.A.G 1924 einfüllen, bis ATF aus der Kontrollbohrung austritt (bei Pfeil1).
■ Verschlussschraube mit neuem Dichtring (Pfeil 1) mit 15 Nm festziehen.
■ Verschlussstopfen des Einfüllrohres aufstecken und mit neuer Kappe (Pfeil 4) sichern.
■ Kappe verrasten.

Kappe immer ersetzen. Die Kappe sichert den Verschlussstopfen.

Ölwechsel am DSG-Getriebe

Der Motor darf nicht gestartet werden, wenn nach einer Reparatur oder nach einem starken Getriebeöl-Austritt nur noch wenig bzw. kein Getriebeöl mehr im Getriebe ist. Nur das als Ersatzteil erhältliche Getriebeöl für Direkt-Schaltgetriebe darf im Direkt-Schaltgetriebe »02E« verwendet werden.

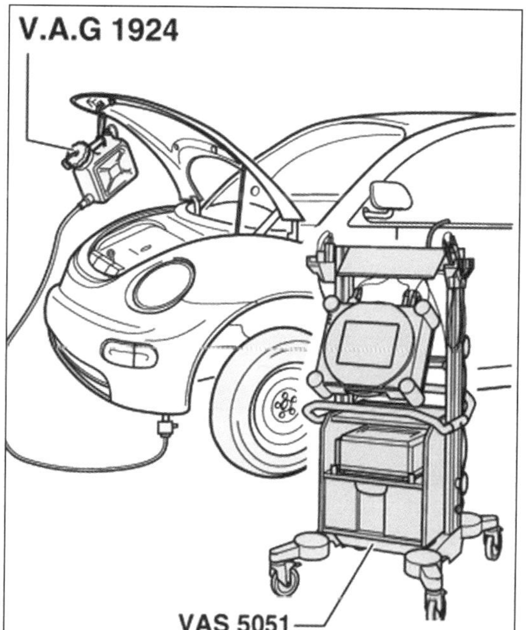

Bild 6

Bild 6
Befüllarmatur VAG 1924 und VW-Testsystem VAS 5051.

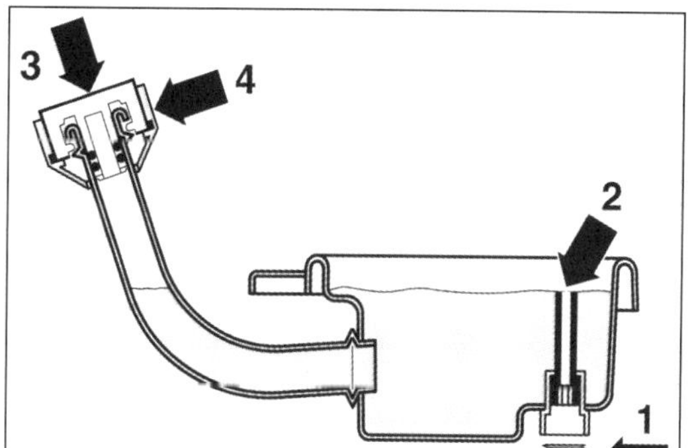

Bild 7

Bild 7
1 Verschlussschraube
2 Überlaufrohr
3 Verschlusstopfen
4 Kappe

Andere Öle führen zu Funktionsstörungen bzw. zum Ausfall des Getriebes. Die Getriebeöl-Temperatur wird mit einem Fahrzeugdiagnosesystem abgelesen.

Der Getriebeöl-Stand ändert sich mit der Getriebeöl-Temperatur. Eine Getriebeölstandsprüfung bei zu niedriger Getriebeöl-Temperatur führt zu Überbefüllung. Eine Getriebeölstandsprüfung bei zu hoher Getriebeöl-Temperatur führt zu Minderbefüllung. Eine Überbefüllung wie eine Minderbefüllung beeinträchtigen die Funktion des Getriebes. Der Dichtring für Ablass- und Kontrollschraube grundsätzlich ersetzen.

■ Stellen Sie den Motor ab.
■ Bringen Sie das Fahrzeug in waagerechte Stellung, alle Aufnahmen der Bühne müssen gleichmäßig in einer Höhe sein, damit es waagerecht steht.
■ Stellen Sie den Wählhebel in Stellung »P«.

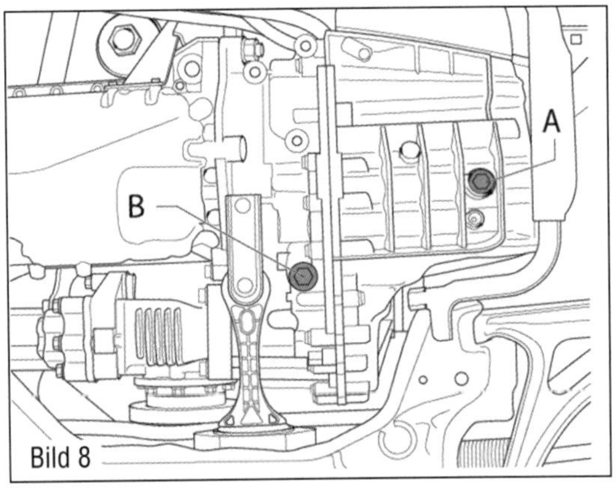

Bild 8

Bild 8
A Ablassschraube
B Kontrollschraube

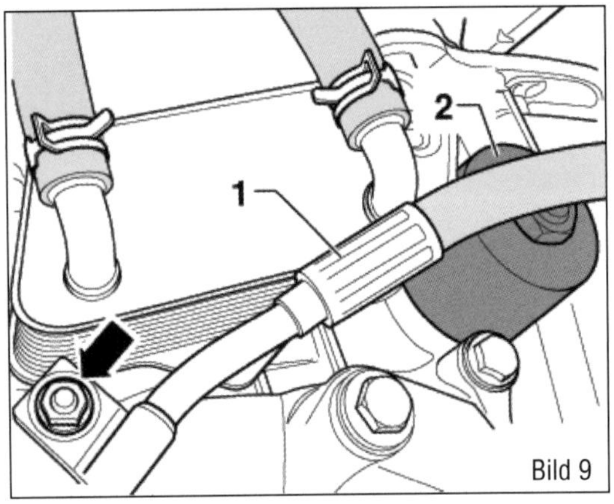

Bild 9

Bild 9
1 Leitung
2 Filter
Pfeil = Mutter

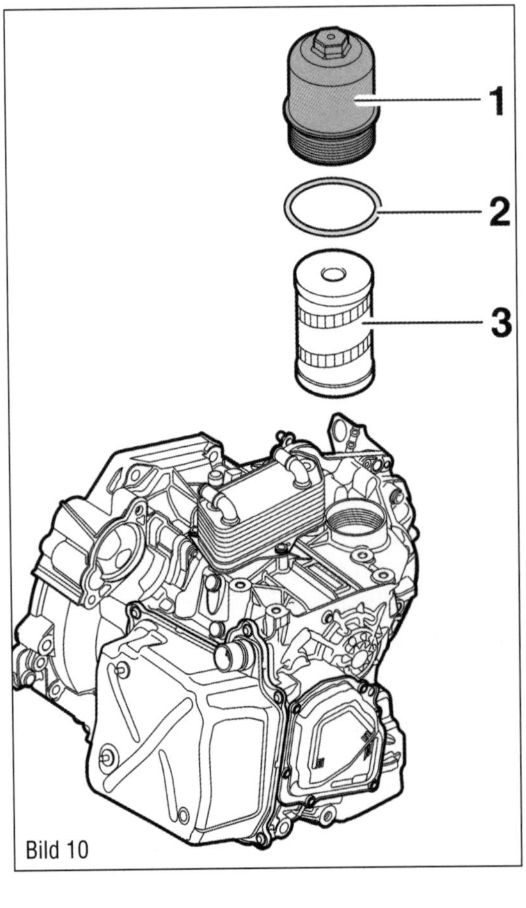

Bild 10

Bild 10
1 Filtergehäuse
2 Rundschnurring
3 Filtereinsatz

- Schließen Sie einen geeigneten Diagnosetester an.
- Zu Beginn der Arbeit soll die Öltemperatur nicht höher als 35 °C sein.
- Es ist wichtig, die Ablassschraube (A) und die Kontrollschraube (B) nicht zu verwechseln (Bild 8). Die Kontrollschraube (B) finden Sie in der Nähe der Pendelstütze.

Filter aus- und einbauen

- Prüfen Sie zuerst, ob ein codiertes Radiogerät eingebaut ist. In diesem Fall erfragen Sie bitte die Antidiebstahl-Codierung.
- Masseband der Batterie bei ausgeschalteter Zündung abklemmen.
- Bauen Sie den Nachfüllbehälter für Servolenkung von der Batteriekonsole ab, die Schläuche dabei nicht knicken.
- Binden Sie den Nachfüllbehälter am Schlossträger an.
- Batterie und Batteriekonsole ausbauen.
- Ansaugschlauch und Stecker vom Luftmassenmesser abziehen.
- Befestigungsschrauben des Luftfilterkastens herausschrauben und den Luftfilter komplett herausnehmen.
- Mutter (Pfeil im Bild 9) abschrauben und Hydraulikleitung (1) zur Seite legen.
- Filtergehäuse (2) abschrauben. Bevor Sie das Filtergehäuse (1) vom Getriebe nehmen, kippen Sie es etwas in seinem Sitz. So kann das Öl aus dem Filtergehäuse in das Getriebe zurückfließen. Im Ansaugbund des Filters befindet sich ein Rundschnurring. Vergewissern Sie sich, dass dieser nicht im Getriebe hängen bleibt, ggf. alten Rundschnurring entfernen.

Montage

- Benetzen Sie den neuen Rundschnurring (2 im Bild 10) mit Getriebeöl.
- Benetzen Sie den Rundschnurring im Ansaugbund des neuen Filters mit Getriebeöl.
- Neuen Filter mit dem Ansaugbund nach unten einsetzen und Filtergehäuse mit 20 Nm festziehen.
- Hydraulikleitung (1 im Bild 9) mit Mutter (Pfeil) anschrauben.
- Batterie und Batteriekonsole einbauen.
- Bauen Sie den Nachfüllbehälter für Servolenkung an die Batteriekonsole an, die Schläuche dabei nicht knicken.
- Bauen Sie das komplette Luftfiltergehäuse ein.
- Klemmen Sie die Batterie an.

Ausbau Getriebe und Komponenten des Antriebs

Wir geben hier nur grob das prinzipielle Vorgehen an. Diese Arbeit, die viel Spezialwerkzeug erfordert, gehört üblicherweise in die Fachwerkstatt. Die meisten einzelnen Schritte haben wir übrigens im Kapitel 4 Motoren unter »Motor aus- und einbauen« beschrieben. Dabei wurde das Motor/Getriebe-Aggregat ausgebaut, von dem nach Ausbau das Getriebe abgeflanscht werden konnte. Hier nun wird das Getriebe einzeln (ohne Motor) nach unten ausgebaut.

Schaltgetriebe aus- und einbauen

- Bauen Sie die Abdeckung vom Motor ab.
- Prüfen Sie zuerst, ob ein codiertes Radiogerät eingebaut ist. In diesem Fall erfragen Sie bitte die Antidiebstahl-Codierung.
- Masseband der Batterie bei ausgeschalteter Zündung abklemmen.
- Bauen Sie den Nachfüllbehälter für Servolenkung vom Batterieträger ab, die Schläuche dabei nicht lösen.
- Binden Sie den Nachfüllbehälter am Schlossträger an.
- Batterie ausbauen.
- Batterieträger ausbauen.
- Ansaugschlauch und Stecker vom Luftmassenmesser abziehen.
- Die Schrauben (3), (4) und (5) herausschrauben und den Luftfilter komplett herausnehmen (Bild 11).

Fahrzeuge bis 05/99:

- Stecker vom Geber für Geschwindigkeitsmesser abziehen.
- Stecker für Rückfahrscheinwerfer abziehen.
- Das Tilgergewicht (A) und Schaltseilzug von Getriebeschalthebel (B) abbauen.
- Den Schaltseilzug mit Scheibe und Vierkantmutter abnehmen.
- Den Wählseilzug vom Mitnehmer/Umlenkhebel (C) abziehen, dazu Nase in Pfeilrichtung anheben (Bild 12).
- Seilzugwiderlager vom Getriebe abbauen, ggf. vorher Schlauchleitung am Seilzugwiderlager ausclipsen.

Fahrzeuge ab 06/99:

- Seilzugwiderlager vom Getriebe abbauen (Pfeile), vorher Schlauchleitung am Seilzugwiderlager ausclipsen.

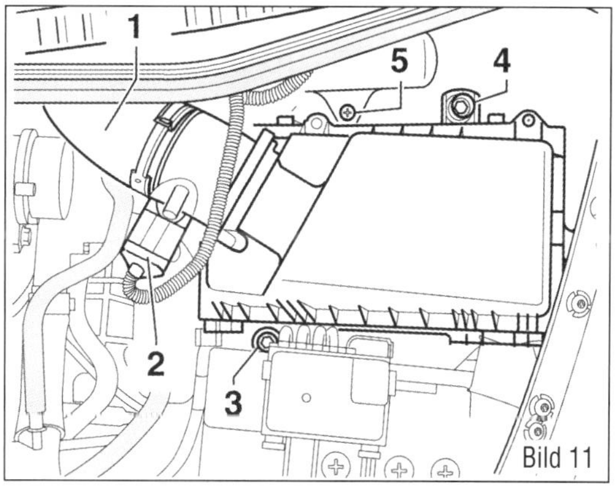

Bild 11

Bild 11
1 Ansaugschlauch
2 Stecker
3 Schraube
4 Schraube
5 Schraube

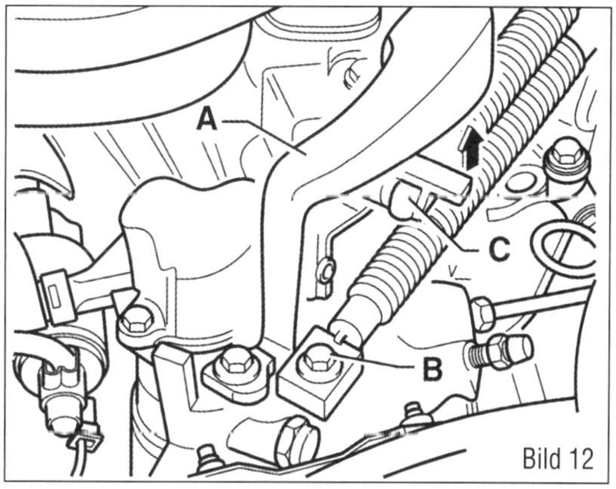

Bild 12

Bild 12
A Tilgergewicht
B Getriebehebel
C Umlenkhebel

- Wählseilzug mit dem Umlenkhebel abziehen, dazu die Sicherungsscheibe abnehmen.
- Schaltseilzug mit dem Getriebeschalthebel abbauen, dazu die Mutter abschrauben.
- Binden Sie dann den Schaltseilzug mit dem Getriebeschalthebel und den Wählseilzug mit dem Umlenkhebel hoch.
- Stecker vom Geber für Geschwindigkeitsmesser abziehen.
- Stecker für Rückfahrscheinwerter abziehen.

Fortsetzung für alle Fahrzeuge:

- Nehmerzylinder ausbauen und seitlich ablegen, mit Draht sichern, Leitungssystem nicht öffnen. Ab jetzt das Kupplungspedal nicht mehr treten.
- Den Kabelhalter am Anlasser ausbauen.
- Danach die obere Befestigungsschraube am Anlasser ausbauen.
- Masseband von Verbindungsschraube Motor/Getriebe oben abbauen.
- Verbindungsschrauben Motor/Getriebe oben ausbauen.
- Wenn sich im Bereich der Aufnahmeösen des Motors für die Abfangvorrichtung

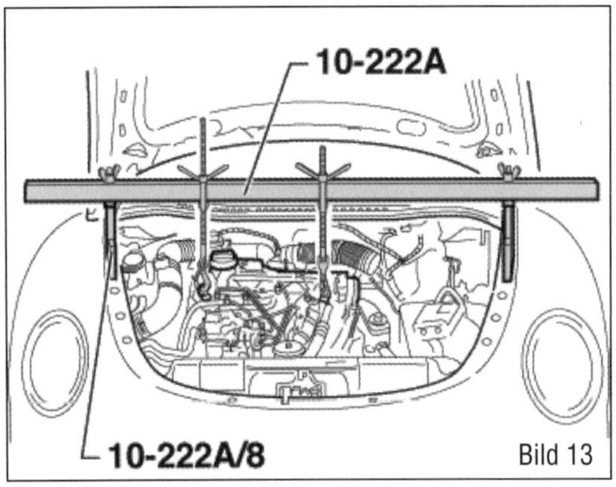

Bild 13
Abfangvorrichtung 10-222A und Adapter 10-222A/8.

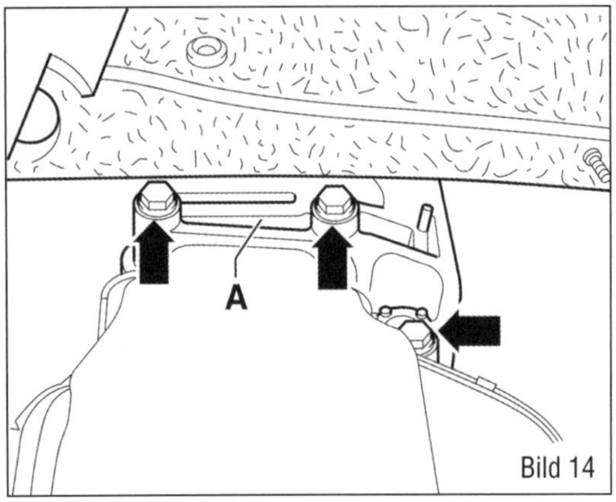

Bild 14
Getriebekonsole (A), Befestigungsschrauben (Pfeile).

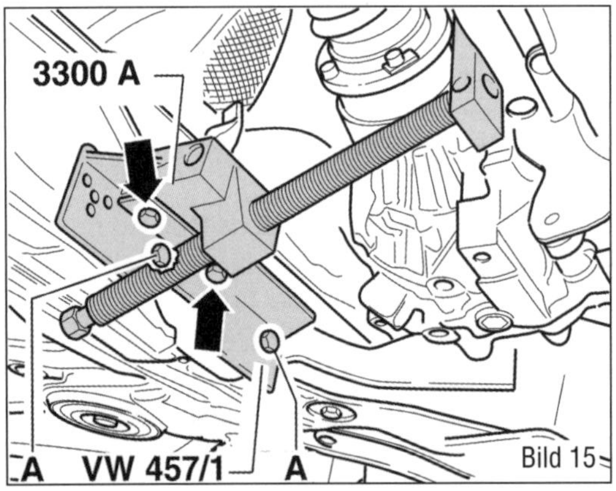

Bild 15
Abdrückvorrichtung 3300A, Aufnahmeschiene VW 457/1.

Schlauch- und Kabelverbindungen befinden, müssen diese jetzt abgebaut werden.

- Abfangvorrichtung »10-222 A« mit den Adaptern »10-222 A/8« einsetzen (Bild 13).

⚠ Setzen Sie die Adapter »10-222 A/8« nicht auf die Befestigungsschrauben für Kotflügel/ Frontteil.

- Motor/Getriebe-Aggregat über Spindeln leicht vorspannen.
- Geräuschdämpfungswanne abbauen.
- Bauen Sie die Leitung der Servolenkung vom Anlasser und vom Getriebe ab.
- Anlasser ausbauen.
- Falls vorhanden, Schutzkappe für inneres rechtes Gleichlaufgelenk vom Motor abbauen.
- Räder nach links einschlagen.
- Gelenkwellen von den Flanschwellen abbauen und so weit wie möglich hochbinden, Oberflächenschutz des Gelenkwellenrohres dabei nicht beschädigen.
- Kleines Abdeckblech für Schwungrad hinter der rechten Flanschwelle falls vorhanden ausbauen.
- Abgasanlage nach Abgasrohr vorn an der Doppelschelle trennen. Aufhängung für Abgasrohr vorn ggf. vom Aggregateträger abbauen.
- Pendelstütze ausbauen.
- Sechskantschrauben der Aggregatelagerung links aus dem Getriebelager ausbauen.
- Motor/Getriebe-Aggregat in Schräglage bringen, dazu über die linke Spindel der Abfangvorrichtung »10-222A« absenken. Die Befestigungsschrauben (Pfeile) für die Getriebekonsole (A im Bild 14) müssen zugänglich sein.
- Getriebekonsole (A) abbauen (Bild 14).
- Zusatzlüfter, falls vorhanden, an der rechten Fahrzeugseite ausbauen.
- Schrauben Sie die Aufnahmeschiene »VW 457/1« an die beiden Gewindebohrungen für die Befestigungsschrauben/Pendelstütze am Aggregateträger fest.
- Zwischen Aggregateträger und der Aufnahmeschiene VW 457/1 müssen dann Distanzscheiben von 6 mm Gesamtdicke eingesetzt werden.

☞ Anstelle der Aufnahmeschiene »VW 457/1« kann auch die Aufnahmeschiene »T10036« verwendet werden.

- Abdrückvorrichtung »3300 A« einsetzen und festschrauben (Pfeile im Bild 15).

Fahrzeuge mit 1,8 l-Motor

- Eine Verbindungsschraube Motor/Getriebe unten ausbauen, damit die Abdrückvorrichtung 3300A angesetzt werden kann.
- Die Abdrückvorrichtung »3300A« muss direkt neben dem Getriebe an den Motor angesetzt werden.

Fortsetzung für alle Fahrzeuge

- Motor/Getriebe vorsichtig nach vorn drücken. Beim Verlagern des Motor/Getriebe-Aggregates Leitung für Servolenkung beachten.
- Getriebeheber mit Getriebeaufnahme »3282«, Justierplatte »3282/8« für »02A«-Getriebe und Aufnahmeelementen kom-

plettieren. Die Justierplatte »3282/8« auf Getriebeaufnahme »3282« auflegen. (Justierplatte passt nur in einer Stellung). Die Arme der Getriebeaufnahme entsprechend den Bohrungen in Justierplatte ausrichten.

■ Aufnahmeelemente, wie auf Justierplatte dargestellt, einschrauben.

■ Getriebeheber unter Fahrzeug stellen, Pfeilsymbol »B« auf der Justierplatte zeigt in Fahrtrichtung des Fahrzeugs.

■ Justierplatte parallel zum Getriebe ausrichten und Sicherungsaufnahme am Getriebe arretieren.

■ Verbindungsschrauben Motor/Getriebe unten ausbauen.

■ Getriebe von den Passhülsen abdrücken und vorsichtig zum Aggregateträger schwenken.

■ Danach das Getriebe vorsichtig absenken, dabei mit Flanschwelle rechts (A) wie in Bild 16 gezeigt im Bereich Schwungrad und mit Flanschwelle links (B) im Bereich Aggregateträger führen.

■ Position des Getriebes beim Absenken über die Spindeln der Getriebeaufnahme »3282« verändern. Auf die Leitungen für die Servolenkung beim Absenken des Getriebes achten.

■ Kupplungsausrückhebel vor Einbau des Getriebes zum Getriebegehäuse drücken und durch Montageschraube oder Schraube M8 x 35 sichern. Nach Getriebeeinbau herausdrehen. Die Bohrung wird dann durch die 3. Befestigungsschraube für das Widerlager/Betätigungsseilzüge verschlossen.

Tipp: Wenn das Getriebe ersetzt wird, sind falls vorhanden, Geber für Geschwindigkeitsmesser, Getriebeschalthebel und Umlenkhebel immer umzubauen.

■ Kerbverzahnung der Antriebswelle reinigen und leicht mit Schmierfett G000 100 schmieren. Die Kupplungsscheibe muss auf der Antriebswelle leicht hin- und herschiebbar sein.

Montage

■ Kontrollieren, ob Passhülsen zur Zentrierung Motor/Getriebe im Zylinderblock vorhanden sind, ggf. einsetzen.

■ Auf richtigen Sitz des Zwischenblechs am Motor achten.

■ Schrauben Sie die Aufnahmeschiene »VW 457/1« an die beiden Gewindebohrungen für die Befestigungsschrauben/Pendelstütze am Aggregateträger fest.

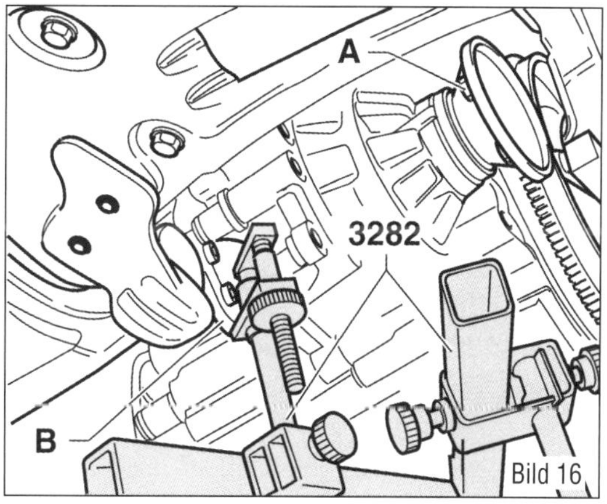

Bild 16
A Flanschwelle
B Aggregateträger
3282 = Getriebeaufnahme

■ Zwischen Aggregateträger und der Aufnahmeschiene »VW 457/1« müssen dann Distanzscheiben von 6 mm Gesamtdicke eingesetzt werden. Anstelle der Aufnahmeschiene »VW 457/1« kann auch die Aufnahmeschiene »T10036« verwendet werden.

■ Abdrückvorrichtung »3300A« einsetzen und festschrauben.

Fahrzeuge mit 1,8l-Motor

■ Die Abdrückvorrichtung 3300A muss an der Anschraubböse des Motors angesetzt werden.

Fortsetzung für alle Fahrzeuge

■ Motor vorsichtig nach vorn drücken. Die Leitung für Servolenkung beachten.

■ Getriebeheber mit Getriebeaufnahme »3282«, Justierplatte »3282/8« für »02A«-Getriebe und Aufnahmeelementen wie folgt komplettieren:

■ Justierplatte »3282/8« auf Getriebeaufnahme »3282« auflegen. (Justierplatte passt nur in einer Stellung).

■ Arme der Getriebeaufnahme entsprechend den Bohrungen in Justierplatte ausrichten.

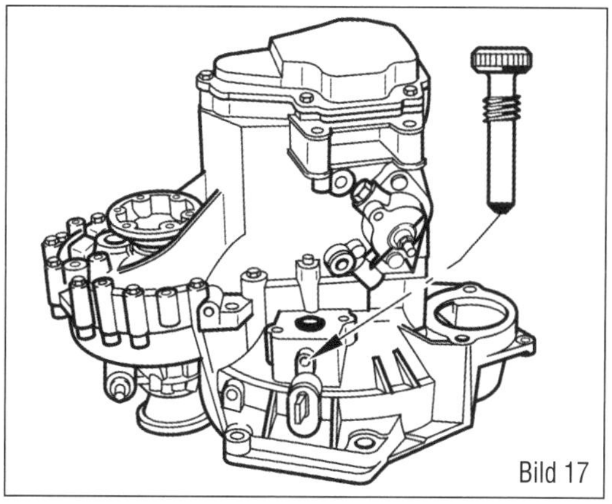

Bild 17
Sicherungsschraube.

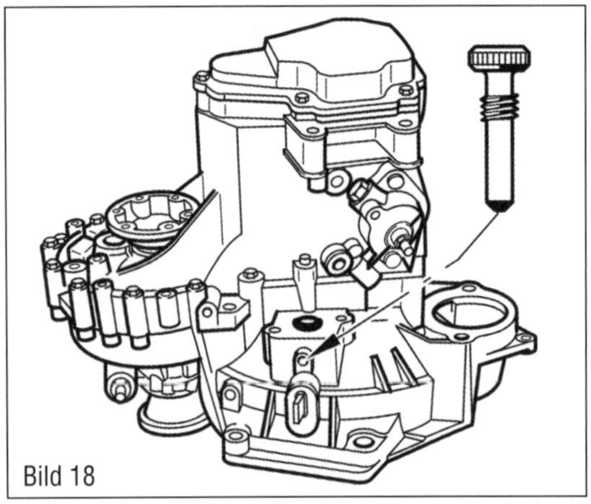

Bild 18
Schlauchleitung Kupplung (A), Befestigungsschrauben (Pfeil).

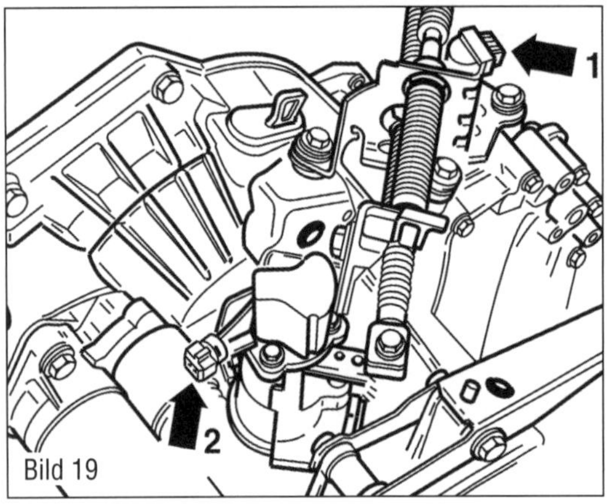

Bild 19
1 Geschwindigkeitssensor
2 Stecker Rückwärtsgangschalter

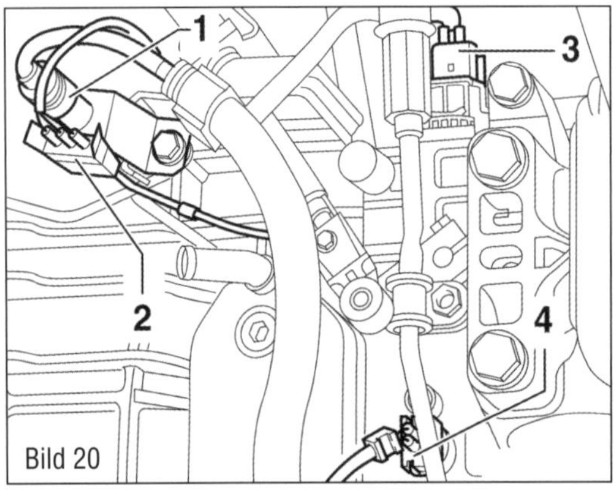

Bild 20
1 zu den Magnetventilen
2 zum Geber für Fahrgeschwindigkeit
3 am Multifunktionsschalter
4 am Geber für Getriebedrehzahl

■ Aufnahmeelemente »A«, wie auf Justierplatte dargestellt, einschrauben.
■ Getriebe auf Getriebeheber setzen. Justierplatte und Getriebe parallel zueinander ausrichten und Sicherungsaufnahme am Getriebe arretieren.
■ Getriebeheber unter Fahrzeug stellen, Pfeilsymbol »B« auf Justierplatte zeigt in Fahrtrichtung/Fahrzeug.
■ Getriebe zum Motor ausrichten. Auf die Leitung für die Servolenkung achten.
■ Schrauben für Motor/Getriebe-Befestigung unten einschrauben.
■ Die Abdrückvorrichtung »3300A« abbauen. Drehen Sie die dann die Schrauben (A) heraus und entnehmen Sie die Aufnahmeschiene »VW 457/1«.
■ Schrauben für Motor/Getriebe-Befestigung oben einschrauben.
■ Getriebekonsole mit neuen Schrauben anbauen.
■ Motor/Getriebe in Einbaulage ausrichten.
■ Neue Sechskantschrauben (Pfeile B) der Aggregatelagerung links in das Getriebelager einbauen.
■ Dann die Getriebestütze (Pfeile A im Bild 14) am Getriebe anbauen. Abfangvorrichtung »10-222A« erst abnehmen, wenn die Schrauben der linken Getriebekonsole mit Drehmoment festgezogen sind.
■ Schraube für Motor/Getriebe-Befestigung unten einschrauben.
■ Pendelstütze einbauen. Verwenden Sie zur Befestigung neue Schrauben.
■ Abgasanlage zusammenbauen.
■ Bauen Sie den Halter für die Leitung der Servolenkung am Anlasser und am Getriebe an.
■ Gelenkwellen an Getriebe anbauen.
■ Falls vorhanden, Schutzkappe für inneres rechtes Gleichlaufgelenk an den Motor anbauen.
■ Anlasser einbauen.
■ Nehmerzylinder einbauen.

Fahrzeuge bis 05/99
■ Seilzugwiderlager auf das Getriebe aufbauen (Pfeile im Bild 12), ggf. Schlauchleitung am Seilzugwiderlager eindrücken.
■ Schaltseilzug (B) und Tilgergewicht (A) auf den Getriebeschalthebel aufbauen.
■ Wählseilzug auf den Mitnehmer/Umlenkhebel (C) aufstecken, dazu Nase in Pfeilrichtung anheben.

Fahrzeuge ab 06/99
■ Seilzugwiderlager auf das Getriebe aufbauen (Pfeile im Bild 18), Schlauchleitung (A) am Seilzugwiderlager eindrücken.
■ Schaltseilzug mit dem Getriebeschalthebel aufbauen (Pfeil).
■ Wählseilzug mit dem Umlenkhebel montieren und sichern.

Automatikgetriebe aus- und einbauen
■ Wählhebel in Stellung »P« schalten.
■ Prüfen Sie zuerst, ob ein codiertes Radiogerät eingebaut ist. In diesem Fall erfragen

Sie bitte die Antidiebstahl-Codierung.
- Bauen Sie die Abdeckung vom Motor ab.
- Masseband der Batterie bei ausgeschalteter Zündung abklemmen.
- Bauen Sie den Nachfüllbehälter für Servolenkung vom Batterieträger ab, die Schläuche dabei nicht lösen. Binden Sie den Nachfüllbehälter am Schlossträger an.
- Batterie und Batterieträger ausbauen.
- Ansaugschlauch und Stecker vom Luftmassenmesser abziehen.

Benziner mit Sekundärluftpumpe
- Schlauch für Sekundärluftpumpe vom Luftfiltergehäuse abziehen.

Weiter für alle Fahrzeuge
- Befestigungsschrauben herausschrauben und Luftfilter komplett herausnehmen.
- Stecker vom Geber für Geschwindigkeitsmesser abziehen.
- Elektrische Anschlüsse (1) bis (4) am Getriebe abbauen (Bild 20).
- Leitungsstrang aus Halter am Getriebe clipsen und zur Seite legen.
- Bauen Sie den Halter für Druckleitung der Servolenkung mit Halter für Leitungsstrang vom Getriebe ab.
- Wählhebel in »P« stellen und Wählhebelseilzug (1) von Hebel/Schaltwelle (2) mit Schraubendreher abdrücken (Bild 21).
- Sicherungsscheibe (3) am Widerlager des Wählhebelseilzuges ausclipsen und Wählhebelseilzug abbauen.
- Wählhebelseilzug nicht biegen oder knicken.

Fahrzeuge mit 2,0 l-Motor
- Schrauben Sie den Geber vom Antrieb für Geschwindigkeitsmesser ab.
- Drehen Sie die Befestigungsschraube heraus und nehmen Sie das Abschirmblech für Abgaskrümmer vom Motor ab.

Fortsetzung für alle Fahrzeuge
- Masseleitung von Verbindungsschraube Motor/Getriebe oben abschrauben.
- Elektrische Anschlüsse und am Anlasser abbauen.
- Steckverbindung trennen und aus dem Halter ziehen.
- Halter für Leitungsstrang am Anlasser abbauen.
- Obere Anlasserschraube ausbauen.
- Schläuche des ATF-Kühlers mit Schlauchklemmen zudrücken und die Schläuche vom ATF-Kühler abbauen.

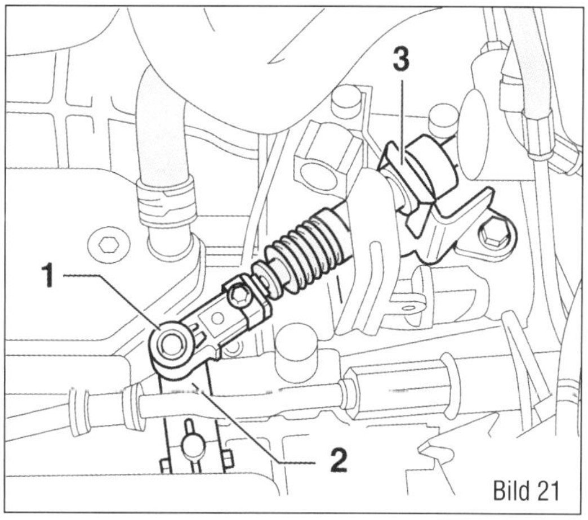

Bild 21

Bild 21
1 Wählhebelseilzug
2 Wählhebel
3 Sicherungsscheibe

- ATF-Kühler mit sauberen Stopfen verschließen.
- Verbindungsschrauben Motor/Getriebe oben ausbauen.
- Abfangvorrichtung »10-222A« mit den Adaptern »10-222 A/8« einsetzen. Setzen Sie die Adapter »10-222 A/8« nicht auf die Befestigungsschrauben für Kotflügel und Frontteil (Bild 13).
- Wenn sich im Bereich der Aufnahmeösen des Motors für die Abfangvorrichtung »10-222A« Schlauch- und Kabelverbindungen befinden, müssen diese jetzt abgebaut werden.
- Motor/Getriebe-Aggregat über Spindeln leicht vorspannen.
- Rad links abbauen.
- Geräuschdämpfung abbauen.
- Geräuschdämmung links ausbauen.

Fahrzeuge mit TDI-Motor
- Ladeluftrohr zwischen Ladeluftkühler und Abgasturbolader ausbauen.

Fortsetzung für alle Fahrzeuge
- Geräuschdämmung rechts ausbauen.
- Bauen Sie die Druckleitung der Servolenkung vom Anlasser und vom Getriebe ab.
- Anlasser ausbauen.
- Falls vorhanden, Schutzkappe für inneres rechtes Gleichlaufgelenk vom Motor abbauen
- Gelenkwellen von den Flanschen des Getriebes abschrauben.
- Gelenkwelle rechts hochlegen und sichern.
- Pendelstütze ausbauen.
- Zusatzlüfter, falls vorhanden, an der rechten Fahrzeugseite ausbauen.

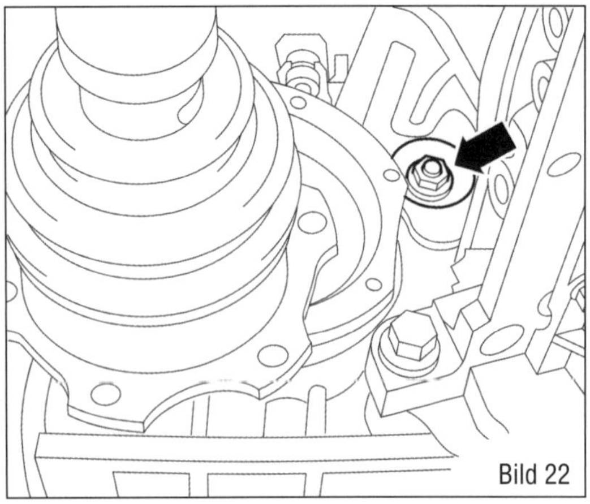

Bild 22
Befestigungsmuttern (Pfeil) des Drehmomentwandlers.

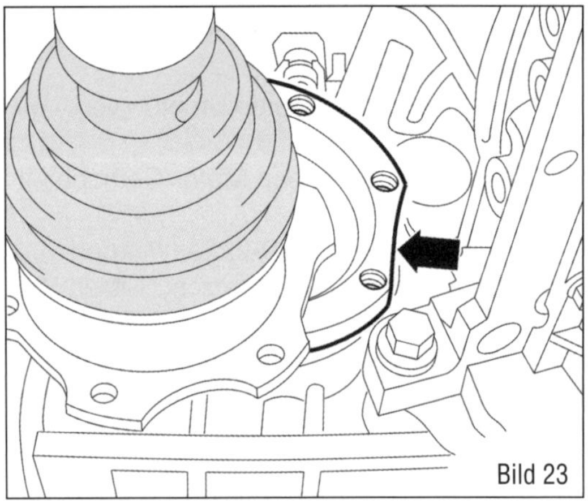

Bild 23
Abgeflachte Stelle am Achswellenflansch als Montagestellung.

■ Kappe für Abdeckung Wandlermuttern ausclipsen.
■ Mutter (Pfeil im Bild 22) vom Drehmomentwandler (3 Stück) mit Steckschlüssel-Einsatz abschrauben. Drehen Sie dazu die Kurbelwelle jeweils 120° Umdrehung weiter.
■ Lenkung nach links einschlagen.
■ Einbaulage der Spreizungsschrauben Achsgelenk an Achslenker links kennzeichnen und herausschrauben.
■ Lösen Sie die Koppelstange links vom Achslenker und drehen Sie die Koppelstange nach oben.
■ Radlagergehäuse nach außen schwenken.
■ Gelenkwelle links zwischen Aggregateträger und Getriebe herausführen.
■ Gelenkwelle hochlegen und mit Draht am Federbein sichern.
■ Abgasanlage nach Abgasrohr vorn an der Doppelschelle trennen. Aufhängung für Abgasrohr vorn ggf. vom Aggregateträger abbauen.
■ Sechskantschrauben der Getriebeaufhängung links aus der Konsole links schrauben.
■ Motor mit Getriebe vorsichtig in Schräglage bringen. Dazu an Abfangvorrichtung »10-222 A« die linke Spindel ca. 60 mm herunterdrehen.
■ Schrauben Sie die Aufnahmeschiene »VW 457/1« (Bild 15) an die beiden Gewindebohrungen für die Befestigungsschrauben/Pendelstütze am Aggregateträger fest.
■ Zwischen Aggregateträger und der Aufnahmeschiene »VW 457/1« müssen dann Distanzscheiben von 6 mm Gesamtdicke eingesetzt werden.
■ Abstützvorrichtung »3300 A« einsetzen und mit Schrauben festschrauben.
■ Motor und Getriebe mit Abstützvorrichtung »3300A« nach vorn drehen (Bild 15).
■ Getriebeaufnahme einrichten. Die Getriebeaufnahme wird zum Ausbau des automatischen Getriebes der Justierplatte »3282/2« eingerichtet. Die Symbole auf der Justierplatte zeigen die erforderlichen Aufnahmen.
■ Heber »V.A.G 1383 A« mit Getriebeaufnahme »3282« unter das Getriebe fahren, Justierplatte parallel zum Getriebe ausrichten und Getriebe abstützen.
■ Dorn der Sicherungsaufnahme auf die Ölwanne setzen und auf dem Getriebegehäuse (Pfeil) sichern.
■ Drehen Sie den Gelenkflansch rechts mit der Abflachung (Pfeil in Bild 23) in senkrechte Position.
■ Verbindungsschrauben Motor/Getriebe unten ausbauen.
■ Getriebe vom Motor abdrücken, dabei Drehmomentwandler aus der Mitnehmerscheibe drücken.
■ Drehmomentwandler gegen die ATF-Pumpe drücken.
■ Motor über Spindel der Abfangvorrichtung absenken.
■ Getriebe etwas absenken. Die Druckleitung der Servolenkung dabei am Getriebe vorbeiführen.
■ Getriebe einschwenken und weiter vorsichtig absenken. Während des Absenkens führen Sie den rechten Gelenkflansch am Motor sowie an der Abstützvorrichtung »3300A« vorbei.
■ Kontrollieren Sie ebenfalls, dass der Multifunktionsschalter nicht gegen den Aggregateträger stößt.
■ Wandler mit Draht gegen Herausfallen sichern.

Nur wenn das Getriebe getauscht oder instand gesetzt werden soll, ATF-Kühler vom Getriebe abbauen und reinigen.

Einbauen
Der Einbau erfolgt in umgekehrter Reihenfolge. Vorher beachten Sie aber bitte noch diese zusätzlichen Arbeiten:

- Vor dem Einbau des Getriebes achten Sie auf den richtigen Sitz der Passhülsen zwischen Motor und Getriebe.
- Auf richtigen Sitz des Zwischenblechs am Motor achten.
- Vor Einbau des Getriebes ist darauf zu achten, dass der Drehmomentwandler richtig in das Getriebe eingesetzt ist. Der Wandler darf während des Einschwenkens nicht aus seiner korrekten Lage rutschen.

⚠ Bei falsch eingesetztem Wandler wird der Mitnehmer des Wandlers bzw. der ATF-Pumpe zerstört, wenn das Getriebe an den Motor angeflanscht wird.

- Einstellung des Wählhebelseilzuges prüfen, eventuell einstellen.
- Bei eingebautem Getriebe Achsöl im Achsantrieb prüfen.
- Anschließend ATF-Stand prüfen und ergänzen.
- Eventuell die Grundeinstellung mit einem Diagnosetester durchführen.

DSG-Getriebe aus- und einbauen
Alle Kabelbinder, die beim Getriebeausbau gelöst oder aufgeschnitten werden, müssen Sie beim Getriebeeinbau an der gleichen Stelle wieder anbringen.

- Wählhebel in Stellung »P« schalten.
- Bauen Sie die Abdeckung vom Motor ab.
- Prüfen Sie zuerst, ob ein codiertes Radiogerät eingebaut ist. In diesem Fall erfragen Sie bitte die Antidiebstahl-Codierung.
- Masseband der Batterie bei ausgeschalteter Zündung abklemmen.
- Bauen Sie den Nachfüllbehälter für Servolenkung von der Batteriekonsole ab, die Schläuche dabei nicht knicken, und binden Sie den Nachfüllbehälter am Schlossträger an.
- Batterie und Batteriekonsole ausbauen.
- Ansaugschlauch und Stecker vom Luftmassenmesser abziehen.
- Schrauben für den Luftfilter unten herausschrauben und Luftfilter komplett herausnehmen.
- Anlasser ausbauen.
- Mutter abschrauben und Masseband abnehmen.
- Schraube (Pfeil B im Bild 24) herausschrauben. Die Schraube (Pfeil B) befindet sich in einer Mulde neben dem Durchgang für Anlasser zum Schwungrad.

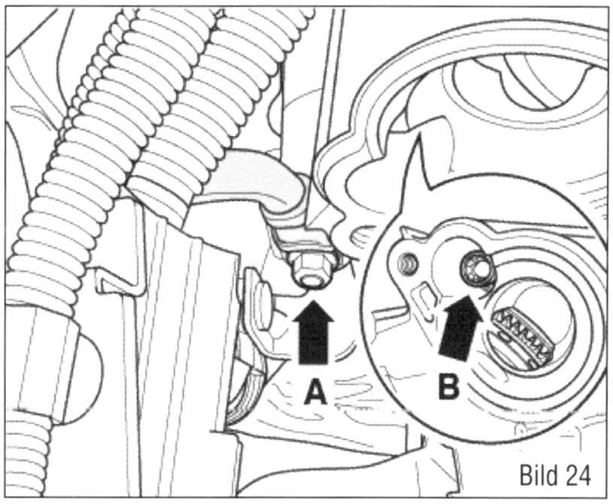

Bild 24

Bild 24
A Schraube
B Schraube

- Schläuche des Getriebeöl-Kühlers mit Schlauchklemmen zudrücken, die Schellen öffnen und Schläuche vom Getriebeöl-Kühler abziehen.
- Getriebeöl-Kühler mit sauberen Stopfen verschließen.
- Verbindungsschrauben Motor/Getriebe oben ausbauen.
- Zentralstecker trennen, dazu den Hebel gegen den Uhrzeigersinn drehen und den Zentralstecker abziehen.
- Abfangvorrichtung »10-222A« mit den Adaptern »10-222A/8« einsetzen. Setzen Sie die Adapter »10-222A/8« nicht auf die Befestigungsschrauben für Kotflügel/Frontteil. Wenn sich im Bereich der Aufnahmeösen des Motors für die Abfangvorrichtung »10-222A« Schlauch- und Kabelverbindungen befinden, müssen diese jetzt abgebaut werden (Bild 13).
- Befestigen Sie ggf. den Haken der linken Spindel (getriebeseitig) über einen Schäkel an der Aufhängeöse des Motors.
- Motor/Getriebe-Aggregat über Spindeln leicht vorspannen.
- Bauen Sie beide Vorderräder ab.
- Mittlerer und linker Teil der Geräuschdämpfung unterhalb Motor/Getriebe abbauen.
- Bauen Sie das Schutzblech unter dem Getriebe aus.
- Bauen Sie alle Leitungen und Halter von der Ölwanne des Getriebes ab.
- Wählseilzug vom Getriebe abbauen, dazu die Schrauben (A im Bild 25) für Widerlager herausschrauben.
- Sicherungsscheibe (Pfeil) ausbauen und den Wählseilzug vom Hebel/Schaltwelle abziehen. Wählhebelseilzug nicht knicken.

Bild 25
A Schraube
Pfeil = Sicherungsscheibe

Sichtprüfung Messen

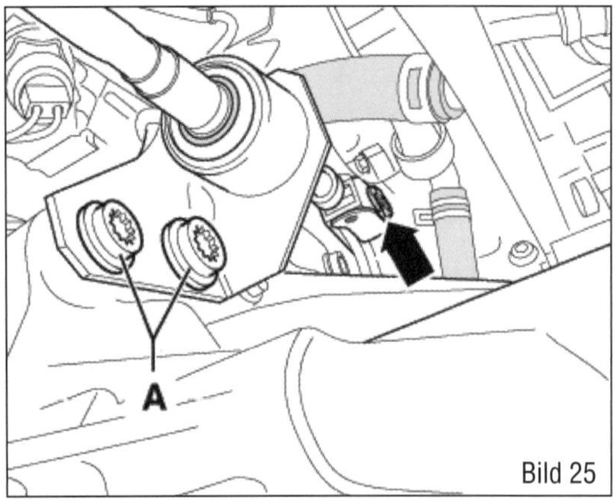

Bild 25
A Schraube
Pfeil = Sicherungsscheibe

■ Pendelstütze ausbauen.
■ Falls vorhanden, Schutzkappe für inneres rechtes Gleichlaufgelenk vom Motor abbauen.
■ Gelenkwellen von den Flanschen des Getriebes abschrauben.
■ Gelenkwelle rechts hochlegen und sichern, dabei Oberflächenschutz nicht beschädigen.
■ Lenkung nach links einschlagen.
■ Einbaulage der Spreizungsschrauben vom Achsgelenk an Achslenker links kennzeichnen und herausschrauben.
■ Lösen Sie die Koppelstange links vom Achslenker und drehen Sie die Koppelstange nach oben.
■ Radlagergehäuse nach außen schwenken.
■ Gelenkwelle links zwischen Aggregateträger und Getriebe ausfädeln.
■ Gelenkwelle hochlegen und mit Draht am Federbein sichern, dabei Oberflächenschutz nicht beschädigen.
■ Halter für Abgasrohr vorn am Aggregateträger abschrauben und aushängen.
■ Abgasanlage nach Abgasrohr vorn trennen und hochbinden.
➜ Das Abkoppelelement der Abgasanlage darf nicht mehr als 10° geknickt werden – Beschädigungsgefahr.
■ Aggregateträger ausbauen.
■ Hydraulikleitung von der Getriebekonsole abschrauben und die Halteschrauben für das Getriebe am Halter herausschrauben.
■ Motor mit Getriebe vorsichtig in Schräglage bringen. Dazu an Abfangvorrichtung »10-222A« die linke Spindel (getriebeseitig) ca. 100 mm herunterdrehen.
■ Bauen Sie die Getriebekonsole aus.
■ Die Getriebeaufnahme (3282) wird zum Ausbau des Direkt-Schaltgetriebes auf der Getriebeaufnahme eingerichtet.
■ Justierplatte (3282/42) aufsetzen und die Arme der Getriebeaufnahme entsprechend den Bohrungen in der Justierplatte ausrichten. Das Pfeilsymbol zeigt in Fahrtrichtung.
■ Getriebeheber unter Fahrzeug stellen.
■ Justierplatte parallel zum Getriebe ausrichten und das Getriebe auf der Getriebeaufnahme sichern.
■ Stützen Sie das Getriebe durch Anheben der Getriebeaufnahme von unten ab.
■ Verbindungsschrauben Motor/Getriebe unten ausbauen.
■ Getriebe vom Motor abdrücken.
■ Senken Sie das Getriebe vorsichtig ab, achten Sie darauf, dass keine Leitungen eingeklemmt werden.

Einbauen
Der Einbau erfolgt sinngemäß in umgekehrter Reihenfolge.

Gelenkwellen ausbauen/prüfen

Nicht alle Fahrzeuge haben die gleichen Antriebswellen: eine Ausführung bei eingebauten Gleichlaufgelenken von 107 mm (VL107). Drei weitere weisen andere Merkmale auf. Es liegen also Unterschiede bei den in dieser Ausgabe behandelten Fahrzeugausführungen vor. Beim Bezug einer neuen Welle müssen diese Unterschiede beachtet werden.

Die Montagearbeiten, für die hinteren beim Allradfahrzeug und die vorderen Achsgelenkwellen unterscheidet, sich kaum voneinander. Schrauberisch werden sie auch keinen Unterschied zu den Fronttrieblern feststellen. Lediglich zum Schwenken des hinteren Radlagergehäuses muss die Spurstange vom Radlagergehäuse abgeschraubt und die Fahrwerksfeder ausgebaut werden.

Aus- und Einbau der Gelenkwellen
■ Die Radzierblende entfernen. Bei eingebauten Leichtmetallrädern den Radzierdeckel entfernen. Den Abzieher dazu finden Sie im Bordwerkzeug.
■ Die Achsschraube der Antriebswelle lösen, solange das Fahrzeug auf den Rädern ruht.
■ Das Rad abschrauben.
■ Den Wellenflansch am Getriebe lösen. Dazu ist ein vielverzahnter Steckeinsatz von 8 mm Durchmesser oder auch ein Inbuseinsatz zu verwenden. Achten Sie darauf, dass der

Unterscheidungsmerkmale der Gelenkwellen im eingebauten Zustand:

Bauform / Bautyp	*VL 107 geschraubt*	*VL 107 gesteckt*	*AAR3300i*
Durchmesser des Innengelenkes (mm)	107	107	
Deckel zwischen Innengelenk und Flanschwelle	X		
Innengelenk in das Getriebe gesteckt (nur Automatikgetriebe)			X
Innengelenk auf das Getriebe gesteckt (nur Automatikgetriebe Allradantrieb)			X
Innengelenk auf das Getriebe gesteckt (Schaltgetriebe)		X	

Steckeinsatz richtig in die Schraube eingreift. Es besteht sonst die Gefahr, dass die Verzahnung »rund« gedreht wird.

■ Die Welle trennen und nach oben über das Getriebe heben.

■ Unter Bezug auf das Bild 4 im Kapitel »Fahrwerk« die mit (11) bezeichneten Muttern im Verhältnis zum Querlenker kennzeichnen und herausdrehen. Ebenfalls die beiden Schrauben des Bremssattels lösen.

Den Bremssattel abnehmen und mit einem Stück Draht an der Vorderradaufhängung festbinden. Nicht den Bremssattel am Schlauch herunterhängen lassen.

■ Zum Ausdrücken der Antriebswelle ist nicht unbedingt ein Abzieher erforderlich. Dieser wird an der Radnarbe verschraubt.

Ein beliebiger Abdrücker wird sich dazu eignen, solange er mit der Mittelschraube gegen die Welle drückt. An der Innenseite muss man überwachen, dass die Welle dabei nirgends anstößt. Meist lässt sich die Achswelle auch mit leichten Schlägen auf einen passenden Kunststoffdurchschlag austreiben.

■ Die Welle herausnehmen.

Beim Ausbau einer Antriebswelle niemals die Radnarbe anwärmen, da die Radlager beschädigt werden können. Ebenfalls das Fahrzeug nach Ausbau einer Antriebswelle nicht wegschieben, da man andernfalls ebenfalls die Radlager beschädigen kann. Muss das Fahrzeug weggeschoben werden, kann man versuchen, ein altes, äußeres Gleichlaufwerk oder eine Schraube M14 oder M16 mit passenden

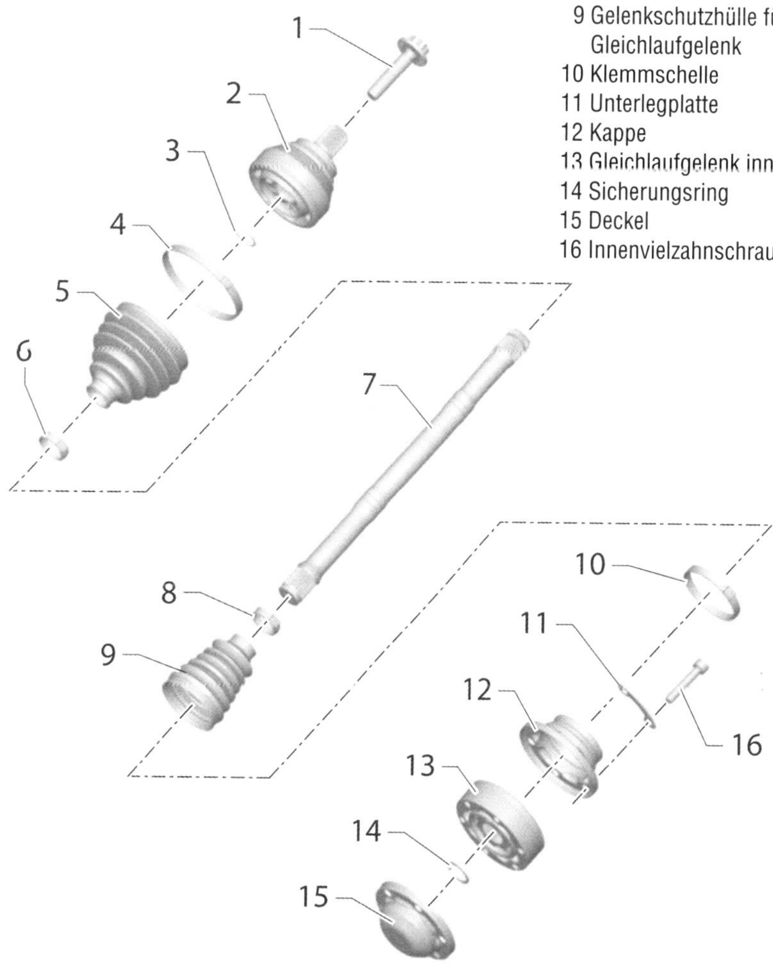

Bild 26

Bild 26
Gelenkwelle mit Gleichlaufgelenk VL107 (geschraubt).
1 Schraube
2 Gleichlaufgelenk außen
3 Sicherungsring
4 Klemmschelle
5 Gelenkschutzhülle
6 Klemmschelle
7 Gelenkwelle
8 Klemmschelle
9 Gelenkschutzhülle für Gleichlaufgelenk
10 Klemmschelle
11 Unterlegplatte
12 Kappe
13 Gleichlaufgelenk innen
14 Sicherungsring
15 Deckel
16 Innenvielzahnschraube

Unterlegscheiben und dicken Karosseriescheiben zu besorgen. Die Mutter mit einem Anzugsdrehmoment von 100 Nm anziehen.

Bild 27
Gelenkwelle mit Gleichlaufschiebegelenk VL107.
1 Gleichlaufgelenk außen
2 Schraube
3 Sicherungsring
4 Anlaufring
5 Tellerfeder
6 Klemmschelle
7 Gelenkschutzhülle
8 Klemmschelle
9 Gelenkwelle
10 Klemmschelle
11 Gelenkschutzhülle für Gleichlaufschiebegelenk
12 Sicherungsring
13 Klemmschelle
14 Gleichlaufschiebegelenk
15 Abschirmkappe

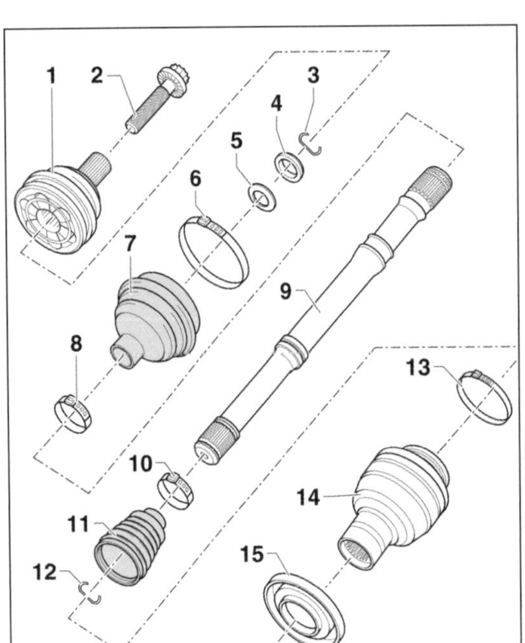

Bild 27

Bild 28
Gelenkwelle mit Tripodegelenk AAR3300i.
1 Gleichlaufgelenk außen
2 Schraube
3 Sicherungsring
4 Anlaufring
5 Tellerfeder
6 Klemmschelle
7 Gelenkschutzhülle
8 Klemmschelle
9 Gelenkwelle
10 Klemmschelle
11 Gelenkschutzhülle für Tripodegelenk
12 Klemmschelle
13 Tripodestern mit Rollen
14 Sicherungsring
15 Gelenkstück
16 Sicherungsring

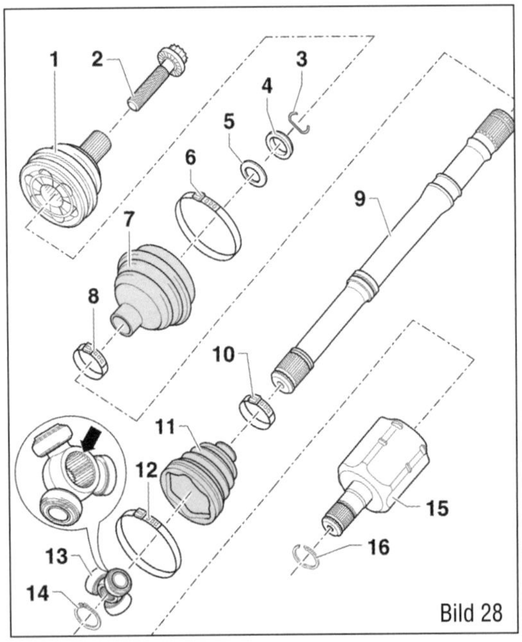

Bild 28

Beim Einbau der Antriebswelle folgendermaßen vorgehen:

- Die Antriebswelle in das Fahrzeug einsetzen.
- Das äußere Gleichlaufwerk so weit wie möglich in die Verzahnung der Radnabe einschieben.
- Das untere Kugelgelenk entsprechend der eingezeichneten Kennzeichnung anschrauben und die Schrauben mit 20 Nm anziehen.

Nochmals kontrollieren, dass die Kennzeichnungen fluchten.

- Die gelöste Seite der Pendelaufhängung wieder am Nebenrahmen verschrauben (20 Nm).
- Die Flanschverbindung der Welle mit dem Getriebe verbinden und die Schrauben unter Benutzung des vorschriftsmäßigen Schlüsseleinsatzes auf Drehmoment anziehen.
- Die Berührungsfläche der Doppelsechskantmutter und die Verzahnung des äußeren Gleichlaufwerkes etwas einölen und die Mutter so weit wie möglich aufschrauben.
- Das Fahrzeug wieder ablassen, ohne dass das Rad vollkommen auf dem Boden aufstehen kann (Achtung: sonst Radlagerbeschädigung).
- Die Fußbremse von einem Helfer kräftig betätigen lassen und die Achsschraube mit einem Anzugsdrehmoment von 200 Nm anziehen.
- Aus der Endstellung um genau 180° nachziehen.

Gelenkwellen prüfen

Es gibt eigentlich nur drei Gründe eine Achsgelenkwelle zu zerlegen. Zuerst einmal möchten wir den Hintergrund für diese Arbeiten genauer beleuchten:

Spiel an den Gelenken

- Spiel an den Achswellen prüfen.

Halten Sie den Lageraußenring mit der Hand fest und verdrehen Sie die Achswelle. Sie sollte möglichst kurze schnelle Bewegungen machen (einfach schnell hin und herdrehen). So bemerken Sie ein mögliches Lagerspiel in den Achswellen sehr schnell. Spiel an den Gelenken sollte immer nachgegangen werden.

Denken Sie daran, dass Ihr Fahrzeug beim Anheben einen anderen Winkel der Achswelle bewirkt. Die Prüfungen sollten immer am Boden stattfinden. Zumindest sollte das Fahrzeug auf dem Boden stehen. Eine Grube in der Garage oder eine Mutterbühne ist hier sehr hilfreich. Stellen Sie übermäßiges Spiel fest, sollte die Gelenkwelle erneuert oder zerlegt und repariert werden. Zumeist zeigen sich bei der Demontage erhebliche Schäden an Lagerflächen oder Kugeln. Wird das Spiel zu groß (mehr als 2 mm Spiel in der Verdrehung) kann die Antriebswelle »auseinanderfliegen« und sorgt dann im günstigsten Fall für eine Panne. Im schlimmsten Fall kann die Achswelle weitere Schäden verursachen, wenn sie aus den Führungen herausrutscht.

Geräusche
Die Prüfung der Achsgelenkwellen auf diese Schäden erfolgt in der Regel bei einer Probefahrt. Es sollten hier enge Radien gefahren werden können (Supermarktparkplatz?) und auch der Lastwechsel vom Beschleunigen zum Schiebebetrieb (Gefahren vermeiden! Auf den Verkehr achten!) simuliert werden. Geräusche an den Achswellen lassen sich leider nur für das radseitige Gelenk sicher orten. Die Getriebeseite wird oftmals als »Getriebeschaden« wahrgenommen. Sollten also Geräusche beim Lastwechsel entstehen, nehmen Sie auch die Antriebswellen einmal genauer unter die Lupe. Ein deutliches »Klackern« oder durchaus schon »Schläge« gerade beim Kurvenfahren in engen Radien weisen auf einen Achswellenschaden hin. Je lauter diese Geräusche werden, umso dringender besteht Handlungsbedarf. Auch hier sind oft an den zerlegten Wellen sehr gut sichtbare Schäden vorhanden.

Manschette beschädigt
Das Ende der Lagerungen einer Achswelle wird natürlich schneller erreicht, wenn Schmutz, Wasser und Straßendreck durch eine defekte Manschette eindringen können. Kontrollieren Sie die Lenkmanschetten und die Gelenkmanschette regelmäßig. Bei Schäden führt an einer Reinigung des Gelenkes und dem Ersatz der Manschette kein Weg vorbei. Achten Sie auch auf kleine Fettspritzer im Radlaufbereich oder an den Bremsteilen. Oftmals zeichnen schon kleinste Schäden an der Manschette deutliche Spuren. Durch die hohe Drehzahl wird das Fett im Gelenk sehr schnell in der Landschaft verteilt. Daraufhin läuft das Gelenk trocken und wird mit der Unterstützung des eindringenden Schmutzes ein erhebliches Verschleißverhalten entwickeln.

Gelenkwellen zerlegen

Gleichlaufgelenk außen abtreiben
- Gelenkwelle mit Schutzbacken in Schraubstock einspannen.
- Faltenbalg zurückstülpen.
- Gleichlaufgelenk mit einem Dorn (A im Bild 31) von der Gelenkwelle treiben.

⚠ Der Dorn muss genau am Stern des Gleichlaufgelenkes angesetzt werden.

Gelenk auftreiben
- Mit Plastikhammer auf die Welle auftreiben, bis Sicherungsring einrastet.

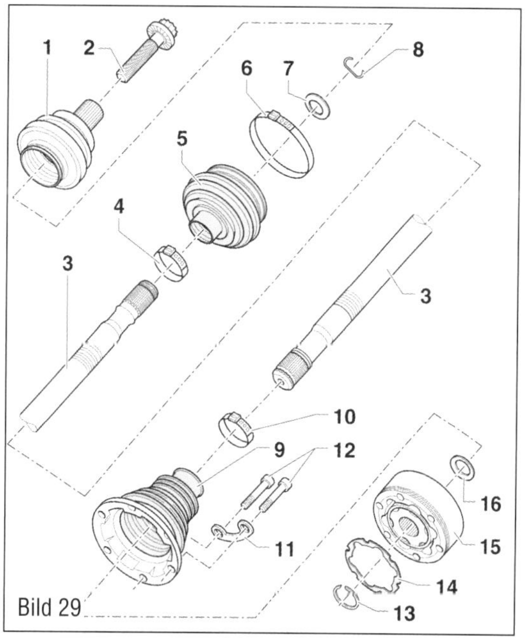

Bild 29
Gelenkwelle mit Tripodegelenk.
1 Gleichlaufgelenk außen
2 Schraube
3 Gelenkwelle
4 Klemmschelle
5 Gelenkschutzhülle
6 Klemmschelle,
7 Tellerfeder
8 Sicherungsring
9 Gelenkschutzhülle für Gleichlaufgelenk
10 Klemmschelle
11 Unterlegplatte
12 Innenvielzahnschraube
13 Sicherungsring
14 Dichtung
15 Gleichlaufgelenk innen
16 Tellerfeder

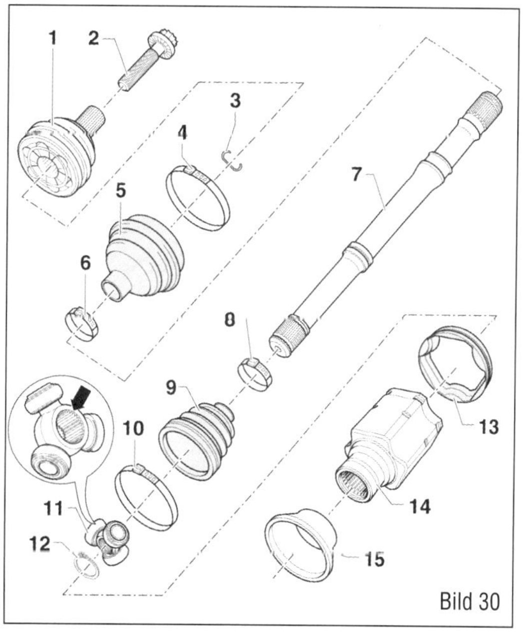

Bild 30
Gelenkwelle mit Tripodegelenk AAR3300i für automatisches Getriebe 09M – 6-Gang Allradantrieb.
1 Gleichlaufgelenk außen
2 Schraube
3 Sicherungsring
4 Klemmschelle
5 Gelenkschutzhülle für Gleichlaufgelenk
6 Klemmschelle
7 Gelenkwelle
8 Klemmschelle
9 Gelenkschutzhülle für Tripodegelenk
10 Klemmschelle
11 Tripodestern mit Rollenwelle
12 Sicherungsring
13 Adapter
14 Gelenkstück
15 Abschirmkappe

Gleichlaufgelenk innen abpressen
- Gelenkschutzhülle mit Dorn von Gelenk abpressen.
- Sicherungsring ausbauen.
- Beide Klemmschelle abbauen und Gelenkschutzhülle zum Außengelenk schieben.

Zusammenbauen
- Beachten Sie die Einbaulage der Tellerfeder am Innen- und Außengelenk.
- Gelenk bis Anschlag aufpressen.
- Sicherungsring einfedern.
- Gleichlaufgelenk innen aufpressen.

Bild 31
Richtiges Ansetzen des Dorns beim Austreiben.

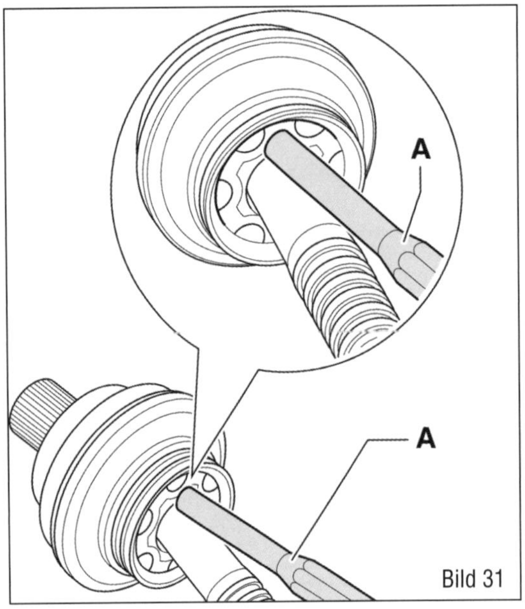

Bild 31

Bild 32
Anziehen der Klemmschelle mit der VW-Spezialwerkzeugzange.

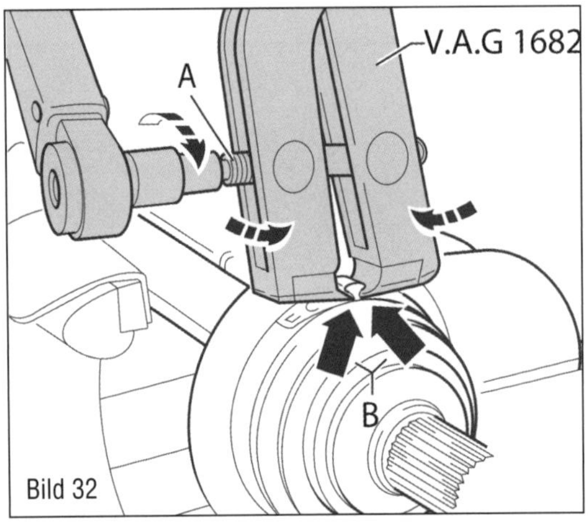

Bild 32

Bild 33
Aufbau des Spezialwerkzeuges bei der Montage des Gelenks.

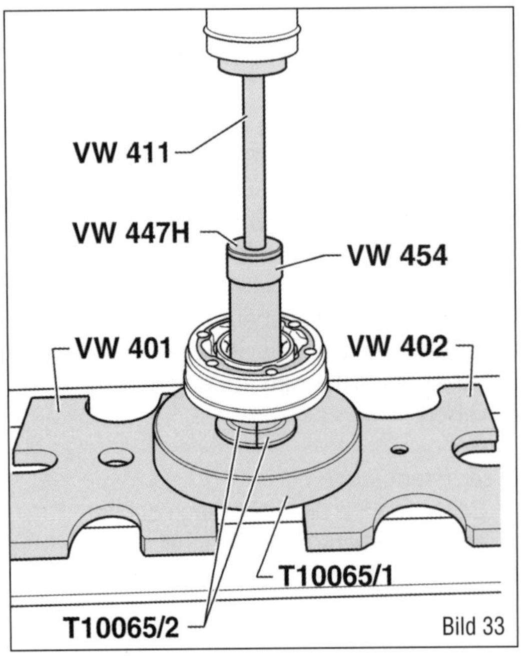

Bild 33

Fase am Innendurchmesser der Kugelnabe (Verzahnung) muss zum Anlagebund der Gelenkwelle zeigen.

- Spannzange (V.A.G 1682) wie in Bild 32 gezeigt ansetzen. Dabei ist zu beachten, dass die Schneiden der Zange in den Ecken (Pfeile B) des Schlauchbinders anliegen.
- Klemmschelle durch Drehen der Spindel mit einem Drehmomentschlüssel spannen (Zange dabei nicht verkanten.)

Aufgrund des harten Werkstoffes (gegenüber Gummi) der Gelenkschutzhülle und der dadurch erforderlichen Edelstahl-Klemmschelle, kann diese nur mit Spannzange (V.A.G 1682) gespannt werden. Das Anziehdrehmoment beträgt 25 Nm. Achten Sie darauf, dass das Gewinde der Spindel der Zange leichtgängig ist, ggf. mit MOS2-Schmierfett schmieren. Bei Schwergängigkeit, z. B. Verschmutzung des Gewindes, wird die erforderliche Spannkraft der Klemmschelle bei dem vorgegebenen Anziehdrehmoment nicht erreicht.

Schaltbetätigung aus- und einbauen

Über die Schaltbetätigung wird die Bewegung des Schalthebels (rechts neben bis vor dem Fahrersitz) auf die Schaltwelle im Getriebe zur Wahl des gewünschten Gangs übertragen. Sie besteht aus:

- Schalthebel mit Schaltknopf und Druckfeder/Wählwinkel im Schaltgehäuse zur Bewegung der Betätigungsseilzüge, dem Wählseilzug für die »Wahlebene« (R, 1/2, 3/4, 5/6).
- dem Schaltseilzug zur Gangwahl in einer »Wahlebene«,
- der Mechanik aus Getriebeschalthebel und Umlenkhebel. Der Wählseilzug kommt hinten rechts aus dem Schaltgehäuse, der Schaltseilzug hinten links. Wichtige Bauelemente an den Seilzügen sind die Sicherungsscheiben nach Bild 35, dessen Legende den Aus- und Einbau der Scheibe erläutert.

Ausbau bei Handschaltgetriebe

- Wenn ein codiertes Radio eingebaut ist, die Anti-Diebstahl-Codierung bereithalten.
- Masseband der Batterie bei ausgeschalteter Zündung abklemmen.
- Ansaugschlauch und Stecker vom Luftmassenmesser abziehen.

■ Die Schrauben für den Luftfilter herausdrehen und den Luftfilter komplett herausnehmen.

Bis Baujahr 05/99

■ Tilgergewicht (21 im Bild 35) und Schaltseilzug (1) von Getriebeschalthebel abbauen. Den Schaltseilzug mit Scheibe und Vierkantmutter (selbstsichernd) abnehmen.

■ Wählseilzug vom Mitnehmer/Umlenkhebel (16) abziehen, dazu Nase in Pfeilrichtung anheben.

■ Seilzugwiderlager vom Getriebe abbauen (11), vorher Schlauchleitung am Seilzugwiderlager ausclipsen.

■ Hebeln Sie die Abdeckung hinten vorsichtig von der Mittelkonsole ab.

Ab Baujahr 06/99

■ Wählseilzug (2 im Bild 36) und Schaltseilzug (1) mit Maulschlüssel SW13 vom Getriebe abhebeln.

■ Seilzugwiderlager vom Getriebe abbauen (6), ggf. vorher Schlauchleitung am Seilzugwiderlager ausclipsen.

Weiter für alle Fahrzeuge

■ Ziehen Sie die Abdeckung nach hinten von der Mittelkonsole ab.

■ Danach Klemmschelle am Schaltknopf zerstören und Schaltknopf mit Abdeckung abziehen.

■ Gummigeräuschdämpfung vom Schalthebel abziehen.

■ Jetzt Befestigungsmuttern für das Schaltgehäuse abschrauben.

■ Abgasanlage nach Abgasrohr vorn an der Doppelschelle trennen. Aufhängung für Abgasrohr vorn ggf. vom Aggregateträger abbauen. Querträger unterhalb der Abgasanlage abbauen.

■ Abschirmblech im vorderen Bereich lösen und ausbauen.

■ Schaltgehäuse vom Aufbau abschrauben.

■ Schaltgehäuse herunterschwenken und mit Schaltseilen entnehmen.

Einbauen

Der Einbau erfolgt in umgekehrter Reihenfolge, dabei ist Folgendes zu beachten:

■ Richten Sie das Schaltgehäuse parallel zum Aufbau aus. Der Abstand zum Aufbau muss dann auf beiden Seiten gleich sein.

Tipp: Streichen Sie eine kleine Menge Polyharnstoff-Fett in die Kugelpfanne von der Schaltseilzugarretierung und der Wählseilzugarretierung. Die Abdichtungen außerhalb der Kugelpfanne müssen frei von Fett sein.

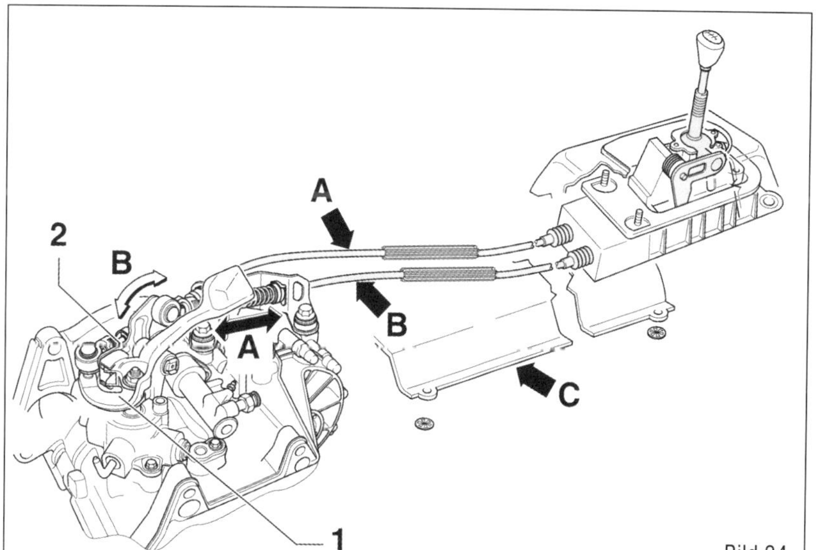

Bild 34

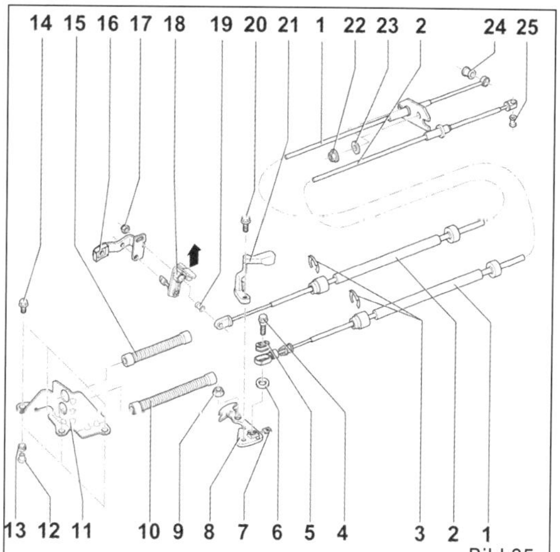

Bild 35

Bild 34
1 Getriebeschalthebel
2 Umlenkhebel
A Schaltseilzug für Schaltbewegung
B Wählseilzug für Wählbewegung
C Wärmeschutzblech
D Schaltbewegung
E Wählbewegung

Bild 35
Aufbau bis 05/99.
1 Schaltseilzug
2 Wählseilzug
3 Sicherungsscheibe
4 Sechskantbundschraube
5 Isolierstück
6 Scheibe
7 Vierkantmutter
8 Schalthebel
9 Sechskantmutter
10 Faltenbalg
11 Widerlager
12 Distanzstück
13 Tülle
14 Sechskantschraube
15 Faltenbalg
16 Umlenkhebel
17 Sechskantmutter
18 Mitnehmer
19 Isolierstück
20 Sechskantschraube
21 Tilgergewicht
22 Sechskantmutter
23 Gummischeibe
24 Isolierstück
25 Isolierstück

Unterschiedliche Schaltknaufe

Es wurden unterschiedliche Betätigungsgriffe verbaut die eine unterschiedliche Vorgehensweise erforderlich machen (Bild 37).

Griff mit rot/braunem Kunststoffteil

■ Ziehen Sie einfach nur am Griff. Nicht die Taste dabei drücken. Wurde versehentlich die Taste in den Griff gedrückt, kann sie wieder herausgezogen oder vorsichtig mit Druckluft herausgeblasen werden.

■ Unbedingt beachten, dass vor dem Einbauen die Drucktaste bis über den Druckpunkt hinaus herausgezogen ist, also

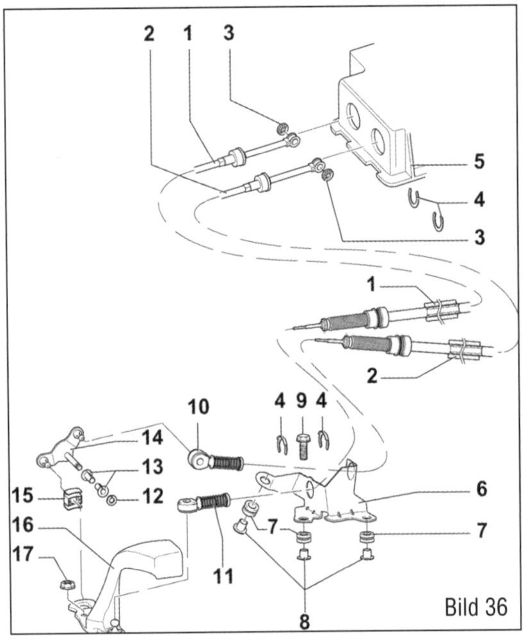

Bild 36
Aufbau ab 06/99.
1 Schaltseilzug
2 Wählseilzug
3 Sicherungsscheibe
4 Sicherungsscheibe
5 Schaltgehäuse
6 Widerlager
7 Tülle
8 Distanzstück
9 Sechskantschraube
10 Seilzugarretierung
11 Seilzugarretierung
12 Sicherungsscheibe
13 Lagerbuchse
14 Umlenkhebel
15 Gleitschuh
16 Getriebeschalthebel
17 Sechskantmutter

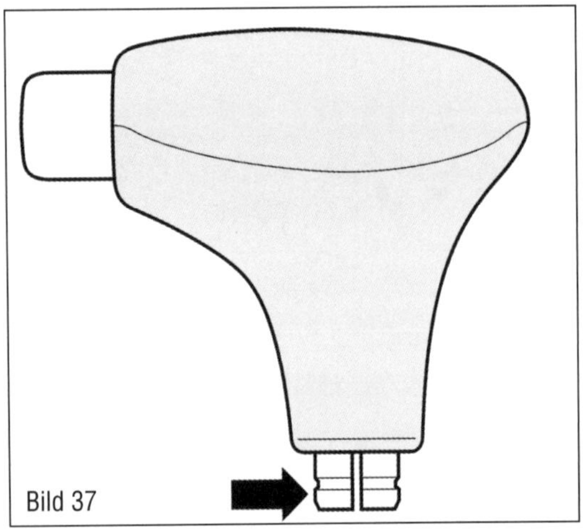

Bild 37
Es gibt verschiedene Griffe, die unterschiedlich aus- und eingebaut werden. Schieben Sie bitte vor jeder Montagearbeit die Hülse am Wählhebel etwas nach unten. Schauen Sie bitte nach, welche Farbe das Kunststoffteil im Griff (Pfeil) hat.

mindestens 10 mm heraussteht. Dazu ziehen Sie die Taste mit der Hand über den spürbaren Druckpunkt hinaus, so fällt sie nicht mehr zurück.

■ Zum Einbauen stellen Sie den Hebel in »D« und drücken den Griff auf den Wählhebel.

Griff mit schwarzem Kunststoffteil

■ Stellen Sie den Wählhebel in Stellung »R«.

■ Ziehen Sie die Taste bis Anschlag aus dem Griff heraus. Sichern Sie die Taste gegen Zurückfedern, z. B. mit einem Blech oder Stück Draht.

■ Ziehen Sie den Griff vom Wählhebel ab.

Ausbau bei Automatikgetriebe

■ Wenn ein codiertes Radio eingebaut ist, die Anti-Diebstahl-Codierung bereithalten.

■ Masseband der Batterie bei ausgeschalteter Zündung abklemmen.

■ Ansaugschlauch und Stecker vom Luftmassenmesser abziehen.

■ Die Schrauben für den Luftfilter herausdrehen und den Luftfilter komplett herausnehmen.

■ Wählhebel in »P« stellen und Wählhebelseilzug (42 im Bild 38) von Hebel/Schaltwelle (43) mit Schraubendreher abdrücken.

■ Sicherungsscheibe (40) am Widerlager des Wählhebelseilzuges ausclipsen und Wählhebelseilzug abbauen. Den Wählhebelseilzug nicht biegen oder knicken.

■ Das Fahrzeug anheben.

■ Die Abgasanlage nach Abgasrohr vorn an der Doppelschelle trennen. Aufhängung für Abgasrohr vorn ggf. vom Aggregateträger abbauen. Den Querträger unterhalb der Abgasanlage abbauen und die beiden Abschirmbleche ausbauen.

■ Schrauben Sie den Deckel (23) vom Schaltbock ab.

■ Wählhebelseilzug (42) mit Schraubendreher vom Wählhebel (13) abhebeln.

■ Sicherungsscheibe (40) für Wählhebelseilzug am Schaltbock nach unten herausziehen.

■ Ziehen Sie vorsichtig den Wählhebelseilzug aus dem Schaltbock heraus.

Einbauen

■ Schutzhülle auf Beschädigung und richtigen Sitz prüfen, nicht verdreht einbauen. Die Schutzhülle kann nur gemeinsam mit dem Wählhebelseilzug ersetzt werden.

■ Die Kugelpfanne am Zugende vor dem Einbau leicht fetten.

■ Wählhebelseilzug nicht biegen oder knicken.

■ Wählhebelseilzug (42) mit neuer Dichtung in den Schaltbock einführen.

■ Wählhebelseilzug auf Wählhebel (13) drücken.

■ Neue Sicherungsscheibe (40) für Wählhebelseilzug am Schaltbock anbringen. Das abgewinkelte Ende der Sicherungsscheibe zeigt zum Inneren des Schaltbockes.

■ Wählhebel von »P« nach »1« schalten. Schaltbetätigung und Wählhebelseilzug müssen dabei leichtgängig sein, ggf. Wählhebelseilzug ersetzen oder Schaltbetätigung instand setzen.

■ Wählhebel in Stellung »P« schalten.

■ Hebel/Schaltwelle am Getriebe in »P« stellen. Rasthebel muss im Parksperrenrad

einrasten, beide Vorderräder sind blockiert (lassen sich nicht gemeinsam in eine Richtung drehen).
Die weitere Montage erfolgt sinngemäß in umgekehrter Reihenfolge.

Ausbau beim DSG

■ Wenn ein codiertes Radio eingebaut ist, die Anti-Diebstahl-Codierung bereithalten.
■ Masseband der Batterie bei ausgeschalteter Zündung abklemmen.
■ Ansaugschlauch und Stecker vom Luftmassenmesser abziehen.
■ Die Schrauben für den Luftfilter herausdrehen und den Luftfilter komplett herausnehmen.
■ Sicherungsblech am Getriebe ausbauen und Wählseilzug (14) von Hebel/Schaltwelle abziehen und durch das Widerlager am Getriebe nach hinten ziehen.
■ Das Fahrzeug anheben.
■ Die Doppelschelle der Auspuffanlage lösen und nach hinten schieben, die Tunnelbrücke unterhalb der Abgasanlage abbauen und die beiden Abschirmbleche ausbauen.
■ Zuerst die 4 Muttern (16 im Bild 39) abschrauben.
■ Danach die zwei Schrauben abschrauben.
■ Deckel mit Schutzhülle (15) vorsichtig über den Wählhebelseilzug (14) nach vorn schieben. Die Schutzhülle dabei nicht beschädigen.
■ Wählhebelseilzug mit einem Schraubendreher vom Wählhebel in abhebeln.
■ Ziehen Sie vorsichtig den Wählhebelseilzug aus dem Lagertopf heraus.

Einbauen

Der Einbau erfolgt in umgekehrter Reihenfolge, dabei ist Folgendes zu beachten:
■ Schutzhülle auf Beschädigung und richtigen Sitz prüfen, nicht verdreht einbauen. Die Schutzhülle kann nur gemeinsam mit dem Wählhebelseilzug ersetzt werden.
■ Zugöse und Kugelpfanne nicht fetten.
■ Wählhebelseilzug nicht biegen oder knicken.
■ Zuerst die Muttern dann die beiden Schrauben festziehen.

Schaltbetätigung einstellen

Für eine korrekte Schalteinstellung müssen folgende Voraussetzungen erfüllt sein:

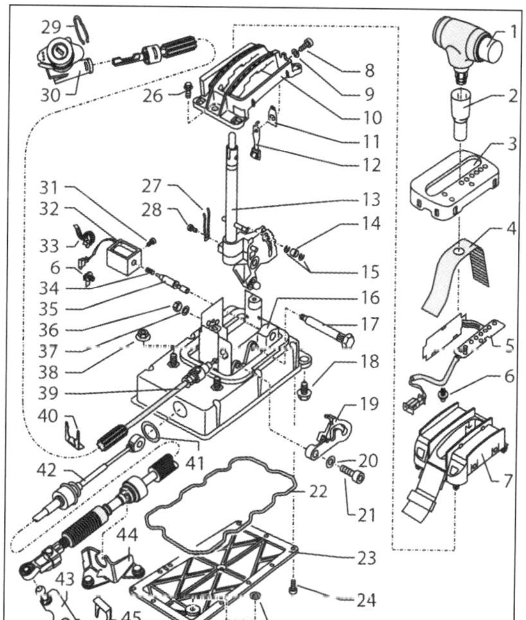

Bild 38

■ Einwandfreie Bedienungs- und Übertragungselemente.
■ Schaltbetätigung ist leichtgängig.
■ Getriebe, Kupplung und Kupplungsbetätigung in einwandfreiem Zustand.
■ Getriebe in Leerlaufstellung.
Wenn der Winkel zum Feststellen der Schaltwelle und der Sicherungsmechanismus von Schaltseilzug und Wählseilzug durch das Luftfiltergehäuse nicht zugänglich sind, muss dieses komplett ausgebaut werden.

Schaltbetätigung der Handschaltgetriebe einstellen

Die Betätigungs- und Übertragungselemente der Schaltbetätigung müssen leichtgängig und einwandfrei funktionieren. Ferner müssen Getriebe, Kupplung und Kupplungsbetätigung in einwandfreiem Zustand sein.
■ Bringen Sie das Getriebe in Leerlaufstellung.

Schaltwelle feststellen

■ Drücken Sie die Schaltwelle herunter (Pfeilrichtung 1 im Bild 40).
■ Beim Herunterdrücken der Schaltwelle drehen Sie dann den Winkel A in Pfeilrichtung 2.
■ Die Abdeckung für den Schalthebel ist vom Mittelkonsolen-Oberteil abzuziehen (Pfeile).
■ Gummigeräuschdämpfung zum Schalthebel ziehen.

Bild 38
Automatikgetriebe.
1 Griff für Wählhebel
2 Hülse
3 Abdeckung
4 Abdeckstreifen
5 Wählhebelstellungs-Anzeige
6 Halter
7 Rahmen
8 Schraube
9 Scheibe
10 Sperrsegment
11 Blech
12 Rastfeder mit Rolle
13 Wählhebel
14 Rolle
15 Sicherungsscheibe
16 Schaltbock
17 Lagerbolzen
18 Schraube
19 Sperrhebel
20 Scheibe
21 Schraube
22 Dichtung
23 Deckel
24 Schraube
25 Rundschnurring
26 Schraube
27 Kontaktfeder
28 Schraube
29 Klammer
30 Lenkschloss
31 Schraube
32 Magnet Wählhebelsperre
33 Kabelbinder
34 Feder
35 Arretierbolzen
36 Mutter
37 Scheibe
38 Mutter
39 Sperrzug
40 Sicherungsscheibe
41 Dichtung
42 Wählhebelseilzug
43 Hebel
44 Widerlager
45 Sicherungsscheibe

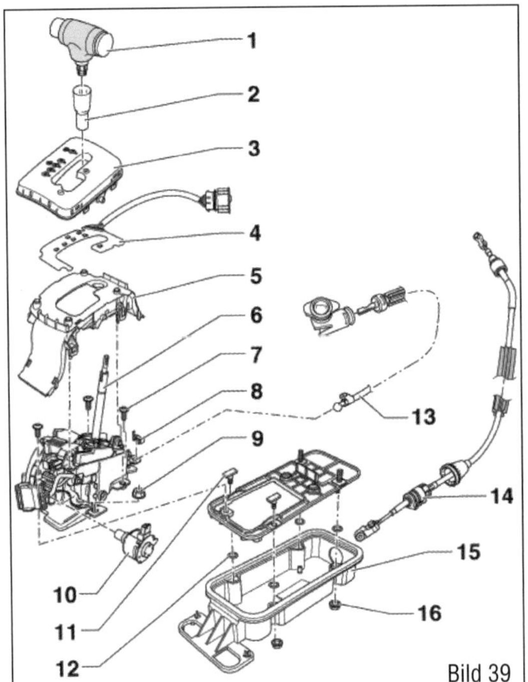

Bild 39
DSG-Getriebe.
1 Griff für Wählhebel
2 Hülse
3 Abdeckung
4 Leiterplatte
5 Rahmen
6 Schaltbetätigung
7 Schraube
8 Sicherung
9 Mutter
10 Magnet Wählhebelsperre
11 Schraube
12 Dichtring
13 Sperrzug
14 Wählhebelseilzug
15 Deckel
16 Mutter

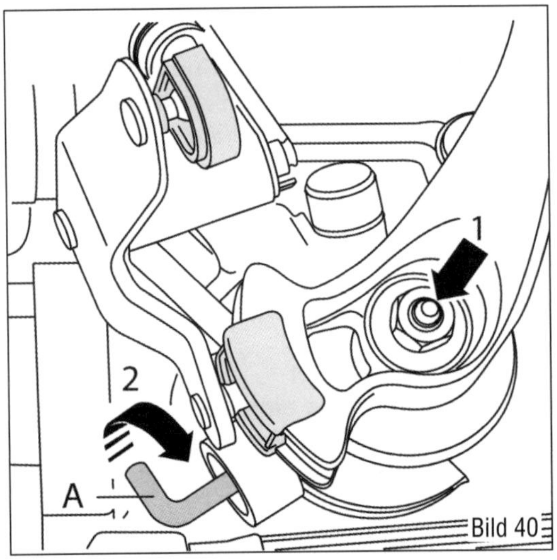

Bild 40
Absteckposition des Schaltgetriebes. Drücken Sie die Schaltwelle herunter (Pfeilrichtung 1) und drehen Sie dann beim Herunterdrücken der Schaltwelle den Winkel (A) in Pfeilrichtung (2) ein.

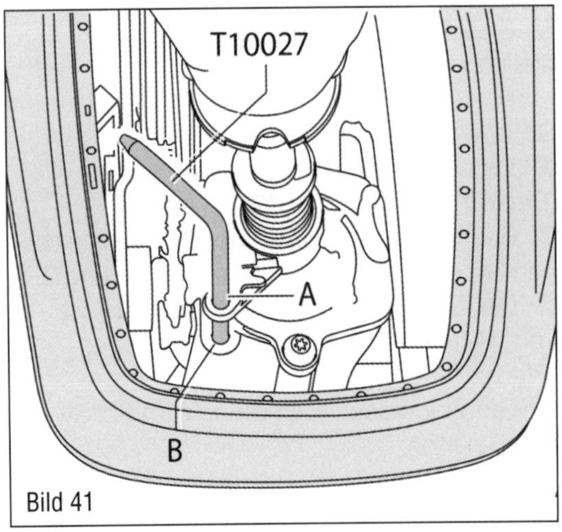

Bild 41
Absteckposition des Schalthebels. Absteckstift T10027, Bohrungen A und B.

Schalthebel feststellen

■ Leerlauf am Schalthebel einlegen.
■ Den Absteckstift »T10027« durch die Bohrung (A im Bild 41) in die Bohrung (B) einführen.
■ Drehen Sie jetzt den Sicherungsmechanismus am Schaltseilzug und am Wählseilzug bis Anschlag nach rechts. Die Feder drückt den Sicherungsmechanismus in die Ausgangsstellung.
■ Drehen Sie den Winkel (A) jetzt in die Ausgangsstellung zurück.
■ Ziehen Sie den Absteckstift »T10027« aus den Bohrungen (A) und (B) heraus.
■ Gummigeräuschdämpfung einsetzen.
■ Abdeckung in das Mittelkonsole-Oberteil einknüpfen.

Funktion prüfen

■ Schalthebel muss im Leerlauf in der Gasse 3./4. Gang stehen.
■ Kupplung betätigen.
■ Alle Gänge mehrmals durchschalten. Auf die Funktion der Rückwärtsgangsperre ist besonders zu achten. Tritt beim wiederholten Einlegen eines Ganges noch ein Haken auf, ist das Spiel (Hub) der Schaltwelle zu prüfen.

Spiel (Hub) der Schaltwelle zu prüfen

■ 1. Gang einlegen.
■ Schalthebel bis zum Anschlag nach links drücken und wieder loslassen.
■ Gleichzeitig die Schaltwelle am Getriebe beobachten (2. Mechaniker).
■ Die Schaltwelle muss beim Bewegen des Schalthebels einen Hub von ca. 1 mm machen (hoch und runter).
■ Ist das nicht der Fall, Schaltbetätigung einstellen.

Schaltbetätigung der Automatikgetriebe einstellen

■ Ansaugschlauch und Stecker vom Luftmassenmesser abziehen.
■ Schlauch für Sekundärluftpumpe vom Luftfiltergehäuse abziehen.
■ Die Schrauben für den Luftfilter herausdrehen und den Luftfilter komplett herausnehmen.
■ Wählhebel in Stellung »P« schalten.

Funktion prüfen (Bild 42)

■ Wählhebelseilzug (1) vom Hebel der Schaltwelle (4) abhebeln und so ablegen, dass das Ende sich frei bewegen kann. Den

Wählhebelseilzug nicht biegen oder knicken.
- Wählhebel von »P« nach »1« schalten.
- Schutzhülle vorn am Wählhebelseilzug auf Beschädigung prüfen ggf. Seilzug ersetzen.
- Wählhebel in Stellung »P« schalten. Schaltbetätigung und Wählhebelseilzug müssen beim Schalten leichtgängig sein ggf. Wählhebelseilzug ersetzen oder Schaltbetätigung instand setzen.
- Wählhebelseilzug aufdrücken.
- Wählhebelseilzug (1) in Widerlager/Getriebe einlegen und auf Hebel/Schaltwelle (4) aufdrücken.
- Neue Sicherungsscheibe (3) am Widerlager/Getriebe auf Wählhebelseilzug aufdrücken.

Einstellen (Bild 42)
- Wählhebel in Stellung »P« schalten.
- Schraube (2) an der vorderen Kugelpfanne (1) des Wählhebelseilzuges lösen.
- Hebel/Schaltwelle am Getriebe in »P« stellen. Rasthebel muss im Parksperrenrad einrasten, beide Vorderräder sind blockiert (lassen sich nicht gemeinsam in einer Richtung drehen).
- Schraube (2) festziehen (8 Nm).
- Wurde die Sicherungsscheibe (3) ausgebaut, so muss sie ersetzt werden.

Schaltbetätigung des DSG einstellen

Der Wählhebelseilzug muss immer eingestellt werden, wenn: Motor/Getriebe in ihrer Lage verändert, zum Beispiel spannungsfrei eingebaut wurden, der Seilzug selbst oder die Schaltbetätigung aus- und eingebaut wurde, der Wählhebelseilzug vom Getriebe abgebaut wurde, Motor und (oder) Getriebe aus- und eingebaut wurden oder Teile der Aggregatelagerung aus- und eingebaut wurden.

- Ansaugschlauch und Stecker vom Luftmassenmesser abziehen.
- Die Schrauben für den Luftfilter herausdrehen und den Luftfilter komplett herausnehmen.
- Prüfen Sie, ob die Schraube am Wählhebelseilzug vorhanden ist (Bild 43).

Fahrzeuge mit Schraube am Seilzug
- Die Schraube (2) lösen.
- Hebel/Schaltwelle am Getriebe in »P« stellen, dazu den Hebel/Schaltwelle entgegen der Fahrtrichtung bis zum Anschlag drücken.
- Drehen Sie beide Vorderräder in eine Richtung, z. B. durch Schieben des Fahrzeuges nach vorne, bis der Rasthebel im Getriebe in das Parksperrenrad einrastet und die Räder blockiert werden (lassen sich nicht gemeinsam in einer Richtung drehen).

Tipp: Bei gelöster Klemmschraube (2) muss der Wählhebel unbedingt in Stellung »P« bleiben, da sonst die Einstellung nicht richtig ist.

- Bewegen Sie den Wählhebel vorsichtig leicht nach vorne und hinten, ohne dabei in eine andere Wählhebelposition zu schalten.
- Klemmschraube (2) ruckfrei mit 13 Nm festziehen.

Tipp: Achten Sie beim Anziehen der Klemmschraube (2) darauf, dass sich der Wählhebelseilzug nicht noch einmal verschiebt.

Fahrzeuge ohne Schraube am Seilzug
- Hebel/Schaltwelle am Getriebe in »P« stellen, dazu den Hebel/Schaltwelle entgegen der Fahrtrichtung bis zum Anschlag drücken.
- Drehen Sie beide Vorderräder in eine Richtung, z. B. durch Schieben des Fahrzeuges nach vorne, bis der Rasthebel im Ge-

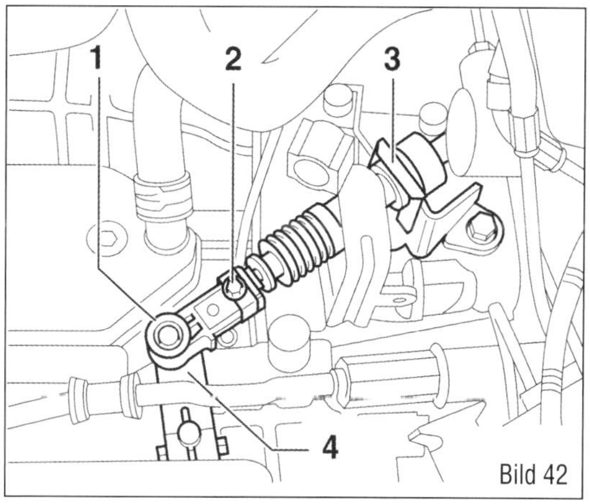

Bild 42
1 Wählhebelseilzug
2 Schraube
3 Sicherungsscheibe
4 Schaltwelle

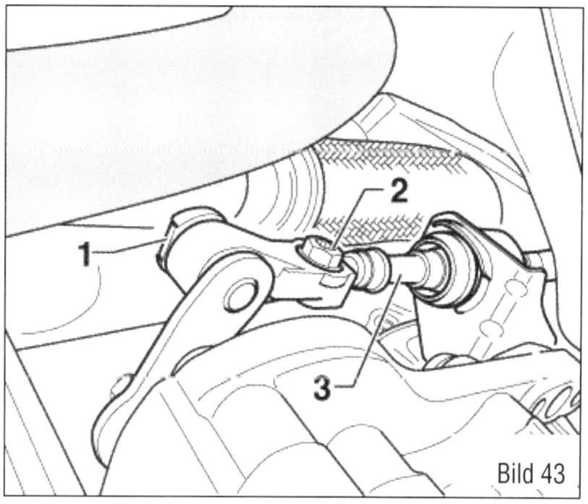

Bild 43
1 Lagerung
2 Schraube
3 Wählhebelseilzug

Bild 44
Schraube (1), Steckschlüsseleinsatz T40031.

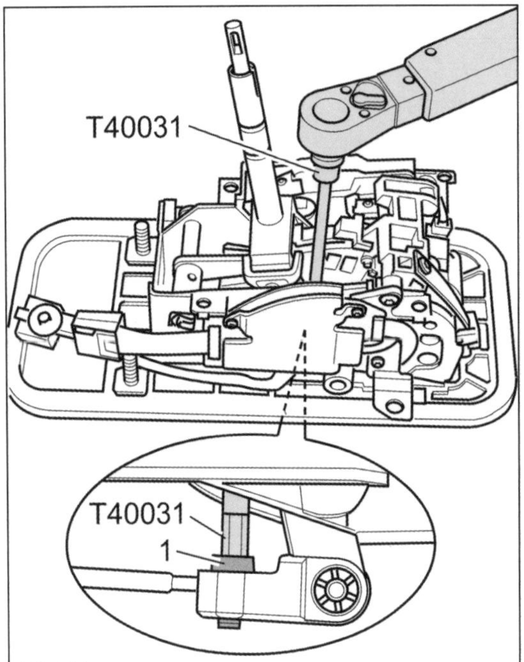

Bild 44

Bild 45
1 Querwand
2 Dichtung
3 Lagerbock
4 Schraube
5 Lagerbock
6 Sechskantmutter
7 Verbindungsblech
8 Sechskantmutter
9 Lagerbuchse
10 Lagerbolzen
11 Kupplungspedal
12 Aufnahme
13 Sechskantmutter
14 Geberzylinder
15 Nachlaufschlauch
16 Übertotpunktfeder
17 Lagerung/Übertotpunktfeder
18 Anschlagbügel
19 Sechskantmutter
20 Kupplungspedalschalter

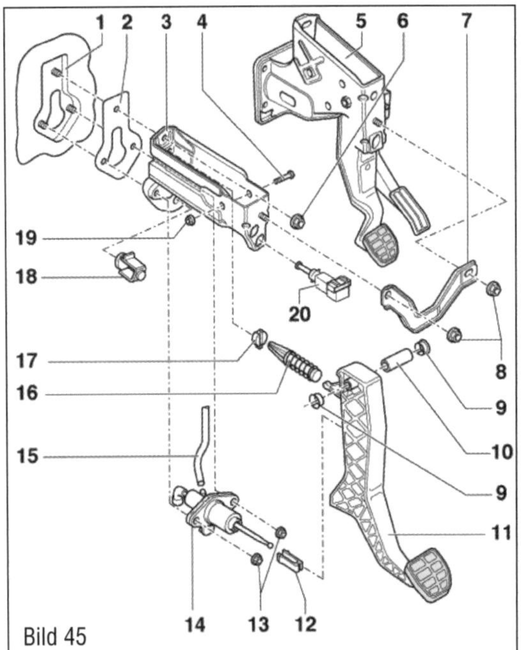

Bild 45

triebe in das Parksperrenrad einrastet und die Räder blockiert werden (lassen sich nicht gemeinsam in einer Richtung drehen).

■ Bewegen Sie den Wählhebel vorsichtig leicht nach vorne und hinten, ohne dabei in eine andere Wählhebelposition zu schalten.

■ Bauen Sie die Abdeckung für die Schaltbetätigung aus.

■ Lösen Sie durch die Bohrung in der Schaltbetätigung die Klemmschraube hinten am Wählhebelseilzug ca. 1 Umdrehung.

Die Klemmschraube ca. 1 Umdrehung lösen, nicht herausdrehen. Die Klemmschraube ist nur in Wählhebelstellung »P« zugänglich. Bei gelöster Klemmschraube muss der Wählhebelstellung in Stellung »P« bleiben.

■ Prüfen Sie die exakte Stellung des Wählhebels in Stellung »P«. Wählhebel beim Einstellen nicht nach hinten oder vorn ziehen, da sonst die Einstellung verfälscht wird.

■ Ziehen Sie in dieser Stellung die Klemmschraube ruckfrei mit 13 Nm fest.

■ Bauen Sie die Abdeckung für die Schaltbetätigung ein.

Fortsetzung für alle Fahrzeuge

■ Bauen Sie das komplette Luftfiltergehäuse ein.

Einstellung Wählhebelseilzug prüfen

■ Wählhebel aus Stellung »P« bei gedrückter Taste ca. 5 mm nach hinten ziehen und halten, nicht in »R« schalten.

■ Wählhebel loslassen. Der Wählhebel muss selbstständig wieder in die Stellung »P« zurückspringen, ggf. Wählhebel einstellen.

■ Wählhebel in Stellung »N« schalten.

■ Wählhebel aus Stellung »N« bei gedrückter Taste ca. 5 mm nach hinten ziehen und halten, nicht in »D« schalten.

■ Wählhebel loslassen. Der Wählhebel muss selbstständig wieder in die Stellung »N« zurückspringen, ggf. Wählhebel einstellen.

■ Wählhebel aus Stellung »N« bei gedrückter Taste ca. 5 mm nach vorne drücken und halten, nicht in »R« schalten.

■ Wählhebel loslassen.

Der Wählhebel muss selbstständig wieder in die Stellung »N« zurückspringen, ggf. Wählhebel einstellen.

■ Schaltbetätigung prüfen.

Arbeiten an der Kupplungshydraulik

Geberzylinder ausbauen

■ Bei Fahrzeugen mit codiertem Radiogerät Codierung beachten ggf. erfragen.

■ Masseband der Batterie bei ausgeschalteter Zündung abklemmen.

■ Ansaugschlauch und Stecker vom Luftmassenmesser abziehen.

■ Die Schrauben für den Luftfilter herausdrehen und den Luftfilter komplett herausnehmen.

Fahrzeuge mit 2,0 l-Motor
■ Schutzgehäuse für Relais vom Kabelkanal abbauen.

Fortsetzung für alle Fahrzeuge
■ Nachlaufschlauch (15 im Bild 45) zum Vorratsbehälter/Bremsflüssigkeit abziehen und verschließen.
■ Steuergerät und Hydraulikeinheit für ABS ausbauen.
■ Klammer (19 im Bild 46) für Rohr/Schlauchleitung aus Geberzylinder herausziehen.
■ Rohr/Schlauchleitung (8) aus Geberzylinder herausziehen und verschließen.
■ Abdeckungen/Fahrerseite unten ausbauen.
■ Bauen Sie, falls vorhanden, den Kupplungspedalschalter aus.
■ Jetzt den kompletten Lagerbock für das Kupplungspedal abschrauben. Schrauben Sie zuerst das Verbindungsblech zwischen Bremspedalhalter und Kupplungspedalhalter ab. Danach die Befestigungsmuttern zur Spritzwand für den Lagerbock abschrauben. Anschließend den Lagerbock entnehmen.
■ Betätigungsstange/Geberzylinder vom Kupplungspedal entriegeln. Dazu die Klammer »3309« zum Entriegeln in die Aussparungen des Kupplungspedals einsetzen (Pfeile A im Bild 47). Der Schriftzug »top/oben« (B) zeigt dabei vom Kupplungspedal weg. Klammer mit Zange »10-208A« in den Vertiefungen (Pfeile C) zusammendrücken.
■ Drehen Sie den Anschlag für das Kupplungspedal gegen die Uhrzeigerrichtung und nehmen Sie ihn heraus.
■ Drücken Sie dann den Nehmerzylinder zuerst bis Anschlag nach unten. Er darf im oberen Bereich nicht von der Lagerung für die Übertotpunktfeder verdeckt sein.
■ Dann kippen Sie ihn nach unten aus dem Lagerbock heraus.

Einbauen
Der Einbau erfolgt in umgekehrter Reihenfolge, dabei ist Folgendes zu beachten:
■ Die Aufnahme (4 im Bild 46) muss sich auf der Betätigungsstange des Geberzylinders befinden.
■ Das Kupplungspedal zum Verrasten in

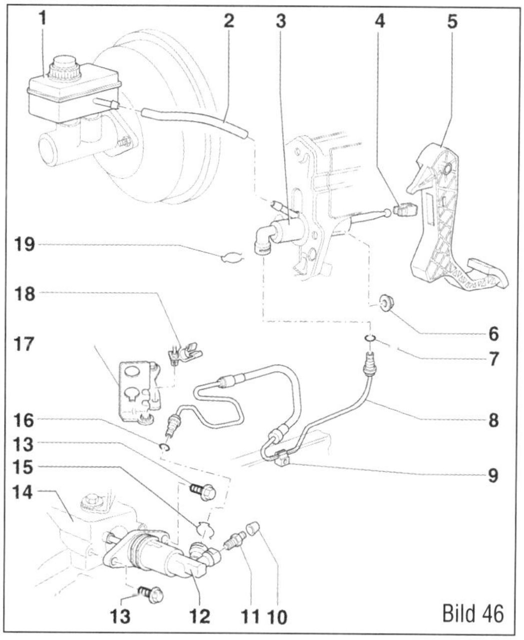

Bild 46

Bild 46
1 Bremsflüssigkeitsbehälter
2 Nachlaufschlauch
3 Geberzylinder
4 Aufnahme
5 Kupplungspedal
6 Sechskantmutter
7 Rundschnurring
8 Rohr-Schlauchleitung
9 Halter
10 Staubkappe
11 Entlüfterventil
12 Nehmerzylinder
13 Bundschraube
14 Getriebe
15 Klammer
16 Rundschnurring
17 Widerlager
18 Halter
19 Klammer

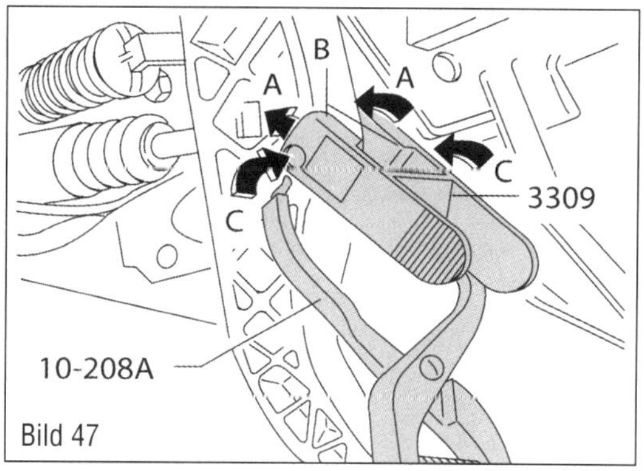

Bild 47

Bild 47
A Aussparungen des Kupplungspedals
B Schriftzug
C Vertiefungen
10-208A Zange
3309 Klammer

Pfeilrichtung drücken, dabei auf korrekte Arretierung achten.
■ Setzen Sie den Anschlag für das Kupplungspedal wieder ein. Der Bügel zeigt zum Geberzylinder.
■ Nach Einbau des Geberzylinders Kupplungsanlage entlüften. Dazu den Entlüfterschlauch der Entlüfterflasche auf die Entlüfterschraube des Nehmerzylinders (11 im Bild 46) stecken und die Entlüfterschraube öffnen.
■ Nach Beendigung des Entlüftungsvorganges mehrmals das Kupplungspedal betätigen.

Kupplung ausbauen
■ Bauen Sie das Getriebe aus.
■ Setzen Sie den Gegenhalter (VAG 3067) oder ein anderes geeignetes Werkzeug zum Lösen der Schrauben ein.
■ Die Schrauben in kleinen Stufen über Kreuz lösen. Beim Losschrauben muss sich der An-

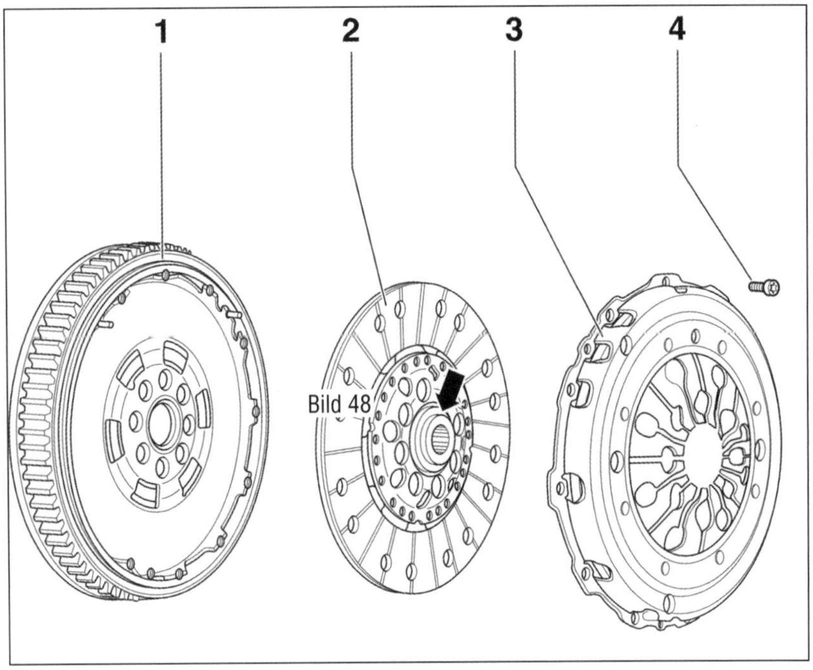

Bild 48
1 Schwungrad
2 Kupplungsscheibe
3 Druckplatte
4 Schraube

schlag mit dem Bolzen lockern. Lockert sich der Anschlag nicht: Drücken Sie den Bolzen in Richtung Zweimassenschwungrad.

■ Nehmen Sie die Druckplatte und die Kupplungsscheibe ab (Bild 48).

Der Einbau erfolgt in umgekehrter Reihenfolge.

■ Achten Sie auf die Zentrierung der Kupplungsscheibe auf dem Zweimassenrad.

■ Prüfen Sie, ob Passhülsen zur Zentrierung Motor/Getriebe im Zylinderblock vorhanden sind, ggf. einsetzen. Bei nicht vorhandenen Passhülsen treten Schaltschwierigkeiten, Kupplungsprobleme und ggf. Geräusche vom Getriebe (Losräderrasseln) auf.

■ Beachten Sie die Einbaulage Kupplungsscheibe. Die Beschriftung »Getriebeseite« und der hervorstehende Federkäfig zeigen zum Getriebe.

Verzahnung der Antriebswelle und bei gebrauchten Kupplungsscheiben Verzahnung der Nabe reinigen, Korrosion entfernen und nur eine hauchdünne Schicht des Fettes auf die Verzahnung der Antriebswelle auftragen. Überschüssiges Fett entfernen.

■ Die Enden der Membranfeder prüfen. Die Abnutzung bis zur halben Dicke der Membranfeder ist zulässig.

11 Fahrwerk

Arbeiten am Fahrwerk

Bei der Instandsetzung von tragenden und Rad führenden Bauteilen zum Beispiel an Unfall-Fahrzeugen können Schäden am Fahrwerk unentdeckt bleiben. Diese unentdeckten Schäden führen unter Umständen im späteren Fahrbetrieb zu schweren Folgeschäden. Bei Unfall-Fahrzeugen auf jeden Fall müssen deshalb die im Folgenden aufgeführten Bauteile in der beschriebenen Weise und Reihenfolge kontrolliert werden. Wichtig ist immer auch eine Vermessung des Fahrwerks. Werden dabei keine Abweichungen von den Sollwerten festgestellt, liegen auch keine Verformungen am Fahrwerk vor.

Sicht- und Funktionsprüfung für das Lenksystem

- Sichtprüfung auf Verformung und Risse.
- Spielprüfung der Spurstangengelenke und des Lenkgetriebes.
- Sichtprüfung auf defekte Falten- und Fettbälge.
- Elektrische und hydraulische Leitungen, Schläuche auf Scheuer-, Schnitt- und Knickstellen untersuchen.
- Hydraulische Leitungen, Verschraubungen und Lenkgetriebe auf Dichtheit kontrollieren.
- Lenkgetriebe und Leitungen auf Festsitz überprüfen.
- Einwandfreie Funktion über den gesamten Lenkeinschlag prüfen, indem die Lenkung von Anschlag zu Anschlag betätigt wird. Dabei muss das Lenkrad mit gleich bleibender Betätigungskraft ohne zu haken drehbar sein.

Sicht- und Funktionsprüfung f ür das Fahrwerk

- Alle in den Montageübersichten dargestellten Bauteile auf Verformung, Risse und sonstige Beschädigungen überprüfen.
- Beschädigte Teile ersetzen.
- Fahrzeug auf einem von der Volkswagen AG freigegebenen Achsmessstand vermessen lassen.
- Räder und Reifen auf Rundlauf und Unwucht untersuchen.
- Reifen auf Einschnitte und Stoßverletzungen im Profil und an den Flanken überprüfen.
- Bereifung auf Fülldruck (Angaben in der Tankklappe), Zustand, Reifenlaufbild und Profiltiefe prüfen.
- Bei Beschädigungen am Scheibenrad und/oder am Reifen ist der Reifen zu ersetzen. Dies gilt auch, wenn ein Unfallhergang und Schäden am Fahrzeug auf eine mögliche, wenngleich nicht sichtbare Beschädigung schließen lassen.
- Reifen sollten nicht älter als 6 Jahre sein.

Elektronische Fahrzeugsysteme

Sicherheitsrelevante Systeme wie zum Beispiel ABS/EDS, Airbag, elektronisch geregelte Fahrwerkssysteme, elektromechanische Lenk- und sonstige Fahrerassistenzsysteme müssen mit einem Fahrzeugdiagnose-, Mess- und Informationssystem (VAS 505x, VCDS) auf eventuell gespeicherte Fehlermeldungen abgefragt werden. Wurden in den Fehlerspeichern der genannten Systeme Fehler gespeichert, sind diese entsprechend den Vorgaben von VW (Reparaturleitfäden »Erwin«, elektronisches Service-Informationssystem ELSA) instand zu setzen. Nach erfolgter Reparatur sind die jeweils betroffenen Systeme nochmals auf Fehlerspeichereinträge zu prüfen, um sicher zu sein, dass die Funktion wieder gewährleistet ist.

Hinweise und Vorschriften

- Schweiß- und Richtarbeiten an tragenden und Rad führenden Bauteilen der Radaufhängung sind nicht zulässig.
- Selbstsichernde Muttern sowie korrodierte Schrauben und Muttern müssen immer ersetzt werden.
- Gummimetalllager haben einen begrenzten Verdrehbereich. Ziehen Sie deshalb die Schraubverbindungen an den Bauteilen mit Gummimetalllagern erst dann fest, wenn das Radlagergehäuse angehoben ist (siehe »Radlagerung in Leergewichtslage heben«)

Prüfungen an der Achslagerung

Achsgelenke und Achslager: Sichtprüfung

Bitte prüfen Sie die Dichtungsbälge der Achsgelenke auf Undichtigkeiten und Beschädigungen.

- Weiterhin prüfen Sie die Achslager: Es darf kein Spiel vorhanden sein, das vulkanisierte Gummilager darf keine Risse und poröse Stellen aufweisen.

Sichtprüfung Messen

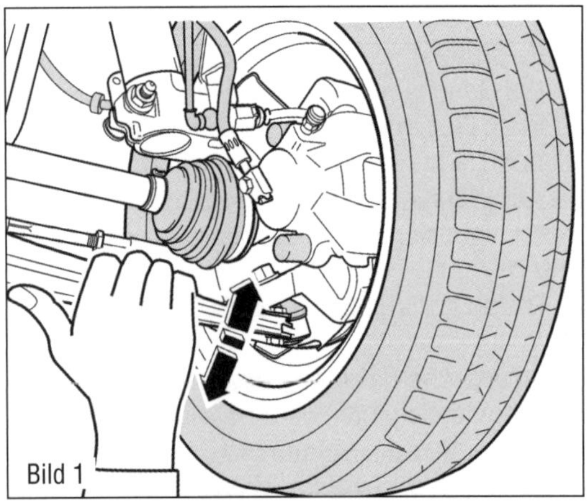

Bild 1
Axialspiel prüfen.

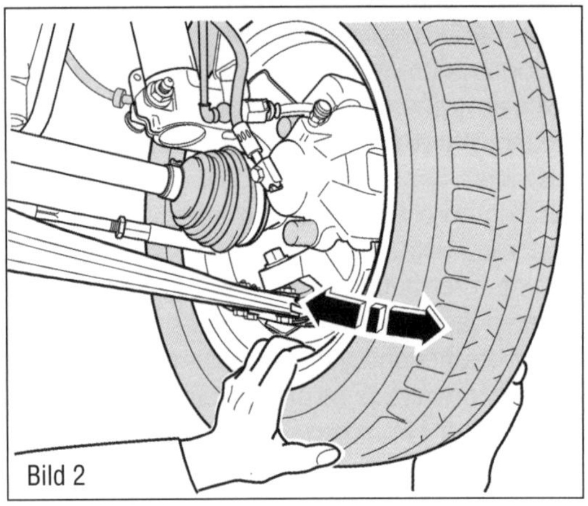

Bild 2
Radialspiel prüfen.

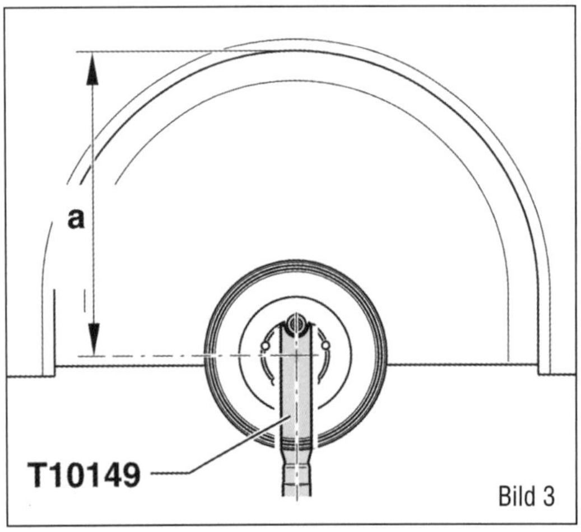

Bild 3
Abstandsmaß für die Standhöhe.

Achsgelenk prüfen

Es darf bei beiden Prüfungen kein fühl- oder sichtbares »Spiel« vorhanden sein. Während der Prüfungen das Achsgelenk beobachten.
Eventuell vorhandenes Radlagerspiel oder »Spiel« im Federbeinlager oben berücksichtigen. Gummibalg auf Beschädigung prüfen ggf. Achsgelenk ersetzen.

Axialspiel prüfen

- Achslenker kräftig in Pfeilrichtung (Bild 1) nach unten ziehen und wieder hochdrücken.

Radlagerung in Leergewichtslage heben

Alle Schrauben an Fahrwerksteilen mit Gummimetalllagern müssen grundsätzlich in Leergewichtslage (unbeladener Zustand) festgezogen werden. Gummimetalllager haben einen begrenzten Verdrehbereich. Achsbauteile mit Gummimetalllagern müssen deshalb vor dem Festziehen in eine Position gebracht werden, die der Position im Fahrbetrieb entspricht (Leergewichtslage). Anderenfalls wird das Gummimetalllager verspannt, eine geringere Lebensdauer wäre dann die Folge. Durch Anheben der entsprechenden Radaufhängung mit dem Motor -und Getriebeheber (V.A.G 1383 A) und der Aufnahme der entsprechenden Radaufhängung mit dem Motor- und Getriebeheber (V.A.G 1383 A) und der Aufnahme (T10149) kann diese Position auf der Hebebühne simuliert werden (Bild 3). Bevor die entsprechende Radaufhängung angehoben wird, muss das Fahrzeug auf beiden Fahrzeugseiten an den Tragarmen der Hebebühne mit den Spanngurten (T10038) verzurrt werden.

⚠ Wird das Fahrzeug nicht verzurrt, besteht die Gefahr, dass das Fahrzeug von der Hebebühne abrutschen kann!

- Radnabe so weit drehen, bis eine der Bohrungen für Radschrauben oben steht.
- Aufnahme (T10149) mit Radschraube an die Radnabe anbauen.
- Das Festziehen der betroffenen Schrauben/Muttern darf nur dann erfolgen, wenn das Maß (a) zwischen der Radnabenmitte und der Unterkante Radhaus erreicht ist.
- Das Maß (a) ist abhängig von der Standhöhe des eingebauten Fahrwerks und wird im Stand bei unbeladen Zustand in neutraler Federlage ermittelt.

Achsgelenk aus- und einbauen

- Schraube für Gelenkwelle an Radnabe lösen.
- Das entsprechende Rad abbauen.
- Schrauben (11 im Bild 4) abschrauben.
- Gelenkwelle etwas aus der Radnabe ziehen.
- Achsgelenk aus dem Achslenker herausziehen und dabei Radlagergehäuse nach außen schwenken.

■ Achslenker so weit wie erforderlich nach unten beugen.
■ Kugelgelenkabzieher (3287 A) oder anderen geeigneten Gelenkbolzenabzieher ansetzen und Achsgelenk ausdrücken.

(Tipp) Motor- und Getriebeheber (V.A.G 1383 A) oder Ähnliches unterstellen (Unfallgefahr durch herabfallende Teile beim Ausdrücken des Achsgelenkes. Die Mutter zum Schutz des Gewindes einige Gewindegänge auf dem Achsgelenk belassen.

Die Montage erfolgt sinngemäß in umgekehrter Reihenfolge.
■ Gelenkwelle aus der Radnabe ziehen.
■ Achsgelenk in Radlagergehäuse einsetzen.
■ Neue selbstsichernde Mutter aufschrauben, dabei mit Innentorx (T40) gegenhalten.
■ Gelenkwelle in Radnabe einsetzen.
■ Die Schrauben (11) festziehen.

(Achtung) Auf beschädigungsfreien und nicht verdrillten Dichtbalg achten.

■ Rad anbauen und festziehen.
■ Schraube für Gelenkwelle an Radnabe anziehen. Dabei darf das Fahrzeug nicht auf den Rädern stehen, da sonst das Radlager beschädigt wird.

Radlagereinheit vorne aus- und einbauen

■ Schraube für Gelenkwelle an Radnabe lösen.
■ Das entsprechende Rad abbauen.
■ Den Bremssattel mit Bremsträger abbauen und mit Draht am Aufbau aufhängen.
■ Den ABS-Drehzahlfühler ausbauen.
■ Die Bremsscheibe abbauen.
■ Muttern des Achsgelenks auf der entsprechenden Fahrzeugseite abschrauben.
■ Achslenker aus dem Achsgelenk herausziehen.
■ Gelenkwelle aus der Radnabe herausziehen.
■ Radnabe (17) aus dem Radlager auspressen (Bild 5).
■ Sicherungsring (18) entfernen.
■ Radlager aus dem Radlagergehäuse auspressen.

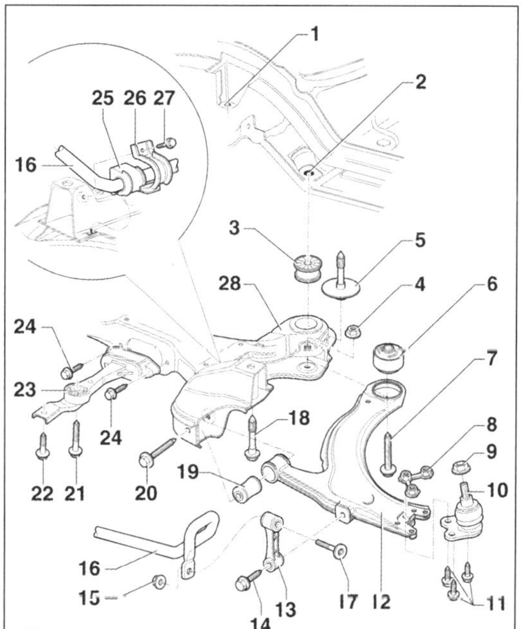

Bild 4

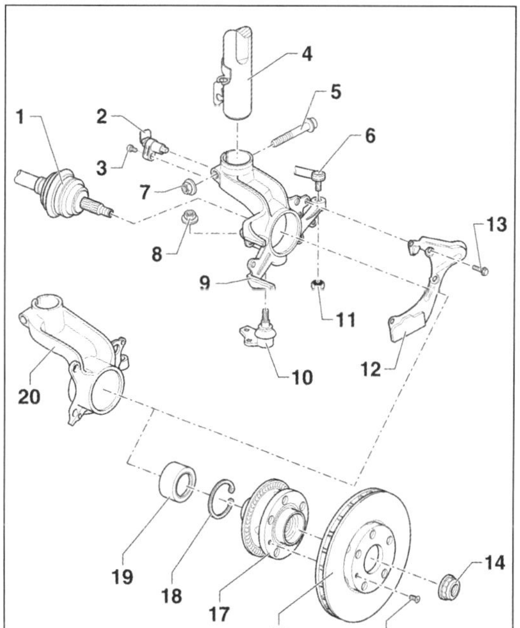

Bild 5

Der Einbau erfolgt sinngemäß in umgekehrter Reihenfolge.
■ Reinigen Sie die Anlagefläche des Radlagergehäuses mit Schleifpapier und streichen Sie es leicht mit Molykotefett ein.
■ Achten Sie beim Einpressen auf die Unversehrtheit des Rotorringes.

Bild 4
1 Haltebock
2 Schweißmutter
3 Gummimetalllager
4 Mutter
5 Sechskantschraube
6 Lager hinten
7 Sechskantschraube
8 Blech mit Muttern
9 Mutter
10 Achsgelenk
11 Sechskantschraube
12 Achslenker
13 Koppelstange
14 Sechskantschraube
15 Sechskantmutter
16 Stabilisator
17 Innensechskantschraube
18 Sechskantschraube
19 Lager vorn für Achslenker
20 Sechskantschraube
21 Sechskantschraube
22 Sechskantschraube
23 Pendelstütze
24 Sechskantschraube
25 Gummilager
26 Schelle
27 Sechskantschraube
28 Aggregateträger

Bild 5
1 Gelenkwelle
2 Drehzahlfühler
3 Innensechskantschraube
4 Federbein
5 Sechskantschraube
6 Spurstangenkopf
7 Mutter
8 Mutter
9 Radlagergehäuse (Ottomotor bis einschließlich 85 kW, mit TDI-Motor)
10 Achsgelenk
11 Mutter
12 Abdeckblech
13 Sechskantschraube
14 Zwölfkantmutter
15 Kreuzschlitzschraube
16 Bremsscheibe
17 Radnabe mit Rotor
18 Sicherungsring
19 Radlager
20 Radlagergehäuse (Ottomotor ab 110 kW)

Sichtprüfung Messen

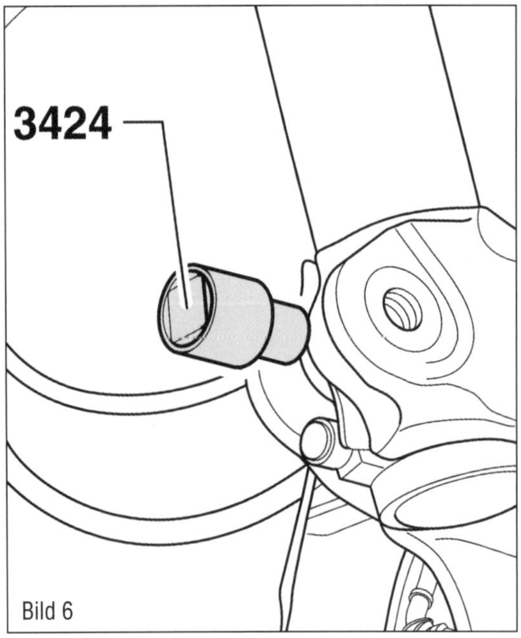

Bild 6

Bild 6
Spreizer für die Stoßdämpferaufnahme.

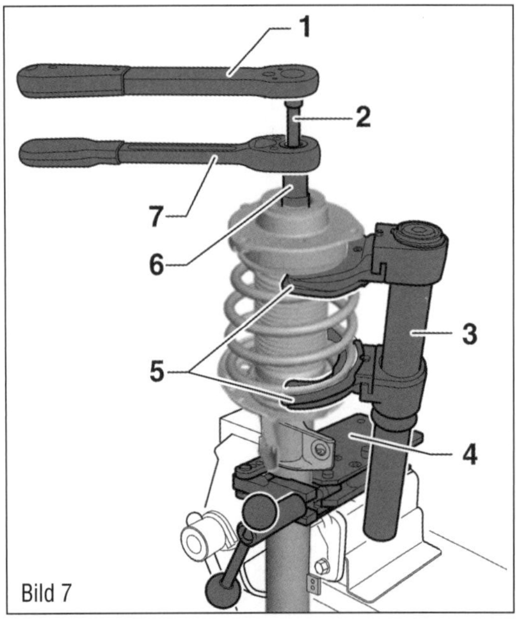

Bild 7

Bild 7
1 Drehmomentschlüssel
2 Steckeinsatz (T10001/8)
3 Federspanngerät (V.A.G 1752/1)
4 Spannbock für Federbeine (V.A.G 1752/20)
5 Federhalter (V.A.G 1752/4)
6 Steckeinsatz (T10001/5)
7 Knarre (T10001/11)

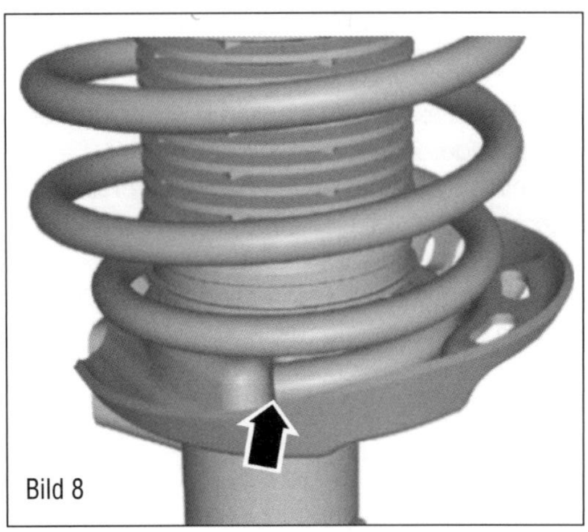
Bild 8

Bild 8
Einbauposition der Feder.

Federbein vorn aus- und einbauen

Bei loser radseitiger Gelenkwellenverschraubung dürfen die Radlager nicht belastet werden. Werden die Radlager durch das Eigengewicht des Fahrzeugs belastet, wird das Radlager vorgeschädigt. Die Radlagerlebensdauer ist dadurch geringer. Die Schraube für Gelenkwelle darf maximal 90° gelöst werden, wenn das Fahrzeug auf den Rädern steht. Fahrzeuge ohne Gelenkwelle dürfen nicht bewegt werden, da sonst das Radlager beschädigt wird. Soll ein Fahrzeug trotzdem bewegt werden, bitte anstatt der Gelenkwelle ein Außengelenk einbauen und mit 100 Nm festziehen.

- Schraube für Gelenkwelle an Radnabe lösen.
- Muttern (14 im Bild 5) herausschrauben.
- Radlagergehäuse (20 oder 9 im Bild 5) mit Achsgelenk aus dem Achslenker herausziehen.
- Außengelenk der Gelenkwelle aus der Radnabe ziehen.
- Gelenkwelle mit Bindedraht am Aufbau befestigen.
- Achsgelenk wieder mit Achslenker verschrauben.
- Motor- und Getriebeheber (V.A.G 1383 A) mit Aufnahme (T10149) an der Radnabe mit einer Radschraube befestigen.
- Schraubverbindung Radlagergehäuse/Federbein trennen.
- Spreizer (3424 in Bild 6) in den Schlitz des Radlagergehäuses einsetzen.
- Knarre um 90° drehen und von Spreizer (3424) abziehen.
- Drücken Sie mit der Hand auf die Bremsscheibe in Richtung Federbein. Sonst kann sich das Dämpferrohr in der Bohrung des Radlagergehäuses verkanten.
- Radlagergehäuse nach unten vom Dämpferrohr abziehen und mit Motor -und Getriebeheber (V.A.G 1383 A) so weit absenken, bis das Dämpferrohr frei hängt.
- Binden Sie das Radlagergehäuse mit Bindedraht am Aggregateträger fest.
- Motor- und Getriebeheber (V.A.G 1383 A) unter dem Radlagergehäuse wegnehmen.
- Sechskantschrauben für die obere Dämpferbefestigung abschrauben und Federbein herausnehmen.

Die Montage erfolgt sinngemäß in umgekehrter Reihenfolge.

Schraubenfeder vorn ausbauen

- Spannbock für Federbeine (VAG 1752/20) (4) in einen Schraubstock einspannen.
- Federbein in den Spannbock für Federbeine (V.A.G 1752/20) (4) einspannen (Bild 7).
- Schraubenfeder mit Federspanngerät (V.A.G 1752/1) (3) so weit vorspannen, bis das Axialrillenkugellager oben frei ist.

⚠ Zuerst die Feder so weit vorspannen, dass der obere Federteller entlastet ist!

- Auf den richtigen Sitz der Schraubenfeder im Federhalter (V.A.G 1752/4) achten.
- Sechskantmutter von Kolbenstange abschrauben.
- Einzelteile des Federbeins und Schraubenfeder mit Federspanngerät (V.A.G 1752/1) abnehmen.

Die Montage erfolgt sinngemäß in umgekehrter Reihenfolge.

- Schraubenfeder mit Federspanngerät (V.A.G 1752/1) auf Federunterlage unten aufsetzen. Das Ende der Federwindung muss am Anschlag (Pfeil im Bild 8) anliegen
- Neue Sechskantmutter an Kolbenstange festziehen.
- Federspanngerät (V.A.G 1752/1) entspannen und von der Schraubenfeder abnehmen.

Radlager/Radnabeneinheit hinten aus- und einbauen

- Das Fahrzeug anheben.
- Das entsprechende Rad abschrauben.
- Drücken Sie die Staubkappe ab.
- Bremsträger mit Bremssattel abbauen und mit Draht am Aufbau aufhängen.
- Schraube für Bremsscheibe herausschrauben und Bremsscheibe abnehmen.
- Schraube (1) mit Steckeinsatz (T10162) (2) abschrauben (Bild 9).

⚠ Zum Abschrauben der Schraube (1) mit dem Steckeinsatz (T10162-2) darf kein Schlagschrauber verwendet werden!

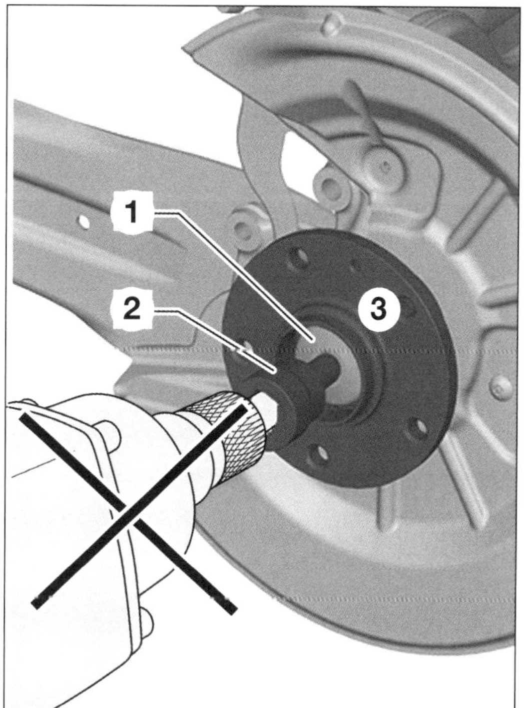

Bild 9

Bild 9
1 Schraube
2 Steckeinsatz
3 Radnabe

- Radnaben/Radlagereinheit (2) vom Achszapfen abziehen.

Schraubenfeder hinten ausbauen

⚠ Achten Sie auf richtigen Sitz der Schraubenfeder im Federhalter (V.A.G 1752/3A) – Unfallgefahr.

- Rad abbauen.
- Setzen Sie den Federspanner ein.
- Verwenden Sie für das Zusammendrehen des Federspanngerätes einen Schlüssel oder eine Umschaltknarre.
- Spannen Sie die Schraubenfeder so weit, bis Sie diese herausnehmen können.
- Bauen Sie die Feder aus.
- Bauen Sie die Feder zusammen mit der Federauflage ein. Die Federauflage unten hat einen Zapfen. Diesen Zapfen setzen Sie in die Bohrung des Querlenkers unten ein.
- Setzen Sie dann die Federauflage oben in das obere Federende ein.
- Entspannen Sie die Feder, dabei obere Federauflage auf die Nase der Karosserie aufsetzen.
- Nehmen Sie den Federspanner heraus.
- Rad anbauen und festziehen.

Bild 10
1 Befestigungs-schrauben oben.

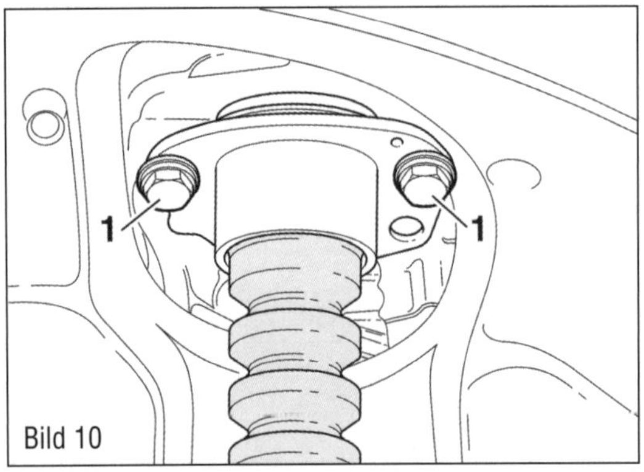

Bild 10

Bild 11
Servolenkung am 1,4 l-Motor.
1 Nachfüllbehälter
2 Saugschlauchbefestigung
3 Saugschlauchbefestigung
4 Flügelpumpe
5 Druckleitungsbefestigung
6 Saugschlauchbefestigung
7 Rücklaufschlauchbefestigung
8 Rippenrohrkühler
9 Druckleitungsbefestigung

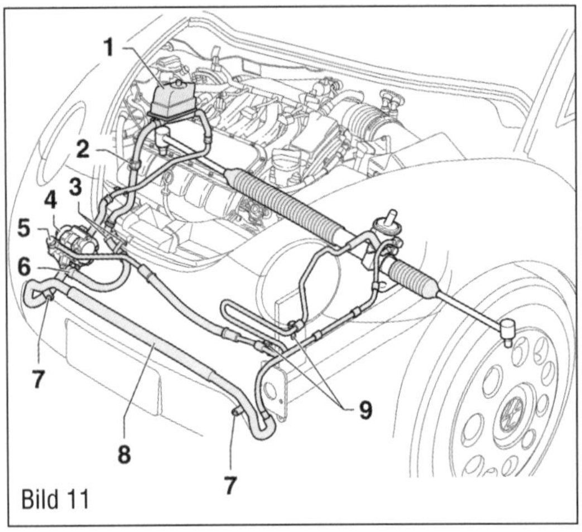

Bild 11

Stoßdämpfer hinten ausbauen

■ Rad abbauen.
■ Bauen Sie die Radhausschale aus.
■ Bauen Sie die Schraubenfeder aus.
■ Schrauben oben (1, Bild 10) herausdrehen.
■ Schraube unten herausdrehen.
■ Stoßdämpfer herausnehmen.

Der Einbau erfolgt sinngemäß in umgekehrter Reihenfolge.

■ Die Verschraubung Stoßdämpfer an Radlagergehäuse darf nur erfolgen, wenn das Maß (a) der Leergewichtslage erreicht ist. Die Vorgehensweise hierzu haben wir bereits beschrieben (siehe auch Bild 3).

Spurstangenkopf ausbauen

■ Rad an der betreffenden Seite abbauen.
■ Lösen Sie die Kontermutter (2 im Bild 12).
■ Drehen Sie die Befestigungsmutter am Spurstangenkopf (1) ab.
■ Drücken Sie mit einem Gelenkbolzenabzieher den Spurstangenkopf (1) vom Lenkhebel ab.
■ Drehen Sie den Spurstangenkopf von der Spurstange ab. Zählen Sie hierbei die Umdrehungen, die der Spurstangenkopf aufgeschraubt ist.

Montage
■ Drehen Sie den Spurstangenkopf auf die Spurstange mit den abgezählten Umdrehungen auf die Spurstange auf.
■ Ziehen Sie die Befestigungsmutter am Spurstangenkopf (1) an.
■ Ziehen Sie die Kontermutter (2) wieder an.
■ Bauen Sie das Rad an der betreffenden Seite wieder an und ziehen Sie es auf Drehmoment fest.
■ Lassen Sie eine Achsvermessung durchführen.

Lenkmanschette wechseln

■ Drehen Sie die Räder auf die entgegengesetzte Seite, an der die Manschette defekt ist.
■ Bauen Sie an der betroffenen Seite den Spurstangenkopf ab.
■ Drehen Sie die Kontermutter ab.
■ Lösen Sie die Schellen (3) und (5) im Bild 12 für die Lenkmanschette.
■ Ziehen Sie die Lenkmanschette ab.
■ Reinigen Sie die Lenkstange im Lenkgetriebe, die Spurstange und die Auflageflächen der Manschetten gründlich und fetten Sie sie leicht ein. Verschmutzungen können das Lenkgetriebe schädigen.
■ Schieben Sie die Schelle (5), die neue Manschette (4) und die Schelle (3) auf.

Die weitere Montage erfolgt sinngemäß in umgekehrter Reihenfolge.

Lenkung ausbauen

⚠ Bei Arbeiten an der Servolenkung ist größte Sauberkeit erforderlich. Verbindungsstellen und deren Umgebung vor dem Lösen gründlich reinigen. Ausgebaute Teile auf einer sauberen Unterlage ablegen und abdecken, wenn die Reparatur nicht umgehend ausgeführt wird. Keine fasernden Lappen verwenden. Ersatzteile erst unmittelbar vor dem Einbau aus der Verpackung nehmen. Nur Original verpackte Teile verwenden.

■ Schrauben Sie die Schrauben (1 im Bild 13) heraus und nehmen Sie die Abdeckung (A) heraus.
■ Drehen Sie die Schraube vom darunterliegenden Kreuzgelenk heraus und ziehen Sie das Kreuzgelenk vom Lenkgetriebe ab.
■ Dann den Schlauch vom Vorratsbehälter mit Schlauchklemme »3094« abdrücken.

Fahrzeuge mit 1,4 l-Motor

■ Die Rücklaufleitung mit Schlauchklemme »3094« abdrücken.

Fortsetzung für alle Fahrzeuge

■ Schlauch an der Flügelpumpe mit Schlauchklemme »3094« abklemmen.
■ Geräuschdämpfungswanne abbauen.
■ Auffangwanne unterstellen.
■ Spurstangen vom Lenkspurhebel mit einem Spurstangenabzieher (handelsüblich) abdrücken.
■ Die Schlauchleitungen am Lenkgetriebe abschrauben und mit einer Plastiktüte und Klebeband verschließen.
■ Gewindebohrungen am Servolenkgetriebe mit Plastikverschlussschrauben verschließen.
■ Sechskantschrauben für die Pendelstütze am Getriebe herausschrauben.

Fahrzeuge mit TDI-Motor

■ Halter für Abgasrohr vorn am Aggregateträger abschrauben und aushängen.

Fortsetzung für alle Fahrzeuge

■ Aggregateträger mit Motor- und Getriebeheber »V.A.G 1383 A« abstützen.
■ Sechskantschrauben (1 im Bild 14) lösen.
■ Sechskantschrauben (2) und (3) herausschrauben.
■ Aggregateträger mit Motor- und Getriebeheber »V.A.G 1383 A« absenken.
■ Schrauben (1) für Servolenkgetriebe herausdrehen.
■ Servolenkgetriebe nach rechts herausnehmen.

Einbauen

⚠ Für die Schlauch-/Leitungsanschlüsse neue Dichtringe verwenden. Dichtung auf dem Lenkgetriebe vor dem Einbauen des Lenkgetriebes mit Gleitmittel, z. B. Schmierseife, einstreichen. Nach Ansetzen des Lenkgetriebes an die Gelenkwelle darauf achten, dass die Dichtung auf dem Lenkgetriebe ohne Knick an der Montageplatte an-

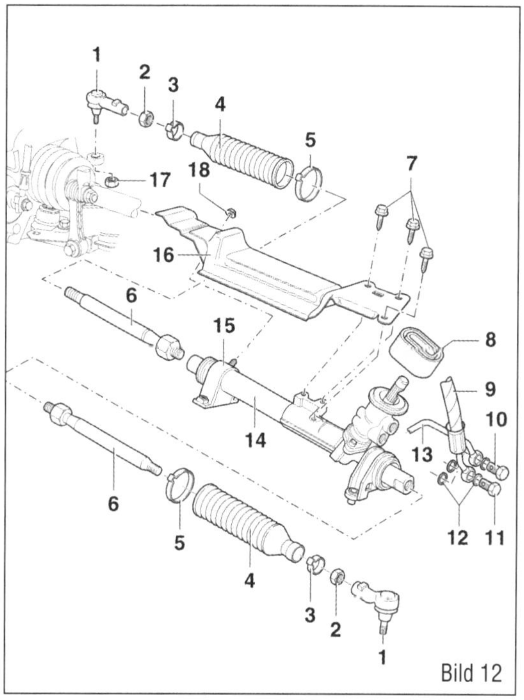

Bild 12

Bild 12
1 Spurstangenkopf
2 Sechskantmutter
3 Klemmschelle
4 Faltenbalg
5 Klemmschelle
6 Spurstange
7 Sechskantschraube
8 Dichtung
9 Hydraulikleitung
10 Hohlschraube
11 Hohlschraube
12 Dichtringe
13 Rücklaufleitung
14 Lenkgetriebe
15 Schelle mit Gummilager
16 Wärmeabschirmblech
17 Sechskantmutter
18 Sechskantmutter

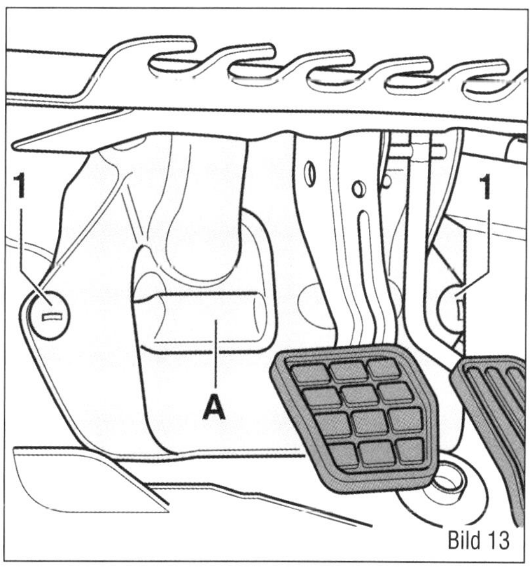

Bild 13

Bild 13
1 Verkleidungsstopfen
A Abdeckung

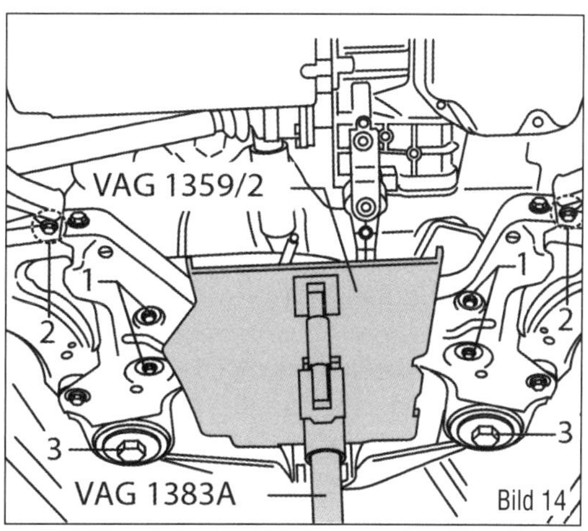

Bild 14

Bild 14
1 Befestigungsschrauben Lenkung
2-3Befestigungsschrauben Achsträger
VAG 11359/2 = Auflageplatte
VAG 11383A = Getriebeheber

Bild 15
1 Federbandschelle
2 Hohlschraube
3094 = Schlauchklemme

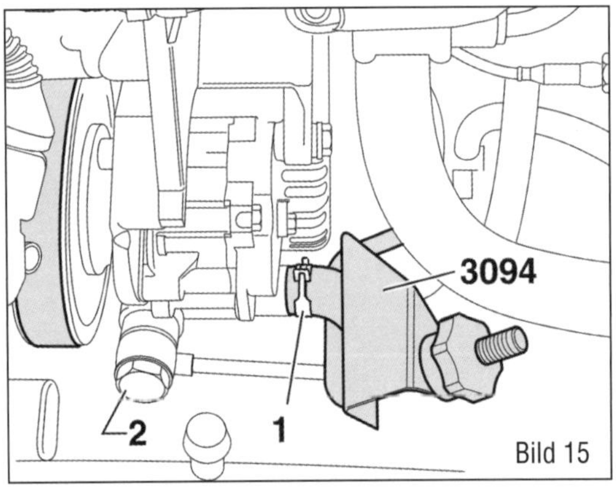

Bild 15

Bild 16
Befestigungsschrauben (1 und 2) der Servolenkung.

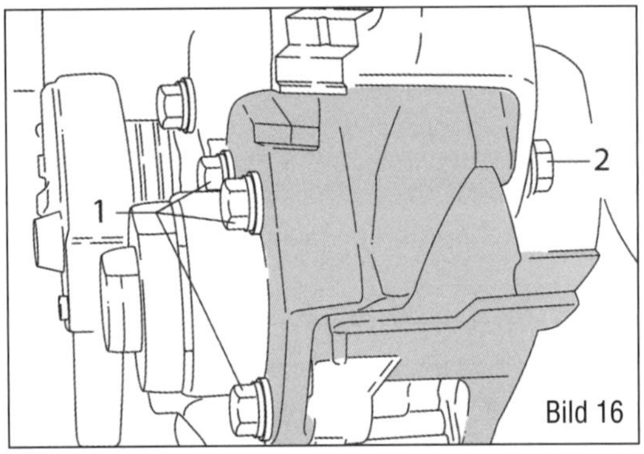

Bild 16

Bild 17
Pfeil = Schweißnaht
A Verdrehmarkierung
B Weitenmarkierung

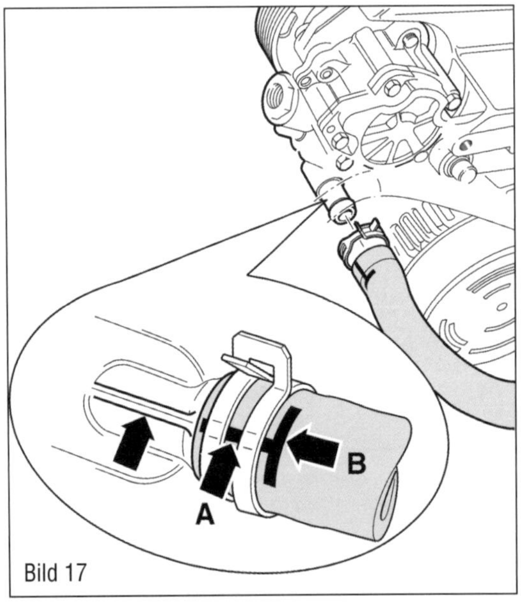

Bild 17

liegt und die Öffnung zum Fußraum korrekt abdichtet. Wassereintritt und/oder Geräusche können sonst entstehen. Auf saubere Dichtflächen ist zu achten.
■ Servolenkgetriebe auf Aggregateträger aufsetzen. Die Gewindehülse muss in der Bohrung des Aggregateträgers sitzen.

Der weitere Einbau erfolgt in umgekehrter Reihenfolge.

Servopumpe ausbauen

■ Geräuschdämpfungswanne unten abbauen.
■ Geräuschdämmung links ausbauen.

Fahrzeuge mit TDI-Motor
■ Bauen Sie das Ladeluftrohr zwischen Ladeluftkühler und Abgasturbolader aus.

Fortsetzung für alle Fahrzeuge
■ Lösen Sie die Innensechskantschrauben für die Riemenscheibe. Gegebenenfalls mit einem Innensechskantschlüssel gegenhalten.
■ Kennzeichnen Sie die Laufrichtung des Keilrippenriemens.
■ Keilrippenriemen ausbauen.
■ Innensechskantschrauben für Riemenscheibe ausschrauben.
■ Saugschlauch mit Schlauchklemmen »3094« abklemmen (Bild 15).
■ Federbandschelle öffnen und Saugschlauch abziehen. Verwenden Sie dazu die Zange für Federbandschellen »VAS 5024A«
■ Hohlschraube (2) herausschrauben.
■ Verschließen Sie die Druckleitung mit einer Plastiktüte oder Ähnlichem.
■ Sechskantschrauben (1 und 2) ausschrauben und die Pumpe herausnehmen (Bild16).

Einbauen
■ Befüllen Sie die Flügelpumpe durch den Saugstutzen der Pumpe mit Hydrauliköl.
■ Drehen Sie die Nabe von Hand, bis Öl aus der Druckseite austritt.
■ Flügelpumpe in Halter einsetzen und Schrauben festziehen.
■ Saugschlauch aufstecken und Federbandschelle montieren. Die Markierung (Pfeil A) muss mit der Gussnaht (Pfeil) fluchten. Die Federbandschelle muss mit Markierung (Pfeil B) abschließen (Bild 17).
■ Neue Dichtringe auf Hohlschraube auflegen und die Hohlschraube festziehen.
■ Abschließend das Lenksystem durch Lenken von Anschlag zu Anschlag entlüften.

Der weitere Einbau erfolgt in umgekehrter Reihenfolge.

12 Verdeck und Gestell

Den New Beetle gibt es in zwei unterschiedlichen Ausführungen, die sich durch die Bedienung unterscheiden.
Wir werden Ihnen in diesem Kapitel die gängigsten Arbeitsbeschreibungen zur Verfügung stellen. Anhand der Explosionsbilder und deren Beschreibung können Sie sich sicherlich weitere Arbeiten ableiten. Arbeiten rund um die Bespannung erfordern recht viel Erfahrung und gehören in die Hände eines Sattlers.
Er kann Ihnen in vielen Fällen neben dem Neuteilersatz auch Reparaturen am Verdeckstoff anbieten.

Hydraulikzylinder aus- und einbauen

Das elektrische Verdeck wird mit Hydrauliköl, Pumpe und Zylindern bewegt. Ist ein solcher Zylinder undicht, muss er ersetzt werden.

- Verdeck öffnen.
- Seitenverkleidung ausbauen.
- Knebelschraube (9 im Bild 1) an der Hydraulikpumpe lösen, damit eventuell vorhandener Restdruck aus dem System entweichen kann.
- Kappe (12 im Bild 2) von Schiebeschalter öffnen.
- Sicherungsclip (13) von Kolbenstange (14) abhebeln.
- Kolbenstange (14) mit Schraubendreher (10) von Kugelkopf abhebeln.
- Verdeck manuell schließen.
- Schrauben (8) herausdrehen.
- Halteklammer (5) herausziehen.
- Hydraulikschläuche (2) und (4) abnehmen.

Montage
Der Einbau erfolgt in umgekehrter Reihenfolge. Beim Einbau ist auf Beschädigungen und korrekten Sitz der O-Ringe an den Hydraulikleitungen zu achten.

- Hydrauliksystem befüllen und durch mehrmaliges Betätigen entlüften.

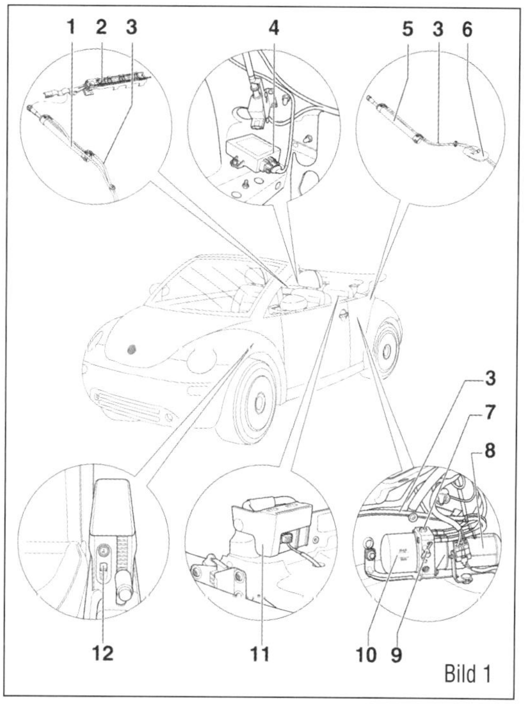

Bild 1

Bild 1
1 Hydraulikzylinder rechts
2 Schiebeschalter für Verdeckposition
3 Hydraulikschläuche
4 Steuergerät für Verdeckbetätigung
5 Hydraulikzylinder links
6 Stopfen
7 Öleinfüllschraube
8 Hydraulikpumpe
9 Knebelschraube
10 Füllstandsanzeige
11 Kontakt rechts, Verdeckhülle montiert
12 Taster für Verdeckbetätigung

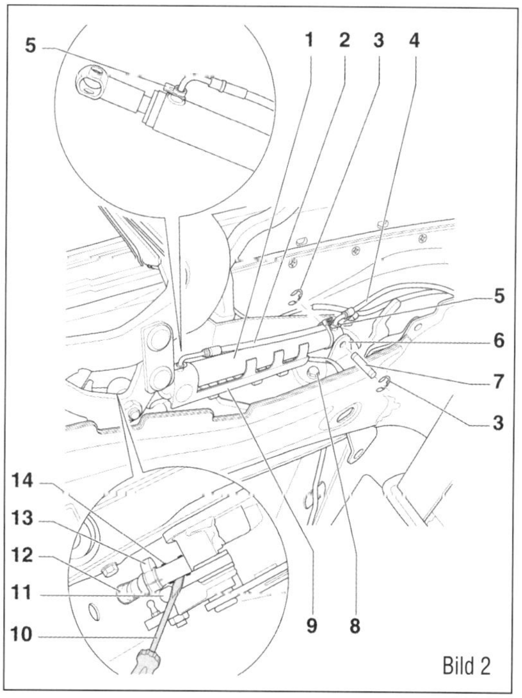

Bild 2

Bild 2
1 Hydraulikzylinder
2 Hydraulikschlauch
3 Sicherungsscheibe
4 Hydraulikschlauch
5 Halteklammer
6 Halter
7 Bolzen
8 Schraube
9 Schiebeschalter für Verdeckposition
10 Schraubendreher
11 Kugelkopf
12 Kappe
13 Sicherungsclip
14 Kolbenstange

Hydraulische Anlage befüllen

Beim elektrisch-/hydraulischen Verdeck handelt es sich um ein geschlossenes hydraulisches System. Ein Befüllen ist in der Regel nur nach einem Öffnen des hydraulischen Kreislaufes (z. B. nach einem Teiletausch) nötig. Aufgrund des Hubes und des Verdrängungseffektes der hydraulischen Kolbenstan-

Bild 3
1 Verdeckgestell
2 Verdeckbezug
3 Teilpolster Verdeckbezug
4 Polstermatte
5 Zuggurt
6 Polstergurt hinten
7 Mutter
8 Schraube
9 Dichtband
10 Verdeckhimmel
11 Schraube
12 Verdeckverriegelung vorn
13 Halteriegel vorn

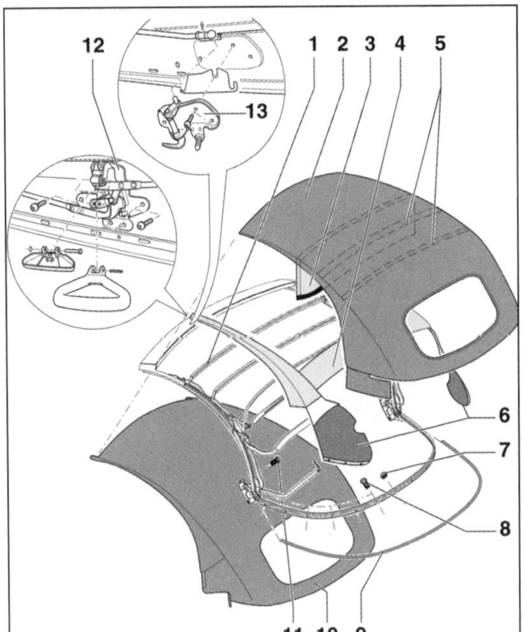

Bild 3

Bild 4
Einbaupositionen der Bauteile beim manuellen Verdeck.
1 Dämpfer rechts
2 Dämpfer links
3 Mikroschalter für Verdeckposition
4 Mini-Verdeck Steuergerät

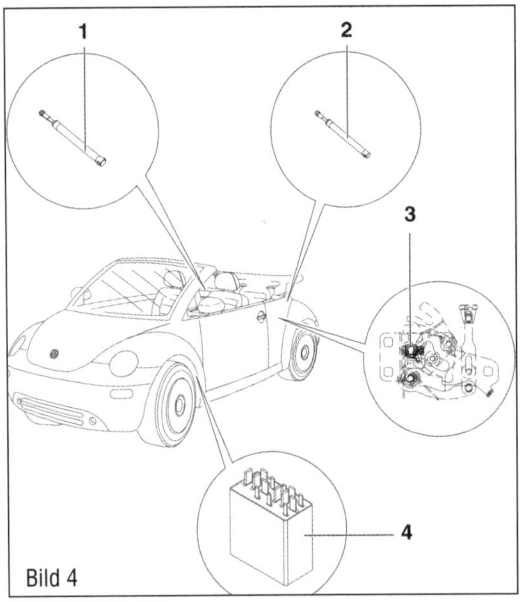

Bild 4

gen darf der Ölstand des Hydrauliköls nur bei geöffnetem Verdeck ermittelt werden.

■ Kofferraumverkleidung links ausbauen.
■ Zum Befüllen muss das Verdeck geöffnet sein, nur im geöffneten Zustand lässt sich der tatsächliche Ölstand ermitteln.
■ Öleinfüllschraube (7 im Bild 1) herausdrehen.
■ Hydrauliköl nur so weit nachfüllen, bis sich der Ölstand zwischen »Min« und »Max« Markierung (10) befindet.
■ Zum Auffüllen des Hydrauliköls eignet sich eine Ölkanne.
■ Um Verunreinigung des Hydrauliköls mit anderen Ölen zu vermeiden, darf die Ölkanne ausschließlich für diesen Zweck benutzt werden.
■ Öleinfüllschraube (7) festschrauben (5 Nm).

Dämpfer Verdeck aus- und einbauen

Die Dämpfer sind im handbetätigten Verdeck verbaut und verhindern ein Herunterschlagen.
■ Verdeck öffnen.
■ Seitenverkleidung ausbauen.
■ Kugelpfanne mit Schraubendreher von Kugelkopf abhebeln.
■ Verdeck manuell schließen.
■ Schrauben (zwei Stück, 18 Nm) herausdrehen.

Montage
Der Einbau erfolgt in umgekehrter Reihenfolge.

Verdeckverschluss aus- und einbauen

Der Aufbau ist im Bild 3 (12) dargestellt.
■ Dachquerträgerverkleidung ausbauen.
■ Steckverbindung Mikroschalter trennen.

Der Einbau erfolgt sinngemäß in umgekehrter Reihenfolge.

⚠ Aus Sicherheitsgründen darf das Verdeck nur bei stehendem Fahrzeug geöffnet oder geschlossen werden. Wird das Öffnen oder Schließen unterbrochen, kann das Verdeck springen und daher abgesenkt werden.
Niemals fahren, solange das Verdeck nicht vollständig geöffnet oder geschlossen ist. Bei aktiviertem Überrollbügel nicht versuchen, das Verdeck zu schließen.
Beim Öffnen oder Schließen des Verdecks darauf achten, dass niemand durch das Verdeck, das Verdeckgestänge oder bewegte Blenden an den hinteren Seitenfenstern verletzt wird.
Das Verdeck nicht öffnen oder schließen, wenn das Fahrzeug auf einer Hebebühne, auf einem Rangierwagenheber oder einseitig auf dem Bordstein steht.

13 Bremsanlage

Der New Beetle wird kraftvoll und sicher über ein Hydraulik-Zweikreis-Bremssystem mit rundum Scheibenbremsen verzögert. Die vorderen Scheibenbremsen sind innen belüftet, die Bremsscheiben hinten sind derzeit durchweg für alle Motorisierungen massiv. Die elektromechanische Feststellbremse wirkt auf die Hinterräder. Die Bremsunterstützung erfolgt pneumatisch durch Vakuumbremskraftverstärker. In ihnen wird der hydraulische Druck mehr als verdoppelt. Auf diese Weise werden etwa 60% der wirkenden Bremskraft aufgebracht. Das Vakuum für den Unterdruck im Bremskraftverstärker wird dem Saugrohr entnommen oder mit einer Vakuumpumpe erzeugt. Je nach Motorisierung werden unterschiedliche Bremsenmodelle eingesetzt. Welche Bremsen in einem bestimmten Fahrzeug verbaut sind, wird unter anderem auf dem Fahrzeugdatenträger (Reserveradmulde, Serviceheft) durch die entsprechenden PR-Nummern dokumentiert. Die nachstehende Tabelle zeigt eine Aufschlüsselung der PR-Nummern sowie der Bremsentypen zu den Motorisierungen. Die PR-Nummern sind für die Kombination Bremssattel/Bremsscheibe/ Bremstrommel und Bremsbelag wichtig.

Bremse vorne (Europa)

Motor	PR-Nr.	Vorderradbremse
1,4 l 55 kW	1ZM	FS III (15")
1,6 l 74/75 kW		
2.0 l 85 kW		
1.9 l 66 kW TDI		
1,9 l 74 kW TDI-PD		
1,8 l 110 kW	1ZE	FN3 (15")
1,8 l 132 kW	1LJ	FN3 (16")

Bremse vorne (Nordamerika, Japan-Import)

Motor	PR-Nr.	Vorderradbremse
1,4 l 55 kW*	1ZP	FS III (15")
1,6 l 74/75 kW		
2.0 l 85 kW		
1.9 l 66 kW TDI		
1,9 l 74 kW TDI-PD		
1,8 l 110 kW	1ZD	FN3 (15")
1,8 l 132 kW		

Bremse hinten (Europa)

Motor	PR-Nr.	Vorderradbremse
1,4 l 55 kW*	1KK; 1KS	C 38
1,6 l 74/75 kW		
2.0 l 85 kW		
1.9 l 66 kW TDI		
1,9 l 74 kW TDI-PD		
1,8 l 110 kW		

Bremse hinten (Nordamerika, Japan-Import)

Motor	PR-Nr.	Vorderradbremse
1,4 l 55 kW*	1KV	C 38
1,6 l 74/75 kW		
2.0 l 85 kW		
1.9 l 66 kW TDI		
1,9 l 74 kW TDI-PD		
1,8 l 110 kW		

Antiblockiersystem (ABS)

Der New Beetle verfügt serienmäßig über ein Antiblockiersystem. Eingebaut werden TRW-Systeme (ABS/EDS/ASR/ESP). Unterschieden werden zwei Systeme.
Bis 09/00 wurde das ABS-System Mark 20IE verbaut. Ab 10/00 kam das ABS-System Mark 60 zum Einsatz (Bilder 1 und 2).

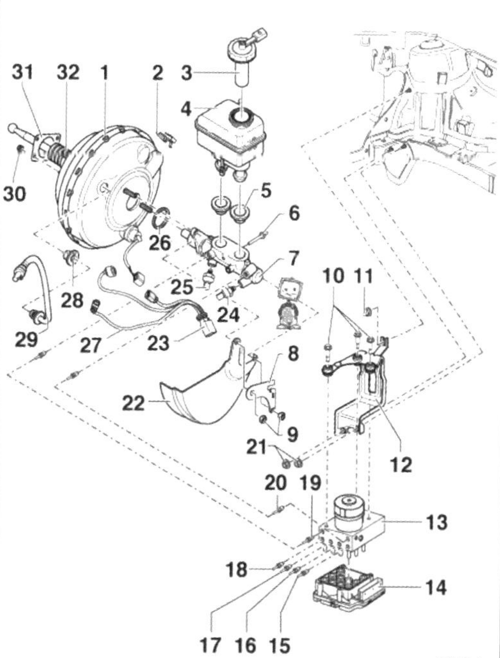

Bild 1

Bild 1
Mark 20IE bis 09/00.
1 Bremskraftverstärker
2 Halterung
3 Verschlussdeckel
4 Bremsflüssigkeitsbehälter
5 Dichtungsstopfen
6 Haltestift
7 Hauptbremszylinder
8 Halteblech
9 Sechskantmutter
10 Hutmutter
11 Passschraube
12 Halter
13 Hydraulikeinheit für ABS
14 Steuergerät für ABS
15-20 Bremsleitung
21 Sechskantmutter
22 Wärmeabschirmblech
23 Steckergehäuse
24 Bremsdruckgeber 1
25 Bremsdruckgeber 2
26 Dichtring
27 Leitungsstrang
28 Dichtungsstopfen
29 Unterdruckschlauch
30 Sechskantmutter
31 Dichtung
32 Faltenbalg

Sichtprüfung Messen

Bild 2
Mark 60 ab 10/00.
1 Bremskraftverstärker
2 Verschlussdeckel
3 Bremsflüssigkeitsbehälter Linkslenker
4 Dichtungsstopfen
5 Haltestift
6 Hauptbremszylinder Linkslenker
7-10 Bremsleitung
11 Steuergerät für ABS
12 Hydraulikeinheit für ABS
13 Halter
14 Sechskantmutter
15+16 Schrauben
17+18 Bremsleitung
19 Bremsflüssigkeitsbehälter Rechtslenker
20 Dichtungsstopfen
21 Entlüftungsventil
22 Halteblech
23 Sechskantmutter
24 Hauptbremszylinder, Rechtslenker
25 Bremsdruckgeber 1
26 Schraube, 27 Dichtring
28 Bremskraftverstärker, Rechtslenker
29 Dichtung, 30 Sechskantmutter
31 Faltenbalg
32 Halterung
33 Wärmeabschirmblech
34 Halteblech
35 Dichtungsstopfen

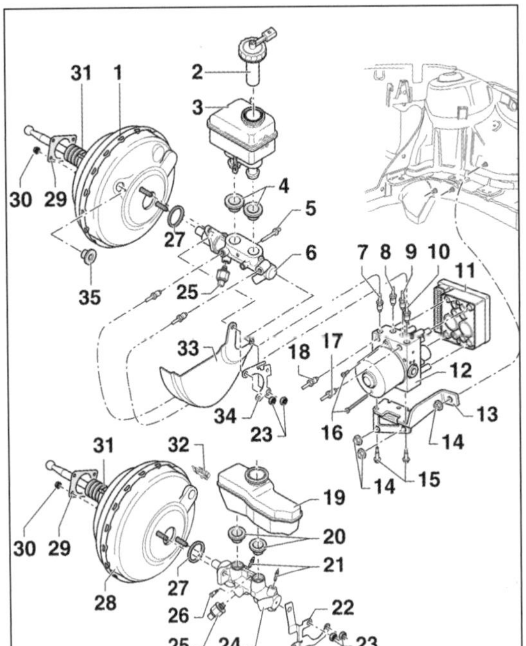
Bild 2

Die im Hydrauliksystem zirkulierende Flüssigkeit ist bei Volkswagen Bremsflüssigkeit nach dem Standard »FMVSS 116 DOT 4«, wovon auch die Weiterentwicklung »DOT 4 plus« erhältlich ist. Das Produkt hat die Katalog-Teilenummer VW 501 14 B 000 750.

Bremsflüssigkeit auf keinen Fall mit mineralölhaltigen Flüssigkeiten (Öl, Benzin, Reinigungsmittel) in Verbindung bringen. Mineralöle beschädigen die Dichtungen und Gummitüllen der Bremsanlage!
- Bremsflüssigkeit ist giftig. Sie darf wegen ihrer ätzenden Wirkung auch nicht mit Lack in Berührung kommen. Eventuell ausgetretene Bremsflüssigkeit mit viel Wasser abspülen!
- Bremsflüssigkeit ist hygroskopisch, das heißt, sie nimmt aus der umgebenden Luft Feuchtigkeit auf und ist darum stets in luftdicht verschlossenen Behältern aufzubewahren.

Störungen am ABS haben keinen Einfluss auf Bremsanlage und Bremskraftverstärkung. Die herkömmliche Bremsanlage bleibt auch ohne ABS funktionsfähig.
Es muss jedoch mit einem veränderten Bremsverhalten gerechnet werden. Nach Aufleuchten der ABS-Kontrollleuchte können die Hinterräder beim Bremsen frühzeitig blockieren.

Bremsflüssigkeitsstand (abhängig vom Belagverschleiß) prüfen

Der Stand der Bremsflüssigkeit ist an den Markierungen des Bremsflüssigkeitsbehälters abzulesen.

- Der Bremsflüssigkeitsstand (Menge) ist stets in Abhängigkeit vom Bremsbelagverschleiß zu beurteilen. Im Fahrbetrieb sinkt durch Abnutzung und automatische Nachstellung der Bremsbeläge der Flüssigkeitsstand geringfügig ab.
- Bei einem Flüssigkeitsstand an der »MIN«-Markierung und etwas darüber ist kein Nachfüllen erforderlich, wenn die Bremsbelagverschleißgrenze nahezu erreicht ist.
- Sind die Bremsbeläge neu bzw. weit von der Belagverschleißgrenze entfernt, muss der Flüssigkeitsstand zwischen der »MIN«- und der »MAX«-Markierung liegen.
- Die »MAX«-Markierung darf jedoch nicht überschritten werden, damit die Flüssigkeit nicht aus dem Bremsflüssigkeitsbehälter austritt.
- Ist der Flüssigkeitsstand unter die »MIN«-Markierung abgesunken, muss, bevor Bremsflüssigkeit ergänzt wird, das ganze Bremssystem überprüft werden ggf. sind Reparaturen einzuleiten.

Bremsanlage auf Undichtigkeiten und Beschädigungen prüfen

Sichtprüfung
Folgende Bauteile müssen auf Undichtigkeiten und Beschädigungen überprüft werden:
- Hauptbremszylinder
- Bremskraftverstärker
- Hydraulikeinheit
- Bremssättel

Weiterhin sind zu prüfen:
- Vorhandensein der Staubkappen an den Entlüftungsventilen für Bremsflüssigkeit.
- Dass die Bremsschläuche nicht verdreht sind und dass sie beim maximalen Lenkeinschlag keine Fahrzeugbauteile berühren.
- Dass Bremsschläuche nicht porös und brüchig sind.

■ Dass Bremsschläuche und Bremsleitungen keine Scheuerstellen aufweisen.
■ Dass Bremsanschlüsse und Befestigungen richtig sitzen, nicht undicht und frei von Korrosion sind.

Festgestellte Mängel sind unbedingt durch entsprechende Reparaturmaßnahmen zu beseitigen.

Dichtigkeitsprüfung unter Druck
Diese Prüfung erfordert ein Prüfgerät für Bremssysteme mit Adapter (z. B. V.A.G 1310 A mit -/6). Prüfvoraussetzung ist, dass Funktion und Dichtheit der Bremsanlage gewährleistet sind.
■ Entlüftungsventil an einem der vorderen Bremssättel herausschrauben. Das Prüfgerät für Bremssysteme anschließen und entlüften.
■ Bremspedal belasten, bis das Druckmanometer 50 bar Überdruck anzeigt. Während der Prüfdauer von 45 Sekunden darf der Druckabfall nicht mehr als 4 bar betragen. Bei größerem Druckabfall Hauptbremszylinder ersetzen.

Bremsanlage mit Gerät entlüften

Normale Entlüftung
Den Arbeitsablauf zum Entlüften der Bremsanlage genau einhalten.
■ Bremsenfüll- und Entlüftungsgerät anschließen, d. h. Adapter statt Verschlussdeckel auf Bremsflüssigkeitsbehälter aufschrauben, Druck einstellen und Befüllschlauch des Gerätes an den Adapter anschließen.
■ Abdeckkappen von den Entlüftungsventilen abziehen (Bild 3), Schlauch der Entlüfterflasche aufstecken und dann Entlüftungsventile mit einem passenden Schlüssel in folgender Reihenfolge öffnen und jeweiligen Radbremszylinder/Bremssättel entlüften:
1. Bremssattel hinten links
2. Bremssattel vorn links
3. Bremssattel vorn rechts
4. Bremssattel hinten rechts
■ Entlüftungsventil bei aufgestecktem Schlauch der Entlüfterflasche so lange geöffnet lassen, bis blasenfreie Bremsflüssigkeit ausströmt.

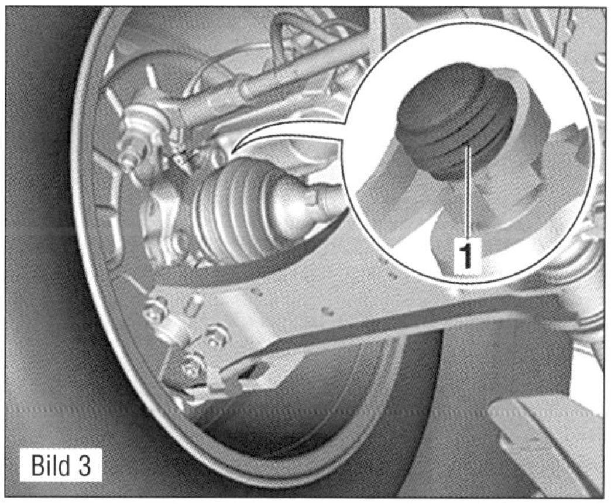

Bild 3

Bild 3
Entlüftungsnippel (1) am Bremssattel.

Tipp: Geeigneten Entlüfterschlauch verwenden. Er muss straff auf dem Entlüftungsventil sitzen, damit keine Luft in die Bremsanlage gelangen kann!

Vorentlüftung
Wenn bei Fahrzeugen mit EDS, EDS/ASR oder EDS/ASR/ESP eine Kammer des Bremsflüssigkeitsbehälters komplett leer gelaufen ist (z. B. bei Undichtigkeiten der Bremsanlage), muss zuerst eine Vorentlüftung erfolgen.
■ Bremssattel vorn links und vorn rechts gleichzeitig zusammen entlüften.
■ Bremssattel hinten links und hinten rechts gleichzeitig zusammen entlüften.
■ Entlüftungsventile bei aufgesteckten Schläuchen der Entlüfterflasche so lange geöffnet lassen, bis blasenfreie Bremsflüssigkeit ausströmt.
■ Anschließend muss über die Funktion »Grundeinstellung« mit dem Diagnosetester VAS 505x (oder VCDS) die Hydraulikeinheit nochmals entlüftet werden. Grundeinstellung einleiten (zum Entlüften der Bremsanlage): VAS oder VCDS anschließen und Funktion anwählen. Zum Entlüften der Hydraulikeinheit ist ein Vordruck von 2 bar nötig.
■ Danach die Bremsanlage normal entlüften (siehe oben).

Bremsanlage ohne Gerät entlüften

Steht kein Bremsenfüll- und Entlüftungsgerät zur Verfügung, muss die Bremsanlage mit einfachen Mitteln entlüftet werden. Nötig dafür sind neue Bremsflüssigkeit und ein geeigneter, möglichst durchsichtiger Kunststoffschlauch, wie ihn Baumärkte im Sortiment haben. Er muss straff auf der Entlüfterschraube Radbremszylinder/Bremssattel sitzen, damit keine Luft in die Bremsanlage gelangen kann.

■ Wenn erforderlich, die Entlüftungsventile einige Stunden vor der Arbeit mit Rostlöser einsprühen. Das mindert das Risiko, dass die Ventile beim Lösen abgerissen werden.

■ Entlüftungsreihenfolge wie bei »Entlüftung normal«.

■ Staubkappe vom Entlüftungsventil abziehen, Ventilnippel säubern, den Kunststoffschlauch auf den Nippel schieben und das freie Schlauchende in einen teilweise mit Bremsflüssigkeit gefüllten Auffangbehälter stecken.

■ Entlüftungsschraube mit einem Ringschlüssel maximal eine Umdrehung lösen. Ein Helfer tritt das Bremspedal langsam bis zum Boden, damit die Bremsflüssigkeit und die darin eingeschlossene Luft herausgepumpt werden.

Auf Schlauch und Auffangbehälter achten: Die Luftbläschen müssen zu sehen sein.

■ Das Bremspedal am Boden halten.

■ Nun die Entlüftungsschraube schließen, erst dann das Bremspedal zurücknehmen.

■ Diesen Vorgang so lange wiederholen, bis keine Luftbläschen mehr aufsteigen, es ist dann keine Luft mehr im System. Dabei aber ständig den Stand der Bremsflüssigkeit im Ausgleichsbehälter beobachten. Bei Bedarf nachfüllen, aber nur so viel, dass der vorherige Stand im Bremsflüssigkeitsbehälter nicht überschritten wird. Dadurch wird verhindert, dass bei einem späteren Wechsel der Bremsbeläge zu viel Bremsflüssigkeit im System ist und der Behälter beim Zurückdrücken der Bremskolben überläuft.

■ Nach dem letzten Durchgang muss der Helfer das Bremspedal wieder am Boden halten, bis das Entlüftungsventil endgültig geschlossen ist (Schraube nicht anknallen).

■ Die Arbeit an den anderen Entlüftungsventilen wiederholen.

■ Lässt sich die Bremse nach vorgenannter Methode nicht vollständig entlüften, alle Entlüftungsventile schließen, den Motor starten und mehrfach die Bremse betätigen. Dann nochmals einen Entlüftungsdurchgang vornehmen.

■ Zum Schluss noch einmal alle Bremsleitungen, Entlüftungsventile (angezogen?), den Stand im Bremsflüssigkeitsbehälter und die Funktion der Bremsen bei einer (vorsichtigen) Probefahrt prüfen. Dabei einmal so stark bremsen, dass die ABS-Regelung greift.

Bremsflüssigkeit wechseln

■ Verschlussdeckel vom Bremsflüssigkeits-Vorratsbehälter abschrauben. Das Sieb darf nicht aus dem Behälter entfernt werden!

■ Mit dem Saugschlauch vom Bremsenfüll- und Entlüftungsgerät soviel Bremsflüssigkeit wie möglich absaugen. Abgesaugte Bremsflüssigkeit darf nicht wieder verwendet werden.

■ Adapter (aus dem Bremsenentlüftungswerkzeug) auf den Bremsflüssigkeits-Vorratsbehälter schrauben, den richtigen Druck am Bremsenfüll- und Entlüftungsgerät einstellen (Bedienungsanleitung des Gerätes beachten) und den Befüllschlauch des Geräts an den Adapter anschließen.

■ Abdeckkappe des Entlüftungsventils am Bremssattel vorn links abziehen und Entlüfterschlauch der Auffangflasche auf das Ventil stecken, Entlüftungsventil öffnen und die entsprechende Bremsflüssigkeitsmenge (siehe folgende Tabelle) ausfließen lassen. Entlüftungsventil mit 10 Nm schließen. Abdeckkappe am Entlüftungsventil des Bremssattels vorn links wieder aufstecken.

■ Diesen Arbeitsablauf an der rechten Fahrzeugseite vorn wiederholen.

■ Schrauben Sie ggf. beide Räder an der Hinterachse ab, um nun dort an die Entlüftungsventile zu gelangen. Abdeckkappe am Entlüftungsventil des Bremssattels hinten links abziehen und Entlüfterschlauch der Auffangflasche auf das Entlüftungsventil hinten links stecken, Entlüftungsventil öffnen und die entsprechende Bremsflüssigkeitsmenge (siehe folgende Tabelle) ausfließen lassen. Entlüftungsventil mit 10 Nm schließen. Abdeckkappe am Entlüftungsventil des Bremssattels hinten links wieder aufstecken.

■ Diesen Arbeitsablauf an der rechten Fahrzeugseite hinten wiederholen.

Ausfließende Bremsflüssigkeitsmengen

Reihenfolge Entlüftungsventile	*Bremsflüssigkeitsmengen*
Bremssattel vorn links	0,20 Liter
Bremssattel vorn rechts	0,20 Liter
Bremssattel hinten links	0,30 Liter
Bremssattel hinten rechts	0,30 Liter
Kupplungsnehmerzylinder	0,15 Liter

Bremslichtschalter aus- und einbauen

Der Bremskraftverstärker mit montiertem Bremsdruckgeber, Hauptbremszylinder und Bremsflüssigkeitsbehälter bildet eine Montageeinheit, die sich links hinten im Motorraum direkt an der Wasserkastenwand (Stirnwand, Frontende) befindet. Alle drei Komponenten können aber unabhängig voneinander einzeln ersetzt werden (Bilder 1 und 2). Die Bremslichtschalter finden sich im Innenraum im Bereich der Pedalerie (Bild 4).

Ausbau

■ Motorabdeckung herausnehmen und (nur bei einigen Fahrzeugen nötig) den Ansaugschlauch ausbauen.
■ Die Steckverbindung vom Bremslichtschalter trennen.
■ Die Befestigungsschraube aus dem Hauptbremszylinder mit einem Torx-Schraubendreher herausdrehen.
■ Den Bremslichtschalter unten vom Hauptbremszylinder abziehen und oben aus dem Clip herausnehmen.

Einbau

■ Einbau in umgekehrter Reihenfolge. Die Torx-Schraube an Hauptbremszylinder mit 5 Nm festziehen.

Hauptbremszylinder aus- und einbauen

■ Radio-Codierung beachten, Batterie abklemmen, Batterieverkleidung ausbauen.
■ Ausreichend nicht fasernde Lappen im Bereich des Motors und des Getriebes auslegen und so viel Bremsflüssigkeit wie möglich mit dem Bremsenfüll- und Entlüftungs-Gerät oder mit einer Absaugvorrichtung aus dem Bremsflüssigkeitsbehälter absaugen.

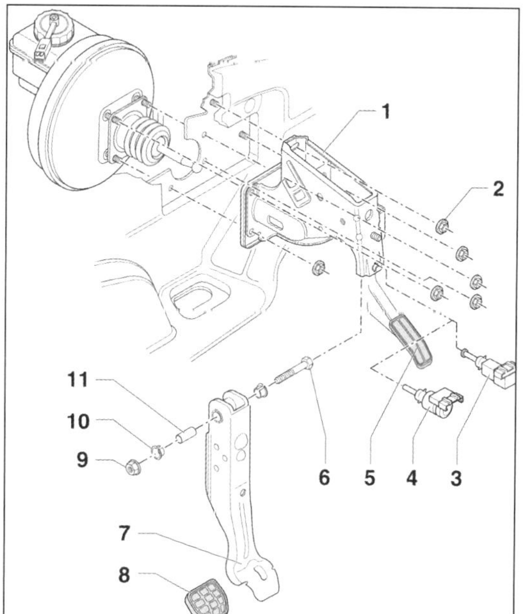

Bild 4

Bild 4
Pedalerie Bremssystem.
1 Lagerbock
2 Sechskantmutter
3 Bremslichtschalter bis 02/00
4 Bremslichtschalter bis 03/00
5 Gaspedal
6 Sechskantschraube
7 Bremspedal
8 Kappe
9 Sechskantmutter
10 Lagerbuchse
11 Lagerbolzen

■ Bei Fahrzeugen mit Schaltgetriebe den Nachlaufschlauch für Kupplungsgeberzylinder abziehen und hochbinden oder mit einem handelsüblichen Werkzeug (Hazet 4590) abklemmen und dann abziehen.
■ Steckverbindungen vom Warnkontakt für Bremsflüssigkeitsstand und vom Bremslichtschalter abziehen.
■ Bremsflüssigkeitsbehälter ausbauen: Die Einrastlaschen am Behälter nach außen drücken und gleichzeitig den Behälter aus den Dichtungsstopfen ziehen.
■ Bremsleitungen am Hauptbremszylinder abschrauben und mit Verschluss stopfen (Reparatursatz 1H0 698 311 A) verschließen.
■ Muttern vom Hauptbremszylinder abschrauben, Wärmeschutzblech, falls vorhanden, abnehmen.
■ Hauptbremszylinder vorsichtig aus dem Bremskraftverstärker entnehmen.

Der Einbau erfolgt sinngemäß in umgekehrter Reihenfolge. Beim Zusammensetzen des Hauptbremszylinders mit dem Brems-

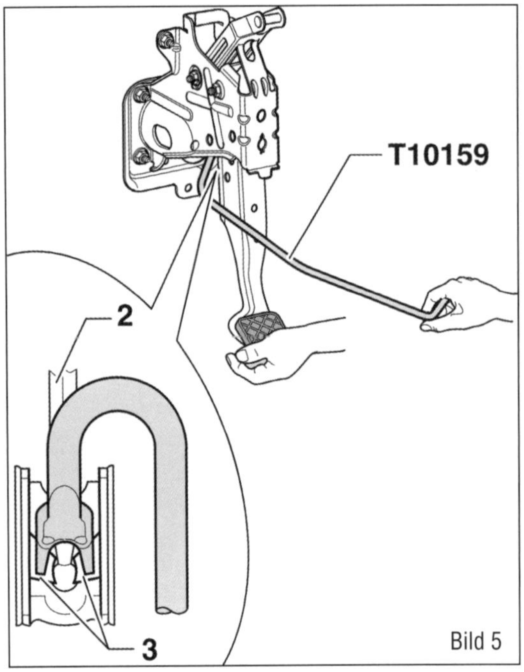

Bild 5

Bild 5
T10159 Entriegelungswerkzeug
2 Druckstange
3 Halteclip

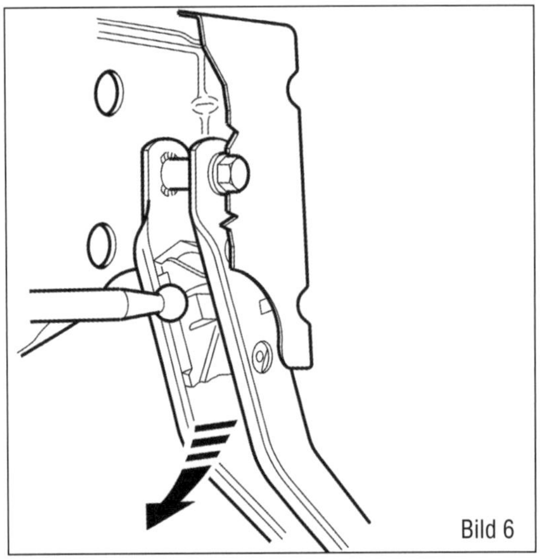

Bild 6

Bild 6
Bremspedal in den Kugelkopf einrasten.

kraftverstärker auf richtigen Sitz der Druckstange im Hauptbremszylinder achten.

- Bremsanlage wie beschrieben entlüften.

Funktion des Bremskraftverstärkers prüfen

- Bremspedal bei stehendem Motor mehrere Male kräftig durchtreten (dadurch wird der im Gerät vorhandene Unterdruck abgebaut).
- Bremspedal jetzt mit mittlerer Fußkraft in Bremsstellung halten und Motor starten. Bei einem einwandfrei funktionierenden Bremskraftverstärker gibt das Bremspedal dabei unter dem Fuß spürbar nach (Verstärkung wird wirksam). Senkt sich das Pedal nicht, liegt eine Störung vor.

Diese kann in der Unterdruckversorgung (Leitung, Pumpe, Anschluss) oder am Bremskraftverstärker selbst zu finden sein. In diesem Fall muss er ersetzt werden. Reparaturen an diesem Bauteil sind nicht vorgesehen.

Bremspedal vom Bremskraftverstärker trennen

- Verkleidung Fahrerseite ausbauen.
- Bremspedal zunächst in Richtung Bremskraftverstärker drücken und festhalten.
- Entriegelungswerkzeug (T10159) einsetzen und in Richtung Fahrersitz ziehen, dabei am Bremspedal gegenhalten (Pedal darf sich in diesem Moment nicht nach hinten bewegen). Dadurch werden die Haltenasen der Aufnahme vom Kugelkopf der Druckstange abgedrückt. Abbildung 4 zeigt zur besseren Darstellung das Trennen des Bremspedals vom Bremskraftverstärker bei ausgebautem Fußhebelwerk.
- Entriegelungswerkzeug (T10159) und Bremspedal gemeinsam in Richtung Fahrersitz ziehen. (Das Bremspedal wird dadurch vom Kugelkopf der Druckstange abgezogen).

Bremsscheiben und Beläge

Die nachfolgenden Abmessungen sind zur Beurteilung des Verschleißes der Bremsanlage erforderlich. Die Positionsnummern finden Sie in den Bildern 7 und 8 wieder.

Maße Vorderradbremsen FS 3 (15")

Pos.	*PR-Nr.*	*1ZM;1ZP*
1	Bremssattel	FS3 (15")
2	Bremsbelag, Dicke, mm	14
3	Bremsscheibe, Ø in mm	280
	Bremsscheibe, Dicke mm	22
4	Bremssattel, Kolben, Ø in mm	54

Maße Vorderradbremsen FN 3 (15")

Pos.	PR-Nr.	1ZM;1ZP
1	Bremssattel	FN3 (15")
2	Bremsbelag, Dicke, mm	14
3	Bremsscheibe, Ø in mm	280
	Bremsscheibe, Dicke mm	25
4	Bremssattel, Kolben, Ø in mm	54

Maße Vorderradbremsen FN 3 (16")

Pos.	PR-Nr.	1ZM;1ZP
1	Bremssattel	FN3 (16")
2	Bremsbelag, Dicke, mm	14
3	Bremsscheibe, Ø in mm	312
	Bremsscheibe, Dicke mm	25
4	Bremssattel, Kolben, Ø in mm	54

Maße Vorderradbremsen C38 (15")

Pos.	PR-Nr.	1KK; 1KS; 1KV
1	Bremssattel	C38
2	Bremsbelag, Dicke, mm	12
3	Bremsscheibe, Ø in mm	232
	Bremsscheibe, Dicke mm	9
4	Bremssattel, Kolben, Ø in mm	38

Maße Vorderradbremsen C38 (16")

Pos.	PR-Nr.	1KK; 1KS; 1KV
1	Bremssattel	C38
2	Bremsbelag, Dicke, mm	12
3	Bremsscheibe, Ø in mm	256
	Bremsscheibe, Dicke mm	22
4	Bremssattel, Kolben, Ø in mm	38

Bremsbelagdicke und Bremsscheiben prüfen

Bremsbeläge vorn

■ Zur besseren Beurteilung der Restbelagdicke einen Prüfspiegel benutzen und das Rad auf der Seite abnehmen, auf der die Bremsbelagverschleißanzeige verbaut ist, ggf. Radschraubenkappen abziehen und die Stellung des Rades zur Bremsscheibe kennzeichnen.

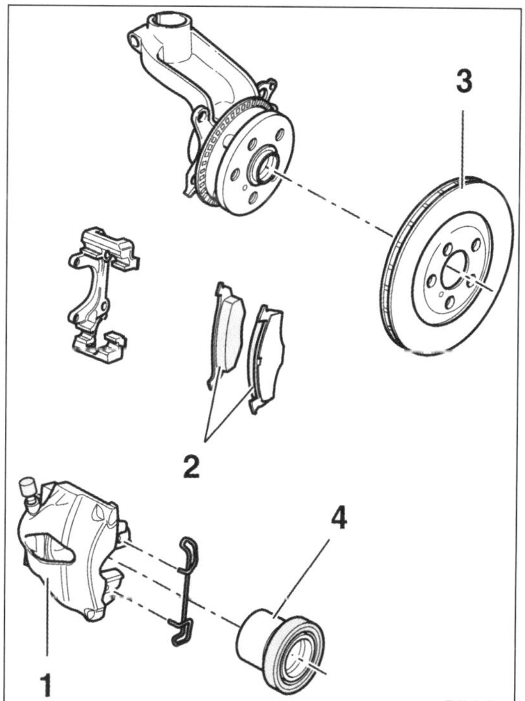

Bild 7

Bild 7
Bremse Vorderachse:
1 Bremssattel
2 Bremsbelag
3 Bremsscheibe
4 Bremskolben

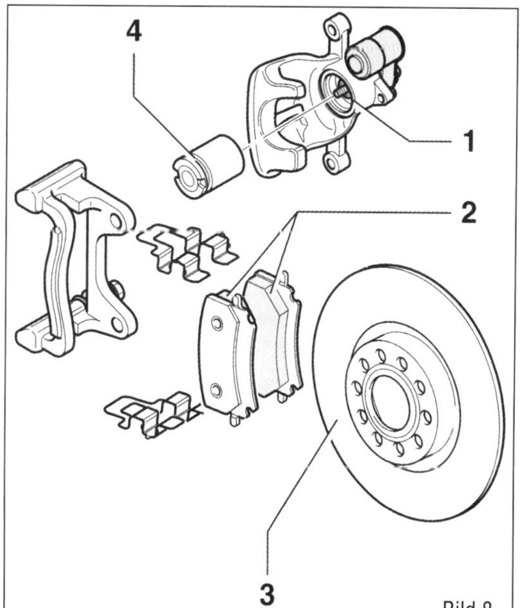

Bild 8

Bild 8
Bremse Hinterachse.
1 Bremssattel
2 Bremsbelag
3 Bremsscheibe
4 Bremskolben

■ Radschrauben herausdrehen und Rad abnehmen.

■ Dicke des äußeren und inneren Belages messen. Bei der Belagdicke 2 mm ohne Rückenplatte haben die Bremsbeläge ihre Verschleißgrenze erreicht und sind zu ersetzen.

■ Rad in der gekennzeichneten Position wieder anschrauben. Radbefestigungsschrauben über Kreuz mit 120 Nm anziehen, ggf. Radschraubenkappen aufstecken.

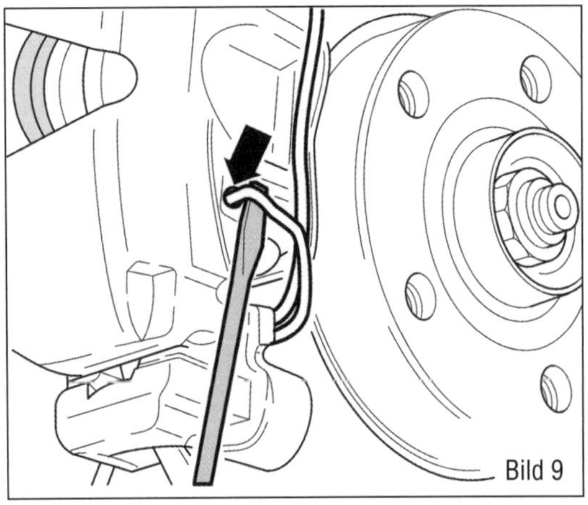
Bild 9

Bild 9
Klammer am Bremssattel aushebeln.

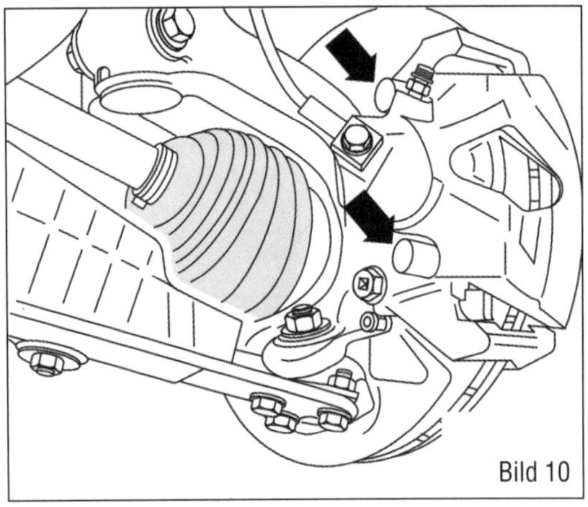
Bild 10

Bild 10
Abdeckkappen auf den Lagerbolzen des Bremssattels.

Bremsbeläge hinten

Mit einer Taschenlampe durch einen Durchbruch in der Felge leuchten. Dicke des äußeren Belages durch Sichtprüfung ermitteln. Mit einer Taschenlampe inneren Belag anleuchten und Spiegel anhalten. Dicke des inneren Belages durch Sichtprüfung ermitteln. Auch diese Bremsbeläge haben bei einer Dicke von 2 mm ohne Rückenplatte ihre Verschleißgrenze erreicht und sind zu ersetzen.

Bremsscheiben prüfen

Wenn die Scheibenbremsbeläge ersetzt werden müssen, sind unbedingt auch die Bremsscheiben auf Verschleiß zu prüfen. Fehlerbilder sind:
- Risse
- Riefen
- Rost und
- Grat am Bremsscheibenrand

- Ggf. Bremsscheiben ersetzen (grundsätzlich achsweise).

Vorderradbremse

Bremsbeläge vorne wechseln

Weiter zu verwendende Bremsbeläge beim Ausbau kennzeichnen. Die Beläge an gleicher Stelle wieder einbauen, sonst können ungleichmäßige Bremswirkungen entstehen!
- Räder abbauen.
- Haltefeder für Bremsbeläge mit einem Schraubendreher aus dem Bremssattel (Pfeil in Bild 9) hebeln und abnehmen.
- Trennen Sie die Steckverbindung für Bremsbelagverschleißanzeige.
- Abdeckkappen (Pfeile in Bild 10) abnehmen.
- Beide Führungsbolzen (Pfeile in Bild 10) lösen und aus dem Bremssattel herausnehmen.
- Bremssattel abnehmen und so mit Draht befestigen, dass das Gewicht des Bremssattels den Bremsschlauch nicht belastet bzw. beschädigt.
- Bremsbelag aus Bremssattel herausnehmen bzw. vom Bremsträger abnehmen.

Bremsscheiben vorne wechseln.
- Heben Sie das Fahrzeug an.
- Demontieren Sie die Vorderräder.
- Beide Führungsbolzen lösen und aus dem Bremssattel herausnehmen.
- Haltefeder für Bremsbeläge mit einem Schraubendreher aus dem Bremssattel hebeln und abnehmen.
- Trennen Sie die Steckverbindung für Bremsbelagverschleißanzeige.
- Ziehen Sie den Bremssattel von Bremsträger ab.
- Nehmen Sie die Bremsbeläge aus dem Bremssattel heraus.
- Drehen Sie die Befestigungsschraube aus der Bremsscheibe heraus.
- Nehmen Sie die Bremsscheibe ab.

Die Montage erfolgt sinngemäß in umgekehrter Reihenfolge.
- Reinigen Sie die Auflagefläche der Bremsscheibe gründlich.
- Das Auftragen von etwas Kupferpaste verringert die Korrosionsbildung zwischen Scheibe und Nabe. Verwenden Sie nur so viel, dass die Paste nicht auf die Reibflächen der Bremsscheibe gelangen kann.

Die Hinterradbremse

Bremsbeläge hinten wechseln
Weiter zu verwendende Bremsbeläge müssen beim Ausbau gekennzeichnet werden. Sie müssen an gleicher Stelle wieder eingebaut werden, da sonst ungleichmäßige Bremswirkung entstehen kann!

- Räder abbauen.
- Clip (1) ausbauen, den Bremshebel (2) in Pfeilrichtung drücken und Handbremsseil (3) aushängen (Bild 11).
- Befestigungsschrauben vom Bremssattelgehäuse abschrauben, dabei am Führungsbolzen gegenhalten (Bild 12).
- Bremssattelgehäuse abnehmen und so mit Draht befestigen, dass das Gewicht des Bremssattels den Bremsschlauch nicht belastet bzw. beschädigt.
- Bremsbeläge und Belaghaltefedern ausbauen.
- Bremssattelgehäuse reinigen, besonders die Klebefläche für den Bremsbelag, sie muss frei von Kleberesten und Fett sein. Für das Reinigen des Bremssattelgehäuses ist ausschließlich Spiritus zu verwenden.

Montage
Vor dem Zurückstellen der Kolben etwas Bremsflüssigkeit aus dem Bremsflüssigkeitsbehälter absaugen. Zum Absaugen die Entlüfterflasche oder eine Plastikflasche verwenden, die nur mit Bremsflüssigkeit in Berührung kommt. Bremsflüssigkeit ist giftig und darf auf keinen Fall mit dem Mund über einen Schlauch abgesaugt werden.

- Kolben durch Rechtsdrehen am Rändelrad des Rückstellwerkzeuges »T10165« (1) einschrauben, dabei Schutzkappe nicht beschädigen. Das Rückstellwerkzeug »T10165« (1) so einsetzen, dass der Bund (Pfeil) des Werkzeuges am Bremssattel anliegt. Bei schwergängigen Kolben kann ein Maulschlüssel SW 13 an den dafür vorgesehenen Schlüsselflächen (Pfeil A) angesetzt werden (Bild 13). Beim Verstellen des Kolbens mit einer Kolbenrücksetzvorrichtung wird die automatische Nachstellung im Bremssattel zerstört.
- Schutzfolie von der Rückenplatte des Bremsbelages abziehen.
- Belaghaltefedern und Bremsbeläge in den Bremsträger einsetzen.
- Bremssattelgehäuse mit neuen selbstsichernden Schrauben befestigen. Im Reparatursatz sind vier selbstsichernde Sechskantschrauben enthalten, die in jedem Fall einzubauen sind.

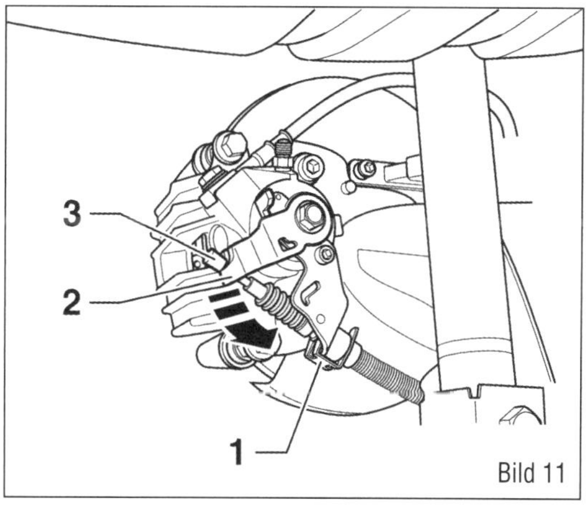

Bild 11
1 Halteclip
2 Bremshebel
3 Handbremsseil

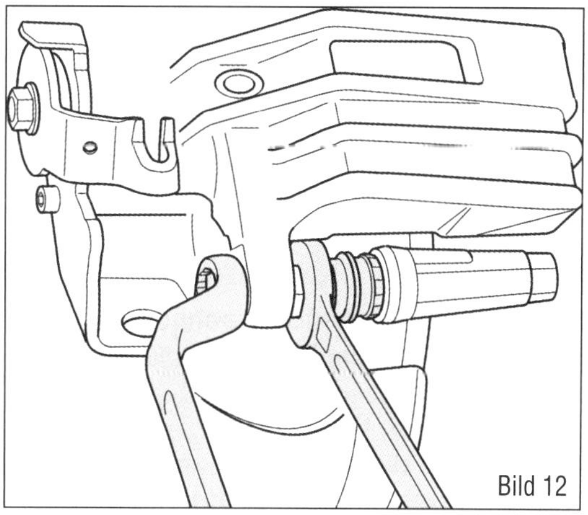
Bild 12
Lösen der Befestigungsschrauben mit Konterschlüssel.

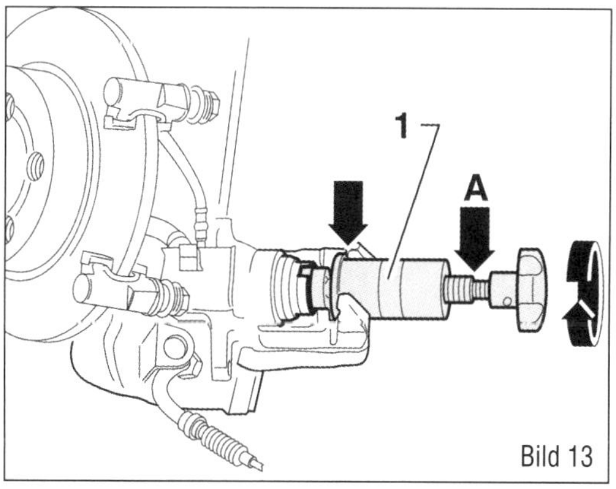

Bild 13
1 Rückstellwerkzeug (1), Schlüsselfläche (Pfeil A), Anlagekante (Pfeil).

Die weitere Montage erfolgt sinngemäß in umgekehrter Reihenfolge.

Bremsscheiben hinten wechseln

- Heben Sie das Fahrzeug an.
- Demontieren Sie die Hinterräder.
- Bauen Sie die Bremsbeläge wie be-

schrieben aus und stellen Sie den Sattel zurück.

■ Ziehen Sie den Bremssattel von Bremsträger ab.

■ Nehmen Sie die Bremsbeläge (2 im Bild 8) aus dem Bremssattel heraus.

■ Drehen Sie die Befestigungsschraube (3) aus der Bremsscheibe heraus.

■ Nehmen Sie die Bremsscheibe ab.

Die Montage erfolgt sinngemäß in umgekehrter Reihenfolge.

■ Reinigen Sie die Auflagefläche der Bremsscheibe gründlich.

■ Das Auftragen von etwas Kupferpaste verringert die Korrosionsbildung zwischen Scheibe und Nabe. Verwenden Sie nur so viel, dass die Paste nicht auf die Reibflächen der Bremsscheibe gelangen kann.

Handbremse

Handbremsseile hinten wechseln

■ Verlängerung der Mittelkonsole ausbauen.

■ Handbremse lösen.

■ Lösen Sie die Nachstellmutter (Pfeil in Bild14) so weit, bis das Handbremsseil aus dem Ausgleichsbügel ausgehängt werden kann.

■ Fahrzeug anheben.

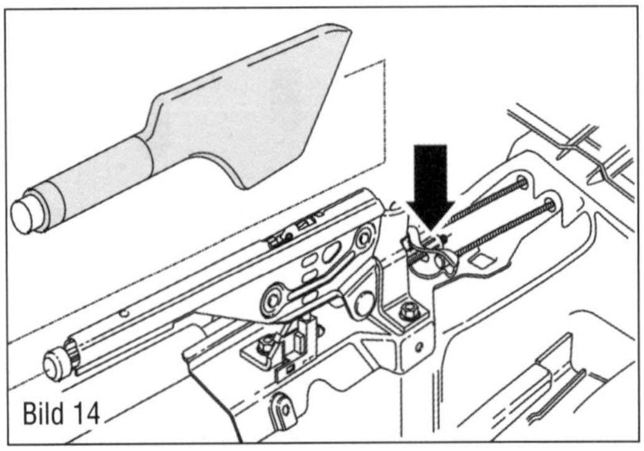

Bild 14

Handbremshebel auf dem Mitteltunnel.

■ Clip des Handbremsseiles ausbauen und Bremshebel von Hand betätigen, dann das Handbremsseil aushängen.

■ Handbremsseil aus Halterung am Hinterachskörper ausclipsen und aus Halterungen am Rahmen aushängen.

■ Ziehen Sie das Handbremsseil nach hinten aus dem Führungsrohr heraus.

Montage

Die Montage erfolgt sinngemäß in umgekehrter Reihenfolge.

Handbremse einstellen

Die Nachstellung ist nur nach Montagearbeiten an Handbremshebel oder Seilen erforderlich. Die Nachverstellung erfolgt automatisch.

■ Verlängerung der Mittelkonsole ausbauen.

■ Handbremse lösen.

■ Lösen Sie die Nachstellmutter (Pfeil) so weit, bis das Handbremsseil aus dem Ausgleichsbügel ausgehängt werden kann.

■ Fahrzeug anheben.

■ Fußbremse einmal kräftig betätigen.

■ Handbremshebel in Ruhestellung. Nachstellmutter so weit anziehen, bis sich die Hebel (Pfeil) an den Bremssätteln vom Anschlag abheben.

■ Maximal 1,5 mm Abstand zum Anschlag (Pfeil) ist je Seite zulässig.

■ Handbremse drei Mal fest anziehen und anschließend wieder lösen.

■ Prüfen, ob beide Räder frei durchdrehen. Wenn nötig, Nachstellmutter etwas zurückdrehen.

■ Nachstellmutter durch Kontermutter sichern.

Nach der Neueinstellung ist durch die automatische Nachstellung der Hinterradbremse ein Nachstellen der Handbremse nicht mehr erforderlich.

14 Elektrische Anlage

Schon im Stand, aber erst recht während der Fahrt benötigt der New Beetle elektrischen Strom. Motorsteuerung, Lenkung und Kraftstoffeinspritzung müssen mit Elektroenergie versorgt werden. Alle weiteren unbedingt erforderlichen oder für die Sicherheit und Bequemlichkeit eingebauten automatischen Systeme sowie natürlich die gesamte Lichtanlage sind ohne elektrische Energie arbeitsunfähig. Viele Störungen und Funktionsprüfungen gerade in diesem Bereich gehören, ähnlich wie bei anderen Baugruppen, in die Fachwerkstatt. Denn zum genauen Erkennen und Beseitigen der Mängel muss häufig das auch in anderen Kapiteln schon mehrfach erwähnte Fahrzeugdiagnosegerät (VAS 505x, VCDS) angeschlossen und der Fehlerspeicher abgefragt werden. Der Diagnoseanschluss im Fahrzeug (Steckkontakt für das Werkstattsystem) befindet sich, wie inzwischen international festgelegt, im Fußraum Fahrerseite über dem Bremspedal. Nun sind die meisten Innovationen im Kraftfahrzeug heute zwar von immer komplizierterer Elektronik geprägt, Reparaturen an der elektrischen Anlage sind aber durchaus nicht in jedem Fall von ihr verursacht. Oft sitzt nur ein Kabel lose, sind Sicherungen durchgebrannt oder Kontakte korrodiert, oder messtechnisch zu ermittelnde Bauteile sind defekt. Nicht wenige Störungen an der Elektrik lassen sich mit einfachen Mitteln beheben. Natürlich muss man sich etwas auskennen und die Grundbegriffe verstehen.

Arbeiten an der Spannungsversorgung

Zu allererst haben wir es im New Beetle noch immer mit elektrischen Bauteilen zu tun, die schon die gesamte Entwicklungsgeschichte des Automobils begleiten: Batterie, Anlasser (Starter) und Lichtmaschine (Drehstromgenerator). Sie sind zusammen für die Arbeitsaufnahme des Motors verantwortlich. Um seine Aufgabe zu erfüllen, ist jedes dieser drei Bauteile auf das andere angewiesen. Wir wenden uns hauptsächlich ihnen zu.

Einbaulage der Sicherungen und Relais im Fahrzeug

Batterie an- und abklemmen
Auf das Prüfen (Sichtprüfung, Batterietester) und Laden sowie auf Warnhinweise und allgemeine Sicherheitsregeln bei Arbeiten an der Batterie (Kennzeichnungen auf der Batterie selbst) gehen wir in diesem Ratgeber nur begrenzt ein. Sie sind ausführlich in der Bedienungsanleitung des Fahrzeugs behandelt.
Um Beschädigungen der Batteriepolklemmen und der Batteriepole zu vermeiden, schreibt VW vor:

- Die Batteriepolklemmen dürfen nur gewaltfrei von Hand aufgesteckt werden.
- Die Batteriepole dürfen nicht gefettet werden.
- Die Batteriepolklemmen sind so zu montieren, dass der Batteriepol bündig mit der Klemme abschließt oder aus ihr herausragt.
- Nach dem Anziehen der Batteriepolklemmen mit dem vorgeschriebenen Anzugsdrehmoment von 6 Nm dürfen die Verschraubungen nicht nochmals nachgezogen werden.
- Durch das Abschrauben der Batterie Minuspolklemme (Stromunterbrechung) wird das sichere Arbeiten an der elektrischen Anlage gewährleistet. Das Abschrauben der Batterie-Pluspolklemme ist nur für den Ausbau der Batterie erforderlich. In jedem Fall müssen die Hinweise zum Anklemmen der Batterie beachtet werden.

Abklemmen

- Zündung und alle elektrischen Verbraucher ausschalten, Zündschlüssel abziehen.
- Bei Fahrzeugen mit Batteriekasten die Verriegelung an der linken Kastenseite öffnen und den Deckel abnehmen.
- Bei Fahrzeugen mit Batterieschutzhülle die Abdecklasche der Schutzhülle öffnen.
- Die Befestigungsmutter Batteriepolklemme Masseleitung lösen und die Minuspolklemme von der Batterie abnehmen.

⚠ Falls, wie beim Batterieausbau, die Pluspolklemme auch abgenommen wird: Immer zuerst die Minusklemme abnehmen!

- Die Batterie-Masseleitung darf karosserieseitig nicht gelöst werden.

Anklemmen

- Die Batteriepolklemme Masseleitung in der richtigen Stellung auf den Minuspol der

Sichtprüfung Messen

Batterie stecken und die Befestigungsmutter mit 6Nm anziehen. Dabei auf festen Sitz der Batterieklemme achten.

⚠ Falls wie beim Batterieausbau die Pluspolklemme auch abgenommen wird: Immer zuerst die Pluspolklemme wieder anklemmen! Erst danach die Masseleitung wie beschrieben anklemmen.

Nach Anklemmen der Batterie und Einschalten der Zündung leuchtet die Kontrollleuchte für ESP und ASR dauerhaft. Die Kontrollleuchte erlischt automatisch, wenn mit 15 bis 20 km/h eine Wegstrecke geradeaus gefahren wird. Dadurch wird der Geber für Lenkwinkel wieder aktiviert.

Arbeitsschritte nach Anklemmen der Batterie

■ Zündung mit dem Zündschlüssel einschalten und wieder ausschalten.
■ Fehlerspeicher auslesen: »Geführte Fehlersuche« mit dem Fahrzeugdiagnosegerät.
■ Uhrzeiteinstellung prüfen, ggf. nach Bedienungsanleitung neu einstellen.
■ Zündung einschalten und mit Fensterheberschalter alle Fenster bis Endanschlag öffnen und wieder vollständig schließen.
■ Die Taster für die Fensterheber nach oben ziehen und mindestens eine Sekunde lang in dieser Stellung halten.
■ Anschließend bei geschlossenen Fenstern den Fensterheberschalter ziehen, bis das Relais hörbar schaltet.

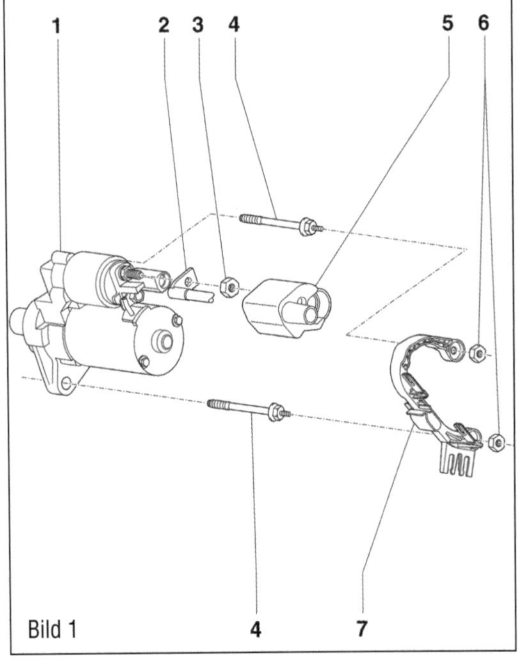

Bild 1

Bild 1
1 Anlasser
2 Anschluss B+-Leitung an Anlasser
3 Befestigungsmutter B+-Leitung an Anlasser
4 Befestigungsschrauben
5 Abschirmkappe
6 Befestigungsmuttern
7 Leitungshalter

■ Die Komfortschaltung der Fensterheber prüfen: Das Fenster muss bei betätigter Komfortschaltung ohne Halten des Schalters schließen.
■ Alle elektrischen Verbraucher auf Funktion prüfen.

Batterie aus- und einbauen

■ Batterie wie beschrieben abklemmen.
■ Je nach Ausstattung entweder die Wand des Batteriekastens oder die Vliestasche nach oben von der Batterie abziehen.
■ Die Befestigungsschraube abschrauben und den Befestigungsbügel herausnehmen.
■ Die Griffe nach oben klappen und die Batterie heraus nehmen.
■ Einbau in umgekehrter Reihenfolge.

Batterie anklemmen

■ Die Schraubverbindungen mit den geforderten Anzugsdrehmomenten anziehen: Muttern an den Polklemmen 6 Nm, M8-Schraube am Klemmbügel 35 Nm.
■ Batterie nach dem Einbau auf festen Sitz prüfen.

⚠ Bei einer lose montierten Batterie bestehen folgende Gefahren: verkürzte Lebensdauer durch Rüttelschäden (Explosionsgefahr!), Schädigung der Gitterplatten, Beschädigung des Batteriegehäuses durch den Befestigungsbügel (möglicher Säureaustritt, hohe Folgekosten) und mangelhafte Crash-Sicherheit.

Anlasser (Starter) aus- und einbauen

Nicht alle Fahrzeuge verwenden den gleichen Starter. Für viele Motorentypen wie den Dieseln werden spezielle Bauweisen verwendet. Wenn Sie sich beim Zubehörhändler einen Anlassermotor besorgen, achten Sie darauf, dass er dem Original entspricht. Weiterhin können Sie Ihren alten Starter in den meisten Fällen als Altteil zurückgeben. Heben Sie sich die Quittung auf, um das Altteilepfand bei der Rückgabe Ihres alten Starters auslösen zu können. Der Arbeitsablauf unterscheidet sich für die unterschiedlichen Motorvarianten kaum voneinander. Wir stellen Ihnen im Rahmen dieses Buches eine allgemeingültige Anweisung zur Verfügung, die sich allerdings in kleinen Nuancen unterscheiden kann.

- Batterie wie beschrieben abklemmen.
- Unterdruckschlauch entriegeln und abziehen, die Motorabdeckung nach oben aus ihrer Gummilagerung ziehen und nach vorn abnehmen.
- Luftfiltergehäuse ausbauen, Schutzkappe (Abschirmkappe) nach vorn vom Magnetschalter herunterschieben.
- Die Plusleitung abschrauben und die Steckverbindung der Klemme 50 trennen.
- Die Masseleitung von der oberen Befestigungsschraube des Anlassers abschrauben und die Schraube herausdrehen.
- Geräuschdämpfung wie früher beschrieben ausbauen.
- Mutter von der unteren Befestigungsschraube des Anlassers abschrauben und den Leitungshalter abnehmen.
- Die untere Befestigungsschraube des Anlassers herausdrehen und den Anlasser nach unten aus dem Fahrzeug nehmen.

Der Einbau erfolgt sinngemäß in umgekehrter Reihenfolge.

Generator aus- und einbauen

Der Generator ist mit vier Befestigungsschrauben an den Halter für Nebenaggregate am Motor montiert und wird über seine Riemenscheibe per Keilrippenriemen vom Motor angetrieben. An der Rückseite des Generators ist ein Spannungsregler angeschraubt. Die Hauptanschlussleitung (B+-Leitung) des Drehstromgenerators (»Lichtmaschine«) ist ebenfalls an die Generatorrückseite geschraubt. Wenn sie nicht mit dem angegebenen Anzugsdrehmoment befestigt wird, bestehen die folgenden Gefahren: Die Batterie wird nicht vollständig geladen, es kommt zum Komplettausfall der Fahrzeugelektrik/elektronik (»Liegenbleiber«), es besteht Brandgefahr aufgrund von Funkenbildung und es kann zu Schäden durch Überspannungen an elektronischen Bauteilen und Steuergeräten kommen. Deshalb die Befestigungsmutter, der B+-Leitung unbedingt mit dem richtigen Drehmoment von 15 Nm festziehen.

Ab Modelljahr 2000 werden Drehstromgeneratoren mit geänderter Bauform und geänderten Klemmenbezeichnungen eingesetzt. Äußere Unterscheidungsmerkmale der neuen Drehstromgeneratoren gegenüber den bisher verwendeten sind ein geänderter Spannungsregler, die ovale, radial abgedichtete Steckeraufnahme für das 2-polige Steckergehäuse anstelle der bisher eckigen 2-poligen Steckverbindung, die geänderten Klemmenbezeichnungen an den Anschlüssen.

- Bauen Sie die Motorabdeckung ab.
- Schlossträger in Servicestellung bringen.
- Bauen Sie den Keilrippenriemen aus.
- Bauen Sie das Spannelement für den Keilrippenriemen aus. Fahrzeuge mit Klimaanlage.
- Drehen Sie die Mutter (Klemme B+) (1 im Bild 2) herunter und ziehen Sie den Stecker (2) ab.
- Drehen Sie die Schraube der Kabelschelle (3) heraus.
- Drehen Sie die Schrauben am Drehstrom generator heraus.
- Nehmen Sie den Drehstromgenerator nach oben heraus.

Einbauen

Der Einbau erfolgt in umgekehrter Reihenfolge, dabei ist Folgendes zu beachten:

- Gewindebuchsen (A im Bild 3) etwa 4 mm

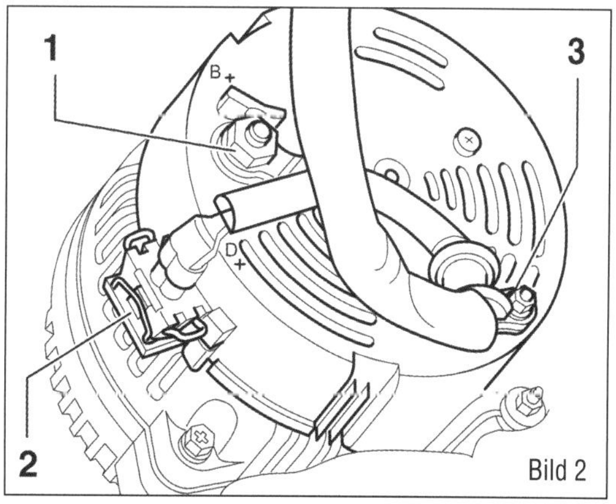

Bild 2
1 Anschluss B+
2 Steckkontakt
3 Kabelschelle

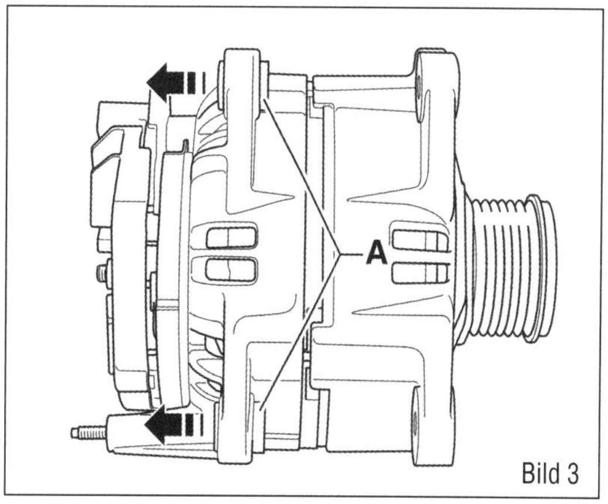

Bild 3
Hülsen im Generatorgehäuse.

Bild 4
1 Schelle
2 Entriegelung
3 Hebel
4 Scheinwerfer

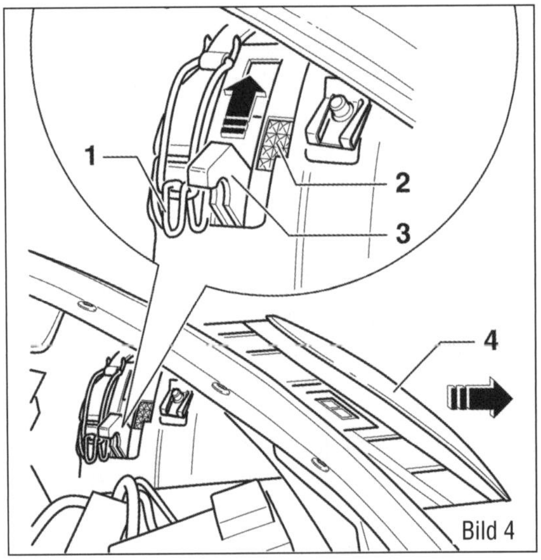

Bild 4

Bild 5
1 Steckschlüssel SW 5
Pfeil = Öffnungsrichtung

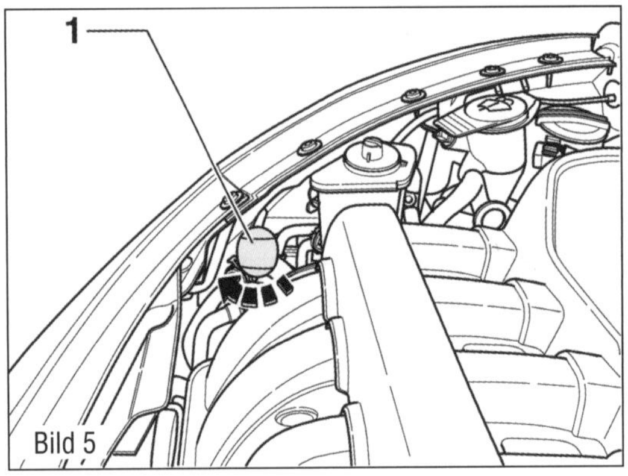

Bild 5

Bild 6
Sicherungsfeder (Pfeil).

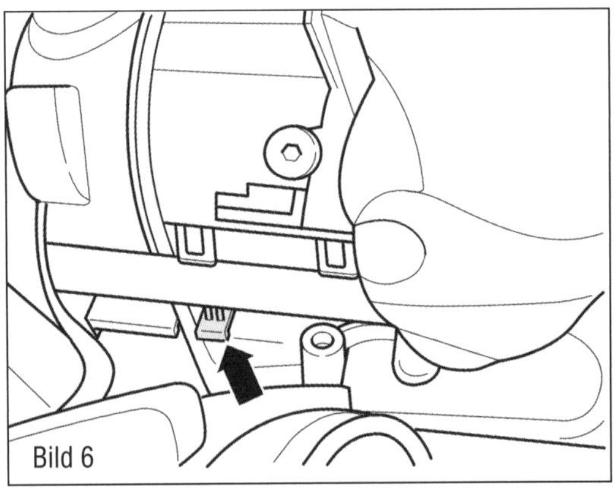

Bild 6

in (Pfeilrichtung) aus dem Gehäuse des Drehstromgenerators heraustreiben.

■ Setzen Sie den Drehstromgenerator vorsichtig am Halter für Nebenaggregate an.

Scheinwerfer ausbauen

■ Schalten Sie die Zündung und alle elektrischen Verbraucher aus.
■ Ziehen Sie den Zündschlüssel ab.

Fahrzeuge bis 06/05
■ Öffnen Sie die Schelle (1 in Bild 4).
■ Drücken Sie die Entriegelung (2) nach unten und schieben Sie den Hebel (3) nach oben.
■ Ziehen Sie den Scheinwerfer (4) etwas nach vorn.
■ Trennen Sie die Steckverbindung am Scheinwerfer.
■ Nehmen Sie den Scheinwerfer nach vorn heraus.

Fahrzeuge ab 07/05
■ Setzen Sie den Steckschlüssel (1 im Bild 5) (SW 5) an dem Verriegelungshebel (Pfeil) an.
■ Drehen Sie den Steckschlüssel (SW 5) (1) etwa 90 Grad in (Pfeilrichtung), um den Scheinwerfer aus seiner Verriegelung zu lösen.
■ Drücken Sie die Sicherungsfeder (Pfeil, Bild 6) herunter und ziehen dabei den Scheinwerfer nach vorn aus dem Halter heraus.

Leuchtmittel wechseln (Halogenscheinwerfer)

Beim Einbau einer Lampe nicht den Glaskolben berühren. Die Finger hinterlassen Fettspuren auf dem Glaskolben, die beim Einschalten der Lampe verdampfen und den Glaskolben trüben.

■ Bauen Sie den Scheinwerfer aus.
■ Nehmen Sie den Verschlussdeckel auf der Rückseite des Scheinwerfereinsatzes ab.
■ Bauen Sie den Stellmotor für Leuchtweitenregelung aus.
■ Trennen Sie die Steckverbindung (3 oder 7) an der entsprechenden Lampe (Bild 7).
■ Entriegeln Sie den Federdrahtbügel (1 oder 6).
■ Ziehen Sie die entsprechende Lampe aus dem Reflektor heraus:

Leuchtmittel wechseln (Xenonscheinwerfer)

Im Glaskolben der Gasentladungslampe herrschen Drücke von 7 bar (kalt) bis 100 bar (heiß). Am heißen Glaskolben werden Temperaturen bis zu 700 °C erreicht. Der Glaskolben kann explodieren und es besteht Verbrennungsgefahr. Zum Aus- und Einbau der Gasentladungslampe unbedingt Schutzbrille und Handschuhe benutzen.

⚠ Berühren Sie beim Einbau einer Gasentladungslampe nicht den Glaskolben. Ihre Finger hinterlassen Fettspuren auf dem Glaskolben, die beim Einschalten der Gasentladungslampe verdampfen und den Glaskolben trüben. Setzen Sie den Glaskolben der Gasentladungslampe keinerlei mechanischen Beanspruchungen aus. Der Glaskolben ist äußerst empfindlich und steht außerdem unter hohem Druck. Vermeiden Sie, direkt in den gebündelten Lichtstrahl zu sehen, da die UV-Strahlung der Gasentladungslampe etwa 2,5-mal höher ist als bei herkömmlichem Halogenlicht. Achten Sie beim Einbau der Abdeckkappe auf den richtigen Sitz. Durch Wassereintritt in den Scheinwerfer wird dieser zerstört.

- Bauen Sie den Scheinwerfer aus.
- Nehmen Sie den Verschlussdeckel auf der Rückseite des Scheinwerfereinsatzes ab.
- Bauen Sie den Stellmotor für Leuchtweitenregelung aus.
- Trennen Sie die Steckverbindung (3 oder 7) an der entsprechenden Lampe.

Gasentladungslampe aus- und einbauen
(Bild 9)

- Entriegeln Sie die Steckverbindung durch eine 90-Grad-Drehung des Steckers nach links und ziehen Sie ihn ab.
- Drehen Sie den Haltering (1) der Gasentladungslampe nach links und nehmen ihn heraus.
- Ziehen Sie die Gasentladungslampe vorsichtig heraus.

Montage

- Setzen Sie die neue Gasentladungslampe so ein, dass die Rastnase am Lamellenteller in der Aussparung am Reflektor liegt.
- Setzen Sie den Haltering (1) mit den beiden Aussparungen (Pfeil) über die Rastnasen (2) der Gasentladungslampe (3) und befestigen Sie ihn durch Drehen im Uhrzeigersinn (Bild 9).
- Prüfen Sie die Funktionen des Scheinwerfers.
- Scheinwerfereinstellung prüfen und Scheinwerfer einstellen.

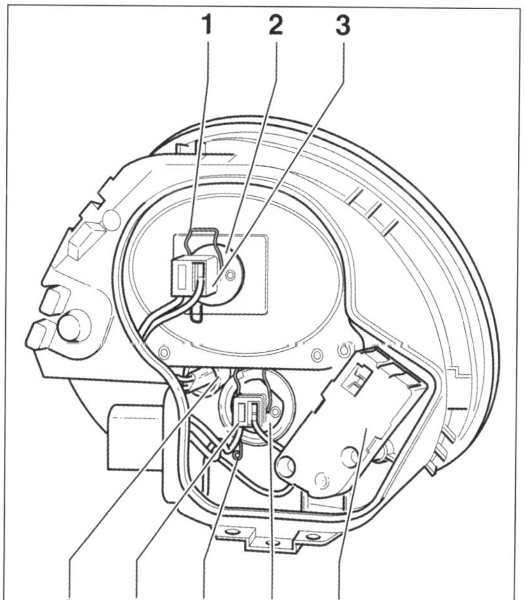

Bild 7

Bild 7
Halogenscheinwerfer.
1 Federdrahtbügel
2 Lampe Fernlicht
3 Steckverbindung
4 Stellmotor LWR
5 Lampe Abblendlicht
6 Federdrahtbügel
7 Steckverbindung
8 Lampe Standlicht

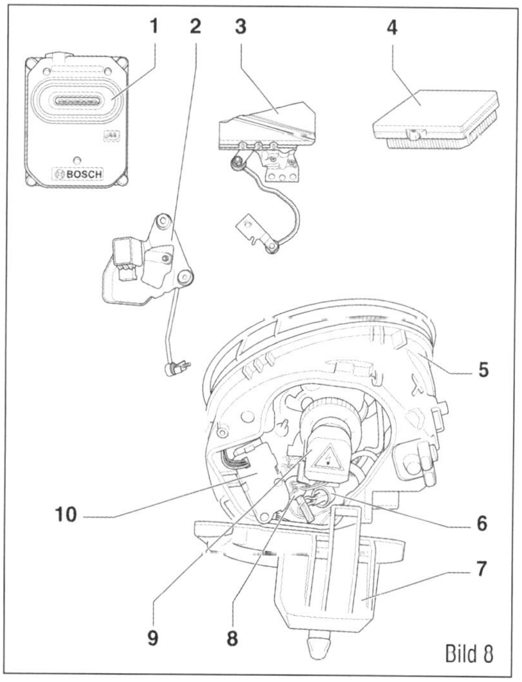

Bild 8

Bild 8
Xenonscheinwerfer
1 Steuergerät
2 Geber Fahrzeugniveau
3 Geber Fahrzeugniveau
4 Steuergerät LWR
5 Scheinwerfer
6 Lampe für Standlicht
7 Verschlussdeckel
8 Lampe Fernlicht
9 Gasentladungslampe
10 Stellmotor LWR

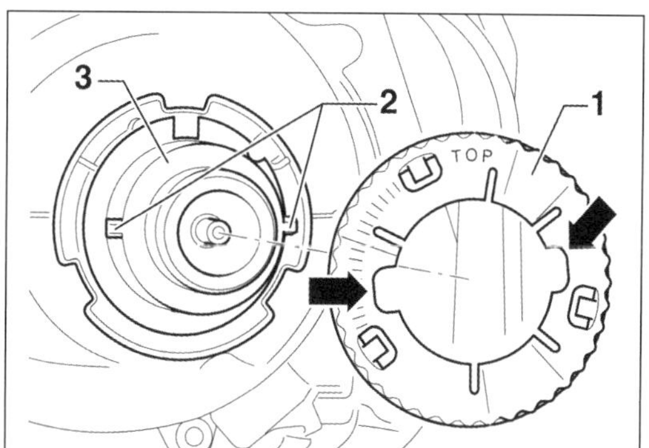

Bild 9

Bild 9
1 Haltering
2 Rastnasen
3 Gasentladungslampe
Pfeile = Aussparung

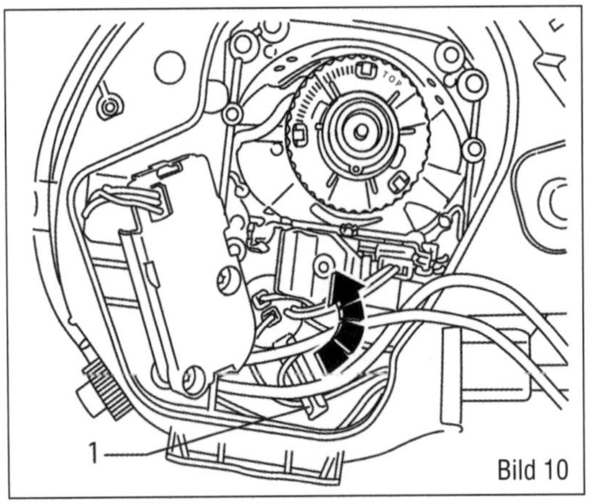

Bild 10

Bild 10
Hebel (1) zum Entriegeln in Pfeilrichtung drehen.

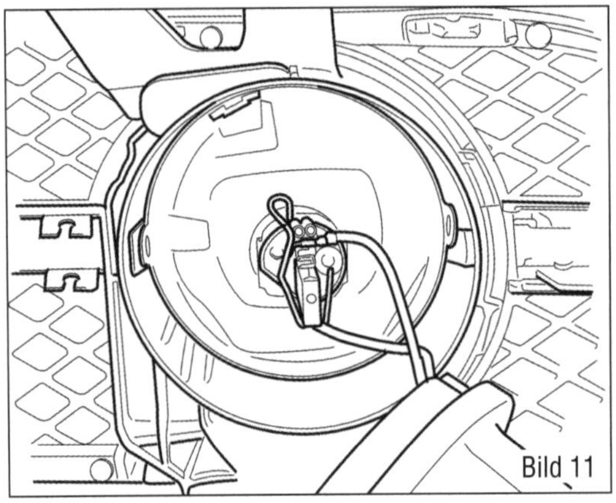
Bild 11

Bild 11
Bis 06/05: verdrehbarer Verschlussdeckel. Aufdrehen gegen den Uhrzeigersinn.

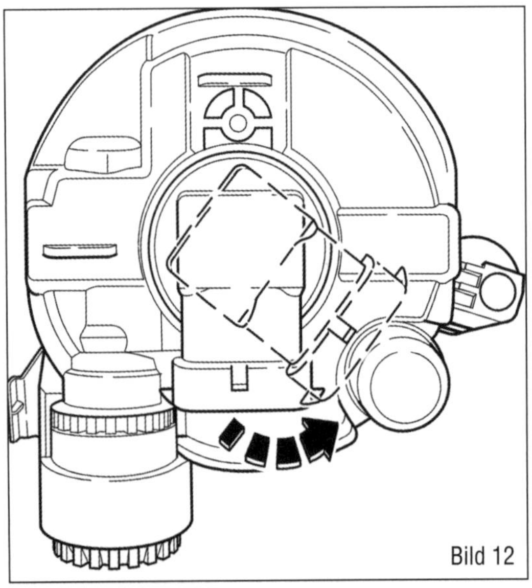
Bild 12

Bild 12
Ab 07/05: verdrehbarer Lampenträger. Aufdrehen gegen den Uhrzeigersinn.

Fern- und Standlicht aus- und einbauen
(Bild 10)
■ Bauen Sie den Scheinwerfer aus.
■ Bauen Sie den Verschlussdeckel aus.

Fernlichtlampe
■ Drehen Sie den Hebel (1) an der Lampenfassung zum Entriegeln nach links (Pfeil).

Weiter für alle Lampen
■ Ziehen Sie die Lampe mit Fassung aus dem Reflektor mit heraus.

Einbauen
Der Einbau erfolgt in umgekehrter Reihenfolge, dabei ist Folgendes zu beachten:
■ Prüfen Sie die Funktionen und die Einstellung des Scheinwerfers.

Nebelscheinwerfer vorne

■ Schalten Sie die Zündung und alle elektrischen Verbraucher aus.
■ Ziehen Sie den Zündschlüssel ab.

Nebelscheinwerfer aus- und einbauen
Im Laufe der Produktion wurde die Front des New Beetles verändert.
In der ersten Generation war der Nebelscheinwerfer noch von hinten am Stoßfänger verschraubt.
Ab 12/99 setzte ein geändertes Frontteil mit abnehmbarem Lüftungsgitter ein, an dem der Scheinwerfer dann befestigt wurde. Ab 07/05 setzte ein geändertes Frontteil mit abnehmbarem Lüftungsgitter ein, was die Befestigung der Scheinwerfer im Stoßfänger lediglich abdeckte.

Bauform 1 (bis 11/99)
■ Bauen Sie das Frontteil aus.
■ Trennen Sie die Steckverbindung am Nebelscheinwerfer.
■ Drehen Sie die Schrauben auf der Innenseite des Stoßfängers vorn heraus.
■ Nehmen Sie den Nebelscheinwerfer nach hinten heraus.

Bauform 2 (ab 12/99)
■ Bauen Sie das Lüftungsgitter aus.
■ Trennen Sie die Steckverbindungen am Nebelscheinwerfer.
■ Drehen Sie die Schrauben auf der Innenseite des Lüftungsgitters heraus.
■ Nehmen Sie den Nebelscheinwerfer nach hinten heraus.

Bauform 3 (ab 07/05)
■ Bauen Sie das Lüftungsgitter aus.
■ Drehen Sie die Schrauben heraus und nehmen den Nebelscheinwerfer heraus.
■ Trennen Sie die Steckverbindung am Nebelscheinwerfer.

Montage
Der Einbau erfolgt in umgekehrter Reihenfolge, dabei ist Folgendes zu beachten:
■ Ziehen Sie die Befestigungsschrauben mit etwa 5-7 Nm Anzugsdrehmoment an.
■ Prüfen Sie die Funktion und Einstellung des Scheinwerfers.

Leuchtmittel wechseln
Auch hier finden sich zwei unterschiedliche Bauweisen für die Halterung der Leuchtmittelfassung.

■ Trennen Sie die Steckverbindung am Nebelscheinwerfer.

Fahrzeuge bis 06/05
■ Verdrehen Sie den Verschlussdeckel auf der Rückseite des Scheinwerfereinsatzes und nehmen Sie diesen ab.
■ Ziehen Sie die Steckverbindung von der Lampe ab.
■ Entriegeln Sie den Federdrahtbügel an der Lampenfassung.
■ Ziehen Sie die Lampe aus dem Reflektor heraus.

Fahrzeuge ab 07/05
■ Drehen Sie die Fassung in (Pfeilrichtung in Bild 12) bis zum Anschlag.
■ Nehmen Sie die Fassung mit Lampe heraus. Lampe: H11 12 V/55 W.

Montage
Der Einbau erfolgt in umgekehrter Reihenfolge, dabei ist Folgendes zu beachten:
■ Die Lampe der neueren Version ist mit der Lampenfassung fest verbunden und nicht einzeln zu ersetzen.
■ Prüfen Sie die Funktion des Scheinwerfers.
■ Nebelscheinwerfereinstellung prüfen und einstellen.

Scheinwerfer einstellen

Der Reifendruck muss in Ordnung sein. Die Scheinwerferscheiben dürfen weder beschädigt noch verschmutzt sein. Reflektoren und Glühlampen sind intakt. Die Fahrzeugbelastung muss hergestellt sein. Das Fahrzeug muss einige Meter gerollt bzw. vorn und hinten mehrmals durchgefedert werden, damit sich die Federn setzen. Das Fahrzeug und das Scheinwerfer-Einstellgerät müssen auf einer ebenen Fläche stehen, eingestellt und ausgerichtet sein.
■ Scheinwerferhöhenverstellung prüfen, indem die maximale Stufe eingestellt und dabei das Licht der Scheinwerfer beobachtet wird.
■ Anschließend das Rändelrad für die Leuchtweitenregelung, falls vorhanden, in Position »0« stellen.

Belastung:
Mit einer Person oder 75 kg auf dem Fahrersitz bei sonst unbelastetem Fahrzeug (Leergewicht). Das Leergewicht ist das Gewicht des betriebsfertigen Fahrzeugs mit vollständig gefülltem Kraftstoffbehälter (mindestens 90%), einschließlich des Gewichts aller im Betrieb mitgeführten Ausrüstungsteile (z. B. Reserverad, Werkzeug, Wagenheber, Feuerlöscher usw.). Ist der Kraftstoffbehälter nicht zu mindestens 90% gefüllt, Belastung wie folgt herstellen:
■ Füllstand des Kraftstoffbehälters an der Kraftstoffvorratsanzeige ablesen. Zusatzgewicht anhand der nachstehenden Tabelle ermitteln und Gewicht in den Kofferraum legen.

Füllstand der Kraftstoffvorratsanzeige in kg	Zusatzgewicht
1/4	40
1/2	25
3/4	15
voll	0

Einstellung Scheinwerfer vorne
In der Blende oberhalb des Scheinwerfers sind Neigungsmaßangaben in »%« eingeprägt. Nach diesen Angaben müssen die Scheinwerfer eingestellt werden. Die Prozentangabe ist auf 10 m Projektionsabstand bezogen. Bei einem Neigungsmaß von z. B. 1,0% sind das umgerechnet 10 cm.

■ Drehen Sie zuerst zur Höhenverstellung der Hell-/Dunkel-Grenze die Einstellschraube.
■ Danach müssen Sie die Seitenverstellung prüfen und gegebenenfalls mit der Einstellschraube korrigieren.

Einstellung Nebelscheinwerfer
Das Neigungsmaß für Nebelscheinwerfer beträgt »2,0%«.
■ Drehen Sie zum Verstellen der Leuchtweite die Einstellschraube.
■ Eine Seitenverstellung ist nicht vorgesehen.

Sichtprüfung Messen

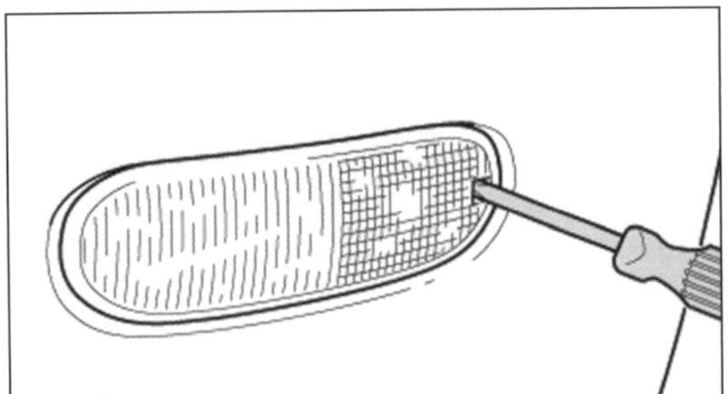
Bild 13

Bild 13
Bis 06/05: Mit Verschraubung von vorne gesichert.

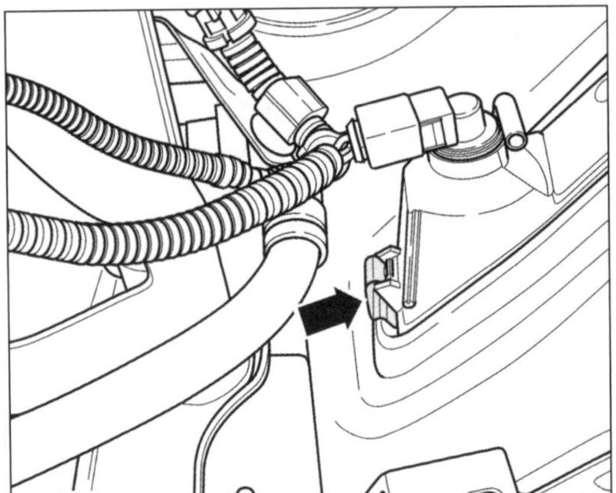
Bild 14

Bild 14
Bis 06/05: Mit Klammer von hinten gesichert.

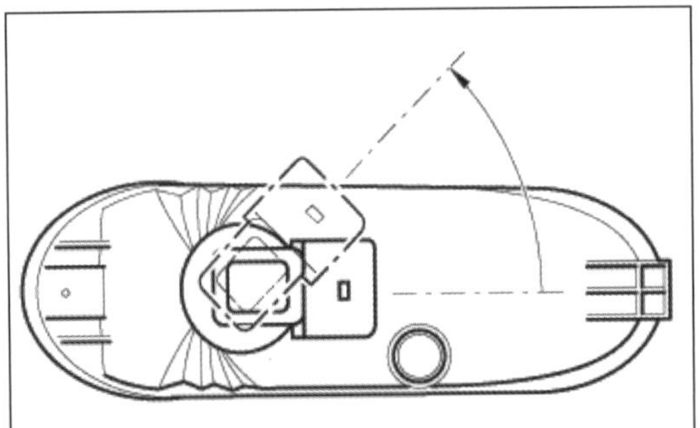
Bild 15

Bild 15
Ab 07/05: Lampe ausbauen und Fassung verdrehen.

Blinker vorne

Blinkleuchten aus- und einbauen

Fahrzeuge bis 06/05 (Bild 13)

- Nehmen Sie die Schraubenabdeckung ab.
- Drehen Sie die Schraube heraus.
- Ziehen Sie die Blinkleuchte nach vorn heraus.
- Trennen Sie die Steckverbindung an der Blinkleuchte.

Fahrzeuge ab 06/05 (Bild 14)
Drücken Sie die Haltefeder (Pfeil) hinein.

Fahrzeuge mit Ladeluftkühler

- Drücken Sie die Haltefeder (Pfeil) mit einem langen Schraubendreher hinein.

Weiter für alle Fahrzeuge

- Nehmen Sie die Blinkleuchte nach vorn heraus.
- Trennen Sie die Steckverbindung (Pfeil) an der Blinkleuchte.

Montage für beide Bautypen
Der Einbau erfolgt in umgekehrter Reihenfolge. Prüfen Sie die Funktion der Blinkleuchte.

Fahrzeuge ab 06/05 (Bild 14)

- Drücken Sie die Haltefeder (Pfeil) hinein.

Fahrzeuge mit Ladeluftkühler

- Drücken Sie die Haltefeder (Pfeil) mit einem langen Schraubendreher hinein.

Weiter für alle Fahrzeuge

- Nehmen Sie die Blinkleuchte nach vorn heraus.
- Trennen Sie die Steckverbindung (Pfeil) an der Blinkleuchte.

Montage für beide Bautypen
Der Einbau erfolgt in umgekehrter Reihenfolge. Prüfen Sie die Funktion der Blinkleuchte.

Leuchtmittel wechseln

Die Vorgehensweise für beide Blinkleuchtentypen unterscheidet sich nicht nennenswert.

- Bauen Sie die Blinkleuchte vorn aus.
- Drehen Sie die Lampenfassung etwa 45 Grad in (Pfeilrichtung Bild 15) und ziehen Sie diese aus dem Gehäuse heraus.
- Nehmen Sie die Lampe aus der Fassung heraus.

Lampe bis 06/05: 12 V/21 W
Lampe ab 07/05: H21 12 V/21 W

Montage

Der Einbau erfolgt sinngemäß in umgekehrter Reihenfolge. Achten Sie beim Einbau darauf, dass die Lampenfassung beim Drehen entgegen der Pfeilrichtung im Lampengehäuse einrastet.

⚠ Berühren Sie beim Einbau einer Lampe nicht den Glaskolben. Ihre Finger hinterlassen Fettspuren auf dem Glaskolben, die beim Einschalten der Lampe verdampfen und den Glaskolben trüben.

Blinkleuchte im Außenspiegel

Die Lampen für die Blinkleuchte im Außenspiegel (Seitenblinkleuchte) sind in den Gehäusen der Außenspiegel eingebaut. Die Lampe für Spiegelblinker, im Außenspiegel, ist keine herkömmliche Glühlampe, sondern eine langlebige Leuchtdiode (LED). Hier muss dann die gesamte Leuchteneinheit ersetzt werden.

- Bauen Sie das Spiegelglas aus.
- Bauen Sie das Spiegelgehäuse aus.
- Drehen Sie im Inneren des Spiegelgehäuses die Schraube heraus und clipsen Sie die Rastnase aus.
- Schwenken Sie die Lampe und nehmen Sie diese heraus.

Montage

- Setzen Sie die Lampe in das Spiegelgehäuse ein.
- Clipsen Sie die Rastnase ein und ziehen Sie die Schraube mit 1 Nm fest.
- Prüfen Sie die Funktion der Blinkleuchte.
- Prüfen Sie die Funktion des Außenspiegels.

Heckleuchten

Rückleuchten aus- und einbauen

- Bauen Sie die Abdeckkappe im Kofferraum auf der jeweiligen Seite aus.
- Schrauben Sie die Rändelmutter (1 in Bild 16) von innen mit der Hand ab.

Fahrzeuge ab 07/05

- Kleben Sie den Bereich zur Fahrzeuginnenseite am Rücklicht auf dem Stoßfänger mit handelsüblichem Klebeband ab.
- Schieben Sie einen Demontagekeil von der Seite vorsichtig unter die Dichtung.
- Heben Sie die Schlussleuchte mit dem Demontagekeil an und nehmen Sie diese heraus.

Weiter für alle Fahrzeuge

- Nehmen Sie die Schlussleuchte heraus und ziehen Sie die Steckverbindungen ab.

Montage

- Stecken Sie die Steckverbindung auf.
- Setzen Sie die Schlussleuchte in den Karosserieausschnitt ein.
- Stecken Sie die Haltebolzen in die Karosseriebohrung.

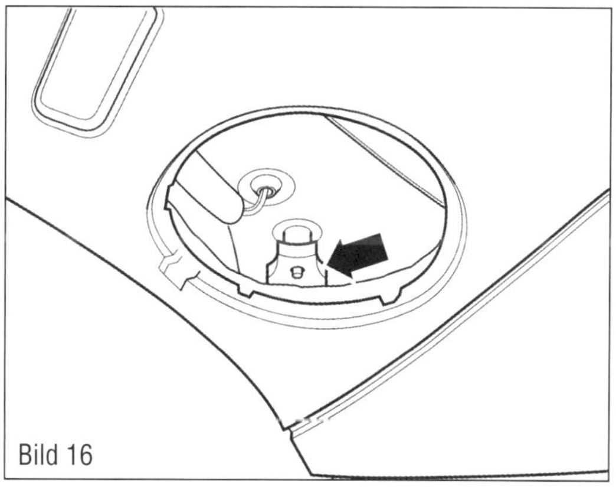

Bild 16

Bild 16
Rändelschraube unter der Abdeckkappe in der Verkleidung des Kofferraums.

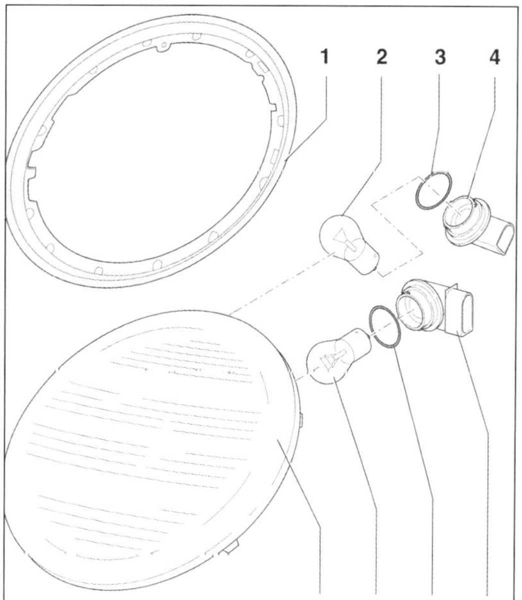

Bild 17

Bild 17
Rücklicht bis 06/05:
1 Dichtung
2 Lampe für Blinklicht, 12 V/21 W
3 O-Ring
4 Lampenfassung
5 Lampenfassung
6 Lampe für Brems- und Schlusslicht, 12 V 21/5 W
7 Gehäuse

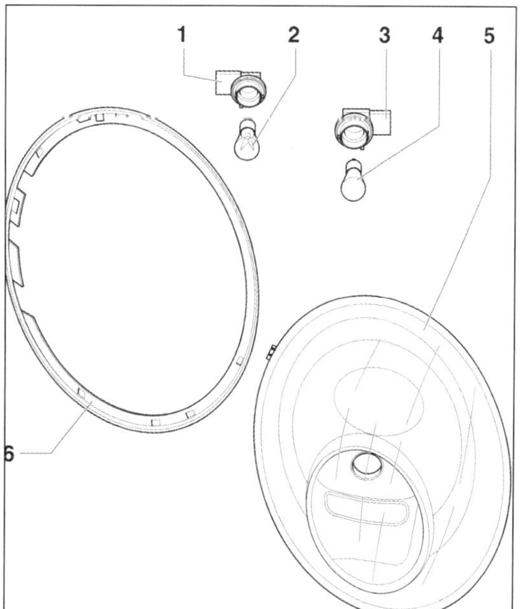

Bild 18

Bild 18
Rücklicht ab 07/05:
1 Lampenfassung für Brems- und Schlusslicht
2 Lampe für Brems- und Schlusslicht, 12 V 21/5 W
3 Lampenfassung für Blinklicht
4 Lampe für Blinklicht hinten, 12 V/21 W
5 Schlussleuchte
6 Dichtung

Bild 19
Bis 06/05: Demontage von hinten durch eine Klappe.

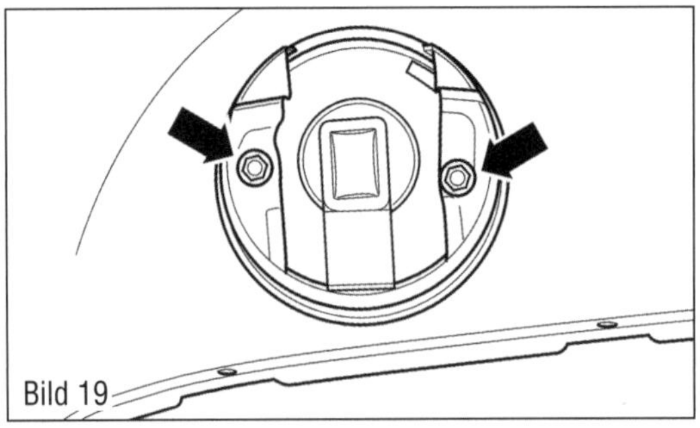

Bild 20
Ab 07/05: Befestigungsschraube im Gitter.

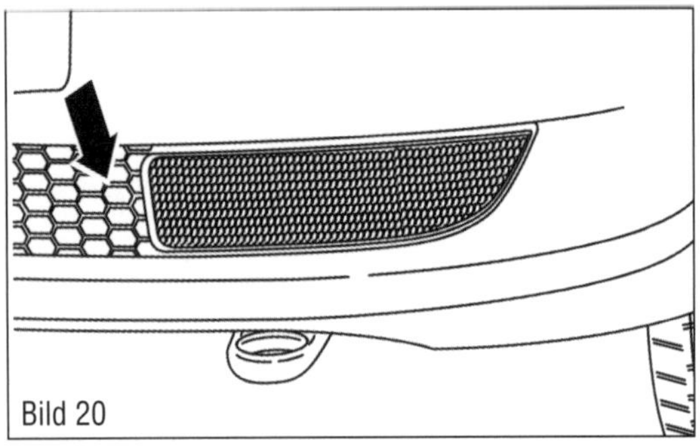

■ Setzen Sie die Schlussleuchte in die Aussparung in der Karosserie ein. Achten Sie auf den richtigen Sitz der Dichtung.
■ Schrauben Sie die Rändelmutter (Bild 16) von innen auf und ziehen Sie diese mit 1 Nm fest.
■ Bauen Sie die Abdeckkappe im Kofferraum wieder auf der jeweiligen Seite ein.
■ Prüfen Sie die Funktion der Schlussleuchte.

Rückleuchten Leuchtmittel wechseln
■ Bauen Sie die Schlussleuchte aus.
■ Drehen Sie Lampenfassung etwa 45 Grad und ziehen Sie diese aus dem Gehäuse heraus.
■ Nehmen Sie die jeweilige Lampe aus der Fassung heraus.

Rückfahrscheinwerfer oder Nebelschlussleuchte aus- und einbauen
Die Arbeitsschritte unterscheiden sich für die beiden Leuchten nicht. Alle Beschreibungen müssen seitenverkehrt betrachtet werden.

Fahrzeuge bis 06/05
■ Schalten Sie die Zündung und alle elektrischen Verbraucher aus.
■ Ziehen Sie den Zündschlüssel ab.
■ Bauen Sie die Abdeckung hinten rechts neben der Radhausschale aus.
■ Trennen Sie die Steckverbindung.
■ Schrauben Sie die Muttern auf der Innenseite des Stoßfängers hinten links (Pfeile in Bild 19) ab.
■ Nehmen Sie die Rückfahrleuchte nach hinten heraus.

Montage
Der Einbau erfolgt in umgekehrter Reihenfolge, dabei ist Folgendes zu beachten:
■ Ziehen Sie die Schraube mit 4 Nm fest.
■ Prüfen Sie die Funktion der Rückfahrleuchte.

Rückfahrscheinwerfer oder Nebelschlussleuchte Leuchtmittel wechseln.
Die Arbeitsschritte unterscheiden sich für die beiden Leuchten nicht. Alle Beschreibungen müssen seitenverkehrt betrachtet werden.

Fahrzeuge bis 06/05
■ Greifen Sie mit der Hand durch die Öffnung zwischen den Radhausabdeckungen hinten links und Unterboden durch.
■ Drehen Sie die Lampenfassung etwa 45 Grad gegen den Uhrzeigersinn und ziehen Sie diese aus dem Gehäuse heraus.
■ Nehmen Sie die Lampe aus der Fassung heraus.

Fahrzeuge ab 07/05
■ Bauen Sie die Rückfahrleuchte aus.
■ Drehen Sie die Lampenfassung gegen den Uhrzeigersinn bis zum Anschlag und ziehen Sie diese heraus.
■ Nehmen Sie die Lampe aus der Fassung heraus.

Montage
Der Einbau erfolgt sinngemäß in umgekehrter Reihenfolge.

Kennzeichenleuchte

Kennzeichenleuchte aus- und einbauen
■ Zündung und alle elektrischen Verbraucher ausschalten und den Zündschlüssel abziehen.

Fahrzeuge bis 06/05
■ Entriegeln Sie die Befestigungslasche (1 im Bild 21) und hebeln Sie die Kennzeichenleuchte (2) vorsichtig heraus.
■ Nehmen Sie die Kennzeichenleuchte (2) ab und trennen Sie die Steckverbindung.

Montage
■ Stecken Sie die Steckverbindung auf.

■ Setzen Sie die Kennzeichenleuchte (2) unten in den Stoßfänger ein.
■ Drücken Sie die Befestigungslasche (1) oben hinein und lassen Sie diese einrasten.
■ Prüfen Sie die Funktion der Kennzeichenleuchte.

Fahrzeuge ab 07/05
■ Drehen Sie die rechte Schraube der Kennzeichenleuchte heraus.
■ Hebeln Sie die Kennzeichenleuchte vorsichtig mit einem Schraubendreher aus dem Stoßfänger heraus (Bild 22).
■ Trennen Sie die Steckverbindung an der Kennzeichenleuchte.

Montage
Der Einbau erfolgt in umgekehrter Reihenfolge. Ziehen Sie die Schraube mit 2 Nm fest.
■ Prüfen Sie die Funktion der Kennzeichenleuchte.

Fahrzeuge ab 07/05
■ Drehen Sie die rechte Schraube der Kennzeichenleuchte heraus.
■ Hebeln Sie die Kennzeichenleuchte vorsichtig mit einem Schraubendreher aus dem Stoßfänger heraus (Bild 22).
■ Trennen Sie die Steckverbindung an der Kennzeichenleuchte.

Montage
Der Einbau erfolgt in umgekehrter Reihenfolge. Ziehen Sie die Schraube mit 2 Nm fest.
■ Prüfen Sie die Funktion der Kennzeichenleuchte.

Lampe in der Kennzeichenleuchte ersetzen
Fahrzeuge bis 06/05
■ Zündung und alle elektrischen Verbraucher ausschalten und den Zündschlüssel abziehen.
■ Kennzeichenleuchte ausbauen.
■ Glassockellampe vorsichtig aus der Fassung herausziehen und ersetzen.

Fahrzeuge ab 07/05
■ Schalten Sie das Licht aus.
■ Drehen Sie die Schrauben heraus.
■ Nehmen Sie die Streuscheibe der Kennzeichenleuchte ab.
■ Nehmen Sie die Lampe heraus.

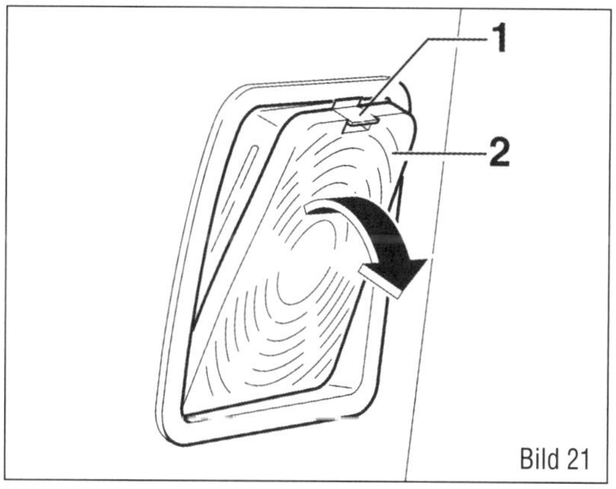

Bild 21

Bild 21
Kennzeichenleuchte bis 06/05.
1 Haltenase,
2 Kennzeichenleuchte

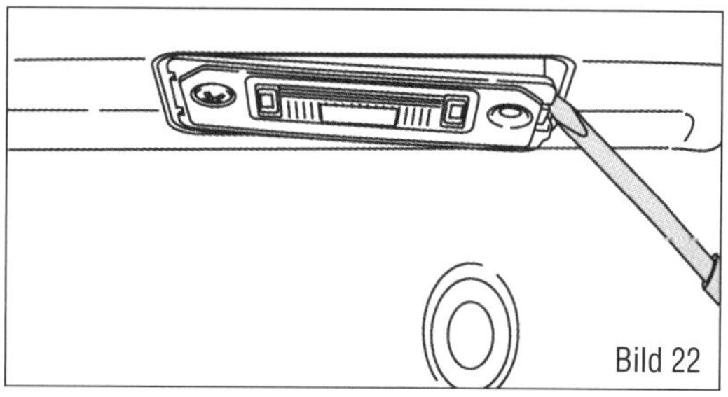
Bild 22

Bild 22
Ab 07/05: Geschraubte Variante bei der neueren Version.

Montage
Der Einbau erfolgt sinngemäß in umgekehrter Reihenfolge. Nach dem Einbau die Funktionen der Schlussleuchte prüfen.

Bremsleuchte aus- und einbauen

⚠ Die Einzel-LEDs (Licht-emittierende Dioden) in der Lampe für das hochgesetzte Bremslicht sind in Gruppen zu 3 LEDs zusammengefasst und werden gruppenweise mit Strom versorgt. Durch den Ausfall einzelner LEDs werden die intakten LEDs dieser Gruppe höher belastet, weshalb mit einem baldigen Ausfall weiterer LEDs zu rechnen ist. Ist eine LED-Gruppe (3 Einzel-LEDs) ausgefallen, werden die gesetzlichen Lichtwerte der ECE-Regelung (Economic Commission for Europe) weiterhin erfüllt. Sind mehr als 3 Einzel-LEDs ausgefallen, werden die gesetzlichen Lichtwerte nicht mehr erfüllt und die Lampe für hochgesetztes Bremslicht ist zu ersetzen.

■ Zündung und alle elektrischen Verbraucher ausschalten und den Zündschlüssel abziehen.

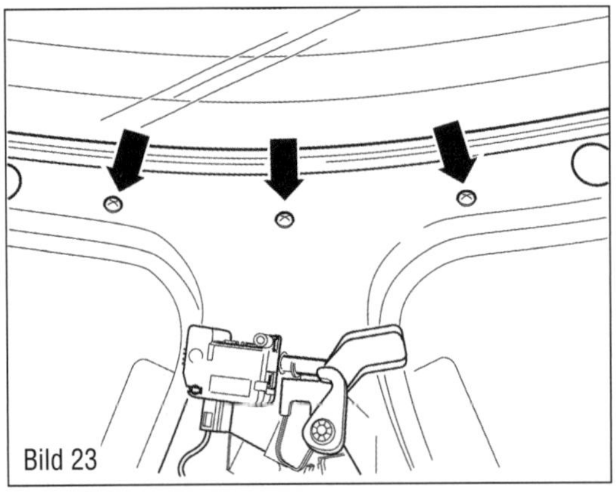

Bild 23
An der Limousine: Geschraubte Variante zur Bremsleuchtensicherung.

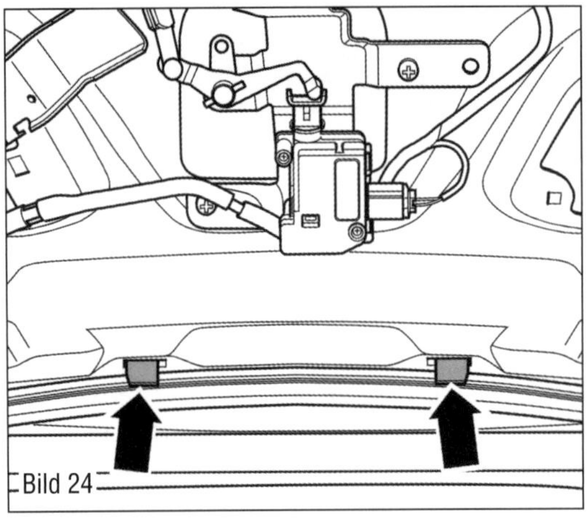

Bild 24
Beim Cabrio: Verriegelungen in der Heckklappe.

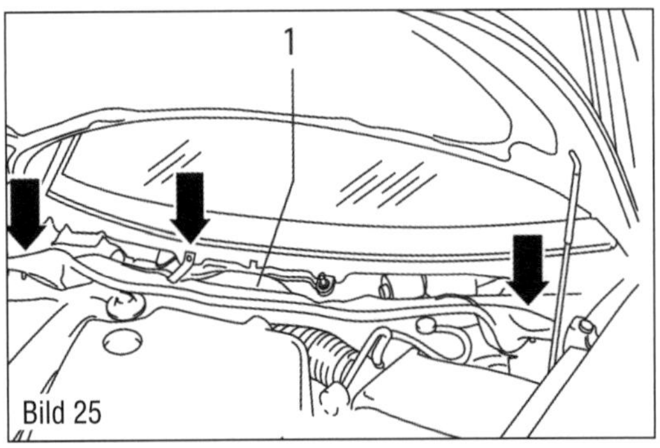

Bild 25
Verschraubungen des Wischerrahmens mit dem Fahrzeug.

Limousine

- Bauen Sie die Verkleidung Heckklappe aus.
- Drehen Sie die Schrauben (Pfeile, Bild 23) heraus.
- Nehmen Sie die hochgesetzte Bremsleuchte nach oben heraus und ziehen Sie die Steckverbindung ab.

Der Einbau erfolgt in umgekehrter Reihenfolge, dabei ist Folgendes zu beachten:

- Greifen Sie zum Ansetzen der Schrauben mit der Hand hinter das Blech der Klappe und positionieren Sie die hochgesetzte Bremsleuchte richtig.
- Prüfen Sie die Funktion der hochgesetzten Bremsleuchte.

Cabrio

- Bauen Sie die Verkleidung der Heckklappe aus.
- Lösen Sie die Verriegelung (Pfeile, Bild 24) und nehmen sie die hochgesetzte Bremsleuchte mit angeschlossenen Leitungen heraus.
- Trennen Sie die Steckverbindung an der hochgesetzten Bremsleuchte.

Der Einbau erfolgt in umgekehrter Reihenfolge, dabei ist Folgendes zu beachten:

- Prüfen Sie die Funktion der hochgesetzten Bremsleuchte.

Scheibenwischermotor vorne aus- und einbauen

Wischerrahmen mit Gestänge und Scheibenwischermotor ausbauen

- Zündung und elektrische Verbraucher ausschalten und den Zündschlüssel abziehen.
- Drehen Sie die Schrauben (Pfeile in Bild 25) heraus und ziehen Sie das Stegblech (1) zum Wasserkasten etwas nach vorn.
- Drehen Sie die Schrauben heraus und nehmen Sie die Unterlegscheiben ab.
- Trennen Sie die Steckverbindung am Scheibenwischermotor.
- Nehmen Sie den Wischerrahmen komplett heraus.

Scheibenwischermotor aus Wischerrahmen ausbauen

- Hebeln Sie die Gelenkstangen (1 im Bild 28) mit einem großen Schraubendreher von der Kurbel ab.
- Drehen Sie die drei Schrauben (2) für den Scheibenwischermotor heraus.
- Nehmen Sie den Scheibenwischermotor aus dem Wischerrahmen heraus.
- Drehen Sie die Mutter (3) herunter.
- Nehmen Sie die Kurbel (5 im Bild 27) ab.

Scheibenwischermotor in Wischerrahmen einbauen

- Lassen Sie den Scheibenwischermotor in Endstellung laufen, dazu die Steckverbindung am Scheibenwischermotor aufstecken und kurz den Schalter für Scheibenwischer betätigen.
- Trennen Sie die Steckverbindung wieder und schrauben den Scheibenwischermotor mit den Schrauben fest.

■ Setzen Sie die Kurbel auf und richten die Stangen so aus, dass diese eine Linie bilden und geradestehen. Kurbel und Wischerarme zeigen nun nach rechts.
■ Ziehen Sie die Mutter fest.
■ Drücken Sie die Stangen wieder auf die Kurbel.
■ Stellen Sie die Wischerblätter ein. Die Wischerblätter sind so auszurichten, dass der Abstand zwischen den Wischergummis und der Wasserkastenabdeckung dem Maß »A« (siehe Bilder 26 und 29) entspricht.
■ Ziehen Sie die Wischerarme mit 20 Nm an.

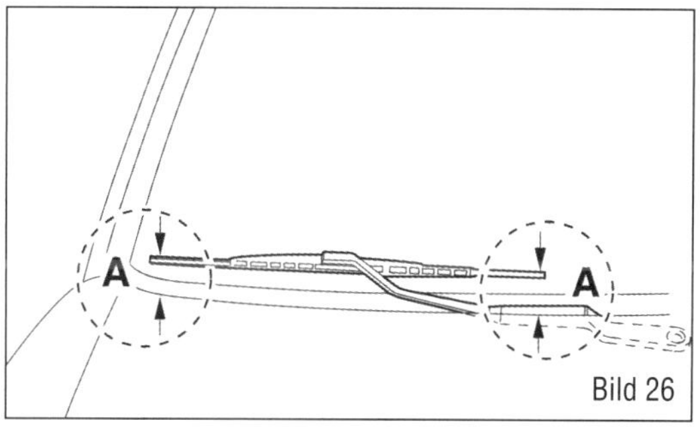

Bild 26

Bild 26
Beifahrerseite: A = 20 + 10 mm (gemessen an den Wischblattenden).

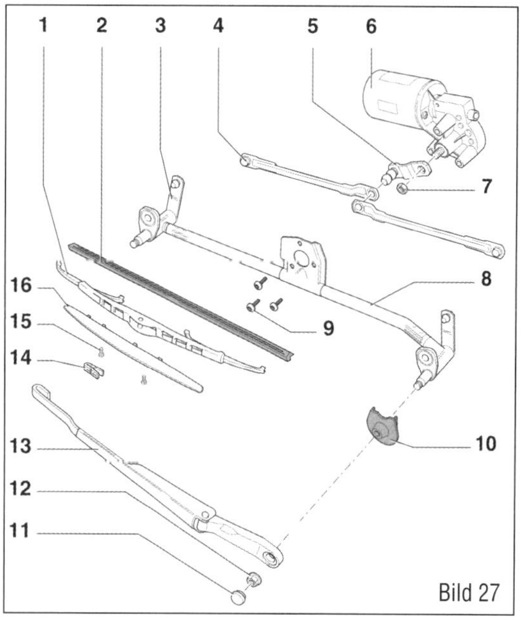

Bild 27

Bild 27
1 Wischerträger
2 Wischergummi
3 Wischerhebel
4 Gelenkstange
5 Wischerkurbel
6 Wischermotor
7 Mutter
8 Wischerrahmen
9 Schrauben
10 Abdeckung
11 Stopfen
12 Mutter
13 Wischerarm
14 Clips
15 Schraube
16 Spoiler

Waschdüsen vorne

⚠ Die Spritzdüsen dürfen nicht entgegen der Spritzrichtung gereinigt oder von vorn durchgeblasen werden. Die Spritzdüsen sind voreingestellt. Es können aber kleine Höhenunterschiede ausgeglichen werden.

Waschdüsen vorne ausbauen

Elektrisch beheizbaren Spritzdüsen:
■ Nehmen Sie die Abdeckkappe (1) ab und trennen Sie die Steckverbindung (2) in Bild 31.

Fortsetzung für alle Fahrzeuge:
■ Drücken Sie die Spritzdüse in Fahrtrichtung nach vorn (Pfeil) und nehmen Sie diese nach unten heraus (Pfeil), Bild 32.
■ Ziehen Sie den Schlauch von der Spritzdüse ab.

Montage:
Der Einbau erfolgt in umgekehrte Reihenfolge.

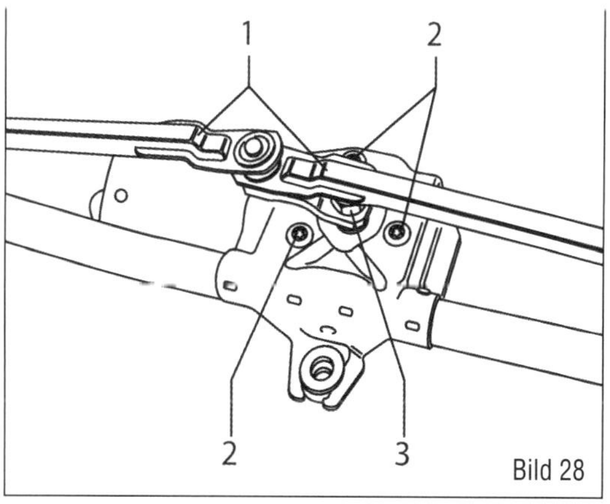

Bild 28

Bild 28
Verschraubungen des Wischerrahmens mit dem Fahrzeug (siehe Text).

Waschdüsen vorne einstellen

Die Spritzdüsen sind voreingestellt. Es können aber kleine Höhenunterschiede ausgeglichen werden. Liegen die beiden Spritzfelder nicht auf gleicher Höhe (A und B in Bild 33), muss die Spritzrichtung korrigiert werden.

■ Um das Spritzfeld (2 in Bild 34) auf der Frontscheibe nach oben zu korrigieren, drehen Sie den Exzenter (1) an der Spritzdüse mit einem Schraubendreher in »Pfeilrichtung«.

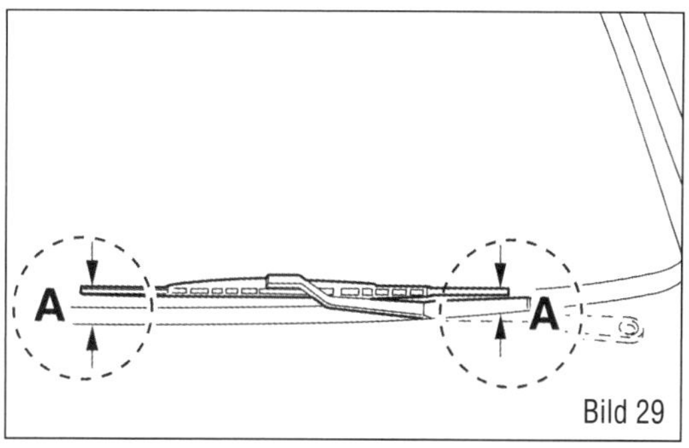

Bild 29

Bild 29
Fahrerseite: A = 20 + 10 mm (gemessen an den Wischblattenden).

Sichtprüfung Messen

Bild 30
1 Befestigungsleiste
2 Elektrische Leitung für beheizbare Spritzdüsen
3 Schlauch
4 Abdeckkappe
5 Spritzdüsen
6 Behälter für Scheibenwaschanlage
7 Scheibenwaschpumpe
8 Stecker
9 Schraube
10 Deckel Scheibenwaschanlage
11 Durchgangsstück
12 Steckverbindung
13 Schlauchclip

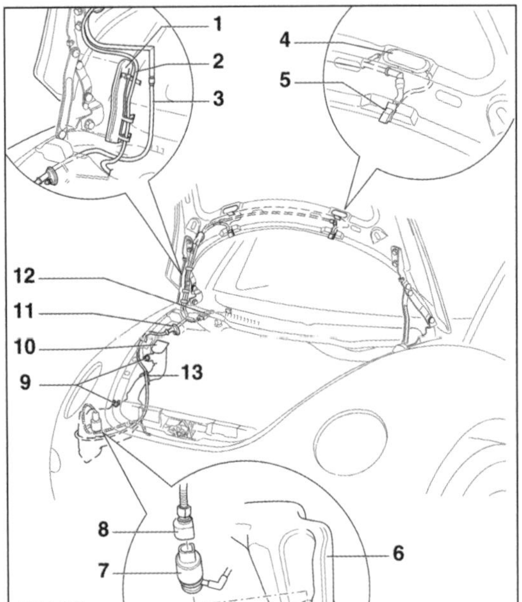

Bild 30

Bild 31
1 Abdeckkappe
2 Steckverbindung

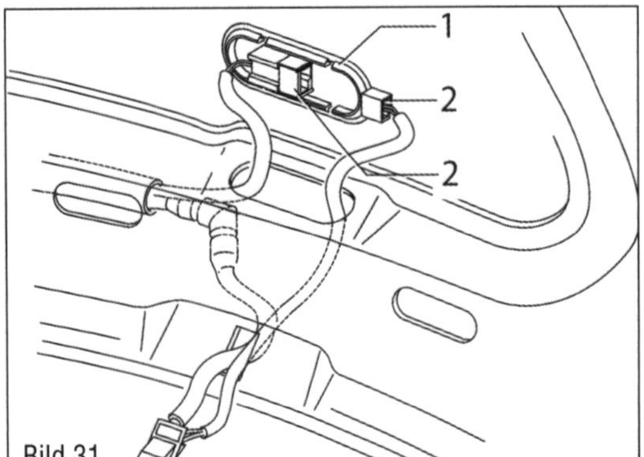

Bild 31

Bild 32
Zum Ausbau nach vorne drücken und nach unten herausnehmen.

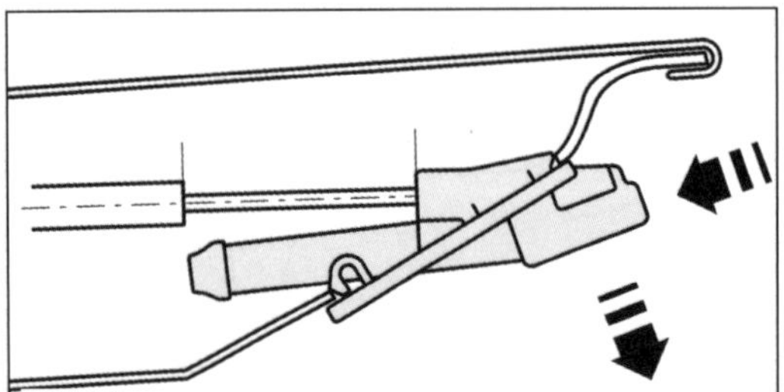
Bild 32

Bild 33
Spritzfelder (grau) sollten links und rechts die gleiche Höhe haben. Die Punkte A und B fallen unterschiedlich hoch aus.

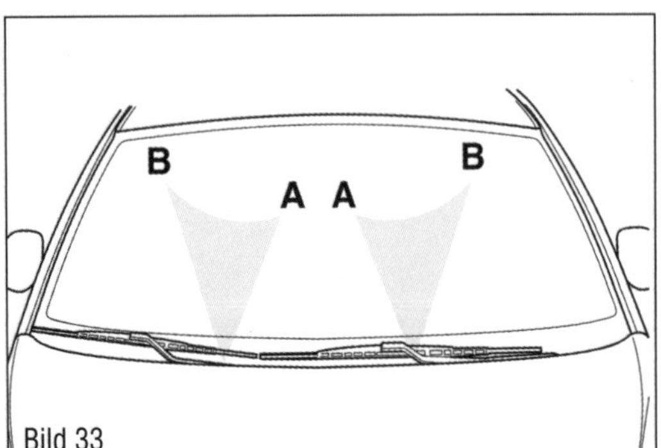

Bild 33

Bild 34
1 Exzenter
2 Wasserstrahl
Pfeil = Bewegungsrichtung zum »hoch« stellen.

Scheinwerferreinigungsanlage

Funktionsprüfung
Die Spritzdüsen dürfen nur auf Funktion kontrolliert aber nicht eingestellt werden.

- Das Abblendlicht einschalten.
- Die Scheibenwaschanlage für die Frontscheibe betätigen.

Spritzdüsenträger mit Spritzdüsen aus- und einbauen
- Schalten Sie die Zündung und alle elektrischen Verbraucher aus.
- Ziehen Sie den Zündschlüssel ab.
- Bauen Sie den Stoßfänger vorn aus.
- Drehen Sie die Schrauben (11 im Bild 35) aus den Blechmuttern heraus.
- Lösen Sie den Schlauch für Scheinwerferreinigungsanlage (3) aus dem Halter (5).
- Ziehen Sie den Schlauch (3) vom Spritzdüsenträger (1) ab.

Montage
Der Einbau erfolgt sinngemäß in umgekehrter Reihenfolge.

Zusatzbehälter Scheinwerferreinigungsanlage aus- und einbauen
- Schalten Sie die Zündung und alle elektrischen Verbraucher aus.
- Ziehen Sie den Zündschlüssel ab.
- Bauen Sie den Stoßfänger vorn aus.
- Drehen Sie die Schrauben (6) heraus.
- Ziehen Sie den Zusatzbehälter (7) aus dem Behälter für Scheibenwaschanlage (9).

Montage
Der Einbau erfolgt sinngemäß in umgekehrter Reihenfolge. Nach dem Einbau ist die Scheinwerferreinigungsanlage durch mehrmaliges Betätigen zu entlüften.

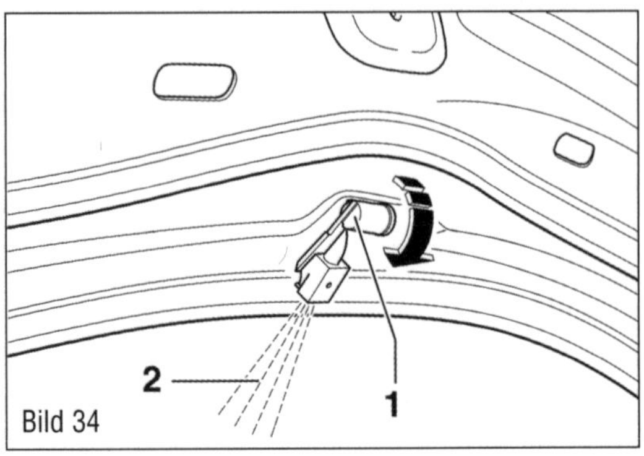

Bild 34

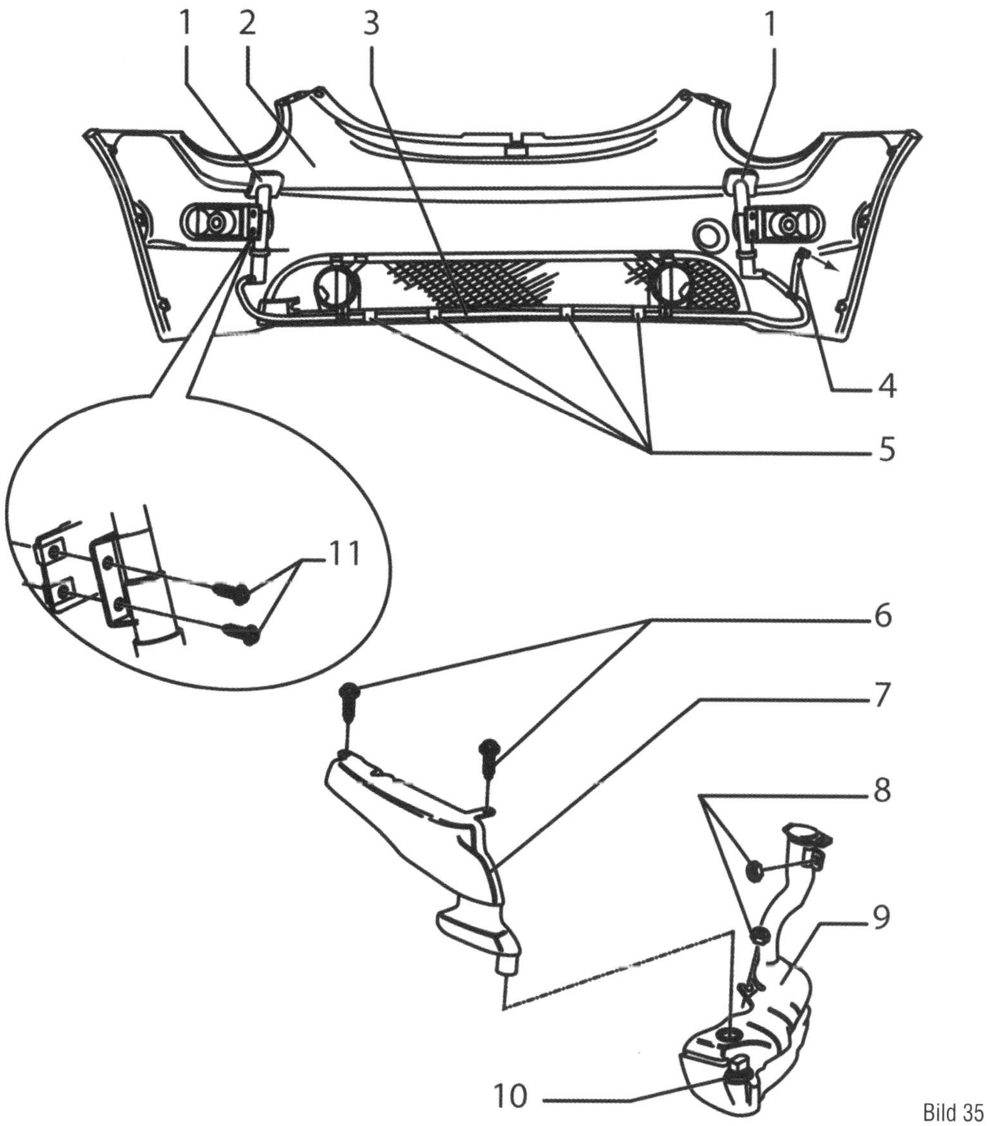

Bild 35

Bild 35
1 Spritzdüsenträger mit Spritzdüsen
2 Stoßfänger vorn
3 Schlauch
4 zur Pumpe
5 Rückhaltefeder
6 Schraube
7 Zusatzbehälter
8 Mutter
9 Behälter für Scheibenwaschanlage
10 Pumpe
11 Schraube

15 Stromlaufpläne

Sicherungen und Sicherungshalter

Damit Sie die Elektrik Ihres Autos einfach, zuverlässig und sicher nutzen können, gibt es Schaltstellen, Leitungsstränge und Sicherheitsvorkehrungen. Prüfen Sie vor jeder Fehlersuche immer die verbauten Sicherungen. Überprüfen Sie auch, ob die Sicherungsbelegung bei Ihrem Fahrzeug identisch ist (siehe Fahrerhandbuch). Herstellerbedingt werden zwar bestimmte Belegungen ausgewählt, diese aber müssen nicht unbedingt Ihrer Variante entsprechen. Schließlich werden oft genug Ausstattungsvarianten ergänzt und erweitert. In den meisten Fällen erkennen Sie schon an der verbauten Sicherungsstärke, um welche Anschlussvariante es sich handelt. Vergessen Sie nicht, dass viele »Kleinsicherungen« durchaus im Sicherungskasten »A« zusätzlich abgesichert sein können! Solche Sicherungen werden auch »Vorsicherung« genannt. Die freien Sicherungsplätze und ihre Schaltfunktionen können sehr hilfreich bei der Erweiterung der Ausrüstung Ihres New Beetle sein.

Die E-Box im Motorraum (SA)
Ganz links neben der Batterie. Hier sind die Halter A mit den Sicherungen SA sowie eine Reihe von Relais untergebracht. SA bezeichnet die Plätze für die Vorsicherungen an der Stirnseite.

Sicherungsträger im Fußraum (SB)
In der Schalttafel links (Fahrerseite) der Sicherungshalter B (Sicherungen SB). Er befindet sich im Einstiegsbereich seitlich im Armaturenbrett und ist mit einem Deckel abgedeckt. Er ist für die erste Überprüfung bei Störungen der elektrischen Anlage besonders wichtig, weil er die meisten jener Stecksicherungen enthält, die schnell zugänglich sein müssen. Dieser Sicherungshalter wird nach Abhebeln einer Abdeckung von der Stirnwand der Schalttafel zugänglich. Kunststoff-Demontagekeil oder einen kleinen Flachschraubendreher verwenden! Die genaue Sicherungsbelegung ist von der Fahrzeugausstattung abhängig. Ein Schema ist als Aufkleber oder lose bei den Sicherungshaltern zu finden. Wir verweisen auf die aktuelle Belegungslisten in der Fahrzeugbedienungsanleitung. Sicherungen sind nach Steckplätzen nummeriert. Angegeben sind abgesicherter Verbraucher und der Stromstärke-Wert (in A), durch Farbe markiert.

Sicherungsträger im Fußraum (SC)
Unter der Schalttafel links (Fahrerseite) der Sicherungshalter C (Sicherungen SC). Hier finden Sie viele Relais, das Bordnetzsteuergerät und so manche Sicherung für nachgerüstete Systeme. Auch hier müssen für den besseren Zugang eventuell Abdeckungen

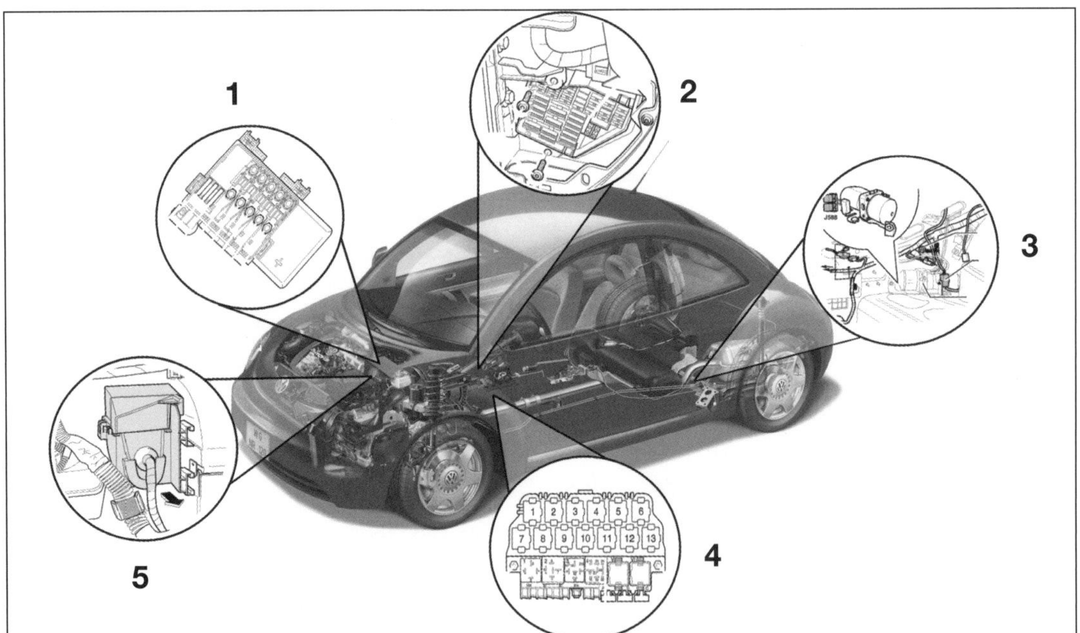

Bild 1
1 Sicherungsträger auf der Batterie »SA«
2 Sicherungsträger im Türeinstieg/Armaturentafel »SB«
3 Sondersicherungen beim Cabrio »SD«
4 Sicherungs- und Relaisträger im Fahrerfußraum »SC«
5 Relaisträger im Motorraum

entfernt werden. Weitere Relais finden sich im Relaisträger im Motorraum (5 im Bild 1).

Sonderfall Cabrio (SD)
Auf der linken Fahrzeugseite im Seitenteil verbaut finden sich die hydraulische Verdeckpumpe und natürlich auch Relais und Absicherung für diese Ausrüstungsvariante.

Sicherungen wechseln

Sicherungen im Sicherungshalter SA ausbauen (auf der Batterie)

- Batterie abklemmen.
- Den Deckel der E-Box nach oben öffnen.
- Die Sechskantmuttern abschrauben.
- Abdeckungen der Leitungsführungen an der E-Box öffnen.
- Leitungen von den Anschlussbolzen abnehmen.

Die Mehrfachsicherung wird beim Lösen der Sechskantmuttern der Leitungsanschlüsse beschädigt! Sie muss nach jedem Lösen der Anschlüsse ersetzt werden.

- Leitungen aus den Leitungsführungen ausclipsen.
- Mehrfachsicherung (2) nach jedem Lösen der Sechskantmuttern (1) ersetzen, Bild 2.

Sicherungen im Sicherungshalter SB ausbauen

- Hebeln Sie die seitliche Abdeckung für Schalttafel vorsichtig ab.
- Sehen Sie nach, welche Sicherung für den Schaltkreis erforderlich ist.
- Ziehen Sie die Stecksicherung heraus.
- Drücken Sie eine neue Sicherung in der vorgeschriebenen Stärke (siehe Fahrerhandbuch) ein.
- Prüfen Sie die Funktion.
- Drücken Sie den Deckel wieder auf.

Sicherungen und Relais im Sicherungshalter SC ausbauen

- Zündung ausschalten.
- Verkleidungen im Fußraum demontieren.
- Sehen Sie nach, welche Sicherung für den Schaltkreis erforderlich ist.
- Ziehen Sie die Stecksicherung heraus.
- Drücken Sie eine neue Sicherung in der vorgeschriebenen Stärke (siehe Fahrerhandbuch) ein.

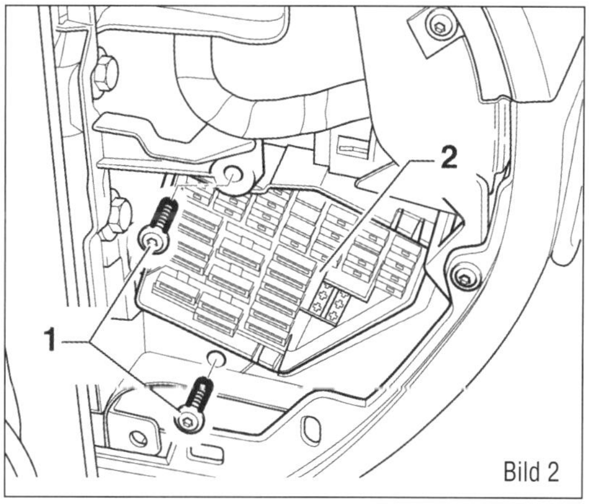

Bild 2

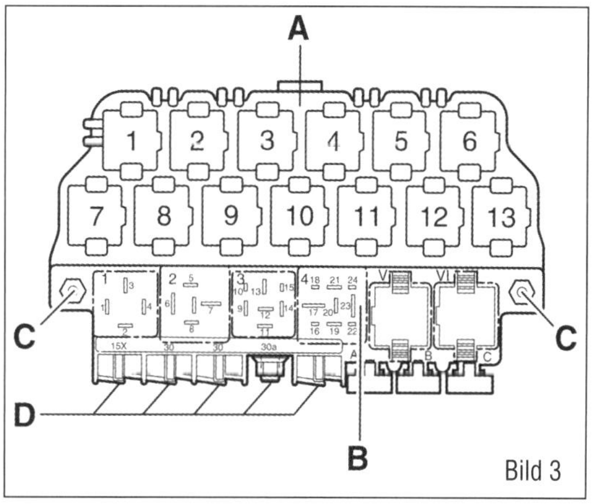

Bild 3

- Prüfen Sie die Funktion.
- Verkleidungen im Fußraum montieren.

Kabelfarben und Kabelquerschnitt

Kabelfarbe
Im Schaltplan werden die Informationen über die Kabelfarbe und die Kabelstärke angegeben. Die Farben werden als Kürzel dargestellt. Farbangaben in Kombination stellen Kabelkennzeichnungen mit einer Farblinie dar. Die Kabelbezeichnung sw/ws ist beispielsweise die Bezeichnung für ein schwarzes Kabel mit einer weißen Linie. Die Grundfarbe des Kabels wird immer zuerst genannt.

Kürzel	*Farbe*	*Kürzel*	*Farbe*
ws	weiß	gr	grau
sw	schwarz	li	lila
ro	rot	ge	gelb
br	braun	or	orange
gn	grün	rs	rosa
bl	blau		

Bild 2
1 Schrauben
2 Sicherungsträger

Bild 3
A Relaisträger
B Steckplätze
C Verschraubungen
D Anschlüsse

Kabelquerschnitt
Auch der Kabel-(Leitungs-)Querschnitt ist im Schaltplan angegeben. Er wird durch eine Zahl über der Angabe der Kabelfarbe dargestellt. Beim Suchen der entsprechenden Anschlusskabel kann das die Arbeit sehr erleichtern.

Kabelinstandsetzungsarbeiten

Reparatur von Airbag- und Gurtstrafferleitungen
Das Airbag- und Gurtstraffersystem kann ausfallen. Fehlerhafte Reparaturen am Airbag- und Gurtstrafferleitungsstrang können zur Fehlfunktion des Insassenschutzes führen. Bei Reparaturen am Airbag- und Gurtstrafferleitungsstrang dürfen nur die dafür vorgesehenen Kontakte, Stecker und Leitungen verwendet werden. Leitungen des Airbag- und Gurtstrafferleitungsstrangs dürfen nur mit dem Leitungsstrang-Reparaturset (VAS 1978 B) und den Vorgängern repariert werden.

⚠ Bei Reparaturen an Leitungen des Airbag- und Gurtstraffersystems dürfen maximal zwei Reparaturstellen ausgeführt werden. Reparaturstellen erhöhen den elektrischen Widerstand in der Leitung und können Fehler in der Eigendiagnose des Systems auslösen. Bei Reparaturen am Airbag- oder Gurtstrafferleitungsstrang müssen die Quetschverbinder grundsätzlich geschrumpft werden, um Korrosion zu verhindern.

☞ Wickeln Sie die Reparaturstelle nicht wieder in den fahrzeugeigenen Leitungsstrang ein und kennzeichnen Sie die Reparaturstelle gut sichtbar mit gelbem Isolierband.

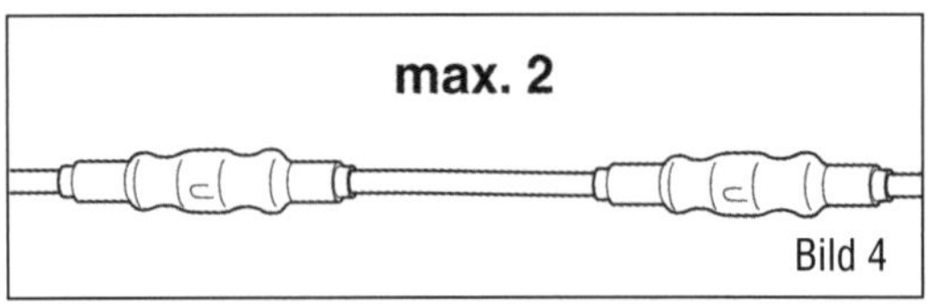

Bild 4
Reparaturstelle mit Abdichtung.

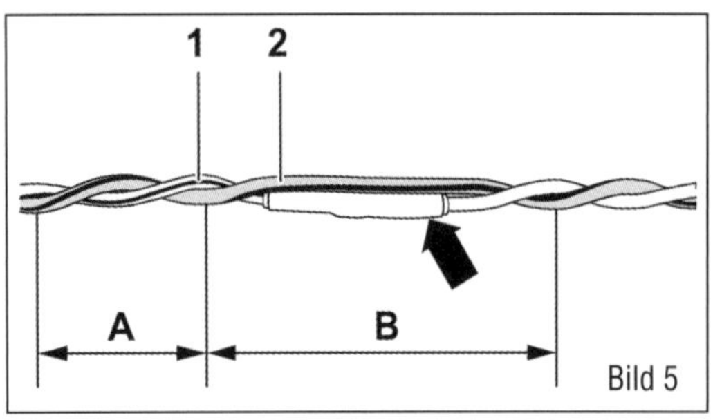

Bild 5
1 Leitung
2 Leitung
A Schlaglänge
B Reparaturstelle
Pfeil = Isolierung

Reparaturen im Bereich von Airbag oder Gurtstraffer sollten maximal 30 cm vom nächsten Kontaktgehäuse entfernt ausgeführt.
werden. Zusammen mit der Kennzeichnung durch das gelbe Isolierband ermöglicht diese Vorgehensweise einen schnellen Überblick über vorangegangene Reparaturen. Die Leitungen zu den Auslöseeinheiten (Airbags) haben in der Serie die Verdrillung mit der Schlaglänge 20 mm ±5. Diese Schlaglänge ist für die Serienfertigung über Normteilnummern für die Leitungspaare sichergestellt und muss bei den Reparaturlängen der verdrillten Leitungen zwingend eingehalten werden. Bei Reparaturarbeiten müssen die Leitungen zu den Auslöseeinheiten (Airbags) die gleiche Länge aufweisen. Beim Verdrillen der Leitungen (1) und (2) muss die Schlaglänge von A = 20 mm ± 5 zwingend eingehalten werden. Es darf dabei kein Leitungsstück, zum Beispiel im Bereich von Quetschverbindern (Pfeil), größer als B = 100 mm ohne Verdrillung der Leitungen entstehen (Bild 5).

Reparaturmöglichkeiten CAN-Bus
Als CAN-Busleitung wird eine ungeschirmte Zweidrahtleitung (1) und (2) mit einem Querschnitt von 0,35 mm^2 oder 0,5 mm^2 verwendet. Die Farbcodierungen der CAN-Busleitungen entnehmen Sie der folgenden Tabelle:

CAN-High-Leitung, Antrieb	orange/schwarz
CAN-High-Leitung, Komfort	orange/grün
CAN-High-Leitung, Infotainment	orange/violett
CAN-Low-Leitung, (alle)	orange/braun

Die Reparatur von CAN-Busleitungen kann sowohl mit Reparaturleitung in passendem Querschnitt als auch mit den gedrillten Leitungen »grün/gelb« bzw. »weiß/gelb« aus dem elektronischen Teilekatalog ausgeführt werden. Bei Reparaturarbeiten (wie im Bild 5) müssen beide Busleitungen die gleiche Länge aufweisen. Beim Verdrillen der Leitungen (1) und (2) muss die Schlaglänge von A = 20 mm eingehalten werden. Es darf dabei kein Leitungsstück, zum Beispiel im Bereich von Quetschverbindern (Pfeil), größer als B = 50 mm ohne Verdrillung der Leitungen entstehen. Versehen Sie die Reparaturstelle mit gelbem Klebeband, um eine vorangegangene Reparatur zu kennzeichnen.

Messgeräte und Diagnosetester

Geeignete Messmittel in der Elektrik
Verwenden Sie nur geeignete Messmittel wie Multimeter und Mess- und Prüfsysteme. Prüflampen mit Glühlampe können Schäden in der Elektronik verursachen und können zudem keine Messwerte ausgeben.

Vorgaben zur Diagnose am Fahrzeug
Vor unseren Hinweisen zum Umgang mit den Stromlauf- oder Schaltplänen möchten wir, weil dazu ein enger Zusammenhang besteht, nochmals kurz auf das Fahrzeugdiagnose-, Mess- und Informationssystem eingehen.

⚠ Wird das Diagnose- und Informationssystem während einer Prüf- oder Messfahrt im Aktionsbereich eines Airbags deponiert, besteht im Falle einer Airbag-Auslösung das Risiko von schweren bis tödlichen Verletzungen! Deshalb zu Prüf- oder Messfahrten stets einen Helfer mitnehmen, der auf einem Rücksitz das System bedient. Zum Anschließen des Diagnose- und Testsystems schreibt Volkswagen folgendes Vorgehen vor:

- Die Handbremse anziehen.
- Fahrzeug mit einem Erhaltungsladegerät versehen (Batterie laden).
- Bei Fahrzeugen mit Automatikgetriebe den Wählhebel in die Stellung »P« oder »N« bringen.
- Bei Fahrzeugen mit Schaltgetriebe den Schalthebel in die Leerlaufstellung bringen.
- Den Fahrzeugdiagnosetester bei ausgeschalteter Zündung mit der Diagnoseleitung am Diagnoseanschluss des Fahrzeugs anschließen.
- Die Zündung einschalten.
- Alle elektrischen Verbraucher ausschalten.

Schaltpläne

Zum Gebrauch der Stromlaufpläne
Die Bordelektrik wird in Aufbau und Vernetzung durch Stromlaufpläne (auch Schaltpläne genannt) dargestellt, die für den New Beetle in gedruckter Form schon in der Grundausführung 1500 Seiten umfassen, also einen Ordner von ganz beträchtlichem Umfang füllen. Das Schaltplanangebot enthält neben den einzelnen Stromlaufplänen für die Basis

A - Batterie
B - Anlasser
D Zündanlassschalter
J519 - Steuergerät für Bordnetz
T3a - Steckverbindung, 3-fach, im Wasserkasten (grau)
T8b - Steckverbindung, 8-fach, am Steuergerät für Bordnetz (braun)
(11) Massepunkt, im Motorraum links
(A1) Plusverbindung (30a), im Schalttafelleitungsstrang
(P1) Plusverbindung (30), im Sicherungs kasten

Legende
In allen Stromlaufplänen werden für gleiche Bauteile die gleichen Teile-Bezeichnungen verwendet, z.B. immer A für Batterie.

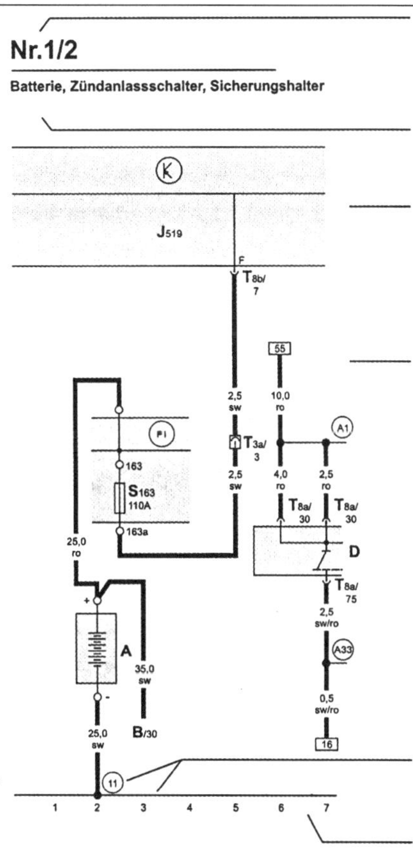

Schaltungskomplex (funktionsorientiert mit fortlaufender Nr.)

Bezeichnung der auf dieser Seite dargestellten Stromkreise

J519 – Steuergerät für Bordnetz durch graues Feld gekennzeichnet (weiter wird dieses Steuergerät in den Stromlaufplänen nicht mehr bezeichnet)

Verbraucherstromkreise mit Leitungsführung
Alle Schalter und Kontakte sind in mechanischer Ruhestellung gekennzeichnet

Schlüssel für Leitungsfarben
ws = weiß bl = blau
sw = schwarz gr = grau
ro = rot li = lila
br = braun ge = gelb
gn = grün or = orange

Fahrzeugmasse
Zahlen in den Kreisen kennzeichnen den Einbauort (siehe Legende)

Strompfad-Nr.
Zum leichteren Auffinden der Verknüpfungen

Bild 6

Bild 6 Aufbau der Stromlaufpläne.

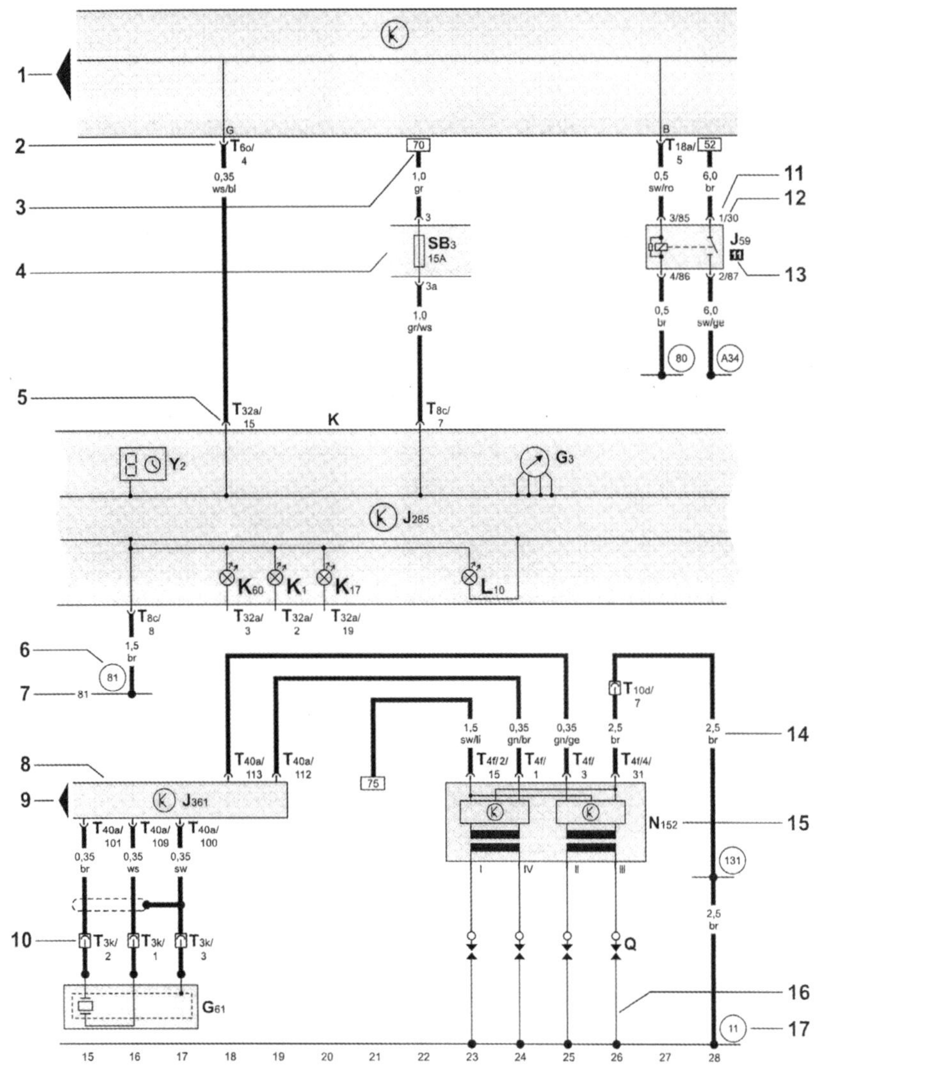

Bild 7

Bild 7

Erläuterung der Symbole in den Stromlaufplänen.

1 Der Pfeil weist auf den nächsten zum Stromlaufplan gehörenden Stromkreis hin.
2 Bezeichnung einer Steckverbindung am Steuergerät für Bordnetz. Gibt die Belegung einer Mehrfachsteckverbindung mit einer Leitung an, z. B. T60/4 - Steckverbindung T60, 6-fach, Kontakt 4.
3 Verweis auf Weiterführung der Leitung. Die Zahl im Rahmen kennzeichnet, in welchem Strompfad die Leitung weitergeführt wird.
4 Bezeichnung einer Sicherung, z. B. Sicherung Nr. 3 (15A) im Sicherungshalter.
5 Bezeichnung einer Steckverbindung an einem Bauteil. Gibt die Bezeichnung der Mehrfachsteckverbindung, die Anzahl der Kontakte und die belegte Kontaktnummer an, z. B. T32a/15 - Mehrfachsteckverbindung T32a, 32-fach, Kontakt 15.
6 Bezeichnung für Verbindung im Leitungsstrang. Die Legende zum Stromlaufplan gibt Auskunft, in welchem Leitungsstrang sich diese nicht lösbare Verbindung (Leitungsschweißpunkt) befindet.
7 Verweis auf Weiterführung der internen Verbindung. Die Zahl kennzeichnet, wo im nächsten Stromlaufplanteil die Verbindung weitergeführt wird.
8 Schaltzeichen für ein Bauteil (siehe Bild 3).
9 Der Pfeil weist auf die Fortsetzung des Bauteils im nächsten Stromlaufplan hin.
10 Bezeichnung einer Steckverbindung im Leitungsstrang. Gibt die Bezeichnung der Mehrfachsteckverbindung, die Anzahl der Kontakte und die belegte Kontaktnummer an, z. B. T3k/2 – Mehrfachsteckverbindung T3k, 3-fach, Kontakt 2.
11 Bezeichnung einer Anschlussklemme. Klemmenbezeichnung, die auf dem Originalteil zu finden ist und/oder Kontaktnummer einer Mehrfachsteckverbindung.
12 Bezeichnung der Verbindung - am Zusatzrelaishalter. Sie kennzeichnet den einzelnen Kontakt von Relais, z. B. 30 = Kontakt 30 am Relais.
13 Relaisplatz-Bezeichnung – am Zusatzrelaishalter.
14 Leitungsquerschnitt (mm^2) und Leitungsfarbe (die Abkürzungen werden im Schlüssel für Leitungsfarben neben dem Stromlaufplan erläutert).
15 Teile-Bezeichnung. In der Legende zum Stromlaufplan wird erläutert, wie das Teil heißt.
16 Interne Verbindung (dünner Strich). Diese Verbindung ist nicht als Leitung vorhanden. Interne Verbindungen sind jedoch elektrisch leitende Verbindungen. Sie ermöglichen die Verfolgung des Stromverlaufes innerhalb von Bauteilen und Leitungssträngen.
17 Bezeichnung eines Massepunktes. Die Legende zum Stromlaufplan weist auf die Lage des Massepunktes im Fahrzeug hin.

Klemmenbezeichnungen nach Norm

15	Geschaltetes Plus hinter Batterie (Ausgangskontakt vom Zündanlassschalter)
15a	Geschaltetes Plus vom Zündanlassschalter (hinter der Sicherung)
30	Ausgang direkt von Batterie-Plus
30a	Ausgang direkt von Batterie-Plus (hinter der Sicherung)
30al	Ausgeschaltetes Plus von Steuergerät für Bordnetz für Innenleuchte
31	Batterie-Minus oder Fahrzeugmasse
49L	Blinker links
49R	Blinker rechts
49a	Blinkrelais Ausgang (nur konventionelle Blinkanlagen)
50	Ausgangskontakt vom Zündanlassschalter für Anlasser
54	Bremsleuchten
56	Ausgang von Lichtschalter für Abblendlicht und Fernlicht
56a	Fernlicht
56aL	Fernlicht links
56aR	Fernlicht rechts
56b	Abblendlicht
56bL	Abblendlicht links
56bR	Abblendlicht rechts
58	Stand- und Schlusslicht, Kennzeichenleuchte
58d	Beleuchtung von Schaltern und Schalttafeleinsatz (Beleuchtungsintensität einstellen)
58L	Standlicht, Schlusslicht und Parklicht links
58R	Standlicht, Schlusslicht und Parklicht rechts
71	Eingang für Signalhorn
75	Ausgangskontakt vom Zündanlassschalter für Ausschalten von Verbrauchern für Entlastung der Batterie beim Anlassen.
75a	Ausgeschaltetes Plus hinter dem Relais für Entlastung der Batterie beim Anlassen (hinter der Sicherung).
86s	Ausgeschaltetes Plus durch Zündanlassschalter beim vollständigen Herausziehen des Schlüssels aus dem Zündanlassschalter.
87	Ausgangskontakt vom Kraftstoffpumpenrelais oder vom Relais für Dieseldirekteinspritzanlage.
87a	Ausgangskontakt vom Kraftstoffpumpenrelais oder vom Relais für Dieseldirekteinspritzanlage hinter der Sicherung.
CAN - H. Antrieb CAN - L. Antrieb	Datenbus zwischen Steuergeräten von Antrieb (Motor, autom. Getriebe, ABS, Diagnose-Interface für Datenbus ...)
CAN - H. Komfort CAN - L. Komfort	Komfort Datenbus zwischen Steuergeräten von Komfortelektrik (Türsteuergeräte, Climatic, Steuergerät für Bordnetz, Diagnose-Interface für Datenbus ...)
CAN - H - KI CAN - L- KI	Datenbus zwischen Schalttafeleinsatz und Diagnose-Interface für Datenbus
CAN - H. Infotainment CAN - L. Infotainment	Datenbus zwischen Diagnose-Interface für Datenbus und Radio, Verstärker ....
LIN - Bus	Datenbus zwischen Steuergerät für Bordnetz. Steuergerät für Wischermotor ...
K-Leitung	Reizleitung Diagnoseleitung Steuergeräte

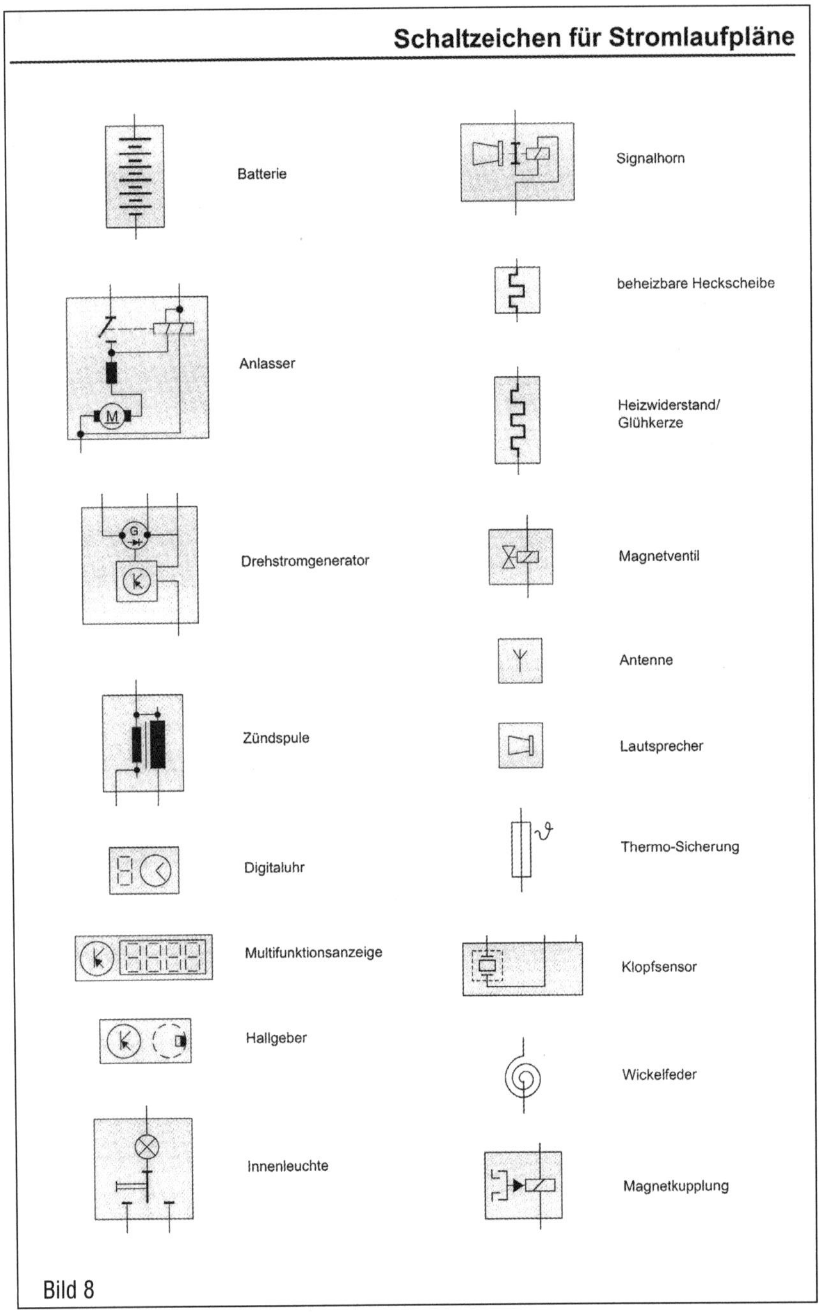

Bild 8
Schaltzeichen für Stromlaufpläne 1.

ausstattung, die Elektrik für jeden einzelnen Motor bis hin zu Sonderausstattungen (z. B. für Climatronic, Dämpfersteuerung, Einparkhilfe, Rückfahrkamera oder Autogasbetrieb) auch zeitliche Überarbeitungen. Es macht sachlich wenig Sinn und der begrenzte Umfang dieses Buches lässt das auch nicht zu, einzelne Stromlaufpläne aus der Fülle herauszugreifen und in diesem Ratgeber darzustellen. Wer bei der Arbeit an einer Baugruppe die jeweiligen aktuellen Schaltplan zugrunde legen möchte, hat folgende Möglichkeiten:

- Man kann die Informationen aus dem Fahrzeugbordbuch entnehmen,
- kann sie direkt bestellen und kaufen über https://erwin.volkswagen.de/erWinVW/,
- oder per E-Mail: VWBestell@Bertelsmann.de,
- oder per Post: Volkswagen Distributions-Service arvato logistics services, Friedrich-Menzefricke-Straße 16-18, 33775 Versmold.

Für den Umgang mit den Schaltplänen geben wir mit den folgenden Grafiken und Übersichten die grundsätzlichen Hinweise. Mit Bild 6 informieren wir über den Aufbau der Stromlaufpläne. Bild 7 soll mit den Symbolen in den Plänen vertraut machen. Die beiden Bilder 8 und 9 präsentieren die in den Stromlaufplänen verwendeten Schaltzeichen. Die Liste auf der übernächsten Seite fasst die häufig benutzten Klemmenbezeichnungen zusammen, wie wir sie im Kapitel »Elektrische Anlage« auch im Zusammenhang mit der Funktion von Sicherungen angegeben haben.

Schaltzeichen für Stromlaufpläne

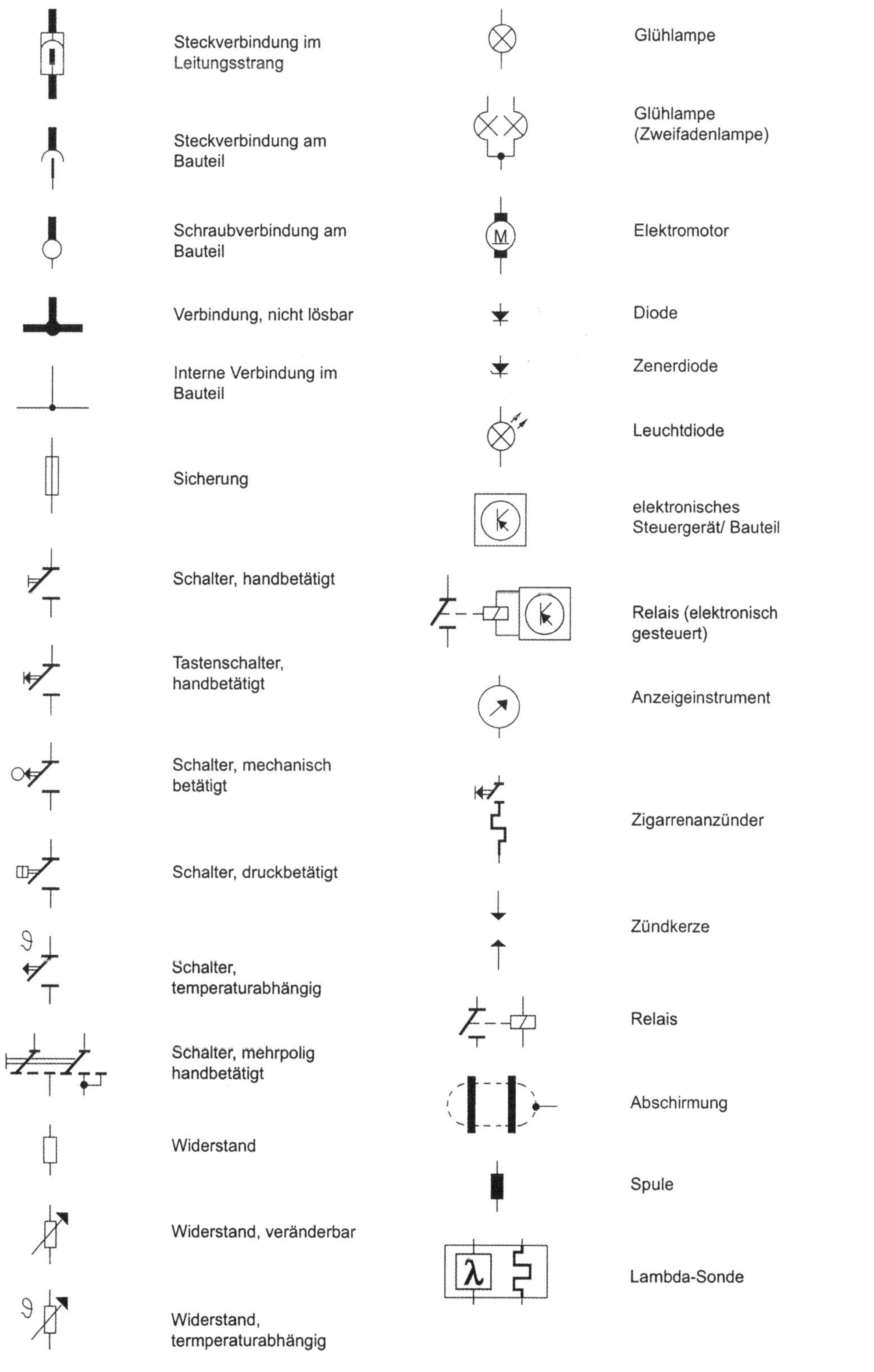

Bild 9

Bild 9
Schaltzeichen für Stromlaufpläne 2.

16 Technische Daten

Wie vieles bei Volkswagen entstammt auch die Motorisierung durch Kombinationen aus bewährten Komponenten der Großserie. VW kennzeichnet jeden Motortyp mit drei »Kennbuchstaben« und einer sechsstelligen »laufenden Nummer«. Wurden von einem Motortyp mehr als 999.999 Triebwerke hergestellt, wird die erste der sechs Stellen durch einen Buchstaben ersetzt. So ergeben sich auch bei gleichen Motoren unterschiedliche Motornummern.

Benzinmotoren

New Beetle / Cabrio Modellbezeichnung	**1,4 l**	**1,6 l (Tasse)**	**1,6 l (RSH)**	**1,8 l Turbo**	**1,8 l Turbo**
Motorkennbuchstaben	BCA	AWH	AYD, BFS	AGU, AVC	APH, AWP, AWU, AWV, BKF, BNU
Kraftstoff (Qualität)	Benzin (95 ROZ)	Benzin (95 ROZ)	Benzin (95 ROZ)	Benzin (95 ROZ)	Benzin (98 ROZ)
Hubraum	1390 cm³	1595 cm³	1595 cm³	1781 cm³	1781 cm³
Zylinderzahl	4	4	4	4	4
Ventile pro Zylinder	4	2	8	5	5
Leistung kW bei 1/min	55/5000	74/5600	75/5600	110/5700	110/5800
Drehmoment Nm bei 1/min	126/3300	145/3800	148/3800	210/1750-4600	220/2000-4200
Einspritzsystem	Motronic ME 7.5	Simos 3.3	Simos 3.3	Motronic ME 7.5	Motronic ME 7.5
Bohrung Ø mm (Grund)	76,51	81,01	81,01	81,01	81,01
Maximaler Verschleiß mm	-	+0,04	+0,04	-	-
Ovalität mm	-	+0,08	+0,08	0,10	0,10
Bohrung Ø mm (Stufe 1)	76,76	-	-	81,51	81,51
Bohrung Ø mm (Stufe 2)	77,01	-	-	-	-
Hub mm	75,60	77,40	77,40	86,4	86,4
Kolbendurchmesser (Grund)	76,470	80,965 *	80,965 *	80,965 *	80,965 *
Kolbendurchmesser (Stufe 1)	76,720	-	-	81,465 *	81,465 *
Kolbendurchmesser (Stufe 2)	76,970	-	-	-	-
Stoßspiel 1. Ring	0,20-0,40	0,20-0,40**	0,20-0,40**	0,20-0,40**	0,20-0,40**
Stoßspiel 2. Ring	0,40-0,60	0,20-0,40**	0,20-0,40**	0,20-0,40**	0,20-0,40**
Stoßspiel Ölabstreifring	0,20-0,80	0,25 - 0,50	0,25 - 0,50	0,25 - 0,50	0,25 - 0,50
Höhenspiel 1. Ring	0,04-0,08	0,06 - 0,09	0,06 - 0,09	0,06 - 0,09	0,06 - 0,09
Höhenspiel 2. Ring	0,02-0,06	0,06 - 0,09	0,06 - 0,09	0,06 - 0,09	0,06 - 0,09
Höhenspiel Ölabstreifring	-	0,03 - 0,06	0,03 - 0,06	0,03 - 0,06	0,03 - 0,06
Pleuellagerspiel	0,020 - 0,061	0,01 - 0,06	0,01 - 0,06	0,0 - 0,05	0,01 - 0,05
Kurbelwelle mm					
Lagerspiel KW Hauptlager mm	nicht prüfbar	0,01 - 0,04	0,01 - 0,04	0,01 - 0,04	0,01 - 0,04
Aufladesystem	keines	keines	keines	Bypasslader	Bypasslader
Nockenwellenantrieb	Zahnriemen	Zahnriemen	Zahnriemen	Zahnriemen	Zahnriemen
Ventilspiel	Hydro	Hydro	Hydro	Hydro	Hydro
Ölfilter	Patrone	Patrone	Patrone	Patrone	Patrone
Ölmenge mit Filter	3,2 l	4,0 l	4,0 l	4,0 l	4,0 l
Ölmenge Filter	ca. 0,5 l	ca. 0,5 l	ca. 0,5 l	ca. 0,5 l	
Kühlmittelmenge ca.	6 l	5 l	5 l	5 l	
Getriebeöl 5-Gang-Schaltgetriebe	Getriebeöl G50 SAE 75W90 (Synthetiköl) Füllmenge 2,0 l				
Getriebeöl DSG-Getriebe	Getriebeöl für Direkt-Schaltgetriebe (VW Freigabe beachten)				
Erstbefüllung	ca. 7,2 l				
Wechsel	ca. 5,2 l				
Getriebeöl Automatik-Getriebe (Lebensdauerfüllung)	5,3 l				
Bremsflüssigkeit	DOT 4	DOT 4	DOT 4	DOT 4	⟶

New Beetle / Cabrio	1,4 l	1,6 l	1,6 l	1,8 l	1,8 l
Modellbezeichnung		(Tasse)	(RSH)	Turbo	Turbo
Klimaanlage Klimamittel	R134a	R134a	R134a	R134a	
(alle Systeme)	700-750 g	700-750 g	700-750 g	700-750 g	
Klimaöl in cm³	135 ±15	135 ±15	135 ±15	135 ±15	
(Sanden)					

* Maß ohne Grafitbeschichtung (Dicke 0,02 mm). Die Grafitbeschichtung nutzt sich ab.
** Verschleißgrenze: Kolbendurchmesser 0,08 mm, Kolbenringe 0,2 mm, Ölabstreifring 0,15 mm

New Beetle, Modellbezeichnung	1,8 l Turbo	2,0 l	2,0 l	2,0 l	2,0 l
Motorkennbuchstaben	AWP	AEG, AQJ, AVH, BDC, BEV, BDG	APK	AZJ	BEJ, BER, BHP
Kraftstoff (Qualität)	98 bleifrei	91 bleifrei	95 bleifrei	95 bleifrei	87 bleifrei
Hubraum	1781 cm³	1984 cm³	1984 cm³	1984 cm³	1984 cm³
Zylinderzahl	4	4	4	4	4
Ventile pro Zylinder	5	2	2	2	2
Leistung kW bei 1/min	132/5500	85/5200/85/5400	85/5200	85/5400	85/5200
Drehmoment Nm bei 1/min	235/2195 - 5000	165/2600 170/2400	170/2400	175/2400	170/2400 165/2600
Einspritzsystem	Motronic ME 7.5	Motronic 5.9.2	Motronic 5.9.2	Motronic 5.9.2	Motronic ME 7.5.10
Bohrung Ø mm (Grund)	81,01	82,51	82,51	82,51	82,51
Maximaler Verschleiß mm	-	-	-	-	-
Ovalität mm	0,10	0,08	0,08	0,08	0,08
Bohrung Ø mm (Stufe 1)	81,51	83,01	83,01	83,01	83,01
Bohrung Ø mm (Stufe 2)	-	-	-	-	-
Hub mm	86,4	92,8	92,8	92,8	92,8
Kolbendurchmesser (Grund)	80,965 *	82,465 *	82,465 *	82,465 *	82,465 *
Kolbendurchmesser (Stufe 1)	81,465 *	82,965 *	82,965 *	82,965 *	82,965 *
Kolbendurchmesser (Stufe 2)	-	-	-	-	-
Stoßspiel 1. Ring	0,20-0,40**	0,20-0,40**	0,20-0,40**	0,20-0,40**	0,20-0,40**
Stoßspiel 2. Ring	0,20-0,40**	0,20-0,40**	0,20-0,40**	0,20-0,40**	0,20-0,40**
Stoßspiel Ölabstreifring	0,25 - 0,50	0,25 - 0,50	0,25 - 0,50	0,25 - 0,50	0,25 - 0,50
Höhenspiel 1. Ring	0,06 - 0,09	0,06 - 0,09	0,06 - 0,09	0,06 - 0,09	0,06 - 0,09
Höhenspiel 2. Ring	0,06 - 0,09	0,06 - 0,09	0,06 - 0,09	0,06 - 0,09	0,06 - 0,09
Höhenspiel Ölabstreifring	0,03 - 0,06	0,03 - 0,06	0,03 - 0,06	0,03 - 0,06	0,03 - 0,06
Pleuellagerspiel Kurbelwelle mm	0,01 - 0,05	0,01 - 0,06	0,01 - 0,06	0,01 - 0,06	0,01 - 0,06
Lagerspiel KW Hauptlager mm	0,01 - 0,04	0,01 - 0,04	0,01 - 0,04	0,01 - 0,04	0,01 - 0,04
Aufladesystem	Bypasslader	-	-	-	-
Nockenwellenantrieb	Zahnriemen	Zahnriemen	Zahnriemen	Zahnriemen	Zahnriemen
Ventilspiel	Hydro	Hydro	Hydro	Hydro	Hydro
Ölfilter	Patrone	Patrone	Patrone	Patrone	Patrone
Ölmenge mit Filter	4,0 l	4,0 l	4,0 l	4,0 l	4,0 l
Ölmenge Filter	ca. 0,5 l	ca. 0,5 l	ca. 0,5 l	ca. 0,5 l	ca. 0,5 l
Kühlmittelmenge ca.	5 l	5 l	5 l	5 l	5 l
Getriebeöl					
6-Gang-Schaltgetriebe	Getriebeöl G50 SAE 75W90 (Synthetiköl) Füllmenge 2,0 l				
Getriebeöl DSG-Getriebe	Getriebeöl für Direkt-Schaltgetriebe (VW-Freigabe beachten)				
Erstbefüllung	ca. 7,2 l				
Wechsel	ca. 5,2 l				
Getriebeöl Automatik	5,3 l (Lebensdauerfüllung)				
Bremsflüssigkeit	DOT 4				
Klimamittel (alle Systeme)	R134a 700-750 g				
Klimaöl in cm³ (Sanden)	135 ±15				

* Maß ohne Grafitbeschichtung (Dicke 0,02 mm). Die Grafitbeschichtung nutzt sich ab.
** Verschleißgrenze: Kolbendurchmesser 0,08 mm, Kolbenringe 0,2 mm, Ölabstreifring 0,15 mm

Dieselmotoren

New Beetle / Cabrio	**1,9 TDI**	**1,9 TDI**	**1,9 TDI**
Modellbezeichnung	EDC		
Motorkennbuchstaben	ALH	ATD, AXR, BEW	BSW
Hubraum	1896 cm^3	1896 cm^3	1896 cm^3
Einspritzsystem	VE EDC	PD-Elemente	PD-Elemente
Zylinderzahl	4	4	4
Ventile pro Zylinder	2	2	2
Leistung kW bei 1/min	66/3750	74/4000	77/4000
Drehmoment Nm bei 1/min	210/1900	240/1800...2400	250/1800...2400
Bohrung Ø mm	79,51	79,51	79,51
Bohrung Ø mm (Stufe 1)	79,76	79,76	79,76
Bohrung Ø mm (Stufe 2)	80,01	80,01	80,01
Hub mm	95,5	95,5	95,5
Kolbendurchmesser (Grund)	79,47	79,47	79,47
Kolbendurchmesser (Stufe 1)	79,72	79,72	79,72
Kolbendurchmesser (Stufe 2)	79,97	79,97	79,97
Laufspiel	0,04	0,04	0,04
Stoßspiel 1. Ring (Grenze)	0,2 - 0,4 (1,0)	0,2 - 0,4 (1,0)	0,2 - 0,4 (1,0)
Stoßspiel 2. Ring (Grenze)	0,2 - 0,4 (1,0)	0,2 - 0,4 (1,0)	0,2 - 0,4 (1,0)
Stoßspiel Ölabstreifring (Grenze)	0,25 - 0,50 (1,0)	0,25 - 0,50 (1,0)	0,25 - 0,50 (1,0)
Höhenspiel 1. Ring	0,06 - 0,09 (0,25)	0,06 - 0,09 (0,25)	0,06 - 0,09 (0,25)
Höhenspiel 2. Ring	0,05 - 0,08 (0,25)	0,05 - 0,08 (0,25)	0,05 - 0,08 (0,25)
Höhenspiel Ölabstreifring (Grenze)	0,03 - 0,06 (0,15)	0,03 - 0,06 (0,15)	0,03 - 0,06 (0,15)
Aufladesystem	VTG Lader	VTG Lader	VTG Lader
Nockenwellenantrieb	Zahnriemen	Zahnriemen	Zahnriemen
Ventilspiel	Hydraulisch	Hydraulisch	Hydraulisch
Ölfilter	Filtereinsatz	Filtereinsatz	Filtereinsatz
Ölmenge mit Filter	4,5 l	4,5 l	4,5 l
Ölmenge Filter	0,5 l	0,5 l	0,5 l
Getriebeöl			
6-Gang-Schaltgetriebe	Getriebeöl G50 SAE 75W90 (Synthetiköl) Füllmenge 2,0 l		
Getriebeöl DSG-Getriebe	Getriebeöl für Direkt-Schaltgetriebe (VW-Freigabe beachten)		
Erstbefüllung	ca. 7,2 l		
Wechsel	ca. 5,2 l		
Getriebeöl Automatik	5,3 l (Lebensdauerfüllung)		
Bremsflüssigkeit	DOT 4		
Klimamittel (Sanden)	R134a 700-750 g		
Klimaöl in cm^3 (Sanden)	135 ±15		

17 Anzugsdrehmomente

Motoren

	1,4 l	1,6 l	1,8 l	2,0 l	1,9 l TDI (EDC)	1,9 l TDI (PD)
Abgaskrümmer	25 Nm	20 Nm	25 Nm	25 Nm	25 Nm	25 Nm
Ansaugkrümmer	20 Nm	25 Nm	10 Nm	20 Nm	25 Nm	25 Nm
Auspuffrohr am Krümmer	40 Nm	40 Nm	40 Nm	40 Nm	25 Nm	25 Nm
Einspritz-Düsenhalter EDC	-	-	-	-	20 Nm	-
Einspritzleitung	-	-	-	-	25 Nm	-
Einspritz-PD Element 1.	-	-	-	-	-	12 Nm
Einspritz-PD Element 2.	-	-	-	-	-	270°
Einspritzpumpenflansch	-	-	-	-	30 Nm	-
Einspritzpumpenrad 1.	-	-	-	-	20 Nm	-
Einspritzpumpenrad 2.	-	-	-	-	90°	-
Kraftstoffverteilerrohr	10 Nm	10 Nm	10 Nm	10 Nm	-	-
Kurbelwellenlager 1.	50 Nm	65 Nm*	65 Nm*	65 Nm*	65 Nm*	65 Nm*
Kurbelwellenlager 2.	90°	90°	90°	90°	90°	90°
Nockenwellenlagergehäuse 1.	10 Nm	20 Nm	10 Nm	20 Nm	20 Nm	8 Nm
Nockenwellenlagergehäuse 2.	90°	-	-	-	-	90°
Nockenwellenrad (Einstellschrauben)	-	-	-	-	-	25 Nm
Nockenwellenrad 1.	20 Nm	100 Nm	65 Nm	10 Nm	45 Nm	100 Nm
Nockenwellenrad 2.	90°	-	-	-	-	-
Ölablassschraube	30 Nm	30 Nm	30 Nm	30 Nm	30 Nm	30 Nm
Ölpumpe am Zylinderblock	12 Nm	15 Nm	15 Nm	8 Nm	15 Nm	15 Nm
Ölwannenschrauben	13 Nm	15 Nm	15 Nm	15 Nm	15 Nm	15 Nm
Pleuellager 1. M7(M8)	20 (30) Nm	30 Nm	30 Nm	30 Nm	30 Nm	30 Nm
Pleuellager 2.	90°	90°	90°	90°	90°	90°
Riemenscheibe Zentralschraube 1.	90 Nm	90 Nm	90 Nm	90 Nm	120 Nm	120 Nm
Riemenscheibe Zentralschraube 2.	90°	90°	90°	90°	90°	90°
Schwungrad Kupplung**	20 Nm	20 Nm	20 Nm	20 Nm	13 Nm	13 Nm
Schwungrad/Mitnehmer 1.	60 Nm	60 Nm	60 Nm	60 Nm	60 Nm	60 Nm
Schwungrad/Mitnehmer 2.	90°	90°	90°	90°	90°	90°
Sensor Klopfsensor	20 Nm	20 Nm	20 Nm	20 Nm	-	-
Sensor Öldruckschalter	25 Nm	25 Nm	25 Nm	25 Nm	-	20 Nm
Sensor Kühlmittel	35 Nm	10 Nm	35 Nm	35 Nm	10 Nm	10 Nm
Sensor Kurbelwelle	10 Nm	10 Nm	10 Nm	10 Nm	10 Nm	15 Nm
Sensor Lambdasonde	50 Nm	50 Nm	50 Nm	50 Nm		-
Sensor Nockenwelle	10 Nm	10 Nm	10 Nm	10 Nm	10 Nm	10 Nm
Ventildeckel 1.	10 Nm	10 Nm	10 Nm	10 Nm	10 Nm	10 Nm
Ventildeckel 2.	10 Nm	-	-	-	-	-
Wasserpumpe	20 Nm	15 Nm	15 Nm	15 Nm	15 Nm	15 Nm
Zündkerzen / Glühkerzen	30 Nm	30 Nm	30 Nm	30 Nm	25 Nm	15 Nm
Zylinderkopfschrauben 1.	30 Nm	40 Nm	40 Nm	20 Nm	40 Nm	40 Nm
Zylinderkopfschrauben 2.	90°	90°	90°	40Nm	60Nm	60Nm
Zylinderkopfschrauben 3.	90°	90°	90°	90°	90°	90°
Zylinderkopfschrauben 4.	-	-	-	90°	90°	90°

*AWH 40 Nm
**Zweimassenschwungrad 13 Nm

Sichtprüfung Messen

Fahrgestell

Radnabe vorne 1. Sechskant (Vielzahn)	250 Nm (200 Nm)
Radnabe vorne 2.	180° lösen
Radnabe vorne 3. Sechskant (Vielzahn)	250 Nm (50 Nm)
Radnabe vorne 4. Sechskant (Vielzahn)	90° (60°)
Radnabe hinten	175 Nm
Lenkrad	60 Nm
Befestigung Lenkgetriebe 1.	20 Nm
Befestigung Lenkgetriebe 2.	90°
Äußeres Spurstangengelenk	45 Nm
Bremsscheibe an Bremsnabe	4 Nm
Bremssattelhalter vorne	28 Nm
Bremssattel an Halter vorne (hinten)	35 Nm (65 Nm)
Sensor ABS	8 Nm
Radschrauben	120 Nm
Antriebswelle getriebeseitig Stufe 1	10 Nm über Kreuz
Antriebswelle getriebeseitig Stufe 2	70 Nm
Antriebswelle radseitig mit Verrippung Stufe 1	70 Nm
Antriebswelle radseitig mit Verrippung Stufe 2	90°
Antriebswelle radseitig ohne Verrippung Stufe 1	200 Nm
Antriebswelle radseitig ohneVerrippung Stufe 2	180°
Pendelstütze am Getriebe M10 (M12) Stufe 1	50 Nm (60 Nm) +90°
Motorlager rechts Zugstrebe Stufe 1	20 Nm +90°
Motorlager rechts am Rahmen Stufe 1	60 Nm +90°
Motorlager rechts am Motor Stufe 1	40 Nm +90°
Motorlager hinten (Fahrschemel) Stufe 1	100 Nm +90°
Querlenker vorne M12x110 Stufe 1	70 Nm
Querlenker vorne M12x110 Stufe 2	180°

Elektrische Anlage

Masseanschluss an der Batterie M6	6 Nm
Masseband am Getriebe	20 Nm
Massepunkte an der Karosserie M6	8 Nm
Massepunkte an der Karosserie M8	15 Nm
Plusanschluss am Anlasser M8	15 Nm
Plusanschluss am Generator	15 Nm
Plusanschluss am Sicherungskasten M5	4 Nm
Plusanschluss am Sicherungskasten M6	6 Nm
Plusanschluss an der Batterie M6	6 Nm

Sonstige Verschraubungen

Schraubengröße	**M4**	**M5**	**M6**	**M8**	**M10**	**M12**	**M14**	**M16**
Anzugsdrehmoment	0,5 Nm	3 Nm	10 Nm	20 Nm	45 Nm	60 Nm	100 Nm	200 Nm